高等职业教育教材

化工产品生产技术

HUAGONG CHANPIN
SHENGCHAN JISHU

王　璐　主编
魏占鸿　主审

化学工业出版社
·北京·

内容简介

《化工产品生产技术》从高等职业教育化工技术类专业人才培养目标出发，对接全国职业院校技能大赛（化工生产技术）标准，以培养学生的职业岗位能力为重点，突出职业性、实践性、开放性原则，以生产企业真实项目和典型工作任务设置内容，依托虚拟仿真软件实现"理实一体化"，具有较强的应用性与实践性。

本书共分为八个项目。项目一为化学工业的认知，重点介绍化学工业原料、生产过程、现状及发展方向等基本内容，让学生对化学工业有一个全面的了解，并认清化学工业与化工产品生产技术之间的关系。项目二至项目五，分别阐述了硫酸、合成氨、氯碱、纯碱四种典型的无机化工产品生产技术。项目六至项目八，分别阐述了乙烯、甲醇、聚氯乙烯三种典型的有机化工产品生产技术。每个项目包含工业的发展史、现状和发展方向，并按生产工序详细介绍每段工序技术，结合国内外先进企业典型的生产工艺流程和虚拟仿真软件操作进行案例教学。

本教材可作为高等职业教育化工类专业及相近专业的教材，也可供化工类技术人员培训和参考使用。

图书在版编目（CIP）数据

化工产品生产技术 / 王璐主编. -- 北京 ： 化学工业出版社，2025. 6. --（高等职业教育教材）. -- ISBN 978-7-122-48325-6

Ⅰ. TQ072

中国国家版本馆 CIP 数据核字第 20259FQ421 号

责任编辑：熊明燕　蔡洪伟
责任校对：李露洁
装帧设计：刘丽华

出版发行：化学工业出版社
　　　　　（北京市东城区青年湖南街 13 号　邮政编码 100011 ）
印　　装：中煤（北京）印务有限公司
787mm×1092mm　1/16　印张 20¼　字数 549 千字
2025 年 6 月北京第 1 版第 1 次印刷

购书咨询：010-64518888
售后服务：010-64518899
网　　址：http://www.cip.com.cn
凡购买本书，如有缺损质量问题，本社销售中心负责调换。

定　　价：58.00 元　　　　　　　　　　　　版权所有　违者必究

编审人员名单

主　　　编	王　璐	甘肃有色冶金职业技术学院
副　主　编	亢生磊	甘肃有色冶金职业技术学院
	茹宝琳	甘肃有色冶金职业技术学院
	王崇国	甘肃有色冶金职业技术学院
其他参编人员	刘广龙	金川镍钴研究设计院有限责任公司
	高泽磊	金川集团股份有限公司
	秦　茜	金川集团股份有限公司
	张宏伟	中铝洛阳铜加工有限公司
	李春兰	武威职业技术大学
	张仲利	甘肃有色冶金职业技术学院
	许金宝	吉林工业职业技术学院
	郑发元	甘肃钢铁职业技术学院
主　　　审	魏占鸿	金川集团股份有限公司

前言

化学工业作为国民经济的重要支柱之一，其发展水平直接影响着国家的综合实力和国际竞争力。化工产品生产技术作为化学工业的核心，正经历着产业数字化的深刻变革。

产业的数字化催生了职业教育的数字化。2023 年 5 月，习近平总书记在中共中央政治局第五次集体学习时强调："教育数字化是我国开辟教育发展新赛道和塑造教育发展新优势的重要突破口。"《化工产品生产技术》教材作为化学工业核心知识的基本媒介，急需推进数字化转型以实现教材服务企业技术创新推广、化工类学生职业生涯发展、课堂教学形态创新、相关从业人员终身技术学习的需求。本教材通过融入精品微课、企业生产实景视频、工匠故事、行业前沿、工艺 DCS 操作规程等数字资源，以及项目导图、项目考核评价等实现"数字技术+"新形态教材，以增强教材的数字适应能力。

国家发展改革委等部门关于印发《职业教育产教融合赋能提升行动实施方案（2023—2025 年）》的通知（发改社会〔2023〕699 号）中，明确了产教融合的基本形态，构建了以产教融合型城市为节点、以产教融合型行业为支点、以产教融合型企业为重点的一体化中国特色产教融合体系。基于以上文件精神，本教材以服务区域经济发展为特色，组建了由化工企业高级工程师、一线技术人员和长期从事化工专业"理实一体化"教学的专业教师联合构成的教材编委会，对标高等职业教育化工技术类国家专业教学标准、职业标准，结合化工行业、企业工作岗位的职责与操作规范要求，对接全国职业院校技能大赛（化工生产技术）赛项内容，着重从以下六方面完成教材构建与编写。

（一）以真实技术生产项目为基点，设计符合项目实际工作环境、目标、流程、要求及组织形式的主要任务，营造真实的职业情境和氛围，重点培养学生适应工作环境的能力。

（二）以生产项目操作流程为主线，打破传统教材的知识构架，重构理论与应用深度复合的知识脉络，在提高学习兴趣的同时，重点培养学生分析、解决技术生产问题的能力。

（三）以虚拟仿真操作平台为依托，设计多岗协同的工作任务，在技术操作步骤的关键点上设置问题空白区，重点培养学生遵守操作规范、团结协作的意识、严谨的工作作风和善于观察、勤于思考的习惯。

（四）以行业工匠的成长故事为案例，实现"厚情怀—扬精神"的思政育人目标，重点培养学生执着专注、精益求精、一丝不苟和追求卓越的工匠精神。

（五）以西北区域化工产业为优势，积极对接资深企业工程师和技术人员，将教学目标和产业需求紧密结合，将行业新方法、新技术、新工艺、新技改等实际生产案例融入教材，重点培养适应产业需要的高素质技能人才。

（六）以项目评价体系为驱动，细化项目考核内容，按"项目—任务—情境—目标—实施—子任务—巩固—评价"设计符合高等职业教育学生的认知特点和职业发展需求的驱动链，促进学生对项目的全面掌握。

　　本教材由甘肃有色冶金职业技术学院王璐担任主编，甘肃有色冶金职业技术学院亢生磊、茹宝琳、王崇国担任副主编。王璐、高泽磊、秦茜编写项目三和项目五；亢生磊、张宏伟、郑发元编写项目六和项目七；茹宝琳、张仲利、许金宝编写项目一和项目八，王崇国、刘广龙、李春兰编写项目二和项目四。全书由王璐负责统稿。本教材依托西北区域得天独厚的化工行业资源和人才资源优势，由金川集团股份有限公司检测中心党委书记兼化工安全专业委员会秘书长、中国氯碱工业协会安全生产专家魏占鸿担任主审，并对教材内容设计、生产案例等方面提出了十分宝贵的意见，在此表示诚挚的感谢！同时，编写过程中得到了金川集团股份有限公司、中铝洛阳铜加工有限公司、北京东方仿真软件技术有限公司、北京欧倍尔软件技术开发有限公司等企业的大力支持，为教材的编写提供了大量宝贵的实践经验和案例。在此表示真诚的感谢！在本教材的编写过程中，参阅和引用了近年来出版的相关教材与论著，在此向相关作者表示衷心的感谢！

　　由于编者水平所限，书中难免有不足之处，恳请广大读者批评指正。

编　者

2025 年 4 月

目录

项目三　合成氨的生产 / 054

项目四　氯碱的生产 / 115

项目五　纯碱的生产　/150

项目六　乙烯的生产　/187

项目七　甲醇的生产 / 228

二维码资源目录

序号	资源名称	资源类型	页码
37	一次盐水处理企业实景	视频	127
38	工序：二次盐水精制	微课	127
39	二次盐水精制企业实景	图片	129
40	工序：电解饱和食盐水	微课	130
41	电解饱和食盐水企业实景	视频	134
42	电解饱和食盐水主要设备及工艺参数	PDF	143
43	电解饱和食盐水冷态开车仿真操作规程	PDF	147
44	全国技术能手、无机反应工——朱文宝	PDF	150
45	纯碱工业概况及生产方法	微课	151
46	氨碱法生产纯碱	微课	156
47	联碱法生产纯碱	微课	169
48	氨碱法生产纯碱工艺冷态开车操作规程	PDF	184
49	乙烯追梦人——薛魁	PDF	187
50	乙烯与石油化工的关系	微课	188
51	裂解反应的原理过程	微课	196
52	裂解气的净化与分离	微课	206
53	裂解装置DCS仿真系统冷态开车、正常停车及事故处理操作规程	PDF	225
54	视甲醇装置为"宝贝"的全国技术能手——邓晶	PDF	228
55	甲醇的物理和化学性质	PDF	229
56	甲醇的生产	微课	232
57	甲醇生产的企业实景	视频	244
58	甲醇合成冷态开车、正常停车程序及事故处理操作规程	PDF	251
59	甲醇精制冷态开车、正常停车程序及事故处理操作规程	PDF	258
60	天津市伟星新型建材有限公司PVC分厂厂长——王彬	PDF	261
61	聚氯乙烯产业如何应对"双碳"目标	PDF	265
62	聚氯乙烯的生产	微课	266
63	聚氯乙烯生产工艺参数	PDF	306
64	聚氯乙烯的开车操作规程	PDF	308

项目一

化学工业的认知

在当今世界，化学工业犹如一颗璀璨的明珠，闪耀在各个领域，成为推动现代社会前进的关键力量。它以神奇的化学反应和创新的工艺技术，将各种原始的物质转化为丰富多彩、功能各异的产品。从日常生活中不可或缺的日用品，到支撑工业生产的重要原材料，再到关乎人类健康和环境保护的特殊化学品，化学工业的影响力无处不在。

本项目是关于化学工业的基础知识，通过查阅资料等方式，了解化学工业原料、产品以及发展方向，掌握相关概念，了解化工生产过程组织及生产运行机制。通过小组任务，合作完成化工生产工艺原则流程组织以及运行职责分配，为后续化工生产学习打下良好基础。

🌐 工匠园地

中国化工先驱——范旭东

范旭东原名范源让，祖籍湖南湘阴，出生于长沙。他是中国化工实业家、中国化学工业的奠基人，被称为"中国化工之父"，一生将爱国、报国作为崇高理想和神圣使命。

中国化工先驱
——范旭东

任务一　认识化学工业

↻ 任务情境

化学工业是借助化学反应，使原料组成和结构发生变化，从而制得化工产品的工业部门。现代生活中，人类生活所需的衣食住行用都离不开化学工业生产的产品。请你通过查阅文献、书籍和网络等资源，了解化学工业的原料、产品以及发展方向。

📖 任务目标

素质目标：
认识化学工业在推动社会进步和经济发展中的重要作用，培养正确的科学观和价值观。

知识目标：
1. 了解化学工业的分类。
2. 了解化学工业的原料和产品。
3. 了解化学工业未来的发展方向。

能力目标：
会利用资源查询相关资料，并自主完成整理、分析与总结。

现代化工与产品
分类

化学工业已成为国民经济的重要支柱之一，并为人类社会的进步和发展做出了重要贡献。现代化学工业泛指生产过程中化学方法占主要地位的制造工业，它是通过化工生产技术，利用化学反应改变物质的结构、成分、形态等生产化学产品的工业部门。

子任务（一） 了解化学工业的发展与地位

● 任务发布

请以小组为单位，通过查阅资料了解化学工业的发展历程，并以 PPT 的形式进行成果展示。

● 任务精讲

一、化学工业的发展历程

化学工业是一门古老而又新兴的工业，虽然古代不像今天有这样完整的工业部门和体系，但是近代的许多工业部门正是在古代化学的基础上发展起来的。

化学工业的大发展时期从 20 世纪初至第二次世界大战后的 60～70 年代，这是化学工业真正大规模生产的主要阶段，一些主要领域都是在这一时期形成的。高压合成氨技术工业化的成功，使氮肥大量工业化生产成为可能，取得了化学工业划时代的成就；20 世纪 50 年代至今，80%～90% 的有机化工产品、精细化工产品、有机高分子材料等是以石油和天然气为原料，经热裂解成烯烃、烷烃、芳烃后加工而成，自此石油化工新时期到来，成为现代化工的重要支柱。化学工业随着科学技术的进步，日新月异地向前发展，逐步形成了现代化学工业。20 世纪末至 21 世纪初，也就是近三十年来，现代化学工业的发展速度高于整个工业的平均发展速度，已经成为渗透国民经济生产和人类生活各个领域的现代化大生产部门。

二、现代化学工业的地位

化学工业在国民经济中占据着举足轻重的地位，其产品种类繁多、数量庞大且用途广泛。根据第六届联合国环境大会上国际化工协会联合会发布的研究报告，化学工业的产业辐射范围持续拓展，已全方位渗透至各个生产领域，通过直接、间接及诱发影响为全球 GDP 贡献了7.2 万亿美元，占全球 GDP 的 7.5%，并在全球范围内支撑起 1.4 亿个工作岗位。聚焦国内，我国化工行业同样展现出强劲活力，为国家 GDP 贡献超 2.3 万亿美元，创造的就业岗位攀升至 7000 万个。从日常饮食、衣物纺织到居住建筑、出行交通，从国防工业到高科技领域，化学工业深度嵌入民众生活与国家发展的方方面面，成为稳固经济基石、驱动增长与助推产业升级的核心力量。

在农业现代化进程中，化学工业的作用尤为关键。随着工业发展、基建扩大和城市化推进，我国耕地面积逐渐减少，而施用化肥、农药及采用塑料薄膜育种育秧等措施，成为科学种田的重要手段。目前我国尿素产量占全球三分之一，磷肥产量超美国位居世界第一，是全球最大的化肥生产与消费国。化学农药不仅能防治农作物病虫害，还能通过除草剂等产品节约劳动力，植物生长刺激素则可增加农作物产量并提高质量。此外，塑料薄膜用于水稻、小麦等作物育苗防冻效果显著，聚丙烯抗旱管、聚甲醛喷滴管等化工产品也在农业生产中发挥着积极作用，未来化学工业在农业领域的应用还将持续拓展。

  化学工业亦是民生消费与轻工业的重要原料基石。随着人口增长和生活水平提高，合成纤维成为解决人类穿衣需求的关键，其通过人工合成线型聚合物经纺丝成型制得，不仅解决了衣着问题，还为缓解棉粮争地矛盾提供了有效途径。市场上各种各样的文化用品、化妆品、日用陶瓷、玻璃搪瓷制品，乃至计算机、手机芯片制造所需的刻蚀液等半导体电子类产品，都离不开化工原料与辅助材料的支撑。20世纪中叶，化学工业创造的三大高分子合成材料更是标志着人类进入高分子时代，深刻改变了生活的各个层面。

  在交通、国防与高科技领域，化学工业的战略价值同样不可替代。工程塑料正越来越多地用于制造汽车车身及零部件，其不仅能降低汽车成本，还可减轻车身重量、节约油耗并提升行驶安全性，推动汽车工业塑料应用快速增长。军事工业方面，硝酸是生产炸药的重要原料，硝酸铵厂、染料厂可实现平战转换，平时生产肥料、染料，战时转产炸药；同时，化学工业还为氢弹、导弹、人造卫星、航天飞机等提供重水、高能燃料及耐高温、耐辐射等特种化工材料。从解决农业增产到保障国家安全，化学工业的发展与国民经济各领域深度融合，其在未来国家经济中的重要性将持续提升，成为推动高质量发展的不可或缺的力量。

子任务（二）　认知化工产品

● **任务发布** ···

  化工产品与人类生活密切相关，并推动着社会不断进步和发展。请以小组为单位，通过查阅资料的方式了解化工产品的分类，讨论生活中使用的化工产品分别属于哪一类别。

● **任务精讲** ···

  到目前为止，已发现和人工合成的无机和有机化合物品种在2000万种以上，与人们日常生活密切相关的产品约4000种。

  化学工业既是原材料工业，又是加工工业；既有生产资料的生产，又有生活资料的生产，所以化学工业的范围很广，在不同时代和不同国家不尽相同，其分类也比较复杂。按照习惯将化学工业分为无机化学工业和有机化学工业两大类。随着化学工业的发展，新的领域和行业、跨门类的部门越来越多，两大类的划分已不能适应化学工业发展的需要。若按产品应用来分，如表1-1所示，可分为化学肥料工业、染料工业、农药工业等；若从原料角度可分为天然气化工、石油化工、煤化工、无机盐化工、生物化工等；若从产品的化学组成来分类，可分为低分子单体、高分子化合物等；若以加工过程的方法来分类，可分为食盐电解工业、农产品发酵工业等，若按生产规模或加工深度又可分为大化工、精细化工等。

表 1-1　化学工业产品制造分类一览表

序号	类型	类别
1	基础化学原料制造	（1）无机酸制造； （2）无机碱制造：烧碱、纯碱的制造； （3）无机盐制造； （4）有机化学原料制造； （5）其他基础化学原料制造

序号	类型	类别
2	肥料制造	（1）氮肥制造：矿物氮肥及用化学方法制成含有作物营养元素氮的化肥； （2）磷肥制造：以磷矿石为主要原料，用化学或物理方法制成含有作物营养元素磷的化肥； （3）钾肥制造：用天然钾盐矿经富集精制加工制成含有作物营养元素钾的化肥； （4）复混肥料制造：经过化学或物理方法加工制成的，含有两种以上作物所需主要营养元素（氮、磷、钾）的化肥的生产活动，包括通用型复混肥料和专用型复混肥料； （5）有机肥料及微生物肥料制造：来源于动植物，经发酵或腐熟等化学处理后，适用于土壤并提供植物养分供给的，其主要成分为含氮物质的肥料制造； （6）其他肥料制造：上述未列明的微量元素肥料及其他肥料的生产
3	农药制造	（1）化学农药制造：化学农药原药，以及经过机械粉碎、混合或稀释制成粉状、乳状和水状的化学农药制剂的生产； （2）生物化学农药及微生物农药制造：由细菌、真菌、病毒和原生动物或基因修饰的微生物等自然产生，以及由植物提取的防治病、虫、草、鼠和其他有害生物的农药制剂生产
4	涂料、油墨、生产颜料及类似产品制造	（1）涂料制造：在天然树脂或合成树脂中加入颜料、溶剂和辅助材料，经加工后制成的覆盖材料的生产； （2）油墨及类似产品制造：由颜料、连接料（植物油、矿物油、树脂、溶剂）和填充料经过混合、研磨调制而成，用于印刷的有色胶浆状物质，以及用于计算机打印、复印机用墨等； （3）颜料制造：用于陶瓷、搪瓷、玻璃等工业的无机颜料及类似材料的生产活动，以及油画、水粉画、广告等艺术用颜料的制造； （4）染料制造：有机合成、植物性或动物性色料，以及有机颜料的生产
5	合成材料、功能材料制造	（1）初级形态塑料及合成树脂制造：也称初级塑料或原状塑料的生产活动，包括通用塑料、工程塑料、功能高分子塑料的制造； （2）合成橡胶制造：人造橡胶或合成橡胶及高分子弹性体的生产； （3）合成纤维单（聚合）体制造：以石油、天然气、煤等为主要原料，用有机合成的方法制成合成纤维单体或聚合体的生产； （4）其他合成材料制造：陶瓷纤维等特种纤维及其增强的复合材料的生产活动；其他专用合成材料的制造； （5）密封用填料及类似品制造：用于建筑涂料、密封和漆工用的填充料，以及其他类似化学材料的制造
6	炸药、火工及焰火产品制造	（1）炸药及火工产品制造：各种军用和生产用炸药、雷管及类似的火工产品的制造； （2）焰火、鞭炮产品制造：指节日、庆典用焰火及民用烟花、鞭炮等产品的制造
7	专用化学产品制造	（1）化学试剂和助剂制造：各种化学试剂、催化剂及专用助剂的生产； （2）专项化学用品制造：水处理化学品、造纸化学品、皮革化学品、油脂化学品、油田化学品、生物工程化学品、日化产品专用化学品等产品的生产； （3）林产化学产品制造：以林产品为原料，经过化学和物理加工方法生产产品； （4）信息化学品制造：电影、照相、医用、幻灯及投影用感光材料、冲洗套药，磁、光记录材料，光纤通信用辅助材料及其专用化学试剂的制造； （5）环境污染处理专用药剂材料制造：对水污染、空气污染、固体废物等污染物处理专用的化学药剂及材料的制造； （6）动物胶制造：以动物骨、皮为原料，经一系列工艺处理制成有一定透明度、黏度、纯度的胶产品的生产； （7）其他各种用途的专用化学用品的制造

序号	类型	类别
8	日用化学产品制造	（1）肥皂及合成洗涤剂制造：以喷洒、涂抹、浸泡等方式施用于肌肤、器皿、织物、硬表面，即冲即洗，起到清洁、去污、渗透、乳化、分散、护理、消毒除菌等功能，广泛用于家居、个人清洁卫生、织物清洁护理、工业清洗、公共设施及环境卫生清洗等领域的产品（固、液、粉、膏、片状等），以及中间体表面活性剂产品的制造； （2）化妆品制造：以涂抹、喷洒或者其他类似方法，用于人体表面任何部位（皮肤、毛发、指甲、口唇等），以达到清洁、消除不良气味、护肤、美容和修饰目的的日用化学工业产品的制造； （3）香料、香精制造：具有香气和香味，用于调配香精的物质——香料的生产； （4）其他日用化学产品制造：室内散香或除臭制品，光洁用品，擦洗膏及类似制品，动物用化妆盥洗品，火柴，蜡烛及类似制品等日用化学产品的生产

按照国家统计局的一种广义的划分方法可将化工主要产品划分为 19 大类：化学矿、无机化工原料、有机化工原料、化学肥料、农药、高分子聚合物、涂料和颜料、染料、信息用化学品、试剂、食品和饲料添加剂、合成药品、日用化学品、胶黏剂、橡胶和橡胶制品、催化剂和各种助剂、火工产品、其他化学产品（包括炼焦化学产品、林产化学产品等）、化工机械。

子任务（三）　分析化学工业的现状及发展方向

● 任务发布

在社会快速发展、生态环保严格要求和人类多元化需求等多方因素的推动下，化学工业面临着变革和创新的双重压力。请以小组为单位，通过查阅资料，分析化学工业的现状及未来发展方向。

● 任务精讲

一、世界化学工业的现状

化学工业是一个多品种、多行业、服务面广、配套性强的工业。发达国家的化工生产总值占其国内生产总值的 5%～7%，位列其他工业部门的前五位。化学工业发展速率长期以来超前于工业平均增长速率，但全球化学工业的发展水平是不均衡的。世界各国为提高经营效益，增强市场竞争力，进行了一系列结构大调整的新举措，如资产重组、技术不断创新、高性能产品不断涌现等。

二、中国化学工业的现状

目前我国化学工业发展速度位居世界前列，已建立比较完整的化学工业体系。
（1）从 1953 年到 1990 年，我国化学工业的发展速度平均增长率为 14.1%。
（2）20 世纪 80 年代前，我国化学工业发展重点是基础无机化工原料、化肥和农药。
（3）20 世纪 80 年代后，我国化学工业的发展重点转向有机化工原料及合成材料。
（4）进入 21 世纪后，近五年我国化学工业发展速度始终保持平均增长率在 13%。

值得一提的是，目前我国硫酸、合成氨、化肥等产量居世界第一位，农药、烧碱、轮胎产量居世界第二位，涂料生产居世界第三位。

尽管我国化学工业产量已在多个领域遥遥领先，但仍需要看到其存在的问题。我国化学工业与发达国家之间还存在着不小的差距。首先，生产规模还比较小；其次，大型装置或大型工业生产设备自给率低；再次，产品品种少，差别化和功能化率低；最后，目前亟待解决的问题——能耗较高的同时还伴随着较为严重的环境污染。

三、化学工业的发展方向

1. 化学的绿色化

绿色意味着人类对自然完美的一种高级追求的表现，它把人看作大自然中的普通一员，追求的是人对大自然的尊重以及人与自然的和谐关系。世界上很多国家已把"化学的绿色化"作为21世纪化学发展的主要方向之一。

绿色化学是近年来产生和发展起来的新兴交叉学科，它要求利用化学原理从源头上消除环境污染，在此基础上发展起来的技术则称为绿色化工技术。最广为认可的绿色化工的定义是"在化工产品生产过程中，从工艺源头上运用环保理念，推行能源消减，进行生产过程的优化集成，实现废物再利用与资源化，从而降低生产成本和能耗，减少废弃物的排放和毒性，减少产品全生命周期对环境的不良影响"。

2. "碳达峰"与"碳中和"

温室气体排放引发的环境污染和气候变化问题已构成全球经济社会可持续发展的严峻挑战。在这一背景下，世界各国以全球协约的方式减排温室气体二氧化碳，由此提出"碳达峰"和"碳中和"概念。

"碳达峰"是指某个地区或行业年度二氧化碳排放量达到历史最高值，然后经历平台期进入持续下降的过程，是二氧化碳排放量由增转降的历史拐点，标志着碳排放与经济发展实现脱钩，达峰目标包括达峰年份和峰值。

"碳中和"中的"碳"即二氧化碳，"中和"即正负相抵。"碳中和"是指排出的二氧化碳或温室气体通过植树造林、节能减排、产业调节以及优化资源配置等形式进行抵消，使得所形成的二氧化碳实现零排放。

3. 未来化工技术新方向

化学工业的生产技术和许多深度加工的产品更新换代快，要求化学工业必须不断发展和采用先进科学技术，从而提高生产效率和经济效益。不断寻求技术上最先进、工艺上最合理、经济上最有利和安全上最可靠的方法、原理、流程和设备，同时推动绿色化工的发展，正是化学工业工艺创新追求的方向。

未来化学工业的发展将生产更多的新材料。随着高新技术向空间技术、电子技术、生物技术等领域的纵深发展，新材料向着功能化、智能化、可再生化方向发展，要求化工新材料的性能不断向新的极限延伸，特别是纳米技术的开发与应用，揭开了材料科学的新篇章。

生物化工是未来化学工业发展的新方向。与传统的化学方法相比，生物技术往往以可再生资源为起始原料，具有反应温和、能耗低、效率高、污染少、可利用再生资源、催化剂选择性高等优点，随着现代生物技术的基因重组、细胞融合、酶的固定化技术的发展，已出现一批生物技术工业化成果，不久将会有更多的生物化工产品实现工业化。

催化技术在未来的化工生产中仍起关键作用。化工新产品、新工艺的出现多源于新型催化剂的开发。通过开发新型催化剂和催化反应设备，降低反应温度和反应压力，提高反应的转化率、选择性及反应速率，从而节约资源和能源，降低生产成本以及提高经济效益。同时催化技术也是合成新的性能优异化合物的重要因素，如激光催化、生物催化等，特别是生物催化具有很大潜力。

新的分离技术将会进一步得到发展。传统化工生产中的分离过程主要采用精馏、萃取、结晶等技术，这些技术往往要求的设备庞大、能耗高，有时还达不到高纯度要求。新的化工分离技术是在减少设备投资、降低能耗和具有高纯度分离等方面进行研究和开发。近些年来，膜分离技术、超临界流体分离技术、分子蒸馏等已取得较大的进展。

现代化学工业将发展成为可持续发展的产业。一方面通过不断改进生产技术，减少和消除对大气、土地和水域的污染，从工艺改革、品种更替和环境控制上逐步解决污染和资源短缺的问题；另一方面将全面贯彻化学品全生命周期的安全方针，保证化工产品从原料、生产、加工、储运、销售到使用和废弃物处理等各个环节中的人身和环境的安全。

化工新技术开发程序是一套科学的程序，它是以市场为导向，以创新为宗旨，以工业化和商业化为目的的创新过程。未来的化学工业依然前景光明，我们既要绿水青山，又要金山银山，这是化学研究者和化学工程师们理应担当的责任和奋斗的目标。

 任务巩固

简答题

1. 化学工业的分类有哪些？
2. 化学工业未来的发展方向是什么？
3. 化工产品的分类有哪些？

化工行业的
发展趋势

任务二　掌握化工生产基本知识

 任务情境

在化学工业的世界里，化工生产基本知识犹如一座精密的指挥塔，发挥着至关重要的作用。它是将各种化学原理、技术手段以及生产要素有机整合在一起的关键纽带，决定着化工生产能否顺利、高效、安全地进行。

任务目标

素质目标：

培养严谨、认真的工作态度，以及团队协作和创新意识。

知识目标：

1. 了解化工生产过程的基本构成。
2. 掌握化工生产过程的主要技术指标。
3. 了解化工装置运行的操作流程。

能力目标：

掌握化工生产基本过程的组织，并应用于实际生产。

任务实施

化工生产的过程组织和运行机制对于保障生产顺利、高效、安全进行起着核心作用，对于提升从事化工生产工作人员的职业技能起着基础且关键的作用。

子任务（一） 了解化工生产过程组织

● **任务发布** ···

化工生产过程是一个复杂而精细的系统工程，由若干个工序配合完成。请以小组为单位，通过查阅资料的方式了解化工生产工序的基本构成。

● **任务精讲** ···

一、化工生产工序

化工生产是将若干个单元反应过程、若干个化工单元操作，按照一定的规律组成生产系统，这个系统包括化学和物理的加工工序。

（一）化学工序

化学工序就是以化学的方法改变物料化学性质的过程，也称为化工单元反应过程。化学反应千差万别，按其共同特点和规律可分为若干个单元反应过程。例如，磺化、硝化、氯化、酰化、烷基化、氧化、还原、裂解、缩合、水解等。

（二）物理工序

物理工序就是只改变物料的物理性质而不改变其化学性质的操作过程，也称化工单元操作。例如，流体的输送、传热、蒸馏、蒸发、干燥、结晶、萃取、吸收、吸附、过滤、破碎等加工过程。

二、化工生产过程组成

化工产品种类繁多，性质各异。不同的化工产品，其生产过程不尽相同；同一化工产品，原料路线和加工方法不同，其生产过程也不尽相同。但是，一个化工生产过程一般都包括：原料的净化和预处理、化学反应过程、产品的分离和提纯、综合利用及"三废"处理等。

（一）原料的净化和预处理

主要目的是使原料达到反应所需要的状态和规格。例如，固体需要破碎、过筛；液体需要加热或汽化；有些反应需要预先脱除杂质，或配制成一定浓度的溶液。在多数生产过程中，原料预处理本身就很复杂，要用到许多物理和化学的方法和技术，有些原料预处理成本占总生产成本的大部分。

（二）化学反应过程

通过该步骤完成由原料到产物的转变，是化工生产过程的核心。反应温度、压力、浓度、催化剂（多数反应需要）或其他物料的性质以及反应设备的技术水平等各种因素对产品的数量和质量有重要影响，是化工生产技术研究的重要内容。

化学反应类型繁多，若按反应特性分，有氧化、还原、加氢、脱氢、歧化、异构化、烷基化、羰基化、分解、水解、水合、聚合、缩合、酯化、磺化、硝化、卤化、重氮化等众多反应；若按反应体系的物料相态分，有均相反应和非均相反应；若根据是否使用催化剂来分，有催化反应和非催化反应。

实现化学反应过程的设备称为反应器。工业反应器的种类众多，不同反应过程所用的反应器形式不同，反应器若按结构特点分，有管式反应器、床式反应器、釜式反应器和塔式反应器；若按操作方式分，有间歇式反应器、连续式反应器和半连续式反应器三种；若按换热状况分，有等温反应器、绝热反应器和变温反应器，换热方式有间接换热和直接换热。

（三）产品的分离和提纯

产品的分离和提纯目的是获取符合规格的产品，并回收、利用副产物。在多数反应过程中，由于诸多原因，反应后产物是包括目的产物在内的许多物质的混合物，有时目的产物的浓度很低，必须对反应后的混合物进行分离、提浓和精制，才能得到符合规格的产品。同时要回收剩余反应物，以提高原料利用率。

分离和提纯的方法和技术是多种多样的，通常有冷凝、吸收、吸附、冷冻、闪蒸、精馏、萃取、渗透（膜分离）、结晶、过滤和干燥等，不同生产过程可以有针对性地采用相应的分离和精制方法。分离出来的副产物和"三废"也应加以利用或处理。

化工过程常常包括多步反应转化过程，因此除了起始原料和最终产品外，尚有多种中间产物生成，原料和产品也可能是多种。因此，化工过程通常由上述步骤交替组成，以化学反应为中心，将反应与分离过程有机组织起来。

（四）综合利用

综合利用是对反应生产的副产物、未反应的原料、溶剂、催化剂等进行分离提纯、精制处理，以利于回收使用。

（五）"三废"处理

"三废"处理指的是对化工生产过程中产生的废气、废水和废渣的处理，废热的回收利用等。

三、化工生产过程的主要指标

（一）转化率

转化率是指进入反应器内的所有原料与参加反应的原料之间的数量关系。转化率越大，说明参加反应的原料量越多，转化程度越高。由于进入反应器的原料一般不会全部参加反应，所以转化率的数值通常小于1。

工业生产中，一般采用连续循环操作，转化率有单程转化率和全程转化率之分。

1. 单程转化率

单程转化率一般是以反应器为研究对象，指原料每次通过反应器的转化率。

$$单程转化率 = \frac{参加反应的反应物量}{进入反应器的反应物量} \times 100\%$$

$$= \frac{进入反应器的反应物量 - 反应后剩余的反应物量}{进入反应器的反应物量} \times 100\%$$

2. 全程转化率

对于有循环和旁路的生产过程，常用全程转化率，也称总转化率。全程转化率是指新鲜原料从进入反应体系到离开反应体系的总转化率，是以反应体系为研究对象。

$$全程转化率 = \frac{过程中参加反应的反应物量}{进入过程的反应物总量} \times 100\%$$

3. 平衡转化率

$$平衡转化率 = \frac{反应物转化的量}{反应物的起始量} \times 100\%$$

（二）选择性

选择性表示参加主反应的原料量与参加反应的所有原料量之间的数量关系，即参加反应的原料有一部分被副反应消耗掉了，而没有生成目的产物。选择性越高，说明参加反应的原料生成的目的产物就越多。

$$选择性=\frac{生成目的产物所消耗的原料量}{参加反应的原料量}\times100\%$$

（三）收率

收率表示进入反应器的原料与生成目的产物所消耗的原料之间的数量关系。收率越高，说明进入反应器的原料中，消耗在生产目的产物上的数量越多，收率也有单程收率和总收率之分。

$$单程收率=\frac{生成目的产物所消耗的原料量}{进入反应器的原料量}\times100\%$$

单程转化率、选择性和单程收率之间的关系如下：

$$单程收率=单程转化率\times选择性$$

单程转化率和选择性都只是从某一个方面说明化学反应进行的程度。转化率越高，说明反应进行得越彻底，未反应原料量越少，就越可以减轻原料循环的负担。但随着单程转化率的提高，反应的推动力下降，反应速率变小，若再提高反应的转化率，所需要的反应时间就会过长，同时副反应也会增多，导致反应的选择性下降，增大了产物分离、精制的负荷。

所以，必须综合考虑单程转化率和选择性，只有当两个指标值都比较适合时，才能得到较好的反应效果。

（四）生产能力

生产能力是指一个设备、一套装置或一个工厂在单位时间内生产的产品量，或在单位时间内处理的原料量，其单位是 kg/h、t/d、kt/a、万吨/年等。

生产能力有设计能力、核定能力和现有能力之分。设计能力是设备或装置在最佳条件下可达到的最大生产能力，即设计任务书规定的生产能力。核定能力是在现有条件的基础上结合实现各种技术、管理措施确定的生产能力。现有能力也称为计划能力，是根据现有生产技术条件和计划年度内能够实现的实际生产效果，按计划产品方案计算确定的生产能力。

设计能力和核定能力是编制企业长远规划的依据，而现有生产能力则是编制年度生产计划的重要依据。

子任务（二）　认知化工生产运行机制

● **任务发布** ··

化工生产运行机制是确保化工厂安全生产、高效运行的重要体系。请以小组为单位，以化工企业某生产部门为例，完成小组内岗位设置及职责分工。

● **任务精讲** ··

一、化工企业的岗位责任制

（一）化工企业的岗位设置

目前，国内化工企业一般实行厂长负责制，工厂下设多个车间，分别由车间主任管理并对生产厂长负责。一个生产车间一般由 2～3 名车间主任管理，分别负责生产、技术和设备的管理工作。车间主任下设各岗位工艺技术员和设备员，工艺技术员一般负责车间生产和技术相关的管理工作，管理各班组的日常生产工作；设备员一般负责与车间设备相关的管理、维修和维护工作。每个车间一般由3～5个班组组成，班组按照倒班制度进行轮换交接。一个班组一般由两个班长和各岗位操作人员组成，班长负责班组的日常生产管理和考核工作，每个岗位设置一个内操，1～2名外操，分别负责本岗位的生产控制工作。

（二）化工企业岗位的主要职责

车间主任及下设技术员、操作工等的岗位职责因企业不同有较大差别，但是各岗位的岗位职责有一定共通性。

1. 车间主任的岗位职责

负责组织车间生产管理，完成生产任务，并负责安全、质量管理等相关工作。车间主任的具体工作职责分为以下几类：

（1）负责车间的工艺、安全、劳动纪律、文明卫生等工作的考核，组织制定各项规章制度，并能贯彻执行各项规章制度；

（2）负责车间各工段的工艺、设备的协调工作，组织车间人员提出改进工艺、设备和管理的合理化建议；

（3）召开和参加车间会议，传达和通报公司各项政策和决定；

（4）处理车间发生的各种突发性事故；

（5）协调与本车间生产相关的其他部门，保证生产进度正常；

（6）完成领导交办的其他任务。

2. 工艺技术员的岗位职责

车间工艺技术员对车间主任负责，负责所属工段的工艺技术和生产管理工作，主要工作职责如下：

（1）认真贯彻执行各项生产、技术规程，检查班组执行情况，发现问题及时处理，重大问题及时请示汇报并提出解决方案；

（2）负责编制岗位操作法、工艺技术规定、开停车方案；

（3）检查和了解岗位原材料的消耗情况，发现问题及时解决，实现节能降耗目标；

（4）对操作人员进行技术培训，提高实际操作水平，并负责技术考核；

（5）组织车间人员进行技术研讨，提出技改方案；

（6）积极配合科研单位进行科研工作，及时整理相关技术资料；

（7）经常深入生产现场，发现技术问题，并组织有关人员共同解决。

3. 设备员的岗位职责

车间设备员一般设置2～5名设备员，大部分车间按照工段设置，即每个工段一个设备员，负责本工段设备相关的管理工作，具体职责如下：

（1）贯彻落实设备管理各项规章制度，进行设备维修和生产设施维护保养等管理工作；

（2）负责建立设备、模具台账，统一编号，对日常设备、模具进行维修管理；

（3）根据公司生产实际情况，编制可行的维修计划，交相关人员对设备实施维修，确保生产能力和产品质量要求；

（4）负责建立设备技术资料档案，完善设备资料（包括图纸、说明书、合格证）；

（5）负责指导生产操作人员对设备正确使用、维护管理，督促操作人员遵守有关生产设施的使用要求规定。

4. 班组长的岗位职责

各班组长一般在车间主任、车间技术员的领导下开展工作，主要履行的岗位职责有以下几个方面：

（1）带领、指导、监督本班组人员学习、遵守本厂各项规章制度；

（2）合理组织本班组人员接受、完成生产任务；

（3）对本班组内的奖金提出合理化分配方案；

（4）完成日常巡检等工作，发现生产装置的异常情况时，立即组织上报并及时处理。

5. 车间操作人员的岗位职责

生产操作控制人员一般分为内操（主操）和外操（副操），通常一个岗位设置一名内操和1～2名外操。

（1）内操的岗位职责

① 负责本岗位仪表控制系统和其他设施的日常操作、维护和管理工作，在班组长的指导下，保证生产的平稳、安全、低耗和高产运行；

② 熟练掌握本岗位的操作方法和事故处理办法，认真学习各类专业知识，积极参加各种形式的岗位练兵活动，不断提高操作技能；

③ 加强与调度、班长、外操、现场岗位及相关车间的联系，保证生产的正常平稳运行；

④ 熟练掌握各类事故的处理预案，并在事故处理中严格执行；

⑤ 执行产品质量控制方案，全面负责本岗位当班的产品质量，一旦出现质量问题及时采取调整措施，并向技术人员汇报；

⑥ 强化环保意识，认真控制排污指标并使其能达到环保的各项要求，积极参加安全生产、清洁生产等竞赛活动。

（2）外操的岗位职责

① 负责装置所有设备、管道、阀门以及其他设施的日常操作、维护和管理；

② 在班组长的领导下，负责生产现场的操作，配合内操维持装置安全、稳定、低耗和高产运行；

③ 加强与班长、内操以及调度的联系，配合内操将各项工艺参数控制在最佳范围内，做好系统优化和节能降耗工作；

④ 及时消除"跑、冒、滴、漏"现象，保持装置现场的整洁，做到文明生产；

⑤ 熟练掌握各类事故的处理预案，并在事故处理中严格执行。

二、化工装置的开车过程

一套新建的化工装置从建成到投产，需要经历漫长的过程，其中必须经历的试车工作，是最为关键的。试车过程也称为开车过程。由于大型化工装置开工过程的长周期性和复杂性，要求必须有一个严密的总体开车方案。开车及交接验收应符合下列顺序：预开车、机械竣工（中间交接）、联动开车（冷态开车）、化工投料试车（热开车）、性能考核、竣工验收。所有这些工作的协调均需依靠总体开车方案的安排部署。

化工企业建设项目中的施工、开车、性能考核及交接验收的流程一般如图1-1所示程序进行。

（一）预开车

预开车是指在设备及管道系统安装完成以后，机械竣工（中间交接）以前，为开车所做的一系列系统调试、清洗以及力学性能试验等准备工作。预开车主要包括管道系统的冲洗和吹扫、系统化学清洗、烘炉、系统严密性试验、电气和仪表调试、单机试车等。

1. 冲洗和吹扫

水冲洗是以水为介质，经泵加压冲洗管道和设备的一种方法，被广泛应用于输送液体介质的管道及塔、罐等设备内部残留脏杂物的清除。

新建或大修后的装置系统中的管道以及主要设备和附属设备，往往在安装的过程中存在灰尘、铁屑等杂物，为了避免这些杂物在开车时堵塞管道、设备或者卡死阀门，影响正常的开车，必须用压缩空气或惰性气体进行吹除与扫净，简称吹扫。

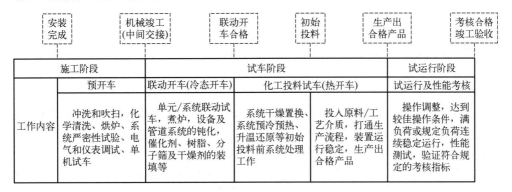

图 1-1 化工企业建设项目实施程序

吹扫前应按工艺气、液流动的方向依次拆开设备、阀门与管道连接法兰，使吹除物由此排出，吹扫时用压缩空气或惰性气体分段进行吹净，并用木槌轻击外壁，千万不要用铁器敲击设备或管道。吹扫时气量时大时小，用脉冲的方法反复吹扫，直至吹出的气体在白色湿纱布上无黑点方为合格。

2. 烘炉

烘炉的目的是脱除衬里中的自然水和结晶水，以免在开工时由于炉温上升太快、水分大量膨胀造成炉体胀裂、鼓泡或变形，甚至炉墙倒塌，影响加热炉炉墙的强度和使用寿命。

3. 系统的水压试验和气密性试验

（1）水压试验　为了检验设备、管道焊缝的致密性和机械强度以及法兰连接处的致密性，在使用前要进行水压试验。

（2）气密性试验　为了保证开车时气体不从设备焊缝和法兰处泄漏，使设备稳定运行，必须进行系统的气密性试验。另外，对不能进行水压试验的设备也可以考虑用气密性试验。

（二）联动开车（冷态开车）

冷态开车是指对规定范围内的设备、管道、电气、自动控制系统，在完成预开车后，以水、空气或其他介质所进行的模拟试运行以及对系统进行的测试、整定等活动，以检验其除受介质影响外的全部性能和制造、安装质量，包括单元/系统联动试车，煮炉，设备项目各装置的冷开车应按单元、分系统逐步进行，直至扩大到几个系统、全装置、全项目的冷开车。

（三）热开车

热开车是指对建成的项目装置按设计文件规定的介质打通生产流程，进行各装置之间首尾衔接的试验操作，通过这一试验操作打通流程生产出合格产品，热开车主要包括系统干燥置换、预冷预热、升温还原、初始投料试车等。

（四）试运行及性能考核

试运行是指项目各装置经热试车生产出合格产品后，对装置进行的一系列运行操作调整，使项目装置的运行逐步达到稳定、正常工况，并进行性能考察的阶段。

三、化工装置的停车过程

同样，化工装置运行一段时间后，需要更换催化剂或检修。这时就要考虑化工装置的停车，经过检修之后重新开车运行。在化工生产中停车的方法与停车前的状态有关，不同的状态，停车的方法及停车后处理方法就不同。一般有以下三种方式。

（一）正常停车

正常停车的目的是保证装置长期、高效、安全地运行，是常规设备检修和设备检查所必需的。这种类型的停车，首先是假定装置所有的设备都处在良好的运行状态；当然，也可能已经发现有的设备存在"次要问题"，"带病"运转将会影响生产和安全，但目前这一"次要问题"并没有影响生产和安全，所以正好在设备正常停车期间一并检修；还有可能因为生产任务的不足或市场需求的变化造成生产装置的开工不足导致的正常停车。

前两种情况通常不影响生产计划的完成，即在制订年度计划时已将正常停车时间扣除，在恢复生产之后是无须采取非常措施将正常停车期间所影响的生产任务"抢"回来的；对于第三种情况，也没必要"抢回"生产任务，应根据市场变化情况确定。

（二）非正常停车

非正常停车一般是指在生产过程中，遇到一些想象不到的特殊情况，如某些装置或设备的损坏、某些电气设备的电源可能发生故障、某一个或多个仪表失灵而不能正确地显示要测定的各项指标，如温度、压力、液位、流量等，这些情况引起的停车，也称紧急停车或事故停车，它是人们意想不到的，事故停车会影响生产任务的完成。事故停车与正常停车完全不同，要分清原因，采取措施，保证事故所造成的损失不因操作不当而扩大。

（三）全面紧急停车

全面紧急停车是指在生产过程中突然发生停电、停水、停汽（气），或因发生重大事故而引起的停车。对于全面紧急停车，如同紧急停车一样，操作者是事先不知道的。发生全面紧急停车，操作者要迅速、果断地采取措施，尽量保护好反应器及辅助设备，防止因停电、停水、停汽（气）而发生事故，或与已发生事故产生连锁反应，造成事故扩大。

为了防止因停电而引发全面紧急停车的发生，一般化工厂均有自备电源，对于一些关键岗位采用双回路电源，以确保第一电源断电时，第二电源能够立即送电。如果反应装置因事故而紧急停车并造成整个装置全线停车，应立即通知其他受影响工序的操作人员，避免对其他工序造成大的危害。

四、化工设备的日常维护

设备的日常维护保养是设备维护的基础工作，必须做到制度化和规范化，对设备的定期维护保养工作要制定工作定额和物资消耗定额，并按定额进行考核。设备定期维护保养工作应纳入车间承包责任制的考核内容。设备定期检查是一种有计划的预防性检查，检查的手段除人的感官之外，还要有一定的检查工具和仪器，按定期检查卡执行，定期检查又称定期点检。

设备维护应该按照维护规程进行，设备维护规程是对设备日常维护方面的要求和规定，坚持执行设备维护规程，可以延长设备使用寿命，保证安全、舒适的工作环境。

📖 任务巩固

一、填空题

1. 化工生产系统包括_____和_____的加工工序。

2. 化工生产过程，一般都包括：原料的净化和预处理、_____、_____、综合利用及"三废"处理等。其中，化工生产过程的核心是_____过程。

3. 转化率越大，说明参加反应的原料量越_____，转化程度越_____。

4. 化工装置试运行是指项目各装置经_____阶段生产出合格产品后，对装置进行的一系列运行操作调整。

5. 化工装置的停车包括_____、非正常停车和_____三种方式。

二、简答题

请简述化工装置开停车过程中的注意事项。

🌐 项目导图

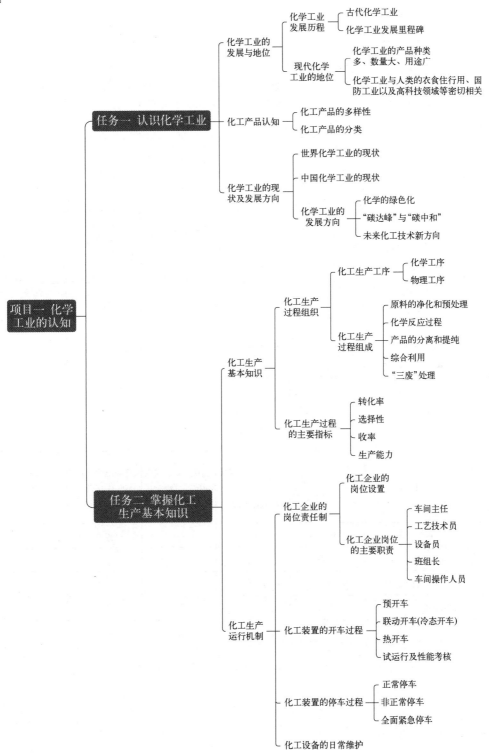

项目考核

考核方式	考核内容					原因分析及改进（建议）措施
	考核细则	评价等级				
		A	B	C	D	
学生自评	兴趣度	高	较高	一般	较低	
	任务完成情况	按规定时间和要求完成任务，且成果具有一定创新性	按规定时间和要求完成任务，但成果创新性不足	未按规定时间和要求完成任务，任务进程达80%	未按规定时间和要求完成任务，任务进程不足80%	
	课堂表现	主动思考、积极发言，能提出创新解决方案和思路	有一定思路，但创新不足，偶有发言	几乎不主动发言，缺乏主动思考	不主动发言，没有思路	
	小组合作情况	合作度高，配合度好，组内贡献度高	合作度较高，配合度较好，组内贡献度较高	合作度一般，配合度一般，组内贡献度一般	几乎不与小组合作，配合度较差，组内贡献度较差	
	实操结果	90分以上	80～89分	60～79分	60分以下	
组内互评	课堂表现	主动思考、积极发言，能提出创新解决方案和思路	有一定思路，但创新不足，偶有发言	几乎不主动发言，缺乏主动思考	不主动发言，没有思路	
	小组合作情况	合作度高，配合度好，组内贡献度高	合作度较高，配合度较好，组内贡献度较高	合作度一般，配合度一般，组内贡献度一般	几乎不与小组合作，配合度较差，组内贡献度较差	
组间评价	小组成果	任务完成，成果具有一定创新性，且表述清晰流畅	任务完成，成果创新性不足，但表述清晰流畅	任务完成进程达80%，且表达不清晰	任务进程不足80%，且表达不清晰	
教师评价	课堂表现	优秀	良好	一般	较差	
	线上精品课	优秀	良好	一般	较差	
	任务巩固环节	90分以上	80～89分	60～79分	60分以下	
综合评价		优秀	良好	一般	较差	

项目二

硫酸的生产

硫酸工业已有 200 多年的历史，早期的硫酸生产采用铅室法。19 世纪后期，接触法获得工业应用，目前已成为生产硫酸的主要方法。硫酸产品及其生产是属于化工行业的主要产品和基础工业部门，由于硫酸具有特殊的理化性质，所以在冶金、石化、化工、农业、医药、染料、食品、军工和高技术等工业领域中均广泛应用。

本项目通过介绍烟气制酸工技术状元陈珑文，让学生领略硫酸工业领域工匠风采，同时通过查阅资料、完成相关学习任务，深入了解硫酸的基本性质及硫酸工业发展历史、学习掌握接触法生产硫酸的工艺流程及仿真操作等知识。

🌐 工匠园地

以酸为梦的硫酸工匠——陈珑文

陈珑文，男，汉族，1990 年生，中共党员，大学本科学历，化工工程师，2013年参加工作，现任云南锡业股份有限公司铜业分公司制酸车间副主任（主持工作）。先后荣获云南省 2016—2017 年烟气制酸工职工技术技能大赛"技术状元"、"云南省五一劳动奖章"、"第一届云岭技能工匠"、第十三届"云锡十大杰出青年"等荣誉称号。

以酸为梦的硫酸
工匠——陈珑文

任务一　初识硫酸工业

↻ 任务情境

在化学工业的历史上，有一种重要的基础化学品曾被誉为"工业之母"，甚至把它的产量用于衡量国家的工业发展水平，它就是硫酸。硫酸的用途非常广泛，主要用于制造无机化学肥料，其次作为基础化工原料用于有色金属的冶炼、石油炼制和石油化工、纺织印染、无机工业、橡胶工业、涂料工业以及国防军工、医药农药、炼焦等工业部门，此外还用于钢铁酸洗。请你通过查阅文献、书籍和网络等资源，了解硫酸的性质、硫酸工业的发展史及现代硫酸生产的原料等知识。

📚 任务目标

素质目标：

提高创新和实践能力，培养严谨科学态度以及高度社会责任感。

知识目标：

1. 了解硫酸的性质。

2. 了解硫酸工业的发展史。

3. 了解现代硫酸生产的原料。

能力目标：

能够通过查阅资料解决问题。

硫酸工业概况　　硫酸的基
　　　　　　　　　本性质

 任务实施

硫酸生产从早期的硝化法到现代的接触法、加压法等新工艺的出现，生产技术不断得到优化和提升。同时，随着环保要求的提高和新能源的发展，硫酸工业也将面临更多的挑战和机遇。

子任务（一）　了解硫酸工业发展史

● 任务发布 ⋯⋯⋯⋯⋯⋯⋯⋯⋯⋯⋯⋯⋯⋯⋯⋯⋯⋯⋯⋯⋯⋯⋯⋯⋯⋯⋯⋯⋯⋯⋯⋯⋯

硫酸的生产和使用已有 200 多年的历史，经历了多个重要发展阶段，请以小组为单位查阅资料，了解硫酸工业的发展历史，然后完成表 2-1。

表 2-1　硫酸工业发展史

不同历史阶段	主要代表人物或事件	主要原料或设备	历史贡献

● 任务精讲 ⋯⋯⋯⋯⋯⋯⋯⋯⋯⋯⋯⋯⋯⋯⋯⋯⋯⋯⋯⋯⋯⋯⋯⋯⋯⋯⋯⋯⋯⋯⋯⋯⋯

一、硫酸工业在国民经济中的重要地位

硫酸是化学工业中的重要产品之一，硫酸工业在国民经济中占有重要地位，它被广泛应用于国民经济的各个部门。硫酸大量用于化肥和农药的生产，如每生产 1t 过磷酸钙要消耗 360kg 硫酸，硫酸产量的 50% 以上用于化肥生产。在有机合成工业中，硫酸用于各种磺化反应和硝化反应，如生产 1t 锦纶要消耗 1.7t 发烟硫酸，生产醚、酯、有机酸也要消耗硫酸。在无机化学工业中，HF、H_3BO_3、H_3PO_4 等的生产及钾、铁、铜、锌、铝的硫酸盐生产等都要消耗硫酸。在冶金工业中，铅、镁、铜、汞、钴、镍等金属的冶炼，也要消耗硫酸。在国防工业中，用离子交换法提取 ^{235}U，以及炸药的生产也要消耗硫酸。石油炼制、染料、人造纤维、食品、医药、机械加工等，都要用到硫酸。硫酸在废水处理中至关重要，硫酸是用于改善废水 pH 值的最常用的化学品。随着

工农业生产的发展，对硫酸的需求量在逐年增长。

二、硫酸工业发展史

硫酸工业已有 200 多年的历史。早期的硫酸生产采用硝化法，此法按主体设备的演变又有铅室法和塔式法之分。19 世纪后期，接触法获得工业应用，目前已成为生产硫酸的主要方法。

1. 早期的硫酸生产

15 世纪后半叶，B.瓦伦丁在其著作中，先后提到将绿矾与砂共热，以及将硫黄与硝石混合物焚燃的两种制取硫酸的方法。约 1740 年，英国人 J.沃德首先使用玻璃。在器皿中间歇地焚燃硫黄和硝石的混合物，产生的二氧化硫和氮氧化物与氧、水反应生成硫酸，此即硝化法制硫酸的先导。

2. 硝化法的兴衰

1746 年，英国人 J.罗巴克在伯明翰建成世界上第一座铅室法生产硫酸的工厂。1805 年前后，首次出现在铅室之外设置燃烧炉焚烧硫黄和硝石，使铅室法实现了连续作业。1827 年，著名的法国科学家盖-吕萨克建议在铅室之后设置吸硝塔，用铅室产品（65%H_2SO_4）吸收废气中的氮氧化物。1859 年，英国人 J.格洛弗又在铅室之前增设脱硝塔，成功地从含硝硫酸中充分脱除氮氧化物，并使出塔的产品浓度达76%H_2SO_4。这两项发明的结合，实现了氮氧化物的循环利用，使铅室法工艺得以基本完善。

18 世纪后半期，纺织工业取得重大的技术进步，硫酸被用于亚麻织品的漂白、棉织品的酸化和毛织品的染色。吕布兰法的成功，又需大量地从硫酸和食盐中制取硫酸钠，迅速增长的需求为初兴的硫酸工业开拓了顺利发展的道路。

1911 年，奥地利人 C.奥普尔在赫鲁绍建立了世界上第一套塔式法装置。六个塔的总容积为600m³，日产 14t 硫酸（以 100%H_2SO_4 计）。1923 年，H.彼德森在匈牙利马扎罗瓦尔建成一套由一个脱硝塔、两个成酸塔和四个吸硝塔组成的七塔式装置，在酸液循环流程及塔内气液接触方式等方面有所创新，提高了生产效率。

在苏联和东欧，曾广泛采用五塔式流程。到 19 世纪 50 年代，苏联又开发了更为强化的七塔式流程，即增设成酸塔和吸硝塔各一座，其生产强度比老式的塔式法装置有了成倍的提高，而且可以用普通钢材代替昂贵的铅材制造生产设备。

铅室法产品的浓度为 65%H_2SO_4，塔式法则为 76%H_2SO_4。在以硫铁矿和冶炼烟气为原料时，产品中还含有多种杂质。19 世纪 40 年代起，染料、化纤、有机合成和石油化工等行业对浓硫酸和发烟硫酸的需求量迅速增加，许多工业部门对浓硫酸产品的纯度也提出了更高的要求，因而使接触法逐渐在硫酸工业中居主导地位。

3. 后来居上的接触法

1831 年，英国的 P.菲利普斯首先发明以二氧化硫和空气混合，并通过装有铂粉或铂丝的炽热瓷管制取三氧化硫的方法。1870 年，茜素合成法的成功导致染料工业的兴起，对发烟硫酸的需求量激增，为接触法的发展提供了动力。1875 年，德国人 E.雅各布在克罗伊茨纳赫建成第一座生产发烟硫酸的接触法装置。他曾以铅室法对产品进行热分解取得二氧化硫、氧和水蒸气的混合物，冷凝除水后的余气通过催化剂床层，制成含 43%SO_3 的发烟硫酸。

自 1881 年起，德国巴登苯胺纯碱公司的 R.克尼奇对接触法进行了历时 10 年的研究，在各种工艺条件下系统地测试了铂及其他催化剂的性能，并在工业装置上全面解决了以硫铁矿为原料进行生产的技术关键。

第一次世界大战的爆发，使欧美国家竞相兴建接触法装置，产品用于炸药的制造。这对接触法的发展颇具影响。1913 年，巴登苯胺纯碱公司发明了添加碱金属盐的钒催化剂，活性较好，不易中毒，且价格较低，在工业应用中显示了优异的成效。从此，性能不断有所改进的钒催化剂相继涌现，并迅速获得广泛应用，并完全取代了铂及其他催化剂。

4. 近 30 年的发展

第二次世界大战以后，硫酸工业取得了较大的发展，世界硫酸产量不断增长。现代的硫酸生产技术也有显著的进步。19 世纪 50 年代初，德国和美国同时开发成功硫铁矿沸腾焙烧技术。德国的法本拜耳公司于 1964 年率先实现两次转化工艺的应用，又于 1971 年建成第一座直径 4m 的沸腾转化器。1972 年，法国的于吉纳-库尔曼公司建造的第一座以硫黄为原料的加压法装置投产，操作压力为 500kPa，日产 550t（100%H_2SO_4）。

据统计，在 2022 年全球硫酸产量大约为 3.1 亿吨，目前，全球硫酸核心厂商包括 Mosaic、Nutrien、PhosAgro、云天化集团、Groupe Chimique Tunisien 等。前五大厂商占有全球大约 19% 的份额。中国是最大的市场，占有大约 27% 份额，之后是北美和欧洲，分别占有 23% 和 18% 的市场份额。就产品类型而言，以硫黄为原料的硫酸是最大的细分市场，占有大约 59% 的份额。同时就应用方面来说，化肥是最大的细分市场，占有大约 63% 的份额。

三、我国的硫酸工业

中国的硫酸工业发展经历了多个阶段，从早期的传统工艺到现代化的工业化生产。以下是中国硫酸工业发展的主要阶段：

1. 传统工艺阶段（古代—19 世纪末）

古代中国已经存在使用硫矿石进行制酸的技术。然而，规模相对较小且工艺落后。到了 19 世纪末，随着西方工业技术的引入，中国开始了硫酸工业的现代化进程。

2. 引进与发展阶段（20 世纪初—1949 年）

在 20 世纪初，中国开始引进西方的硫酸工业技术和设备。最早的硫酸厂建立于上海、天津和山东等地，采用湿法工艺进行生产。这个阶段的发展相对较慢，受到了战争和政治动荡的影响。

3. 工业化发展阶段（1949 年至今）

中华人民共和国成立后，中国加快了硫酸工业的发展步伐。20 世纪 50 年代，中国建立了大型硫酸厂，开始采用硫黄和石膏等资源进行硫酸生产。随着国民经济的发展和技术的进步，硫酸工业得到了迅速发展。中国建立了一批大型硫酸厂，提高了硫酸产量和质量，并逐步实现了硫酸工业的现代化。

4. 环保与创新阶段（21 世纪至今）

随着环境保护意识的增强，中国在硫酸工业中加大了对污染物排放的控制和治理力度。通过采用先进的脱硫技术和废气处理设备，减少了硫酸工业对环境的负面影响。同时，中国也在硫酸工艺和技术创新方面取得了重要进展，提高了生产效率和质量。

我国硫酸工业的高速发展，使其生产装置拥有的套数已居世界第一位，2004 年产量已居世界首位，目前中国硫酸生产和消费均居世界第一。据国家统计局数据，2021 年全国硫酸总产量达 9383 万吨，占世界 1/3 左右。目前，我国在硫酸装置规模、技术装备水平、生产工艺、废物排放指标均有了长足进步，中国正从一个硫酸生产大国向硫酸生产强国迈进。

子任务（二）　熟知硫酸生产原料

● 任务发布 ···

生产硫酸所用原料来源广泛，各个硫酸生产企业都会根据自身资源禀赋情况，选择最具优势的原料进行生产。不同的原料生产硫酸，涉及的反应原理、生产设备均有一定差异，请以小组为单位查阅资料，同时完成表 2-2 的填写。

表 2-2　硫酸生产不同原料的比较

生产原料	生产原理及反应方程	优点	缺点
硫黄			
硫铁矿			
冶炼烟气			

● 任务精讲 ···

　　按照硫酸的生产工艺划分，硫酸可分为硫黄酸、冶炼酸、矿石酸和其他四种（石膏、磷石膏制硫酸）。2021 年我国硫酸（折 100%，即将硫酸产品按照纯度为 100% 的硫酸进行换算和统计）产量达 9383 万吨，同比增长 1.57%。最主要的硫酸制作原材料是硫黄、有色金属冶炼烟气和硫铁矿，2021 年这三种原材料制酸占到了硫酸生产的 98.29%，其中硫黄制酸占比达到了 41.49%，其次是冶炼烟气制酸，占比为 39.13%，硫铁矿制酸，占比为 17.67%，其他制酸占比 1.71%。

一、硫黄制硫酸

　　硫黄制硫酸的过程主要包括以下几个步骤。

　　① 硫黄在空气中燃烧与氧气反应生成二氧化硫。这个反应是放热的，一旦反应被引发，不需要额外的热量来维持反应的进行。硫黄首先被破碎和磨碎并加热至熔化，然后送入反应炉中，与空气中的氧气反应生成二氧化硫气体。化学方程式为：

$$S+O_2 === SO_2 \tag{2-1}$$

　　② 二氧化硫的催化氧化。在接触室中，二氧化硫与氧气在催化剂（如五氧化二钒）的作用下反应生成三氧化硫。这个反应是可逆的且正向放热，通过热交换将反应放出的热量带出，一方面降低温度使平衡正向移动提高原料的转化率，另一方面这部分热量对通入的原料气体进行预热提高反应速率。化学方程式为：

$$2SO_2+O_2 === 2SO_3 \tag{2-2}$$

　　③ 三氧化硫的吸收。生成的三氧化硫气体在吸收塔中与浓硫酸反应生成硫酸。由于 SO_3 与水反应生成硫酸明显放热，若用水吸收会产生酸雾腐蚀设备，因此使用浓硫酸吸收 SO_3 生成发烟硫酸。SO_3 气体从下口通入，浓硫酸从上口喷淋，通过对流使 SO_3 气体被充分吸收。化学方程式为：

$$SO_3+H_2O === H_2SO_4 \tag{2-3}$$

二、冶炼烟气制硫酸

　　主要为铜、锌、铅、镍、金等有色金属冶炼，二氧化硫是副产品。其工艺也是回收熔炼烟气中的二氧化硫，经过净化、转化、吸收等工序，获得硫酸。目前冶炼烟气制酸的工艺主要有干法净化冷凝制酸、稀酸净化单接触制酸、非稳态转化制酸、稀酸洗净化双接触制酸。化学方程式为：

$$2MeS+3O_2 === 2MeO+2SO_2 \tag{2-4}$$

冶炼烟气制硫酸主要有三步：

一是烟气净化。在有色金属冶炼过程中，产生的尾气中含有 SO_2 和其他杂质，因此需要进一步净化烟气，降低烟气含尘量，以防止因烟尘沉淀而造成管道、设备和催化剂床层堵塞。烟气净化可采用干洗净化、水洗净化、稀酸洗涤、热浓酸洗涤等方法。

二是 SO_2 转化。二氧化硫的催化氧化在五氧化二钒的作用下反应生成三氧化硫。化学方程式为：

$$2SO_2+O_2 =\!=\!= 2SO_3 \tag{2-5}$$

三是烟气干吸。吸收塔的中心任务是用浓度为 98%的酸吸收 SO_3 烟气生产硫酸，吸收工段就是把 SO_3 加工成硫酸。化学方程式为：

$$H_2O+SO_3 =\!=\!= H_2SO_4 \tag{2-6}$$

在冶炼行业，冶炼产生了大量污染空气的尾气二氧化硫。制酸厂的任务就是把二氧化硫回收利用制成硫酸，这既解决了环境污染问题，又能为工厂创造巨大的经济效益。

三、硫铁矿制硫酸

硫铁矿分为普通硫铁矿和磁硫铁矿两类。普通硫铁矿的主要成分为 FeS_2，纯净的 FeS_2 多为正方晶系，呈金黄色，称为黄铁矿；另一种斜方晶系的 FeS_2，称为白铁矿；还有一种比较复杂的含铁硫化物，一般可用 Fe_nS_{n+1} 表示($n \geqslant 5$)，最常见的是 Fe_7S_8，称为磁硫铁矿。纯的 FeS_2 含硫 53.46%，含铁 46.54%；纯的 Fe_7S_8 含硫 39%～40%，含铁 60%～61%。同种矿石，含硫量愈高，焙烧时放热量愈大。

自然界开采的硫铁矿都是不纯的，矿石中除 FeS_2 以外，还含有少量钴、镍、砷、硒、碲等元素，常含铜、银、金等的细分散混入物。硫铁矿中因含有各种杂质，而呈现灰色、褐绿色、浅黄铜色等不同颜色。最常见的普通硫铁矿是黄铁矿，含硫量一般为 30%～50%。含硫量在 25%以下，称为贫矿。

硫铁矿制硫酸的过程主要包括三个主要步骤：

一是二氧化硫的制取。首先，硫铁矿（FeS_2）被破碎和磨碎与空气混合，在高温下进行煅烧，发生氧化反应，生成二氧化硫（SO_2）和三氧化二铁（Fe_2O_3）。这一步反应化学方程式为：

$$4FeS_2+11O_2 =\!=\!= 2Fe_2O_3+8SO_2 \tag{2-7}$$

二是二氧化硫的催化氧化。将制取的二氧化硫与空气混合，在催化剂（如五氧化二钒）作用下，进行催化氧化，生成三氧化硫（SO_3）。化学方程式为：

$$2SO_2+O_2 =\!=\!= 2SO_3 \tag{2-8}$$

三是三氧化硫的吸收。吸收塔的中心任务是用浓度为 98%的酸吸收 SO_3 加工成硫酸。化学方程式为：

$$H_2O+SO_3 =\!=\!= H_2SO_4 \tag{2-9}$$

这三个步骤需要的主要设备包括沸腾炉（用于煅烧硫铁矿）、接触室（用于二氧化硫的催化氧化）和吸收塔（用于三氧化硫的吸收）。整个过程中，硫铁矿中的硫元素被转化为硫酸，实现了硫元素的循环利用。

✏ 任务巩固

一、填空题

1. 硫酸工业生产的三种主要原料是：_____、_____、_____。

2. 硫酸工业生产的三个主要设备：_____、_____、_____。

3. 硫酸的用途很广，所以被称为_____。

二、简答题

1. 硫酸工业生产的三个主要反应是什么？

2. 请简介硫酸的主要性质。

3. 人体一旦不小心碰到了浓硫酸，该如何处理？

任务二　探究接触法制硫酸

 任务情境

接触法制硫酸是目前工业硫酸生产领域最成熟、产率最高、产物硫酸纯度最高、污染最小、最经济的硫酸生产方法。接触法制硫酸的主要原料包括硫黄、黄铁矿、石膏及有色金属冶炼厂的烟气。在我国，由于硫黄资源较为丰富，因此黄铁矿成为主要的原料来源。接触法制硫酸的反应原理主要包括以下几个步骤：首先，硫黄或黄铁矿与空气在燃烧炉中进行氧化反应生成二氧化硫；接着，二氧化硫在催化剂的作用下进一步氧化为三氧化硫；最后，三氧化硫与水反应生成硫酸。请你通过查阅文献、书籍和网络等资源，了解接触法制硫酸的主要原理、生产设备、工艺流程等知识。

任务目标

素质目标：

培养严谨认真的工作态度，提高创新意识和实践能力，以及社会责任感。

知识目标：

1. 掌握接触法制硫酸的原理。

2. 掌握接触法制硫酸的主要设备。

3. 掌握接触法制硫酸的工艺过程。

能力目标：

具备接触法制硫酸工序组织能力。

接触法制硫酸的原理及主要工序

 任务实施

接触法是通过原料的接触反应实现新物质的生成，其主要应用于工业生产硫酸。涉及的主要原料有：硫黄、黄铁矿（硫铁矿）、石膏、有色金属冶炼厂的烟气等。涉及的主要工序有：原料预处理、造气、净化、接触氧化、吸收。

子任务（一）　完成原料预处理

● **任务发布**

硫铁矿是生产硫酸最常用的原料之一，工业开采的硫铁矿在进入硫酸生产系统之前需要按工业指标进行处理，这就是原料预处理阶段。请以小组为单位，通过查阅资料和探究学习，在课前自主完成以下三个与原料预处理有关问题的思考。

1. 原料预处理阶段的主要工作目的是什么？

2. 原料预处理用到的设备是什么？

3. 原料含水量过高对生产会有何影响？

● **任务精讲**

直接由矿山开采的硫铁矿一般呈大小不一的块状，在送往焙烧工序之前，必须将矿石进行粉碎、分级筛选粒度和配矿等处理。尾砂虽然不需破碎，因其含水量高，冬季储藏易结块，故对尾砂需进行干燥脱水处理。

一、破碎

为了保证硫铁矿焙烧炉的正常操作，要求入炉矿石含硫量、含水量和矿石粒度都保持稳定。入焙烧炉矿石粒度的大小不仅影响焙烧的反应速率快慢和脱硫程度高低，还影响沸腾炉流态化的正常操作。因此，矿石在入炉前，需要经过破碎和筛分。

送入沸腾炉焙烧的硫铁矿，一般粒度不得超过 4～5mm。因此，硫铁矿破碎通常需要经过粗碎和细碎两道工序。粗碎使用颚式破碎机，细碎用辊式破碎机或反击式破碎机。对于因水分而结块的尾矿需用鼠笼式破碎机。

硫铁矿的破碎操作一般是先将大块矿石经过颚式破碎机粗碎至颗粒直径在 35～45m 以下；而后由输送机送入反击式破碎机（或辊式破碎机）进行细碎；细碎后进行筛分，一般采用振动筛筛分，筛分后矿粒一般直径小于 5mm，可送入料仓或沸腾焙烧炉。

二、配矿

硫铁矿往往因产地不同，成分相差较大。在生产中为了稳定操作，保证炉气成分均一，符合制酸工艺要求。焙烧时宜用混合均匀、含硫成分稳定的矿料。通常用铲车或桥式起重机将贫矿和富矿按比例抓取、翻堆混合，以保证入炉的混矿含硫量符合工艺规定的要求，从而也使低品位矿料得到充分利用。

三、脱水

块矿含水率一般低于 5%，而尾砂含水量较多，高达 15%～18%。沸腾炉干法加料要求湿度（含水）在 6% 以内，水量过多，会影响炉子的正常操作。因此需将湿矿进行脱水。一般采用自然干燥，大型工厂采用滚筒干燥机进行烘干。

子任务（二）　制备二氧化硫炉气

● 任务发布

用硫铁矿制备二氧化硫的工序，又称为"焙烧"。焙烧是生产硫酸的核心环节之一，而固体流态化技术又是焙烧工序的核心技术。请以小组为单位，通过查阅资料和探讨学习，阐述固定床、流态化床和输送床的特点以及使用条件。

● 任务精讲

一、基本原理

二氧化硫的生产主要采用焙烧硫铁矿的方法，其过程是矿石中的二硫化铁与空气中的氧反应，生成二氧化硫炉气硫铁矿的沸腾焙烧，是流态化技术在硫酸制造工业的具体应用。流体通过一定粒度的颗粒床层，随着流体流速的不同，床层会呈现固定床、流化床及流体输送三种状态。需要强调的是，硫铁矿焙烧需要保持矿粒在炉中处于流化床状态，这取决于硫铁矿颗粒平均直径大小、矿料的物理性能及与之相适应的气流速度。对沸腾焙烧来讲，必须保持气流速度在临界速度与吹出速度之间。对于不均匀粒径的硫铁矿，通常取床

工序：焙烧

层内粒子的平均粒径来计算临界流态化速度和吹出速度。

硫铁矿的焙烧是非均相反应过程，反应在两相的接触表面上进行，整个反应过程由一系列反应步骤所组成。反应分别包括 FeS_2 的分解；氧气向硫铁矿表面扩散；氧与硫化亚铁反应；生成的二氧化硫由表面向气流主体扩散。此外，在表面上还存在着硫黄蒸气向外扩散及氧和硫的反应等。氧和硫铁矿之间的化学反应，大致可分为二硫化铁分解和硫化亚铁氧化两步。

第一步：硫铁矿在高温下受热分解为硫化亚铁和硫。

$$2FeS_2 \Longequal 2FeS + S_2 \qquad \Delta H = 295.68kJ/mol \qquad (2\text{-}10)$$

此反应在 400℃以上即可进行，500℃时则较为显著，随着温度升高反应急剧加速。

第二步：硫蒸气的燃烧和硫化亚铁的氧化反应。分解得到的硫蒸气与氧反应，瞬间即生成二氧化硫。

$$S_2 + 2O_2 \Longequal 2SO_2 \qquad \Delta H = -724.07 \ kJ/mol \qquad (2\text{-}11)$$

硫铁矿分解出硫后，剩下的硫化亚铁逐渐变成多孔物质，继续焙烧，当空气过剩量大时，最后生成红棕色的固态物质三氧化二铁。

$$4FeS + 7O_2 \Longequal 2Fe_2O_3 + 4SO_2 \qquad \Delta H = -2453.30 \ kJ/mol \qquad (2\text{-}12)$$

综合式（2-10）、（2-11）、（2-12）三个反应式，硫铁矿焙烧的总反应式为：

$$4FeS_2 + 11O_2 \Longequal 2Fe_3O_4 + 8SO_2 \qquad \Delta H = -3310.08 \ kJ/mol \qquad (2\text{-}13)$$

上述反应中硫与氧气生成的二氧化硫及过量氧和水蒸气等气体统称为炉气；铁与氧生成氧化物及其他固态物质统称为烧渣。

此外，焙烧过程中还有大量的副反应发生。值得注意的是，矿石中含有的铅、砷、硒、氟等在焙烧过程中会生成 PbO、AS_2O_3、$SeSO_2$、HF，以及矿物尘埃均呈气态随炉气进入制酸系统，是有害杂质，需要在后续的净化工序去除。

二、焙烧设备

硫铁矿的焙烧过程是在焙烧炉内进行的。随着固体流态化技术的发展，焙烧炉已由固定床型的块矿炉、机械炉发展成为流化床型的沸腾炉。硫铁矿的沸腾焙烧，就是应用固体流态化技术完成焙烧反应。

需要强调的是，硫铁矿的焙烧，应保持床层正常沸腾；保持正常沸腾取决于硫铁矿颗粒平均直径的大小、矿料的物理性能及与之相适应的气流速度。对沸腾焙烧来说，必须保持气流速度在临界速度与吹出速度之间。

生产中，在决定沸腾焙烧的速度时，既要保证最大颗粒能够流态化，又要力图使最小颗粒不致为气流所带走，这只有在高于大颗粒的临界速度，低于最小的吹出速度时才有可能。即首先要保证大颗粒能够流态化，在确定的操作气速超过最小颗粒的吹出速度时，被带出沸腾层的最小颗粒还应在炉内空间保持一定的停留时间以达到规定的烧出速率（硫铁矿中所含硫分在焙烧过程中被烧出的质量分数）。

采用沸腾焙烧与常规焙烧相比，具有以下优点：

① 操作连续，便于自动控制；

② 固体颗粒较小，气固相间的传热和传质面积大；

③ 固体颗粒在气流中剧烈运动，使得固体表面边界层不断地被破坏和更新，从而使化学反应速率、传热和传质效率大为提高。

但沸腾焙烧也有一定的缺点，如焙烧炉出口气体中的粉尘较多，增加了气体除尘负荷。

沸腾炉的炉体为钢壳，内衬耐火砖，如图 2-1 所示。炉内空间可分为空气室、沸腾层、上部燃烧空间三部分。

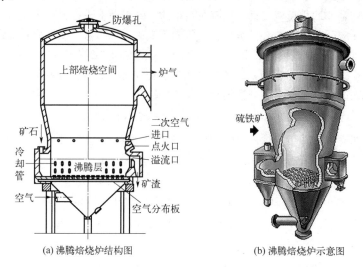

(a) 沸腾焙烧炉结构图　　　　(b) 沸腾焙烧炉示意图

图 2-1　沸腾焙烧炉

空气室也称为风室，鼓风机将空气鼓入炉内先经空气室，为使空气能均匀经过空气分布板进入沸腾层，空气室一般做成锥形。

气体分布板为钢制花板（板上圆孔内插入风帽），其作用是使空气均匀分布并有足够的流体阻力，有利于沸腾层的稳定操作。风帽的作用是使空气均匀喷入炉膛，保证炉截面上没有任何"死角"，同时也防止矿粒从板上漏入空气室。

沸腾层是矿料焙烧的主要空间，炉内温度在此处为最高，为防止温度过高而使矿料熔结，在沸腾层设有冷却装置来控制温度和回收热量。沸腾层的高度一般以矿渣溢流口高度为准。

上部燃烧空间的直径比沸腾层有所增大，在此加入二次空气，使被吹起的矿料细粒在此空间内得到充分燃烧，以确保一定的烧出率，同时降低气体流速，以减少吹出的矿尘量，减轻炉气除尘的负荷。

三、焙烧工艺条件

沸腾焙烧工艺条件主要是控制沸腾层温度、炉气中 SO_2 的浓度和炉底压力。控制沸腾层的温度对保证沸腾焙烧正常操作尤为重要。

1. 沸腾层温度

沸腾层温度一般控制在 850～950℃，影响温度的主要因素是投矿量、矿料的含硫量以及空气加入量。为使沸腾层温度保持稳定，应使投矿量、矿料的含硫量以及空气加入量尽量固定不变。矿料的含硫量一般变化不大。通过调节空气加入量来改变温度，会影响炉气中 SO_2 的浓度，也会造成沸腾层气体速度的变化，进而影响炉底压力。故常用调节投矿量来控制沸腾层温度，投矿量的变化会使炉气中 SO_2 浓度和焙烧强度有相应变化。另外，沸腾层温度受到烧渣熔点的限制，对于含铅或含二氧化硅杂质多的矿料，沸腾层温度应适当控制低些。

2. 炉气中 SO_2 的浓度

空气加入量一定时，提高炉气 SO_2 浓度，可降低 SO_3 浓度。SO_3 浓度的降低，对于净化工序正常操作和提高设备能力是有利的。而 SO_2 的浓度增大，空气过剩量就减少，造成烧渣中残硫量增加，这是不利的。故炉气中 SO_2 浓度一般控制在 10%～40% 之间为宜。实际生产中烧渣的颜色有助于判断空气过剩量的大小，当空气过剩量大时，烧渣呈红棕色；反之烧渣呈黑色。控制空气过剩量就可以使炉气中 SO_2 浓度保持在一定范围内。

3. 炉底压力

炉底压力一般在 8.8～11.8kPa（表压）之间。炉底压力尽量应维持稳定，压力波动会直接影响空气加入量，随后沸腾温度也会波动，一般用连续均匀排渣来控制炉底压力的稳定。影响炉底压力的因素有：沸腾层高度、矿料密度、矿料平均粒度等。矿料平均粒度大时，炉底压力会升高，反之亦然。投矿量较少时也会引起炉底压力的变化，此时应特别注意维持炉底压力的稳定。当炉内负压大时，炉底压力容易升高，会影响正常排渣，此时不宜随便开大风量，而应采用减少系统抽气量的方法降低炉内负压。

子任务（三） 实现炉气的净化与干燥

● 任务发布

从沸腾炉出来的二氧化硫由于含有大量尘埃和其他杂质，为避免发生催化剂中毒等异常情况，必须要对炉气进行净化以得到合格二氧化硫气体。请以小组为单位，通过查阅资料和探讨学习，完成表 2-3 的填写。

表 2-3　炉气中杂质的净化方法及使用设备

炉气中的杂质	采用的净化方法	涉及的设备或工艺

● 任务精讲

一、炉气的净化

1. 净化的目的及要求

硫铁矿焙烧得到的炉气除含有二氧化硫外，还含有三氧化硫、水分、三氧化二砷、二氧化硒、氟化氢及矿尘等。炉气中的矿尘不仅会堵塞设备与管道，而且会造成后工序催化剂失活。砷和硒则是催化剂的毒物；炉气中的水分及三氧化硫极易形成酸雾，不仅对设备产生严重腐蚀，还很难被吸收除去。因此，在炉气送去转化之前，必须先对炉气进行净化，净化要求达到的指标详见表 2-4。

工序：炉气的
净化

表 2-4　净化工序工艺指标

炉气成分	砷	酸雾	氟	水分	矿尘
指标	$<0.001g/m^3$	$<0.3g/m^3$	$<0.001g/m^3$	$<0.1g/m^3$	$<0.005g/m^3$

2. 矿尘的清除

工业上对炉气矿尘的清除，依尘粒大小，可采取不同的净化方法。对于尘粒较大的（10μm 以上）可采用自由沉降室或旋风分离器等机械除尘设备；对于尘粒较小的（0.1～10μm）可采用电除尘器；对于更小颗粒的矿尘（＜0.05μm）可采用液相洗涤法，即采用水洗除尘洗涤。

3. 砷和硒的清除

砷和硒在焙烧过程中分别形成 As_2O_3 和 SeO_2，它们在气体中的饱和度随着温度降低而迅速下降，如表 2-5 所示。

表 2-5　不同温度下 As_2O_3 和 SeO_2 在气体中的饱和度

温度/℃	As_2O_3 含量/（g/m³）	SeO_2 含量/（g/m³）	温度/℃	As_2O_3 含量/（g/m³）	SeO_2 含量/（g/m³）
50	$1.6×10^{-5}$	$4.4×10^{-5}$	150	0.28	0.53
70	$3.1×10^{-4}$	$8.8×10^{-4}$	200	7.90	13
100	$4.2×10^{-3}$	$1.0×10^{-3}$	250	124	175
125	$3.7×10^{-2}$	$8.2×10^{-2}$	—	—	—

由表 2-5 看出，当炉气温度降至 50℃时，气体中的砷和硒的氧化物已降至净化所规定的指标以下。采用湿法净化工艺，用水或稀硫酸洗涤炉气，在 50℃以下可达到较好的净化效果。砷和硒的氧化物一部分被洗涤液带走，其余部分呈固体微粒悬浮于气相中，形成酸雾中心。

4. 酸雾的清除

通常是在电除雾器中完成。电除雾器的除雾效率与雾粒直径成正比，为提高电除雾效率，一般采用逐级增大粒径、逐级分离的方法。一是逐级降低洗涤酸浓度，从而使气体被增湿，酸雾吸收水分而增大粒径。二是气体被逐级冷却，使酸雾也被冷却，同时气体中的水分在酸雾表面冷凝而增大粒径。此外增加电除雾器的段数，降低气体在电除雾器中的流速，也能达到提高除雾效率的目的。

5. 净化工艺流程

气体净化是硫铁矿生产硫酸的重要环节。净化工艺流程有多种，其中湿法净化工艺流程又分为酸洗和水洗，目前各生产企业从环保考虑一般采用酸洗。

典型的酸洗流程有标准酸洗流程、"两塔两电"酸洗流程、"两塔一器两电"酸洗流程及"文泡冷电"酸洗流程。"文泡冷电"酸洗流程是我国依据一般酸洗流程进行优化改进而设计的，该流程既能有效净化 SO_2 气体又节能环保，具体流程如图 2-2 所示。

焙烧工序来的含二氧化硫的炉气，进入文丘里洗涤器（文氏管）1，用 15%～20%的稀硫酸进行第一级洗涤，洗涤后的气体经复档除沫器 3 除沫，再进入泡沫塔 4 用 1%～3%的稀酸进行第二级洗涤。炉气经两级酸洗，再经复档除沫器 5 除沫，进入列管冷却器 6 冷却，水蒸气进一步冷凝，酸雾粒径进一步增大，而后进入管束式电除雾器，借助于直流电场除去酸雾，净化后的炉气去干燥塔。

文丘里洗涤器 1 的洗涤酸经斜板沉降槽 9 沉降，沉降后清液循环使用；污泥自斜板底部放出，用石灰粉中和后与矿渣一起外运处理。该流程用絮凝剂（聚丙烯酸铵）沉淀洗涤酸中的矿尘杂质，减少了排污量（每吨酸的排污量仅为 2.5L），达到封闭循环的要求，故又称为"封闭酸洗流程"。

湿法净化企业
实景

二、炉气的干燥

二氧化硫炉气在经过酸洗或水洗后，已清除了矿尘、砷、硒、氟和酸雾等杂质。但炉气中尚含一定量的水蒸气，如不除去，在转化工序会与三氧化硫生成酸雾而影响催化剂的活性。而且酸雾难以吸收，会造成硫的损失。炉气干燥的任务就是除去炉气中的水分，使每立方米炉气中的水蒸气量小于 0.1g。

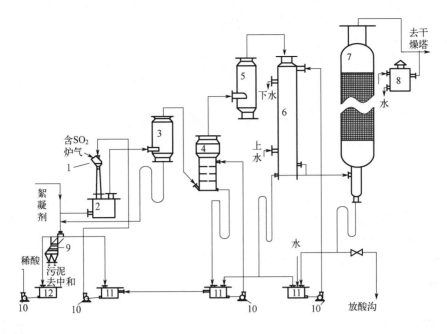

图 2-2 "文泡冷电"酸洗流程

1—文丘里洗涤器；2—文丘里洗涤器受槽；3,5—复档除沫器；4—泡沫塔；6—列管冷却塔；7—电除雾器；

8—安全水封；9—斜板沉降槽；10—泵；11—循环槽；12—稀酸槽

1. 干燥原理

工业上常用浓硫酸作干燥剂，炉气从填料塔下部通入，与上部淋洒的浓硫酸逆流接触，硫酸吸收炉气中的水分，使炉气达到干燥指标。在同一温度下，炉气中的水蒸气分压大于硫酸液面上的水蒸气分压时，炉气中的水分被硫酸吸收从而得到干燥。炉气干燥的流程较为简单，如图 2-3 所示。炉气经净化后进入干燥塔，与塔顶喷淋下来的浓硫酸逆流接触，塔内装有填料以使汽液接触均匀，炉气中的水分被硫酸吸收。干燥后的炉气经干燥塔顶部的捕沫器除去夹带的酸沫，然后去转化工序。

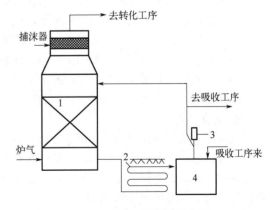

图 2-3 炉气干燥流程示意图

1—干燥塔；2—酸冷却器；3—酸泵；4—循环槽

喷淋酸吸收水分后温度升高，出塔后经淋洒式酸冷却器降温，再进循环槽由酸泵送干燥塔顶进行喷淋。喷淋酸因吸收炉气中的水分被稀释，为维持一定的浓度，吸收工序引入98.3%硫酸在循环槽与出干燥塔的酸混合。混合后酸量增多，多余的酸需送回吸收工序或作为成品酸送入酸库。

2. 工艺条件的选择

（1）喷淋酸浓度　喷淋酸浓度越大，硫酸液面上水蒸气分压越小，干燥效果越好，以98.3%硫酸液面上水蒸气分压为最低。当浓度超过98.3%时，硫酸液面上有三氧化硫存在，可与炉气中水蒸气生成酸雾。在工业上既要考虑酸的吸水能力，又要考虑尽量避免酸雾的形成，通常采用浓度为93%～95%的硫酸作为干燥酸。

（2）喷淋酸的温度　喷淋酸温度高，可减少炉气中二氧化硫的溶解损失，但同时增加了酸雾生成量，降低了干燥效率，加剧对设备管道的腐蚀。综合考虑上述因素，实际生产中，进塔酸温度一般在 20～40℃，夏季不超过 45℃。

（3）气体温度　进入干燥塔的气体温度，越低越好。温度越低，气体带入塔内的水分就越少，干燥效率就越高。一般气体温度控制在 30℃，夏季不应超过 37℃。

子任务（四）　制备三氧化硫

● **任务发布**

　　二氧化硫催化转化制三氧化硫是整个硫酸生产过程中最为重要的工序，看似简单的反应，但在化工生产过程中却是比较复杂的，催化炉的温度控制是十分关键的，一旦温度异常就会影响催化剂效果，进而影响整个生产系统的经济指标。以小组为单位，通过查阅资料和探讨学习，在课前思考制备三氧化硫阶段需要重点控制的工艺参数有哪些。

● **任务精讲**

一、基本原理

1. 反应原理

二氧化硫氧化为三氧化硫的反应为：

工序：制备
三氧化硫

$$2SO_2 + O_2 \Longrightarrow 2SO_3 \qquad \Delta H^{\ominus}_{298} = -96.24\text{kJ/mol} \qquad (2\text{-}14)$$

此反应是体积缩小、放热、可逆反应。这个反应在工业上只有在催化剂存在的条件下才能实现。

2. 反应动力学

二氧化硫在催化剂表面上氧化成三氧化硫的过程一般分四步进行：

（1）催化剂表面活性中心吸附氧分子，使氧分子中原子间的键断裂成为活泼的氧原子；

（2）催化剂表面的活性中心吸附二氧化硫分子；

（3）被吸附的二氧化硫和氧原子之间进行电子的重新排列，化合成为三氧化硫分子；

（4）三氧化硫分子从催化剂表面脱附下来，进入气相。

这四步中，对于钒催化剂来说，氧的吸附最慢，是整个催化氧化过程的控制步骤。

3. 反应温度

SO_2 氧化成为 SO_3 的反应是可逆放热反应，反应温度对反应的影响很大。从平衡转化率的角度，温度越低，平衡转化率越高，温度低有利于反应进行；从反应速率的角度，温度越高，反应速率越快，温度高有利于反应进行。但是催化剂有活性范围，温度太高太低都不行，目前常用的钒催化剂的适宜温度一般为 420℃。

4. SO_2 反应浓度

最适宜 SO_2 反应浓度必要先保证产量和最大经济效益。硫酸产量取决于送风机的能力。硫酸厂系统的阻力的70%集中在转化器的催化剂床层。SO_2 的浓度过低，将会影响硫酸的产量。但若增加 SO_2 的浓度，催化剂的填装量也要增加，也就增加了催化剂床层的阻力。SO_2 最适宜浓度和催化剂床层的阻力有很大的关系。实践中，在"两转两吸"（二次转化，二次吸收）的工艺条件下，SO_2 的进口浓度为9.8%最适宜。

二、催化剂的选择

在硫酸生产过程中，研制耐高温、高活性催化剂相当重要，普通催化剂允许起始的 SO_2 浓度在 10%（体积分数）以下，若能提高它们的耐热性，在高温下仍能长期保持高活性，就可以允许大大提高 SO_2 的起始浓度，不但能增加生产能力，降低生产成本，而且能得到较高的 SO_2 转化率。现在我国广为采用的是 S101-2H 型、S107-1H 型和 S108-H 型三种催化剂，它们为环状钒催化剂，比较先进的有 S101-2H（Y）型、S107-1H（Y）型，它们是菊花环状钒催化剂，但这些催化剂床层阻力与化学成分均无太大差异，主催化剂为 V_2O_5，助催化剂为 K_2O、K_2SO、MO_3 等。将 SO_2 氧化为 SO_3 的催化剂主要有三种：金属铂、金属氧化物（主要是氧化铁）和钒催化剂。

（1）铂催化剂　主要成分为铂-锗-钯三元素合金，活性高，热稳定性好，机械强度高。但价格昂贵，成本高，且易中毒。并且不能混有银、铜、铝，尤其是铁等少量杂质，所以在硫酸生产中不宜采用铂催化剂。

（2）氧化铁催化剂　主要成分为三氧化二铁（Fe_2O_3），该催化剂虽然价廉易得，但只有在 640℃ 以上高温时才具有活性，转化率一般只有 45%～50%，工业上已经很少采用。

（3）钒催化剂　钒催化剂是以 V_2O_5 作为活性成分，辅以碱金属的硫酸盐作为助催化剂，以硅胶、硅藻土、硅酸铝等用作载体的多组分催化剂。钒催化剂的化学成分一般为：V_2O_5 5%～9%；K_2O 9%～13%；Na_2O 1%～5%；SO_3 10%～20%；SiO_2 50%～70%，并含有少量的 Fe_2O_3、Al_2O_3、CaO、MgO 和水分等。产品一般为圆柱形，直径 4～10mm，长 6～15mm，也有做成环形、片状或圆形。活性高，热稳定性好，有较高的机械强度，且价格便宜易得。因此在硫酸工业生产中得以广泛应用。

以前国内钒催化剂普遍采用的是 S101 型。如净化指标好，操作温度和气体浓度控制稳定，炉气中 SO_2 浓度为 7% 时，转化率可达 97%，8% 时转化率可达 95%～96%。对于一次性转化的小型厂，设计采用的最终转化率一般取 96%，中型厂可用四段或五段工艺，采用五段工艺时一般用炉气冷激或空气冷激的方式，调节进入催化剂床层的温度。而两次转化的设计大多用四段（少数用五段）。

S107-1H 型和 S107-1H（Y）型催化剂的起燃温度为 360～370℃，正常使用温度为 480～580℃，适合作"引燃层"催化剂（低温钒催化剂）。S101-2H 型和 S101-2H（Y）型催化剂的起燃温度为 380～390℃，正常使用温度为 420～630℃，适合作"主燃层"催化剂（中温钒催化剂）。

在二次转化流程中如果使用低温钒催化剂，可使第一段催化剂床层和第四段催化剂床层的进气温度降低 15～20℃，最终转化率也会有所提高。因此催化剂 S107 和 S101 相比，一般工业生产中选用 S107 更为合适。S107 催化剂的主要物理化学性质见表 2-6。

表 2-6　S107 催化剂主要物理化学性质表

颗粒尺寸/mm	$\phi 5 \times$（10～15），圆柱形
堆积密度/（kg/L）	0.5～0.6
机械强度/（kgf/cm²）	>15
起燃温度/℃	360～370
正常使用温度/℃	480～580
最高耐热温度/℃	600

最终转化率是硫酸生产的主要指标之一。提高最终转化率可以减少尾气 SO_2 的含量，减轻环境污染，同时也可提高硫的利用率；但也会导致催化剂用量和流体阻力的增加。所以以最

终转化率也有最佳值。最终转化率的最佳值与所采用的工艺流程、设备和操作条件有关。采用一次转化一次吸收流程，在尾气不回收的情况下，当最终转化率为97.5%～98%时，硫酸的生产成本最低，如采用SO_2回收装置且采用两次转化两次吸收流程，最终转化率则应控制在99.5%以上。

三、主要设备

二氧化硫的催化氧化是在多段绝热式转化器中进行的，即绝热反应与换热过程交替进行。按照中间冷却方式的不同，转化器分为间接换热式和冷激式两类，如图2-4所示。

1. 间接换热式

部分转化的热气体与未反应的冷气体在间接换热器中进行换热达到降温的目的。换热器设在转化器内的称为内部间接换热式，如图2-4（a）所示，换热器设在转化器外部的称为外部间接换热式，如图2-4（b）所示。

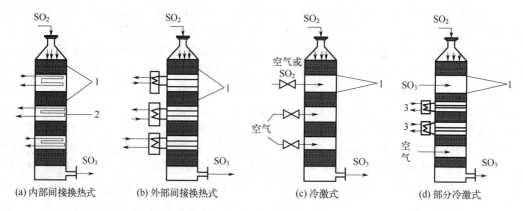

(a) 内部间接换热式　(b) 外部间接换热式　(c) 冷激式　(d) 部分冷激式

图2-4　多段中间换热式转化器

1—催化剂床层；2—内部换热器；3—外部换热器

内部间接换热式转化器结构紧凑，系统阻力小，热损失少。缺点是转化器本体庞大，结构复杂，检修不便，而且受管板机械强度的限制，难以制作大直径的转化器。因此只适用于生产能力较小的转化系统。

外部间接换热式转化器的换热器设在体外，转化器结构简单，易于大型化。但是，转化器与换热器的连接管线增长，系统阻力热损失增加，占地面积增多。

2. 冷激式

冷激式转化器如图2-4（c）所示，与间接换热式转化器相同，反应过程在绝热条件下进行。冷激式采用冷气体与反应物直接混合，降低混合气体温度。根据冷激所用气体的不同，分为炉气冷激式和空气冷激式。

（1）炉气冷激式　转化器段间补充冷炉气，以降低上一段反应后的气体温度。补充的冷炉气使反应后的二氧化硫含量增高，二氧化硫的转化率降低。要想得到较高的最终转化率，所需的催化剂用量则要大大增加。因此，通常多段冷激式转化器只在一段、二段间采用炉气冷激，如图2-4（d）所示。

炉气冷激式转化器节省换热面积，调节温度方便，催化剂用量比多段间接换热式略多。

（2）空气冷激式　在各段间加入干燥的冷空气，以降低反应后的气体温度，有利于提高转化率。为避免转化后气体混合物的处理量过大，进入转化器的气体混合物中二氧化硫的原始含量应高些。

空气冷激式省略了中间换热器，流程简化。必须指出，空气冷激必须满足两个条件：第一，送入转化器的新鲜气体不需预热，便能达到最佳进气温度的要求；第二，进气中的二氧化硫含量比较高，否则，由于冷空气的稀释使混合气体浓度过低，体积流量过大。

一般来说，全部用空气冷激的方式适合硫黄制酸的装置，硫黄焙烧的炉气无须净化，炉气温度较高而不必预热，炉气中二氧化硫的起始含量也较高；而焙烧硫铁矿制酸装置只能采用部分空气冷激式转化过程。

四、转化工艺流程

二氧化硫氧化的工艺流程，根据转化次数来分为一次转化、一次吸收流程（简称"一转一吸"流程）和二次转化、二次吸收流程（简称"两转两吸"流程）。

"一转一吸"流程主要的缺点是，SO_2 的最终转化率一般最高为97%，若操作稳定时，最终转化率也只有98.5%，硫利用率不够高，排放尾气含 SO_2 较高，若不回收利用，则污染严重；若采用氨吸收法回收，不仅需要增加设备，同时产生不少困难，如氨的来源、运输、腐蚀问题，以及消耗产品酸等问题。因此，人们在提高 SO_2 的转化率方面，从催化转化反应热力学及动力学寻找答案，先后开发出"加压工艺"，"低温高活性催化剂"及"两转两吸"工艺等技术。但以"两转两吸"最为有效，该工艺基本上消除了尾气烟害。

采用两次转化工艺时，催化剂装填段数及其在前后两次转化的分配与最终转化率、换热面积大小有很大关系。流程的特征，可用第一，第二次转化段数和含气通过换热器的次序来表示。例如3+1、Ⅲ、Ⅱ-Ⅳ、Ⅰ流程；指第一次转化用三段催化剂，第二次转化用一段催化剂；第一次转化前，含 SO_2 气体通过换热器的次序为第Ⅲ换热器（指冷却从第Ⅲ段催化剂床层出来的转化气用的换热器），第Ⅱ换热器；在第二次转化前，含 SO_2 气体通过换热器的次序为第Ⅳ换热器，第Ⅰ换热器，如图2-5所示。此外，常见的还有3+1、Ⅳ、Ⅰ-Ⅲ、Ⅱ及3+1、Ⅲ、Ⅰ-Ⅳ、Ⅱ和2+2、Ⅱ、Ⅲ-Ⅳ、Ⅰ等流程。

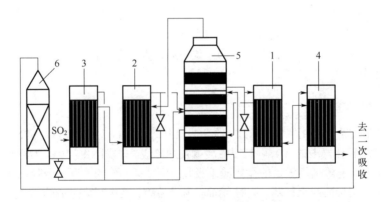

图 2-5 两次转化流程

1—第一换热器；2—第二换热器；3—第三换热器；4—第四换热器；5—转化器；6—第一吸收塔

1. "两转两吸"的优点

Ⅳ、Ⅰ-Ⅲ、Ⅱ这种换热组合流程的主要优势是当第一段催化剂活性降低，反应后移，则Ⅱ、Ⅲ换热器能保证一次转化达到反应温度。"两转两吸"流程与"一转一吸"流程比较，具有下述优点：

（1）最终转化率比第一次高，可达99.5%～99.9%。因此尾气中 SO_2 含量可低达0.01%～0.02%，比"一转一吸"尾气中 SO_2 含量低5～10倍，减少了尾气烟害。

（2）能够处理 SO_2 含量高的炉气。以焙烧硫铁矿为例，SO_2 起始浓度可提高到9.5%～10%，与一次转化的 7%～7.5%对比，同种设备可以增产 30%～40%。

（3）"两转两吸"流程多了一次转化和吸收，虽然投资比一次转化高 10%左右，但与"一转一吸"再加上层气回收的流程相比，实际投资可降低 5%左右，生产成本降低 3%。且减少了尾气回收工序，劳动生产率可提高 7%。

2. "两转两吸"的缺点

（1）由于增设中间吸收塔，转化温度由高到低再到高，整个系统热损失较大。气体两次从 70℃左右升高到 420℃，换热面积较一次转化大。而且炉气中 SO_2 含量越低，换热面积增加得越多。

（2）两次转化较一次转化增加了一台中间吸收塔及几台换热器，阻力比一次转化流程增大 3.9～4.9kPa。

从 SO_2 鼓风机出来的烟气，依次通过Ⅲ、Ⅰ换热器，与三段转化、一段转化后的高温烟气进行换热后，气体升温至 430℃，进入一段转化，在此，烟气中的大部分 SO_2 被转化成 SO_3，反应放出的热使烟气温度升高。为提高 SO_2 转化率，经Ⅰ换热器降温后进入二段转化，在此，烟气中的部分 SO_2 被转化成 SO_3。从二段转化出来的高温烟气经Ⅱ换热器降温后进入三段转化，烟气中的 SO_2 进一步转化为 SO_3。从三段转化出来的高温烟气依次经Ⅲ换热器、SO_3 冷却器降温冷却后，进入中间吸收塔。在吸收塔烟气中 SO_3 被塔上部喷淋的 98%酸充分吸收，吸收后约 83℃的气体，经过Ⅳ换热器、Ⅱ换热器，被四段转化、二段转化后的高温烟气加热升温至 430℃，进入四段转化，烟气中的 SO_2 进一步转化为 SO_3，出四段转化后的高温烟气经Ⅳ换热器冷却降温后进入最终吸收塔，出最终吸收塔的烟气经尾气烟囱排放。在吸收塔，烟气中 SO_3 被塔顶喷淋的 98%酸充分吸收。

制备三氧化硫
企业实景

子任务（五） 吸收三氧化硫

● **任务发布**

从反应原理方程来看，用水吸收三氧化硫得到硫酸，实际工业生产过程中却不是用水，而是用浓硫酸来吸收制备硫酸产品。请以小组为单位，通过查阅资料和探讨学习，思考吸收三氧化硫为何不能直接用水。

● **任务精讲**

SO_2 经催化氧化后，转化气中约含 7%的 SO_3 及 0.2%的 SO_2，其余为 O_2 和 N_2。用硫酸水溶液吸收转化器中的 SO_3 可制得硫酸或发烟硫酸。在实际生产中，为将硫酸生成热引出系统，一般采用大量的循环酸来吸收三氧化硫。酸的浓度在吸收循环中不断增大，需要用稀酸或水稀释，同时不断取出成品酸。催化氧化生成的三氧化硫采用硫酸水溶液吸收制得硫酸或发烟硫酸。

工序：吸收
三氧化硫

$$nSO_3+H_2O \Longrightarrow H_2SO_4+(n-1)SO_3 \quad \Delta H<0 \qquad (2\text{-}15)$$

当 $n<1$，生成含水硫酸；当 $n=1$，生成无水硫酸；当 $n>1$，生成发烟硫酸。硫酸的规格为：通常是 92.5%或 98%的浓硫酸；含 20%的游离 SO_3 或 65%的发烟硫酸。

一、吸收工艺条件

1. 吸收酸浓度

为使 SO_3 吸收完全，并避免在吸收过程中形成酸雾，要求吸收液面上的 SO_3 与水蒸气的分压尽可能低。浓度为98.3%的硫酸在任何温度下液面上总蒸气压为最小，因此浓度为98.3%的硫酸是最理想的吸收剂。生产标准发烟酸（20%发烟酸）时，可采用标准发烟酸作为吸收酸。吸收后高浓度的酸中，加入98.3%硫酸稀释到标准发烟酸的浓度，即可输出作为成品。由于发烟硫酸表面的三氧化硫蒸气压力较大，三氧化硫的吸收不可能完全，还需用98.3%硫酸吸收才能接近吸收完全。

2. 吸收酸温度

硫酸表面的水蒸气和三氧化硫分压随温度而变化。温度升高，液面上水蒸气和三氧化硫蒸气增多，影响吸收效果，导致吸收率下降，易造成 SO_3 损失；酸温升高对管道腐蚀性加剧。即从吸收角度看，温度过高不利于吸收操作；而温度过低则易产生酸雾。因此，综合考虑以上因素，工业生产中控制吸收酸温度一般不高于50℃，出塔酸温度不高于70℃，进入吸收塔的气体温度一般不低于120℃。

二、吸收工艺流程

如图2-6所示，转化器经三氧化硫冷却器冷却到120℃左右，先经发烟硫酸吸收塔1，后经浓硫酸吸收塔2，再经尾气回收后放空。吸收塔1用98.5%的发烟硫酸喷淋，吸收 SO_3 后，浓度和温度均升高。吸收塔1流出的发烟酸在储槽Ⅰ中与来自储槽Ⅱ的98%硫酸混合，以保持发烟硫酸的浓度。经冷却塔6冷却后，取出部分标准发烟硫酸产品，其余部分送入吸收塔1循环使用。吸收塔2用98%硫酸喷淋，塔底排出酸浓度上升，温度由45℃上升为60℃，在储槽Ⅱ中与来自干燥塔的93%硫酸混合，以保持98%浓度。经冷却后，一部分98.3%的酸送入发烟硫酸储Ⅰ，另一部分送往干燥塔储槽Ⅲ，以保持干燥酸浓度。同时取出部分酸作为成品酸，大部分送入吸收塔2循环使用。

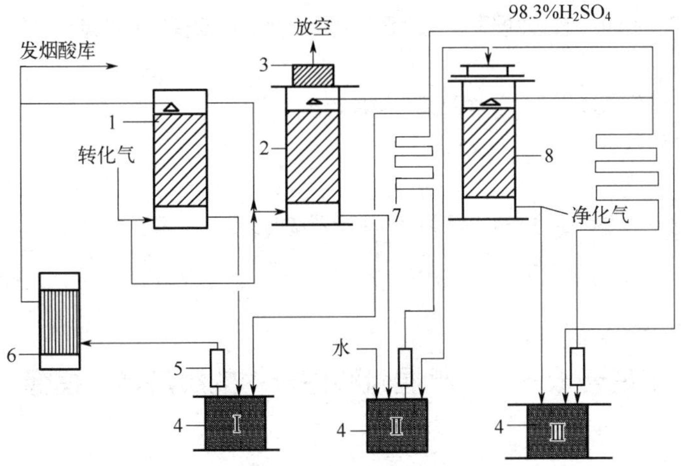

吸收三氧化硫企业实景

图2-6 生产发烟硫酸时的干燥-吸收流程

1—发烟硫酸吸收塔；2—浓硫酸吸收塔；3—捕沫器；4—循环槽；

5—泵；6、7—酸冷却器；8—干燥塔

📝 任务巩固

接触法制硫酸虽然复杂，但其核心知识可以简单概括为"5 个三"，即三种主原料、三个基本阶段、三个主反应、三个主设备及三个净化工程，请以小组为单位开展总结讨论，然后补充表2-7。

表 2-7　接触法制硫酸的原理、过程及典型设备

三种主原料	三个基本阶段	三个主反应	三个主设备	三个净化过程
黄铁矿或 S	造气			
空气	接触氧化			
98.3%浓硫酸	三氧化硫吸收			

任务三　解决硫酸生产中的经济技术问题

任务情境

硫酸生产是一个庞大复杂的化工生产系统，在践行"绿色化工"的大趋势下，硫酸行业正朝着技术先进化、装置大型化和循环经济化的方向发展，但如何使硫酸生产真正在资源能源利用、产品质量、"三废"治理、环境保护、安全生产等方面符合清洁生产标准，依然还有很多的进步空间，在提高企业生产技术水平和企业管理水平的同时提升硫酸生产的经济技术指标。请你通过查阅文献、书籍和网络等资源，了解硫酸生产过程中涉及的经济技术指标。

任务目标

素质目标：
培养创新意识、环保与可持续发展理念，增强社会责任感，提高团队合作意识。

知识目标：
1. 了解硫酸生产过程的转化率、收率及原料消耗定额等。
2. 了解硫酸生产过程中的"三废"处理。

能力目标：
能运用所学知识分析硫酸生产中的实际问题，提出解决方案。

任务实施

子任务（一）　掌握硫酸生产中的经济技术指标

● 任务发布

硫酸作为重要的化工原料，其生产技术水平和经济效益直接关系到整个化工行业的可持续发展。经济技术指标不仅反映了企业的生产管理水平，还影响着产品的市场竞争力及环境保护效果。请以小组为单位，通过查阅资料和探讨学习，完成课前思考：

1. 计算硫酸生产中的经济技术指标有何意义？
2. 硫酸生产中有哪些重要的经济技术指标？
3. 通过哪些途径可以提高硫酸生产的经济技术指标？

一、硫酸经济技术指标的重要性

硫酸生产中的经济技术指标是衡量硫酸生产过程中资源利用效率、能源消耗、产品质量及环境影响的综合指标，是反映生产技术水平和企业管理水平的主要指标。经济指标是产品的消耗定额、生产成本和劳动生产率；技术指标是主要设备的生产效率、生产强度和设备利用率等。

二、硫酸生产中的主要经济技术指标

经济技术指标包括很多方面，对于采用不同的原料、不同生产流程的硫酸生产，其主要经济技术要求也不相同。现将以硫铁矿为原料采用接触法生产硫酸的主要经济技术指标简单介绍如下。

（1）烧出率　烧出率是指硫铁矿中所含硫分在焙烧过程中被烧出来的百分数。硫的烧出率越高，则生产每吨硫酸所消耗的矿石越少。

（2）净化收率　净化收率是指二氧化硫炉气在净化过程中硫的收率。炉气净化方法不同，其净化收率也不同。采用水洗净化流程时，炉气中一部分 SO_2 和全部的 SO_3 溶解在洗涤水中成为亚硫酸和硫酸，造成硫的损失。排放的洗涤水（污水）中所含亚硫酸和硫酸用污水总酸度 $g(H_2SO_4)/L(H_2O)$ 表示。污水总酸度越高，净化过程中硫的损失量越大，净化收率越低。采用酸洗净化流程时，炉气中的少量 SO_3 在净化过程中变为稀酸，可以回收利用，净化收率一般比水洗流程高。

（3）转化率　转化率是指 SO_2 转化为 SO_3 的百分数，不同的转化流程以及同一流程在不同时间的转化率各不相同。转化率的高低不仅对原料消耗定额有重要影响，而且也是生产技术水平的主要指标之一。实际生产中，可根据转化前后气体中 SO_2 的浓度测定数据，通过专用表格查出转化率。

（4）吸收率　吸收率是指三氧化硫在吸收过程中被吸收生成硫酸的百分数。

（5）产酸率　产酸率又称为采酸率，即矿石中的硫被制成硫酸部分所占有的百分数。产酸率越高，表示同种同数量矿石生产出的硫酸量越多。对于水洗净化流程的产酸率为：

$$产酸率=烧出率×净化收率×转化率×吸收率$$

（6）硫的利用率　硫的利用率是指硫的总利用率，表示矿石中的硫被利用制成各种含硫的产品总的百分数。水洗流程若不考虑尾气回收，则硫的利用率等于产酸率。

（7）产品的消耗定额　产品的消耗定额即单位产品消耗定额，是指每生产 1t100% H_2SO_4 在整个生产过程中消耗的硫铁矿（折合成含硫35%计算）的量以及电、水、蒸汽的消耗等。

（8）产品产量核算　根据硫酸产品的质量标准，对合格产品进行产量统计。同时，根据不同原料制得的硫酸产品，进行实物产品产量和浓度折算。

（9）单耗指标核算　包括硫铁矿、硫黄等原料的消耗量核算，以及电、水等能源的消耗量核算。通过实际生产数据，计算每吨硫酸产品的原料和能源消耗量。

（10）技术经济指标计算　根据产品产量和单耗指标，计算硫酸生产的经济技术指标，如烧出率、净化收率、转化率等。这些指标的计算方法需遵循国家相关标准和行业规范。

对于以硫铁矿为原料采用水洗净化"一转一吸"流程的硫酸厂，其主要技术经济指标为：

① 烧出率大于98.5%；

② 净化收率大于97%；

③ 转化率大于96%；

④ 吸收率大于99.95%；

⑤ 产酸率大于91.5%；

⑥ 主风机出口气体中水分含量小于 $0.1g/m^3$；

⑦ 主风机出口气体中酸雾含量小于 0.03g/m³；

⑧ 污水总酸度小于 2g/L；

⑨ 耗矿（每生产 1t100% H_2SO_4 消耗含硫 35%的硫铁矿）小于 1020kg/t（酸）；

⑩ 耗电小于 115kW·h/t（酸）。

从以上主要技术经济指标可以看出，硫酸生产过程中，每一个工序都有硫的损失。此外，生产过程中还存在其他损失（如生产中的"跑、冒、滴、漏"损失）。产酸率越高，生产每吨酸消耗的硫铁矿越少，酸的成本就越低。因此，在成本、产值、利润、劳动生产率等各项经济核算时，消耗定额很重要。消耗定额降低，成本则随之降低，利润、产值和劳动生产率提高。

三、提高硫酸经济技术指标的措施

（1）优化生产工艺　通过改进生产工艺，提高原料的焙烧效率和二氧化硫的转化率，从而降低原料和能源的消耗量。

（2）加强设备维护　定期对生产设备进行维护和检修，确保设备处于良好的运行状态，提高生产效率。

（3）强化环保管理　加强废水、废气等污染物的治理，减少环境污染，同时提高资源的回收利用率。

（4）推进技术创新　加大技术创新力度，研发更高效的硫酸生产技术和设备，提高硫酸生产的整体技术水平和经济效益。

子任务（二）　回收利用硫酸生产中热能

● 任务发布 ....

任何生产过程都要消耗能量。但是很多化学反应过程常伴随热量的放出，如果能合理地回收利用这些能量，就可以减少原始能量的消耗，甚至可以提供生活或其他生产所需的能量。在当今能源紧张的情况下，能量的综合利用显得越来越重要。硫酸生产过程中会产生大量的热能，这些热能的回收利用对于提高能源利用效率、降低生产成本具有重要意义。请以小组为单位，通过查阅资料和探讨学习，思考回收硫酸生产中放出的热量，从经济效益角度考虑是否可行。

● 任务精讲 ....

一、硫酸生产中热能的产生

在硫酸工业中，每生产 1t 硫酸，一般要消耗 80～100kW·h 电能。但是，生产过程中的三个化学反应都有热量放出。以硫铁矿为原料的硫酸工业为例，每生产 1t100%硫酸释放出的总热量约为 $7.2×10^6kJ=200kW·h$（电能）（其中硫铁矿焙烧反应放出的反应热为 $4.4×10^6kJ$；二氧化硫氧化反应放热为 $1×10^6kJ$，炉气干燥和三氧化硫吸收过程放热为 $1.8×10^6kJ$，共折合成电能多达 200kW·h。其中高温余热占 60%，中温余热占 14%，低温余热占 26%。目前热能回收利用水平大约为 $2.7×10^6kJ/t$（酸），主要是利用在沸腾焙烧炉炉膛和二氧化硫炉气出口处安装废热锅炉产生蒸汽，然后利用所产生的蒸汽发电。利用转化、吸收和干燥工序余热的尚很少。以硫黄为原料的硫酸工业，每制造 1t100%硫酸，燃烧硫黄放出的热量约为 $3.05×10^6kJ$，二氧化硫氧化反应放出的热量约为 $0.96×10^6kJ$，二者合计为 $4.01×10^6kJ/t$（酸），相当于 137kg 标准煤的发热量。

根据硫酸生产过程中各反应阶段放出的热量温度不同，可以分为高温位热能、中温位热能和低温位热能。

（1）高温位热能　主要产生于硫黄焙烧过程，温度通常在500℃以上，占总热量的较大比例。

（2）中温位热能　产生于二氧化硫转化过程，温度大致在250℃～500℃。

（3）低温位热能　主要产生于三氧化硫吸收过程，温度通常在250℃以下，这部分热能虽然温度较低，但数量可观，若能有效回收，同样能产生显著的经济效益。

二、硫酸生产中热能的回收利用

硫酸生产过程的余热利用途径很多，国内外均有成熟经验，问题是如何根据生产能力不同，因地制宜地予以实施。不仅要将余热作为热源，还要根据能量的数量和质量，用以做功或发电，从而使生产工艺系统和动力系统紧密结合起来，形成工艺和动力综合体。从而节约大量能源，降低产品成本，提高经济效益。针对硫酸生产中产生的不同温度段的热能，可以采用不同的回收利用技术。

1. 高温位热能回收利用

主要通过蒸汽动力系统进行利用。硫酸生产厂可以集中使用全厂余热，产生高压、高温蒸汽，并带动透平机以提供全厂动力支持。

废热锅炉是回收高温废热的主要设备，通过回收高温烟气及炉气的热量，产生蒸汽用于发电或供热。

2. 中温位热能回收利用

硫酸生产过程中，二氧化硫转化反应所对应温度区间为400～600℃。以往多直接通过冷却水或冷空气进行间接冷却，导致能量损失。可以采用低压锅炉替代三氧化硫冷却器装置，回收利用转化过程中的反应热，产生低压蒸汽用于发电或其他用途。

3. 低温位热能回收利用

传统工艺中，三氧化硫吸收过程产生的低温位热能主要通过循环冷却水带走，造成能量浪费。目前较为成熟的制酸低温位热能回收工艺为美国孟莫克公司开发的HRS系统。该系统能够回收93%以上的热能，同时减少循环冷却水的用量。但该系统投资较大，且对操作控制要求较高。国内也有相关研究提出了利用螺杆膨胀动力机组等设备进行低温位热能回收的方法，通过热交换将循环酸的热量传递给除氧脱盐水，再利用低沸点工质进行发电或拖动其他原动力设备。

三、热能回收利用的经济与环境效益

1. 经济效益

通过回收利用硫酸生产中的热能，可以显著降低生产成本。例如，利用回收的热能生产蒸汽进行发电或热电联产，可以为企业带来可观的收入。同时，减少循环冷却水的用量也能为企业节省大量的水资源和动力消耗。

2. 环境效益

热能回收利用有助于减少温室气体排放，提高能源利用效率，符合国家的节能减排政策。通过减少冷却水的使用，还能降低对环境的热污染和水污染。

综上所述，硫酸生产中热能的回收利用具有重要的经济和环境效益。未来，随着技术的不断进步和成本的进一步降低，热能回收利用技术将在硫酸生产中得到更广泛的应用。

子任务（三）　硫酸生产的"三废"处理与综合利用

● 任务发布 ···

随着国家对环保要求的不断提高，所有化工企业均要牢固树立环保意识，对可能产生的

"三废"必须进行达标处理。请以小组为单位查阅资料了解硫酸生产过程中"三废"的处理，完成表 2-8 的填写。

表 2-8　硫酸生产过程中"三废"的处理

序　号	物料名称	出现的生产工序	可能的处理方法	涉及的化学原理
1	废气			
2	废水			
3	废渣			

● 任务精讲

一、硫酸生产"三废"概述

1."三废"定义

硫酸生产"三废"主要包括废气、废水和废渣。废气主要来源于燃烧含硫原料产生的二氧化硫等有害气体；废水则来自产生的酸性废水；废渣则是硫酸生产过程中的固体废弃物。

工序："三废"处理

2. 危害分析

废气排放会严重污染大气环境，导致酸雨等环境问题；废水若未经处理直接排放，会严重污染水体，影响水生生物及人类饮用水安全；废渣的随意堆放会占用土地资源，同时可能通过雨水淋溶等方式污染土壤和地下水。

二、"三废"的处理与综合利用

1. 尾气处理

尾气中的有害物质主要是二氧化硫（0.3%～0.8%）、微量三氧化硫和酸雾。提高二氧化硫的转化率是减少尾气中二氧化硫含量的根本方法，实际生产中可采用"两转两吸"流程，使二氧化硫转化率达 99.5%以上，不必处理即可排放。未采用"两转两吸"流程的尾气仍需处理，国内普遍采用氨-酸法处理。

氨-酸法是用氨水吸收尾气中的二氧化硫、三氧化硫及酸雾，最终生成硫酸铵溶液；也有少数企业根据自身产品情况，直接采用稀碱液（氢氧化钠溶液）进行吸收，效果较好，但是成本较高。

2. 烧渣综合利用

硫铁矿或硫精矿焙烧后残余大量的烧渣，烧渣除含铁和少量残硫外，还含有一些有色金属和其他物质。沸腾焙烧时得到的烧渣分为两部分：一部分是从炉膛排渣口排出的烧渣，粒度较大，铁品位低，残硫较高，占总烧渣量的 30%左右；另一部分是从除尘器卸下的粉尘，粒度细，铁品位高，残硫较低，有色金属含量也稍高一些。以硫铁矿（硫铁矿含硫量为 25%～35%时）为原料每生产 1t 硫酸，副产 0.7～0.8t 的烧渣。

烧渣和尘灰宜分别利用，可用于以下几个方面。

（1）作为建筑材料的原料　代替铁矿石作助熔剂用于水泥生产以增强水泥强度；制矿渣水泥；用硫酸处理并与石灰作用以生产绝热材料；用于生产碳化石灰矿渣砖。用于这些配料的量均不大，如 1t 水泥约用 60kg 含铁大于 30%的矿渣。

（2）作为炼铁的原料　1 个年产 40 万吨硫酸厂的烧渣如能全部利用，可炼钢 10～20 万吨。就可利用性而言，烧渣含铁量低于 40% 时，几乎没有作为炼铁原料的利用价值。一般来说，在高炉炼铁时，入炉料的含铁品位提高 1%，高炉焦比可降低 1.5%～2.5%，生铁产量增加 2.6%～3%，因为随入炉料含铁量的增加，脉石量减少，溶剂消耗量降低，燃烧消耗量减少。国外不少厂矿为提高硫铁矿对硫黄的竞争力，将硫铁矿精选到含硫 47%～52%，使烧渣达到炼铁精料的要求，降低硫酸成本。

（3）回收烧渣中的贵重金属　有些硫化矿来自黄金矿山的副产，经过焙烧制取 SO_2 炉气后，烧渣中金、银等贵重金属含量又有所提高，成为提取金银的原料。

（4）用来生产氧化铁颜料铁红、制硫酸亚铁、玻璃研磨料、钻探泥浆增重剂等。

3. 污水及污酸治理

污水和污酸主要来自净化工序。污水、污酸中含有硫酸、砷、氟、铅、铁、硒等，对生态环境危害很大，排放前必须处理。

普遍采用碱性物质中和法处理污水，即用碱性物质（石灰或电石渣）与污水中的砷、氟、酸等反应生成难溶物质，通过沉淀分离设备，从污水中分离出来。

污酸的处理常用硫化中和法，即利用硫化钠、硫氢化钠等硫化物与硫酸反应生成硫化氢。污酸中的铜、砷与硫化氢生成沉淀而分离，然后再对溶液进行中和处理，主要用于冶炼烟气制酸系统的污酸处理。

任务巩固

一、填空题

1. 在技术方面，硫酸生产的主要技术指标包括_____、_____和_____等。
2. 在经济方面，硫酸生产的经济指标主要包括产品的_____、_____和_____等。

二、简答题

1. 分别从技术、经济两个方面分析影响硫酸生产的指标因素。
2. 简述硫酸工业"三废"治理的综合利用途径。
3. 结合我国相关法律法规，谈谈硫酸企业在"三废"处理方面应遵循的原则。
4. 论述硫酸工业"三废"处理技术在实现绿色环保、可持续发展方面的重要性。

任务四　设计硫酸生产工艺流程与操作仿真系统

任务情境

现代硫酸工业自动化程度极高，现场除了简单的巡检外基本没有太多工作，而主要的控制工作都是在中央控制室完成，因此，作为一名合格的硫酸生产技术人员，不仅要熟悉生产工艺流程、工艺参数控制指标及波动范围等，还需要熟练掌握 DCS 操作系统，完成工艺控制。

任务目标

素质目标：

培养严谨认真的工作态度，探索求真的精神，以及团队协作能力，激发硫酸工业的从业兴趣和热情。

知识目标：

1. 掌握硫酸工业生产的总工艺流程。
2. 掌握硫酸生产过程中的安全、卫生防护等知识。

能力目标：

1. 能够对生产过程出现的故障进行准确判断并有效处理。

2. 能够按照操作规程进行反应岗位的开、停车操作。

3. 能够按照操作规程控制反应过程的工艺参数。

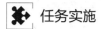 **任务实施**

子任务（一） 设计硫酸生产工艺流程

● **任务发布**

相较于以硫铁矿为原料的接触法制硫酸工艺，以硫黄为原料的制酸工艺具有生产流程简单、生产成本低、热能便于回收、生产无污水、污酸及废渣的排除、建厂地区适用性更强等特点。请以小组为单位，分别设计出以硫铁矿和硫黄为原料的接触法制硫酸总工艺流程，要求包含主要设备设施、主要物料走向、重要辅料加入点及工艺指标控制位置，并对比二者工艺的异同点，完成表 2-9 的填写。小组进行成果展示与工艺讲解，其余小组根据表 2-10 进行评分，指出错误并做出点评。

表 2-9 接触法制硫酸工艺流程异同点的对比

接触法制硫酸的原料	相同点	不同点
硫铁矿		
硫黄		

表 2-10 接触法制硫酸工艺流程评分标准

序号	考核内容	考核要点	配分	评分标准	扣分	得分	备注
1	流程设计	设计合理	30	设计不合理一处扣 5 分			
		环节齐全	30	环节缺少一处扣 5 分			
2	流程绘制	排布合理，图纸清晰	10	排布不合理扣 5 分 图纸不清晰扣 5 分			
		边框	5	缺失扣 5 分			
		标题栏	5	缺失扣 5 分			
3	流程讲解	表达清晰、准确	10	根据工艺讲解情况，酌情评分			
		准备充分，回答有理有据	10	根据问答情况，酌情评分			
合计				100			

● **任务精讲**

接触法制硫酸的工艺流程因原料的不同而有所差异，但焙烧、转化、吸收三道核心工序是必不可少的。

一、以硫铁矿为原料的接触法制硫酸工艺流程

硫铁矿制酸是辅助工序最多且最具代表性的化工过程。除三道核心工序外还需要设置原料预处理、净化、"三废"处理等辅助工序，且净化工序较为复杂。具体流程如图 2-7 所示。

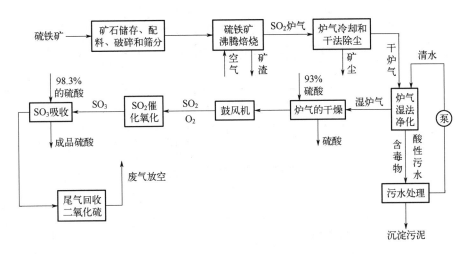

图 2-7　硫铁矿为原料接触法制硫酸生产工艺流程图

二、以硫黄为原料的接触法制硫酸工艺流程

硫黄制酸生产工艺主要包含风机、干吸、焚硫转化、废热锅炉四个工序，如使用高纯度硫黄作原料，整个制酸过程只设空气干燥一个辅助工序。其工艺流程如图 2-8 所示，仿真系统工艺流程如图 2-9 所示，硫黄制酸生产主要设备一览表如表 2-11 所示。

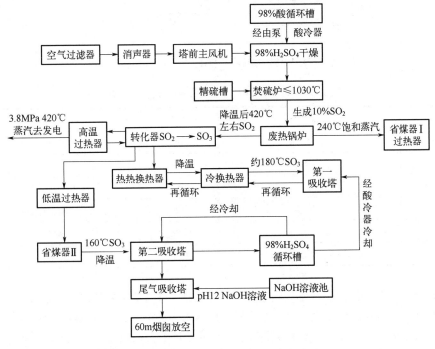

图 2-8　硫黄为原料接触法制硫酸生产工艺流程图

（一）焚硫转化工序

焚硫炉内硫黄的燃烧过程，首先是喷枪出口液硫的雾化蒸发过程，硫黄蒸气与空气混合，在高温下达到硫黄的燃点时，气流中氧与硫蒸气开始燃烧反应，生成二氧化硫后进行扩散，伴随反应放出热量。由热气流和热辐射给雾状液硫传热，因而使液硫继续蒸发。液硫在周围气膜中的燃

烧反应速度与其蒸发速度为控制因素，反应速度随空气流速的增加而增加。因而增大液硫蒸发表面，改善雾化质量，增加空气流的湍动，提高空气的温度有利于液硫的蒸发，强化液硫的燃烧和改善焚硫的质量。

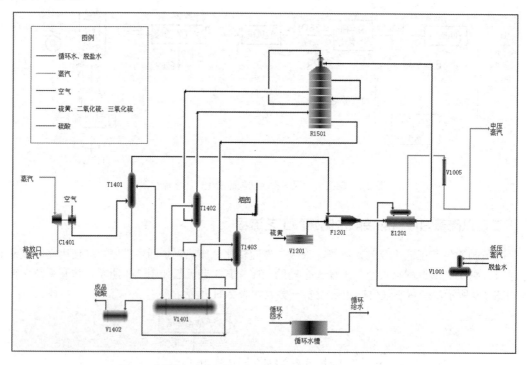

图 2-9　硫黄为原料的接触法制硫酸生产工艺流程图（仿真）

表 2-11　硫黄制酸生产主要设备一览表（仿真）

设备位号	设备名称	设备位号	设备名称
C1401	空气鼓风机	V1001	除氧器及水箱
E1201	废热锅炉	V1005	蒸汽集箱
F1201	焚硫炉	V1201	精硫槽
T1401	干燥塔	V1401	循环酸泵槽
T1402	第一吸收塔	V1402	成品酸槽
T1403	第二吸收塔	R1501	转化器

　　来自熔硫工序的精制液硫，由液硫泵送至精硫泵槽，通过高压精硫泵将液硫加压后经机械喷嘴喷入焚硫炉，焚硫所需的空气经空气鼓风机加压送入干燥塔，在干燥塔内与98%的浓硫酸逆向接触，使空气中的水分被吸收，出干燥塔的空气水分含量小于 0.1g/m³，进入焚硫炉与硫蒸气混合燃烧生成 SO_2（9.5%～11%）。温度在 1100℃左右的高温炉气，经废热锅炉回收热量后，温度降至420℃再进入转化一段催化剂床层进行转化，出口温度升至612℃，进入高温过热器降温至440℃进转化二段催化剂床层进行反应，二段出口气体温度升至 520℃左右进入热换器换热后，温度降至440℃左右，进入转化三段催化剂床层进行反应，转化三段出口气体温度升至465℃左右，依次经冷换热器和省煤器 I 换热后，温度降至170℃左右，进入第一吸收塔，与98%的浓硫酸逆流接触吸收其中的三氧化硫，未被吸收的气体通过塔顶的纤维除沫器除去其中的酸雾后，依次通过

第二换热器、第一换热器换热，利用转化二段、三段的余热升温至 420℃左右，进入转化四段催化剂床层进行第二次转化，四段出口气体温度升至 441℃左右，进入低温过热器和省煤器Ⅱ降温至 160℃左右进入第二吸收塔，用 98%的硫酸吸收其中的 SO_3 后，尾气经塔顶的除沫器除去酸沫，使出吸收塔 SO_2 浓度≤960mg/m³、酸雾≤45mg/m³ 后由 100m 放空烟囱排放。

（二）风机工序

（1）空气系统　空气经过空气过滤器进入风机，升压后由干燥塔底部进入（开车初期，一部分从风机出口放空管放空），与 98%浓硫酸逆流接触除去水分。

（2）蒸汽系统　开车初期过热蒸汽来自蒸汽管网，当装置运行正常后，过热蒸汽来自本装置，蒸汽分两路进入汽轮机，做功带动齿轮油箱和风机，低压蒸汽从汽轮机出来后一路去本装置除氧器，一路并入低压蒸汽管网。

（3）油路系统　油箱内的润滑油经过泵加压后，分两路进入系统，高压油直接经过油过滤器过滤后进入汽轮机、齿轮油箱、风机；润滑油经过油冷却器冷却后经油过滤器过滤，进入汽轮机、齿轮油箱、风机；各回油管并入总管回到油箱内。

（三）干吸工序

干燥是从汽轮机送来的空气，在干燥塔内自下而上与浓度为 98%的硫酸充分逆流接触，利用浓硫酸的强吸水性吸收空气中的水分，使干燥好的气体水分含量小于 0.1g/m³，达到干燥的目的。吸收过程是产酸过程，它包括物理吸收和化学吸收两个过程。由于水的表面分压很大，SO_3 气体与水蒸气接触，立刻生成酸雾，生成的酸雾难以被水或硫酸吸收。因此在实际生产过程中，只能用浓硫酸吸收 SO_3 于液相中，再与水反应生成硫酸，从而达到生产硫酸的目的。在干吸过程中：酸浓越高，水蒸气分压越低，水分被吸收的效果就越好；而酸浓越高，硫酸蒸气分压越高，产生的酸雾量越大，影响吸收效果。相比之下浓度为 98%的硫酸表面水蒸气和硫酸蒸气分压都较低。因此，选用浓度为 98%的硫酸作为干吸酸。在干吸塔内通过气液的逆流接触达到传质干吸的目的。同时在塔内装填适当高度的填料，以增大传质面积，达到良好的干吸效果。

1. 干燥部分

空气经空气过滤器、消声器，进入空气鼓风机升压后进入干燥塔，在塔内与 98%浓硫酸逆流接触，利用浓硫酸的强吸水性对空气进行干燥，干燥后的空气再由塔顶的金属丝网除沫器除去酸沫，使出塔空气水分≤0.1g/m³，酸雾≤0.005g/m³，合格的干燥空气送入焚硫转化工序。

2. 吸收部分

经一次转化出来的转化气体经省煤器Ⅰ换热后从第一吸收塔（简称一吸塔）底部进入塔内，与塔顶 98%的硫酸逆流接触吸收其中的 SO_3，从塔顶出来的气体经塔顶纤维除雾器除去酸雾后返回转化四段进行二次转化，四段转化出来的气体经过低温过热器、省煤器Ⅱ降温后进入第二吸收塔，与塔顶 98%的硫酸逆流接触吸收其中的 SO_3，最终的尾气经塔顶纤维除沫器除雾后由排气筒放空，至此完成两次转化、两次吸收。

3. 循环酸部分

酸循环系统设置一台循环酸泵槽和一台成品酸槽。循环酸泵槽内设有一隔板，将干燥塔下塔酸与吸收塔下塔酸隔开。循环槽中的一部分吸收塔下塔酸（约 98℃）由干燥塔酸泵送至干燥塔酸冷却器冷却至 65℃，进入干燥塔，干燥塔下塔酸温度 70℃，流入循环酸泵槽干燥酸，由二吸泵直接打入第二吸收塔（简称二吸塔）分酸器内作为吸收酸，用于吸收转化四段出来的 SO_3 气体；循环槽中的另一部分吸收塔下塔酸（约 98℃），由一吸塔酸泵送至一吸塔酸冷却器和脱盐水加热器冷却至 80℃，进入一吸塔分酸器作为吸收酸，一吸塔下塔约 102℃的酸，流入循环酸泵槽吸收酸侧；出二吸塔下塔酸温度约 78℃，流入循环酸泵槽吸收酸侧作为干燥和吸收酸。二吸塔酸泵出口酸的一部分（0~76.2t/h）送成品酸冷却器冷却至 40℃，进入成品酸槽，成品酸再由成品酸泵送出界区。为了保持酸循环槽中水量的平衡，需向循环酸槽补加工艺水。

入塔后的酸经分酸装置进入填料层，与气体充分接触传质后回到相应循环槽；循环槽内的酸经补加工艺水后，控制酸浓度在工艺指标范围内循环使用或作为产品经冷却后送出系统。

来自生产给水管的水进入冷水池，经循环水泵送至阳极保护管壳式酸冷器，换热后的热水被送至凉水塔进行喷淋抽风冷却，冷却后的水进入冷水池中，完成循环过程。为了保持悬浮物在循环冷却水系统中不超过一定含量，需设置过滤器对循环水进行旁流过滤处理，同时通过设置加药设备，控制循环冷却水系统内由水质引起的结垢和腐蚀，满足水温、污垢热阻、年腐蚀率等要求。

（四）废热锅炉工序

利用火管锅炉，省煤器和高、低温过热器回收焚硫炉和转化器反应产生的热量，使气体温度控制在各转化段规定的范围内，同时产出合格的过热蒸汽用于发电和驱动风机。

废热锅炉将高温焚硫炉气降温至约420℃，以达到一段转化的适宜温度，用高温过热器把一段转化出来的约612℃的高温气体降温后进入二段转化，三段出来的气体经冷换热器和省煤器Ⅰ换热后去第一吸收塔吸收，用低温过热器和省煤器Ⅱ把四段出来的气体中多余的热量回收后，进入第二吸收塔吸收。

1. 废热锅炉给水排汽

脱盐水站来的脱盐水经脱盐水加热器加热后进入除氧器，经过除氧器除氧后，温度升高到104℃以上，再经给水泵加压送到废热锅炉的Ⅱ级省煤器的低温段、Ⅰ级省煤器、Ⅱ级省煤器高温段，将水加热到 240℃直接送到汽包（开车初期，由于汽包用水量小，经过Ⅱ级省煤器高温段加热的水直接回到除氧水箱），废热锅炉采用自然循环，炉水由汽包引出，沿8根下降管流入锅壳，经锅壳中的列管加热后产生汽水混合物，再由锅壳顶部5根上升管送回汽包。经汽水分离后的炉水继续循环，饱和蒸汽由汽包顶部引出，先送到低温过热器将蒸汽加热到332℃后，再经管道送到高温过热器将蒸汽加热。经过几次换热产出 3.82MPa、450℃的过热蒸汽送余热电站或供本系统汽轮机使用。

2. 废热锅炉排污

三台锅炉本体及管道的排污和疏水、放水大部分汇集至排污总管，送入定期排污膨胀器。少数管道的零星排放水就地排入地沟。

子任务（二） 熟知硫酸生产设备与工艺参数

● **任务发布** ·······

根据图 2-10、图 2-11、图 2-12，找出硫黄制酸生产中涉及的主要工段的主要设备，思考设备的主要作用，以小组为单位完成表 2-12。

表 2-12 硫黄制酸工艺主要设备

工段	设备位号	设备名称	流入物料	流出物料	设备主要作用
废热锅炉工段					

工段	设备位号	设备名称	流入物料	流出物料	设备主要作用
焚硫转化 工段					
干吸工段					

● **任务精讲**

本工艺流程以硫黄制酸生产工艺仿真系统为例进行实操训练，其废热锅炉、焚硫转化、干吸等工段仿真 DCS 图分别如图 2-10、图 2-11、图 2-12 所示。

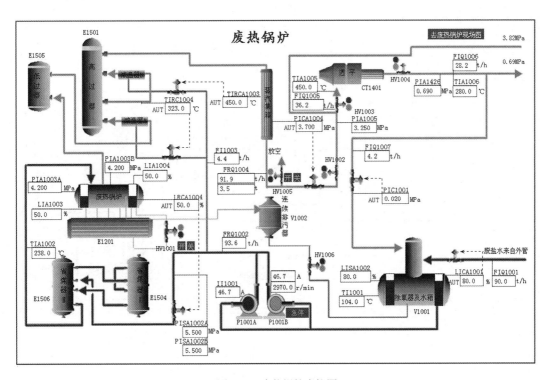

图 2-10　废热锅炉中控图

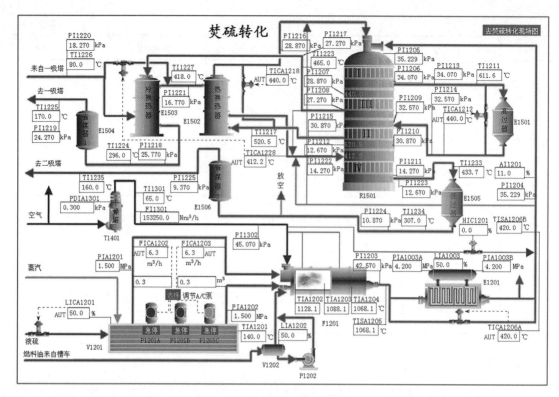

图 2-11　焚硫转化中控图

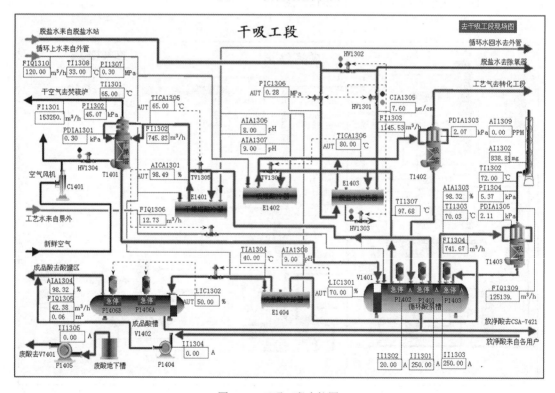

图 2-12　干吸工段中控图

子任务（三）　挑战完成硫酸生产冷态开车仿真操作

● 任务发布

请根据硫酸生产冷态开车需求设计典型岗位设置方案，并按操作规程完成硫黄制酸全流程的DCS仿真系统的冷态开车，填写表2-13。

表2-13　硫黄制酸冷态开车仿真操作完成情况记录表

流程	完成情况	未完成原因	改进措施
循环水补水			
干吸工段灌酸			
干吸酸泵开启			
汽轮机润滑油准备			
气体总管投用			
汽轮机蒸汽暖管			
汽轮机启动			
废热锅炉充液			
预热空气升温			
转化器空气升温			
喷油期间干吸换酸			
精硫槽准备			
SO_2炉气升温			
喷硫黄期间干吸补水			
废热锅炉汽包升压			
废热锅炉加药排污			
调节稳定			
稳定后投用联锁			

● 任务精讲

一、典型岗位设置方案

硫酸生产工艺冷态开车的岗位设置通常根据硫酸生产的具体流程、装置规模及自动化程度来确定。以下是一个较为典型的岗位设置方案。

（一）外操员

1. 原料岗位

（1）负责原料的验收、储存及预处理，确保原料符合生产要求。

（2）在冷态开车前，检查原料的质量和数量，做好投料准备。

2. 沸腾炉岗位

（1）负责沸腾炉的点火、升温及运行控制。

（2）监测炉温、炉压等关键参数，确保沸腾炉稳定运行。

（3）在冷态开车时，按照操作规程进行点火升温操作。

3. 净化吸收岗位

（1）负责气体的净化及三氧化硫的吸收。

（2）监测净化效率和吸收率，调整操作条件以优化生产。

（3）冷态开车时，需检查净化设备和吸收塔的准备情况。

4. 转化岗位

（1）负责二氧化硫的催化转化。

（2）控制转化器进出口温度等参数，确保转化效率。

（3）在冷态开车过程中，参与转化器的升温及调试工作。

5. 干吸岗位

（1）负责干燥及吸收塔的操作，生产合格的硫酸产品。

（2）监测干燥塔和吸收塔的运行状态，调整操作以维持产品质量。

（3）冷态开车时，需确保干吸系统的设备完好及酸槽的准备。

6. 设备岗位（包括维修、电器仪表等）

（1）负责设备的日常维护保养及故障处理。

（2）在冷态开车前，检查设备的完好性，确保生产顺利进行。

（3）负责电器仪表的校验及控制系统的调试。

7. 安全环保岗位

（1）负责生产过程中的安全环保监督及应急处理。

（2）制定并执行安全环保规章制度，确保生产安全。

（3）在冷态开车时，参与安全环保措施的落实及检查。

（二）内操员

内操员包括中控岗位，其主要职责有：

（1）负责整个生产过程的集中监控及协调。

（2）通过监控系统实时监测生产参数，及时调整操作以维持生产稳定。

（3）在冷态开车过程中，负责各岗位的协调及指令下达。

此外，根据生产规模及自动化程度的不同，岗位设置可能会有所调整。例如，在自动化程度较高的硫酸生产装置中，一些岗位可能会合并或采用远程监控的方式进行操作。因此，在实际操作中，应根据具体情况灵活调整岗位设置及人员配置。

二、冷态开车注意事项

实际生产中，硫黄制酸工艺中的冷态开车步骤需要合理安排，以确保开车过程的安全、稳定和高效。

（一）准备工作

1. 检查设备状态

对所有设备进行全面检查，确认其处于完好状态，无泄漏、无损坏。特别要检查锅炉、反应釜、冷却器、管线等关键设备。

2. 清理杂物

清理各储槽、储罐内的杂物，确保无堵塞现象。同时，检查所有盲板是否已去除，水是否已从系统中排除。

3. 检查仪表

确认所有仪表处于运行状态，并检查其准确性。特别是酸浓度分析仪等关键仪表，必须确保其正常工作。

4. 准备酸液

准备好足够量的98%浓硫酸供应，以应对开车过程中可能需要的换酸操作。

（二）公用工程供应

1. 检查冷却水系统

包括脱盐水系统，确保能进行正常的水循环。

2. 检查水处理系统

确保能随时供应经过处理的水。

3. 检查空气系统

包括装置空气系统和仪表空气系统，确保投产运行。

（三）系统升温与开车

1. 除氧器清洗与升温

清洗除氧器，并用水预热器进行预热。同时检查液位报警和液位调节系统是否可靠运行。

2. 锅炉升温

按照升温曲线对锅炉进行升温操作，确保升温速度适中，不出现骤升骤降的情况。

3. 系统开车

（1）检查酸系统　确认所有塔槽、交换器和管线已清理干净，并经过水压试验。

（2）灌酸操作　按照规定的步骤向酸系统灌酸，并检查管线和泵槽是否有泄漏。

（3）酸循环　启动酸循环泵，调整循环管线上的阀门，确保酸能够顺畅循环。同时检查各塔的酸流量是否符合设计值。

4. 焚硫炉与转化器升温

（1）安装磺枪与视镜　按照操作规程安装磺枪和视镜，并关闭相关阀门。

（2）调节风压与喷磺量　提高开车风机出口控制焚硫炉进风压力，启动精硫泵，开始间歇喷磺。根据转化一段催化剂床层温度的变化情况，适当调节风压和喷磺量。

（四）安全与环保措施

1. 设置安全设施

在酸区设置安全冲洗设施，并用绳索将酸区隔离开。所有非直接人员不得入内。

2. 穿戴劳保服装

操作人员必须穿上必要的劳动保护服装，以防止酸液溅到身上造成伤害。

3. 准备应急物资

准备好软管、石灰或苏打灰等应急物资，以便及时冲洗泄漏点并中和外溢的酸液。

（五）监测与调整

1. 监测锅炉给水管线

在酸循环过程中，监测锅炉给水管线中的电导仪。电导率升高表示锅炉给水预热器中有酸泄漏，此时应立即停车并排空酸系统以检修泄漏点。

2. 调节冷却水循环

根据酸系统的温度变化情况调节冷却水的循环量以确保酸系统稳定运行。

请扫二维码认真学习硫黄制酸工艺冷态开车DCS操作规程，以确保工艺过程的顺利进行。

硫黄制酸工艺
冷态开车操作
规程

任务巩固

简答题

1. 硫酸生产中常见故障有哪些？如何进行处理？
2. 在接触法制硫酸生产操作中，重点设备和工艺参数有哪些？

 项目导图

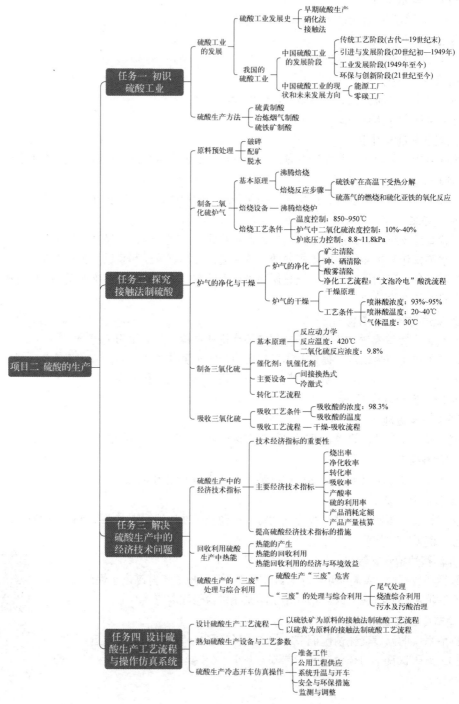

项目考核

考核方式	考核内容					原因分析及改进（建议）措施
	考核细则	评价等级				
		A	B	C	D	
学生自评	兴趣度	高	较高	一般	较低	
	任务完成情况	按规定时间和要求完成任务，且成果具有一定创新性	按规定时间和要求完成任务，但成果创新性不足	未按规定时间和要求完成任务，任务进程达80%	未按规定时间和要求完成任务，任务进程不足80%	
	课堂表现	主动思考、积极发言，能提出创新解决方案和思路	有一定思路，但创新不足，偶有发言	几乎不主动发言，缺乏主动思考	不主动发言，没有思路	
	小组合作情况	合作度高，配合度好，组内贡献度高	合作度较高，配合度较好，组内贡献度较高	合作度一般，配合度一般，组内贡献度一般	几乎不与小组合作，配合度较差，组内贡献度较差	
	实操结果	90分以上	80～89分	60～79分	60分以下	
组内互评	课堂表现	主动思考、积极发言，能提出创新解决方案和思路	有一定思路，但创新不足，偶有发言	几乎不主动发言，缺乏主动思考	不主动发言，没有思路	
	小组合作情况	合作度高，配合度好，组内贡献度高	合作度较高，配合度较好，组内贡献度较高	合作度一般，配合度一般，组内贡献度一般	几乎不与小组合作，配合度较差，组内贡献度较差	
组间评价	小组成果	任务完成，成果具有一定创新性，且表述清晰流畅	任务完成，成果创新性不足，但表述清晰流畅	任务完成进程达80%，且表达不清晰	任务进程不足80%，且表达不清晰	
教师评价	课堂表现	优秀	良好	一般	较差	
	线上精品课	优秀	良好	一般	较差	
	任务巩固环节	90分以上	80～89分	60～79分	60分以下	
综合评价		优秀	良好	一般	较差	

项目三

合成氨的生产

中国是世界上最大的合成氨生产国之一，合成氨行业在国民经济中占有重要地位。近年来，随着国家对农业和化工行业的支持力度不断加大，以及环保要求的提高和能源结构的调整，合成氨行业得到了快速发展，但同时也面临着新的挑战和机遇。政府先后出台了加强环保监管、鼓励技术创新等一系列政策以推动合成氨行业的健康发展。

本项目基于合成氨生产的职业情境，通过查阅合成氨生产相关资料，逐一学习每道生产工序的反应原理、工艺流程、工艺条件、设备参数等，对合成氨生产总流程进行设计。并利用仿真软件，按照操作规程，进行总流程的开车操作，在操作的过程中监控仪表、正常调节机泵和阀门，遇到异常现象时能分析原因并及时排除，以保障生产的正常运行，生产出合格的产品。

🌐 工匠园地

驾驭"无机之王"的精彩人生——赵景林

赵景林，中国石油天然气集团有限公司吉林石化分公司化肥厂合成氨车间化工一班值班长。曾获得过吉林省首席技师、吉林省技术能手、集团公司合成氨装置技能专家、吉林市企业新型师徒制专家等荣誉称号。2020年12月，被中国石油集团授予"劳动模范"荣誉称号。2022年4月，荣获2022年全国五一劳动奖章。

驾驭"无机之王"的精彩人生——赵景林

任务一　初识合成氨工业

🔄 任务情境

距哈伯和博斯发明的催化合成氨技术已有110余年之久，合成氨工业的出现改变了世界粮食生产的历史，为人类解决粮食需求问题作出了卓越贡献，同时为多相催化科学和化学工程科学奠定了基础。尤其在20世纪化学工业的发展中，催化合成氨技术起着核心作用。请以小组为单位通过查阅文献、书籍和网络等资源，了解成氨工业的发展史以及现代主要合成氨生产方法和未来的发展方向。

📚 任务目标

素质目标：

认识合成氨生产技术的发展和现代合成氨技术的创新在推动社会进步和经济发展中的重要作用，培养正确的科学观和价值观。

知识目标：

1. 了解合成氨工业的发展史。

2. 了解现代合成氨工业的主要生产方法。

3. 了解合成氨工业未来的发展方向。

能力目标：

会利用资源查询相关资料，并自主完成整理、分析与总结。

合成氨工业
概述

 任务实施

1913 年，世界上第一座合成氨装置投产。自合成氨技术发明至今，地球上的粮食产量增长了 7.7 倍，为人类解决粮食需求问题作出了卓越贡献。现在，合成氨工业被称为"无机之王"，是化学工业的强大支柱。

子任务（一） 了解合成氨工业发展史

● **任务发布** ⋯⋯⋯⋯⋯⋯⋯⋯⋯⋯⋯⋯⋯⋯⋯⋯⋯⋯⋯⋯⋯⋯⋯⋯⋯⋯⋯⋯⋯⋯⋯⋯⋯

有四位科学家在合成氨技术发展的过程中作出了巨大贡献。请以小组为单位查阅资料，完成表 3-1 的填写。

表 3-1 四位化学家为合成氨工业及工艺实现做出的贡献

为合成氨工业创立和发展作出了巨大贡献的四位化学家	对合成氨工业的贡献	提出的工艺设想
弗里茨·哈伯（Fritz Haber，1868～1934） 1918 年获诺贝尔化学奖		
卡尔·博斯（Carl Bosch，1874～1940） 1931 年获诺贝尔化学奖		
阿尔芬·米塔希 （Alwin Mittasch，1869～1953）		
格哈德·埃特尔（Gerhard Ertl，1936～） 2007 年获诺贝尔化学奖		

● **任务精讲** ⋯⋯⋯⋯⋯⋯⋯⋯⋯⋯⋯⋯⋯⋯⋯⋯⋯⋯⋯⋯⋯⋯⋯⋯⋯⋯⋯⋯⋯⋯⋯⋯⋯

催化合成氨是生物需要的活化态氮的重要补充，目前除合成氨工业外，通过其他途径获得活化态氮仍处于研究阶段。

一、国外合成氨工业发展史

（一）实验室发展阶段

从第一次在实验室制取氨到工业化生产氨，整整历经了 159 年，成为工业上实现高压催化反应的一座里程碑。

1754 年，英国著名化学家约瑟夫·普利斯特列（Joseph Priestley，1733～1804）加热氯化铵与石灰的混合物并采用排汞集气法收集到了氨气。

1784 年，法国化学家克劳德·路易斯·伯托利（Claude Louis Berthollet，1748～1822）确定了组成氨的元素是氮和氢之后，人们开始研究用氮和氢合成制备氨的方法，但未获得实质性的突破。

1909 年，德国物理化学家弗里茨·哈伯（Fritz Haber，1868～1934）用锇作催化剂，在 17.5～

20.0MPa 和 500～600℃下制得 6%的氨，哈伯设计了未反应原料的循环使用路线并为此申请了专利。

1910 年，哈伯在德国奥堡巴登的苯胺纯碱公司化工专家卡尔·博斯（Carl Bosch，1874～1940）的帮助下，建成了 80g(NH₃)/h 的实验装置。

1911 年，博斯团队的阿尔芬·米塔希（Alwin Mittasch，1869～1953）研究成功了以铁为活性组分的氨合成催化剂，为合成氨工业化创造了有利条件。

1913 年，德国苯胺纯碱公司建成了第一套日产 30t 的合成氨装置。

因此，哈伯和博斯分别获得 1918 年和 1931 年的诺贝尔化学奖。1990 年由德国催化学会与德国化学工程和生物技术协会共同设立 Alwin Mittasch 奖，奖励在催化基础研究和产业化应用领域取得突出成就的科学家，并以此纪念米塔希在催化剂领域的杰出贡献。

（二）工业化生产阶段

自 1913 年合成氨实现工业化生产至今，已有 110 余年的历史，随着新工艺、新技术的不断涌现，合成氨工业在生产技术上发生了重大变化。

哈伯和博斯建立的世界上第一座合成氨装置是用氯碱工业电解制氢，氢气与空气燃烧获得氮。

20 世纪 60 年代，美国凯洛格（Kellogg）公司相继建成日产约 500t 和 900t 的合成氨厂，实现了合成氨装置的大型化，并首先利用工艺过程的余热副产高压蒸汽，这是合成氨工业发展的一个重要里程碑。

20 世纪 70 年代，计算机技术应用于合成氨生产过程，使操作控制产生了质的飞跃，并使能耗大大降低。

21 世纪，单套生产装置的规模已发展到 2200t，反应压力由 100MPa 降到了 10～15MPa，能耗从 780 亿焦降到 272 亿焦，已接近理论能耗 201 亿焦。

二、国内合成氨工业发展史

20 世纪 30 年代，在南京、大连两地建有合成氨厂，在上海有一个通过电解水制氢再生产合成氨的小车间，我国合成氨工业开始起步。

中华人民共和国成立后，我国从苏联引进以煤为原料、年产50kt 的三套合成氨装置，并于 1957 年先后建成投产。

1958 年，为了适应我国农业发展的迫切需要，我国著名化学家侯德榜提出了合成氨碳化法制取碳酸氢铵化肥的新工艺。

1957～1961 年，我国"二五"期间自行建设 2000 多套年产 10kt、800～2000t 的合成氨厂。

20 世纪 60 年代起，在全国各地建设了一大批小型合成氨厂，在 1979 年为最多，发展到全国建有 1500 多座小氮肥厂。

20 世纪 60 年代，随着石油、天然气资源的开采，我国从意大利引进以重油为原料、采用部分氧化法、年产 50kt 的合成氨装置；从英国引进以天然气为原料、采用加压蒸汽转化法、年产 100kt 的合成氨装置。通过引进吸收和开发创新，我国先后建设了一批年产 50kt 的中型合成氨厂，形成煤、气、油并举的合成氨生产体系，完成了大中小型合成氨厂遍布全国的氮肥工业格局。

20 世纪 70 年代，在世界合成氨工业大发展的时期，通过引进和自行设计建设，我国共建成了 34 套合成氨联产尿素的大型装置。这些大型合成氨装置的建成投产，较快地增加了我国合成氨产量，提高了我国合成氨生产技术水平，缩小了与世界先进水平的差距。

目前，我国已成功开发以煤为原料的年产 20 万吨合成氨装置，"小型"合成氨厂的年产量已达 20～100 万吨，合成塔直径达到 2000～3000mm，单塔生产能力已接近国外引进的年产 30 万吨合成氨装置。

子任务（二）　了解合成氨工业的现代生产方法及发展方向

● **任务发布**

现代合成氨工业以各种化石能源为原料制取氢气和氮气。制气方法和工艺因原料不同而不同。请以小组为单位，通过查阅资料，了解现代合成氨工业的几种方法，并进行比较，同时完成表 3-2 的填写。

表 3-2　现代合成氨工业生产方法的比较

合成氨工业生产方法	生产原料	生产原理及反应方程	优点	缺点
固体燃料气化法				
烃类蒸汽转化法				
重油部分氧化法				

● **任务精讲**

氨是重要的化工产品之一，具有用途广、产量高（世界上产量最多的无机化合物之一）的特点。同时，氨是一种重要的工业原料，广泛用于制药、炼油、合成纤维、合成树脂以及国防工业等技术领域。

不同的合成氨厂，选用的生产方法不同，工艺也不完全相同，但直接法合成氨生产工艺均包括：原料气的制造与净化、氨的分离和合成四个基本工序，如图 3-1 所示。

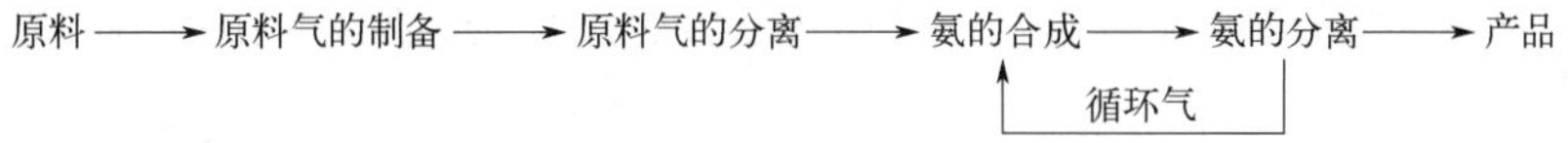

原料 ⟶ 原料气的制备 ⟶ 原料气的分离 ⟶ 氨的合成 ⟶ 氨的分离 ⟶ 产品
　　　　　　　　　　　　　　　　　　　循环气

图 3-1　直接法合成氨生产基本工序

一、现代合成氨工业生产方法

用于制造合成氨原料气的原料可分为固体原料、液体原料和气体原料三种。目前工业上普遍采用煤、焦炭、天然气、轻油、重油等燃料，在高温下与水蒸气反应的方法制造氢气。制备得到的合成氨粗原料气大体需经过脱硫、变换、脱碳、精制等工序除去原料气中的杂质，当企业制备原料气采用的原料、生产方法不同时，净化工序也随之变化。氨合成工序将符合要求的氢、氮混合气压缩到一定压力下，在高温、高压及催化剂存在的条件下，将氢氮气合成为氨。

（一）固体燃料气化法

固体燃料气化法是以煤（粉煤、水煤浆）为原料，氧和水蒸气为气化剂的制氢工艺，采用加压气化或常压气化的方法。由此方法制备的原料气采用冷法净化流程，需经过 CO 变换（采用耐硫变换催化剂）、低温甲醇洗脱硫、脱碳，液氮洗最终净化等净化工序。

（二）烃类蒸汽转化法

烃类蒸汽转化法是以天然气、油田气等气态烃为原料，空气、水蒸气为气化剂的生产方法。由此方法制备的原料气采用热法净化流程，需经过 CO 变换、脱碳和甲烷化最终净化等净化工序。

（三）重油部分氧化法

重油部分氧化法是以渣油为原料，以氧、水蒸气为气化剂生产合成氨的方法。原料气净化流程与固体燃料气化法相似。

二、合成氨工业的挑战与未来

合成气工业化
的主要产品

合成氨工业虽是百余年历史的传统工业，进入 21 世纪，也有人把合成氨称为"夕阳工业"，但它与节能减排技术、多相催化技术、新型煤化工、清洁能源及新能源汽车燃料和新型功能材料等国家重点发展的战略性新兴产业密切相关。需要化工人认清合成氨工业的挑战与未来。

（一）面临的挑战

1. 化肥领域

全世界每年约有 80%～85%的氨用于化肥生产，随着生物固氮等新技术的发展，化肥使用量会逐渐减少，但人类对粮食的需求属于刚性需求，依旧具有重要战略地位。同时随着生物能源的发展与需求，先进高效氮肥的研制是未来发展的挑战之一。

2. 非化肥领域

氨是所有含氮化学品的源头化合物，用途极为广泛。除了在冶金、电子、炼油、机械加工、矿石浮选、水净化、造纸、皮革等传统行业中的应用外，在新的应用方面也存在着挑战。

作为储氢材料，氨可用于燃料电池，具有方便、无毒化作用、不危害生态平衡等特点。如何研制出实际、安全的氨制取氢气的方法，从工业领域转移到消费领域是未来发展的挑战之一。

在太阳能利用与开发中，氨可以利用热化学可逆反应原理将太阳能有效转化、输送和储存。这种可逆化学反应热储存具有储能密度高、可长期储热、输送费及能量费低的特点。如何能将太阳能热化学储存与太阳能热发电或制冷空调有效地匹配，将是氨在太阳能应用中的一个挑战与突破。

在全球氮氧化物的控制中，如何高效发挥氨作为氮氧化物排放固定装置中还原剂的作用也是新应用方面的挑战之一。

（二）未来的发展方向

（1）大型化、集成化、自动化、清洁化、低能耗与可持续是未来合成氨装置的主流发展方向。

（2）以天然气和煤为核心原料，进行多联产和再加工，是老合成氨装置改善经济性和增强竞争力的有效途径。

（3）提高生产运转的可靠性，延长设备运行周期是未来合成氨装置改善经济性、增强竞争力的必要保证。

（4）生物固氮技术在 21 世纪正迎来新突破，将可能改变传统合成氨工业的高能耗、高排放模式，并对全球农业、能源和可持续发展产生深远影响。

📝 任务巩固

请结合资料，选择一种你认为符合我国能源格局特点的合成氨生产方法，并选取一家相关典型企业进行介绍。

任务二　选择合适的合成氨原料气制取方法

🔄 任务情境

不同原料气的生产方法、工艺过程、适用条件各不相同。现有一家企业拟建合成氨生产项目，假如你是该企业的一员，请根据合成氨原料气生产方法的特点，为该企业推荐一种合适的生产方法。

任务目标

素质目标：

在综合考虑环保、经济、适用等因素的基础上，合理选择合成氨原料制取方法，以培养节约资源、保护环境的意识，以及认真严谨、合理决策的职业素养。

知识目标：

1. 了解合成氨原料气的制备原理、方法及适用条件。
2. 掌握固体燃料气化法生产煤气的种类。

能力目标：

能根据设定情景选择合理的合成氨原料气制备方法。

造气工序企业实景

任务实施

合成氨原料气中的氢气主要由天然气、石脑油、重质油、煤、焦炭、焦炉气等制取，常用的造气方法有三种：固体燃料气化法、烃类蒸汽转化法和重油部分氧化法。

子任务（一）　探究固体燃料气化法

● **任务发布**

假设某企业要采用固体燃料气化技术设计一条合成氨生产线。请以小组为单位，通过查阅资料，了解国内外先进的固体燃料气化技术，进行优缺点和适用条件的比较，并给出所选技术的推荐理由，同时完成表 3-3 的填写。

表 3-3　国内外先进固体燃料气化法的比较

固体燃料气化法	优点	缺点	推荐理由
鲁奇固定层煤加压气化技术			
德士古水煤浆气化技术			
Shell（壳牌）煤气化技术			
其他技术			

● **任务精讲**

一、煤气种类

煤气的成分取决于燃料和气化剂的种类以及气化条件，工业上根据所用气化剂不同可得到以下几种煤气。

（1）空气煤气以空气为气化剂制取的煤气，其成分主要为氮气和二氧化碳。在间歇法煤制合成氨生产中也称之为吹风气。

（2）水煤气以水蒸气为气化剂制得的煤气，主要成分为氢气和一氧化碳。

（2）混合煤气以空气和适量的水蒸气为气化剂制取的煤气。

（4）半水煤气以适量空气（或富氧空气）与水蒸气作为气化剂，所得气体组成符合（$[CO]+[H_2]$）/$[N_2]=3.1\sim3.2$ 的混合煤气，即合成氨原料气。生产上也可用水煤气与吹风气混合配制半水煤气。

二、固体燃料气化的基本原理

煤在煤气发生炉中由于受热分解放出低分子量的烃类化合物，而煤本身逐渐焦化，此时可将煤近似看作碳。碳与气化剂（空气或水蒸气）发生一系列的化学反应，生成气体产物。

1. 化学平衡

（1）以空气为气化剂

主反应：
$$C+O_2 \longrightarrow CO_2 \qquad \Delta H_{298}^{\ominus} = -393.8 \text{kJ/mol} \tag{3-1}$$

反应特点：不可逆、强放热反应。

作用：为水煤气制气提供热量。

副反应：
$$C+CO_2 \longrightarrow 2CO \qquad \Delta H_{298}^{\ominus} = 172.3 \text{kJ/mol} \tag{3-2}$$

（2）以水蒸气为气化剂

主反应：
$$C+H_2O \rightleftharpoons CO+H_2 \qquad \Delta H_{298}^{\ominus} = -131.4 \text{kJ/mol} \tag{3-3}$$

反应特点：正反应体积增大、可逆的吸热反应。

副反应：
$$C+2H_2 \longrightarrow CH_4 \qquad \Delta H_{298}^{\ominus} = -74.9 \text{kJ/mol} \tag{3-4}$$

反应过程中除了主反应外还有副反应发生，故生产出的煤气是复杂的混合物。

2. 反应速率

气化剂与碳在煤气发生炉中的反应属于气-固相非催化反应，随着反应的进行，不断生成气体产物，而碳的粒度逐渐减小。其反应过程一般由气化剂的外扩散、吸附，气化剂与碳的化学反应及产物的脱附、外扩散等步骤组成。总的反应速率取决于阻力最大的某一步骤，此步骤称为控制步骤。提高控制步骤的速率是提高总反应速率的关键。

（1）$C+O_2 \longrightarrow CO_2$ 的反应速率研究表明，当温度在 900℃以上时，反应为外扩散控制，而提高空气流速是强化以外扩散为主要控制步骤的化学反应的有效措施。

（2）$C+H_2O \longrightarrow CO+H_2$ 的反应速率研究表明，当碳与水蒸气之间的反应在 400～1000℃的温度范围内，速率仍较慢，因此为动力学控制，提高反应温度是提高反应速率的有效措施。

三、固体燃料气化法的工业生产应用

满足系统自热平衡时
$[(CO)+(H_2)]/(N_2)$的
计算推理

用于生产合成氨的半水煤气，要求气体中 $([CO]+[H_2])/[N_2]=3.1～3.2$。由前面讨论的反应过程可以看出，以空气为气化剂时，可得到含 N_2 的吹风气；以水蒸气为气化剂时，可得到含 H_2 和 CO 的水煤气。从气化系统的热平衡来看，碳和空气的反应是放热反应，碳和水蒸气的反应是吸热反应。那么，在外界不提供热源的情况下，能否将空气作为气化剂产生的反应热用于水蒸气作为气化剂所吸收的热，在满足系统自热平衡的同时制备出合格的半水煤气呢？工业生产中通常采用间歇式和连续式两种制气方法来生产半水煤气，以解决上述问题。

（一）间歇式制气方法

（1）生产过程　此方法是先将空气送入煤气发生炉以提高燃料层的温度，生成的气体（吹风气）大部分放空，剩余部分回收并送入气柜；然后送蒸气入炉与碳层进行气化反应，生成水煤气，此时，燃料层温度逐渐下降。如此重复地进行上述过程。在实际生产中，也可在水蒸气中加入适量空气，一是用来维持炉温，二是用来提供半水煤气所需的氮气，通常称之为加氮空气法。

（2）生产特点　典型工艺为常压固定层间歇气化技术，要求原料为 25～75mm 的块状无烟煤或焦炭，采用空气和水蒸气作为气化剂，常压间歇气化。投资小，技术成熟，但该技术气化效率低，操作繁杂，单炉生产能力小，吹风过程中放出的空气对环境污染严重，属于逐步被淘汰的工艺。

（二）富氧空气（或纯氧）连续气化法

如果用一定比例氧含量的富氧空气取代空气，则既能满足热平衡，又能制得合格的半水煤气，可实现连续制气。常见典型工艺有：鲁奇固定层煤加压气化工艺、德士古水煤浆气化工艺、Shell（壳牌）煤气化工艺等。

富氧空气连续气化法中最低氧含量的计算推理

1. 鲁奇固定层煤加压气化技术

鲁奇加压气化炉是由德国鲁奇公司所开发的，称为鲁奇加压气化炉，简称鲁奇炉。鲁奇加压气化技术在中国城市煤气生产和制取合成气方面受到广泛重视。

（1）生产过程　氧气与水蒸气自下而上通过煤层，煤层自上而下分为干燥区、干馏区、气化区、燃烧区。在燃烧区主要进行碳的燃烧反应，在气化区则主要是碳与水蒸气的反应。气化过程炉内料层分布情况见图3-2。

（2）典型设备　第三代加压气化炉是在20世纪50年代推出的第二代炉型的基础上改进（图3-3），其型号为Mark-Ⅲ，是目前世界上使用最为广泛的一种炉型。其内径为3.8m，外径为4.128m，炉体高12.5m，气化炉操作压力为3.05MPa。该炉生产能力高，炉内设有搅拌装置，可气化除强黏结性烟煤外的大部分煤种。为了气化有一定黏结性的煤种，第三代气化炉在炉内上部设置了布煤器与搅拌器，它们安装在同一空心转轴上，其转速根据气化用煤的黏结性及气化炉生产负荷来调整，一般厚为10～20mm，从煤锁下料口到布煤器之间的空间，约能储存0.5h气化炉用煤量。以缓冲煤锁在间歇充煤、泄压加煤过程中的气化炉连续供煤。该炉型也可用于气化不黏结煤种。此时，不安装布煤搅拌器、整个气化炉上部传动机构取消，只保留煤锁下料口到炉膛的储煤空间，因此该设备结构简单。

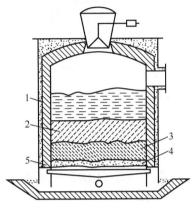

图3-2　气化过程炉内料层分布情况
1—干燥层；2—干馏层；3—还原层；
4—氧化层；5—灰渣层

鲁奇液态排渣气化炉是传统固态排渣气化炉的进一步发展，其特点是气化温度高，气化后灰渣呈熔融态排出，因而使气化炉的热效率与单炉生产能力提高，煤气的成本降低，如图3-4所示。该炉气化压力为2.0～3.0MPa，气化炉上部设有布煤搅拌器，可气化较强黏结性的烟煤。气化剂（水蒸气+氧气）由气化炉下部喷嘴喷入，气化时，灰渣在高于煤灰熔点温度下呈熔融状态排出，熔渣快速通过气化炉底部出渣口流入急冷器，在此被水急冷而成固态炉渣，然后通过灰锁排出。

2. 德士古水煤浆气化技术

德士古水煤浆加压气化工艺发展至今已有50多年历史，鉴于在加压下连续输送粉煤的难度较大，1948年美国德士古发展公司受重油气化的启发，首先创建了水煤浆气化工艺，并在加利福尼亚州洛杉矶近郊的蒙提贝罗（Montebello）建设第一套中试装置，这在煤气化发展史上是一个重大的开端，是目前先进的洁净煤气化技术之一。

（1）生产过程　以水煤浆为原料，以纯氧为气化剂，氧气和水煤浆通过特制的工艺喷嘴混合后喷入气化炉，在极短的时间内完成了煤浆水分的蒸发、煤的热解、燃烧和一系列转化反应等，制得以H_2+CO为主要成分的粗合成气，其反应释放的能量可维持气化炉在煤灰熔点温度以上反应以满足液态排渣的需要。

（2）典型设备与工艺　德士古水煤浆加压气化炉是两相并流气化炉，由图3-5可见，德士古气化炉为直立圆筒形结构，分为上中下三部分：上部为反应室，中部为废热锅炉或激冷室，下部为灰渣锁斗。水煤浆加压气化的工艺流程，按燃烧室排出的高温气体和熔渣的冷却方式的不同，可以分为激冷流程和废热锅炉流程。

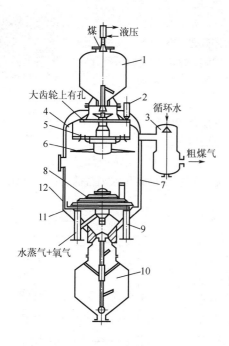

图 3-3 第三代加压气化炉

1—煤箱；2—上部传动装置；3—喷淋器；4—裙板；5—布煤
器；6—搅拌器；7—炉体；8—炉箅；9—炉箅传动装置；
10—灰锁；11—刮刀；12—保护板

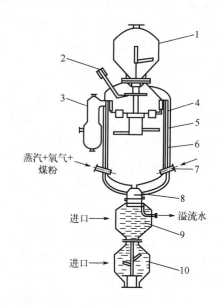

图 3-4 鲁奇液态排渣试验炉

1—煤箱；2—上部传动装置；3—喷冷器；4—布煤器；
5—搅拌器；6—炉体；7—喷嘴；8—排渣口；
9—熔渣急冷箱；10—灰锁

① 激冷流程。气化过程中从煤输送系统送来原料煤，经称重后加入磨煤机，在磨煤机中与定量的水和添加剂混合制成一定浓度的煤浆。煤浆经滚筒筛筛去大颗粒后流入磨煤机出口槽，然后用低压煤浆泵送入煤浆槽，再经高压煤浆泵送入气化喷嘴。通过喷嘴煤浆与空分装置送来的氧气一起混合雾化喷入气化炉，在燃烧室中发生气化反应。气化炉燃烧室排出的高温气体和熔渣经激冷环被水激冷后，沿下降管导入激冷室进行水浴，熔渣迅速固化，粗煤气被水饱和。出气化炉的粗煤气再经文丘里喷射器和炭黑洗涤塔用水进一步润湿洗涤，除去残余的飞灰。生成的灰渣留在水中，绝大部分迅速沉淀并通过锁渣罐系统定期排出界外。激冷室和炭黑洗涤塔排出黑水中的细灰，通过灰水处理系统经沉降槽沉降除去，澄清的灰水返回工艺系统循环使用。为了保证系统水中的离子平衡，抽出小部分水送入生化处理装置处理排放。激冷流程见图 3-6。

② 废热锅炉流程。气化炉燃烧室的排出物，经过紧连其下的辐射废热锅炉间接换热，副产高压蒸汽，高温粗煤气被冷却，熔渣开始凝固；含有少量飞灰的粗煤气再经过对流废热锅炉进一步冷却回收热量，绝大部分灰渣留在辐射废热锅炉的底部水浴中。出对流废热锅炉的粗煤气用水进行洗涤，除去残余的飞灰，然后可送往下道工序进一步处理。粗渣、细灰及灰水的处理方式与激冷流程的方法相同。

另外有一种半废热锅炉流程，粗煤气和熔渣在辐射废热锅炉内将一部分热量副产蒸汽后不再直接进入对流废热锅炉，而是直接进入炭黑洗涤塔，洗掉残余灰分的同时获得一部分水蒸气，为将一氧化碳部分变化为氢气的工艺提供条件。废热锅炉流程见图 3-7。

3. Shell 煤气化技术

Shell（壳牌）煤气化工艺是由荷兰壳牌国际石油公司开发的一种加压气流床粉煤气化技术。

Shell 煤气化工艺的发展主要经历了如下几个阶段：概念阶段；小试试验；中试装置；工业示范装置；工业化应用。

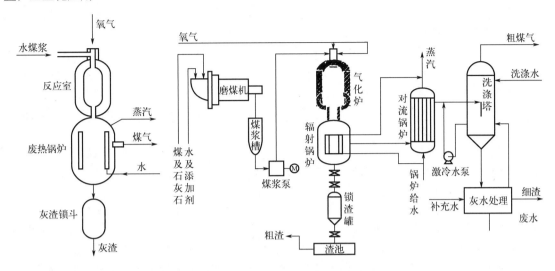

图 3-5 德士古气化炉   图 3-6 德士古激冷流程

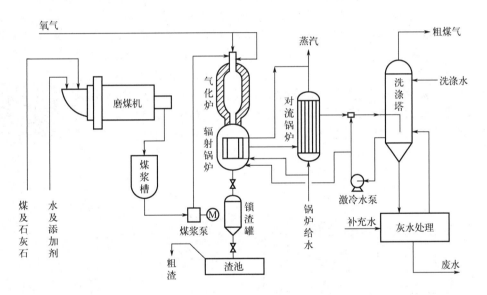

图 3-7 德士古废热锅炉流程

（1）生产过程　在加压无催化剂条件下，煤和氧气发生部分氧化反应，生成以 CO 和 H_2 为有效组分的粗合成气。整个煤的部分氧化反应是一个复杂过程，反应的机理目前尚不能完全作分析，但可以大致把它分为三步进行。

第一步，煤的裂解及挥发分燃烧。当粉煤和氧气喷入气化炉内后，迅速被加热到高温，粉煤发生干燥及热裂解，释放出焦油、酚、甲醇、树脂、甲烷等挥发分，水分变成水蒸气，粉煤变成焦煤。由于此时氧气浓度高，在高温下挥发分完全燃烧，同时放出大量热量。因此，煤气中不含有焦油、酚、高级烃等可凝聚物。

第二步，煤焦的燃烧及气化。在这一步中，一方面，煤焦与剩余的氧气发生燃烧反应，生成

CO_2 和 CO 等气体，放出热量。另一方面，煤焦与水蒸气和 CO_2 发生气化反应，生成 CO 和 H_2。在气相中，CO 和 H_2 又与残余的氧气发生燃烧反应，放出更多的热量。

第三步，煤焦及产物的气化。此时，反应物中几乎不含有 O_2。主要是焦煤、甲烷等物质和水蒸气、CO_2 发生气化反应，生成 CO 和 H_2。

（2）典型设备与工艺　Shell 煤气化装置的核心设备是气化炉。Shell 煤气化炉采用膜式水冷壁形式。它主要由内筒和外筒两部分构成，包括膜式水冷壁、环形空间和高压容器外壳。膜式水冷壁向火侧敷有一层比较薄的耐火材料，一方面为了减少热损失；另一方面更主要的是为了挂渣，充分利用渣层的隔热功能，以渣抗渣，以渣护炉壁，可以使气化炉热损失减少到最低，以提高气化炉的可操作性和气化效率。

环形空间位于压力容器外壳和膜式水冷壁之间。设计环形空间的目的是容纳水蒸气的输入、输出管和集汽管。另外，环形空间还有利于检查和维修。气化炉外壳为压力容器，一般小直径的气化炉用钨合金钢制造，其他用低铬钢制造。

气化炉内筒上部为燃烧室（或气化区），下部为熔渣激冷室。煤粉及氧气在燃烧室反应，温度为 1700℃ 左右。由于不需要耐火砖隔热层，运转周期长，可单炉运行，不需备用炉，可靠性高。

Shell 煤气化工艺流程见图 3-8，从示范装置到大型工业化装置均采用废热锅炉流程。来自制粉系统的干燥粉煤由氮或二氧化碳气经浓相输送到炉前煤储仓及煤锁斗，再经由加压氮气或二氧化碳气加压将细煤粒子由煤锁斗送入周向相对布置的气化烧嘴。气化需要的氧气和水蒸气也送入烧嘴。通过控制加煤量，调节氧量和蒸汽量，使气化炉在 1400~1700℃ 范围内运行。气化炉操作压力为 2~4MPa。在气化炉内煤中的灰分以熔渣形式排出。绝大部分熔渣从炉底离开气化炉，用水激冷，再经破渣机进入渣锁系统，最终泄压排出系统。熔渣为一种惰性玻璃状物质。出气化炉的粗煤气挟带着飞散的熔渣粒子被循环冷却煤气激冷，使熔渣固化而不致粘在合成气冷却器壁上，然后再从煤气中脱除。合成气冷却器采用水管式废热锅炉，用来产生中压饱和蒸汽或过热蒸汽。粗煤气经省煤器进一步回收热量后进入陶瓷过滤器除去细灰。部分煤气加压循环用于出炉煤气的激冷。粗煤气经脱除氯化物、氨、氰化物和硫，HCN 转化为 N_2 或 NH_3，硫化物转化为单质硫。工艺过程大部分水循环使用，废水在排放前需经生化处理。如果要将废水排放量减少为零，可用低位热将水蒸发。剩下的残渣只是无害的盐类。

各类煤气化技术生产特点

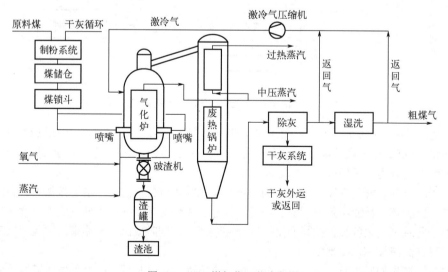

图 3-8　Shell 煤气化工艺流程图

子任务（二） 探究烃类蒸汽转化法

● **任务发布**

烃类蒸汽转化法中工艺条件对反应化学平衡和反应速率的改变均有影响。请以小组为单位，以甲烷蒸汽转化法为例，通过原理学习和查阅资料，讨论出较为适合的工艺条件，同时完成表 3-4 的填写。

表 3-4 甲烷蒸汽转化法工艺条件选择

甲烷蒸汽转化法工艺条件	对化学平衡的影响	对反应速度的影响	确定的工艺条件
温度			
压力			
水碳比			
催化剂			

● **任务精讲**

烃类蒸气转化法是以气态烃和石脑油为原料生产合成氨最经济的方法，具有不用氧气、投资省和能耗低的优点。其中，天然气是烃类蒸汽转化法的良好原料。

一、天然气蒸汽转化法的基本原理

天然气中甲烷含量一般在 90% 以上，其余为少量的乙烷、丙烷等气态烷烃，有些还含有少量氮和硫化物。甲烷在烷烃中是热力学最稳定的物质，而其他烃类的水蒸气转化过程都需要经过甲烷转化这一阶段。因此在讨论气态烃蒸汽转化过程时，只需考虑甲烷蒸汽转化过程。

主反应： $\qquad CH_4 + H_2O \rightleftharpoons CO + 3H_2 \qquad \Delta H_{298}^{\ominus} = 206.0 \text{kJ/mol}$ （3-5）

反应特点：体积增大的可逆吸热反应。

（一）化学平衡

反映温度、压力和水碳比的变化会影响到平衡时甲烷的干基含量（y_{CH_4}）。

1. 温度

甲烷蒸汽转化反应是可逆吸热反应，提高温度对平衡有利，可使原料甲烷平衡含量下降，H_2 及 CO 的平衡产率升高。转化温度每提高 10℃，甲烷平衡含量约降低 1.0%～1.3%。

2. 压力

甲烷蒸汽转化反应为体积增大的可逆反应，低压有利于平衡。降低压力，甲烷平衡含量下降。由图 3-9 可见，当水碳比 $z = 4.0$、$T = 800$℃时，压力从 2.217MPa 降到 1.418MPa，甲烷平衡含量从 6.5% 降到 3.5%。

3. 水碳比

水碳比是指进口气体中水蒸气与烃原料中所含碳的摩尔比。在给定条件下，水碳比越高，甲烷平衡含量越低。由图 3-9 可见，当 $p = 2.217$MPa、$T = 800$℃时，水碳比由 2.0 增加到 4.0，甲烷平衡含量由 13% 降到 6.5%，但水碳比不可过大，过大不仅经济上不合算，而且也影响生产能力。

总之，从化学平衡角度考量，提高转化温度、降低转化压力和增大水碳比有利于转化反应的进行。从式（3-5）出发进行分析，也可得出类似结论。

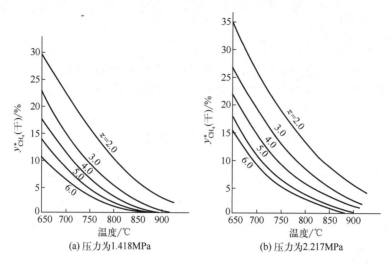

图 3-9　不同条件下的甲烷平衡含量

（二）反应速率

工业上甲烷蒸汽转化反应属于气固相催化反应，在进行化学反应的同时，还存在着气体的扩散过程。在工业生产条件下，转化管内气体流速较大，外扩散对甲烷转化的影响较小，可以忽略。然而，内扩散影响很大，是甲烷转化反应的控制步骤。

为了提高内表面利用率，工业催化剂应具有合适的内部孔结构，同时外形采用环形、带沟槽的柱状以及车轮状，这样既可减少内扩散的影响，又不会增加床层阻力，且保持了催化剂较高的强度。

（三）甲烷蒸汽转化催化剂

甲烷蒸汽转化反应是强吸热的可逆反应，提高温度对化学平衡和反应速率均有利。但无催化剂存在的情况下，温度为1000℃时反应速率还很低，因此需要催化剂来加快反应速率。

由于甲烷蒸汽转化是在高温下进行的，并存在着析炭问题，因此，除了要求催化剂有高活性和高强度外，还要求有较高的耐热性和抗析炭性。

1. 催化剂的组成

（1）活性组分　在元素周期表中第Ⅷ族的过渡元素对烃类蒸汽转化都有活性，但从性能和经济上考虑，以镍为最佳。在初态的催化剂中，镍以氧化镍形式存在，含量约为4%～30%（质量分数），使用时需还原成金属镍。金属镍是转化反应的活性组分，一般而言，镍含量高，催化剂的活性高。一段转化催化剂要求有较高的活性、良好的抗析炭性、必要的耐热性和机械强度，其镍含量较高。二段转化催化剂要求有较高的耐热性和耐磨性，其镍含量较低。

（2）促进剂（助催化剂）　为提高催化剂的活性、延长寿命和增强抗析炭能力，可在催化剂中添加促进剂（又称助催化剂）。镍催化剂的促进剂有氧化铝、氧化镁、氧化钾、氧化钙、氧化铬、氧化钛和氧化钡等。

（3）载体　镍催化剂的载体应具有使镍尽量分散、达到较大的比表面积并阻止镍晶体熔结的特性。

镍的熔点为1445℃，而甲烷蒸汽转化温度都在其熔点温度的一半以上，分散的镍微晶在反应时的高温下很容易靠近而熔结。这就要求载体耐高温，并具有较高的机械强度。所以，转化催化剂的载体都是熔点在2000℃以上的难熔金属氧化物或耐火材料。常用的载体有烧结型耐火氧化铝、黏结型铝酸钙等。

2. 催化剂的还原

转化催化剂大都是以氧化镍形式提供的,使用前必须还原成为具有活性的金属镍,其反应为:

$$NiO+H_2 \longrightarrow Ni+H_2O \qquad \Delta H^{\ominus}_{298} = -1.26kJ/mol \qquad (3-6)$$

工业生产中一般不采用纯氢气还原,而是通入水蒸气和天然气的混合物,只要催化剂局部产生极少量的氢气就可进行还原反应,还原的镍立即具有催化能力而产生更多的氢气。为使顶部催化剂得到充分还原,也可在天然气中配入一些氢气。

还原过的催化剂不能与氧气接触,否则会产生强烈的氧化反应,即

$$2Ni+O_2 \longrightarrow 2NiO \qquad \Delta H^{\ominus}_{298} = -480kJ/mol \qquad (3-7)$$

如果水蒸气中含有1%的氧气,就可产生130℃的温升;如果氮气中含有1%的氧气,就可产生165℃的温升。还原态的镍在高于200℃时不得与空气接触。在系统停车时,应严格控制载气中的氧含量,使催化剂的氧化过程缓慢进行。这种在生产过程中为避免催化床层温度骤升,保护催化剂活性组分而进行的缓慢氧化过程,称为钝化。

3. 催化剂的中毒与再生

催化剂中毒分为暂时性中毒和永久性中毒。所谓暂时性中毒,即催化剂中毒后经适当处理后仍能恢复其活性。永久性中毒是指催化剂中毒后,无论采取什么措施,再也不能恢复其活性。

当原料气中含有硫化物、氯化物、砷化物等杂质时,都会使催化剂中毒而失去活性。

镍催化剂对硫化物十分敏感,无论是无机硫还是有机硫都能使催化剂中毒。硫化氢与金属镍作用生成硫化镍而使催化剂失活;有机硫能与氢气或水蒸气作用生成硫化氢而使催化剂中毒。中毒后的催化剂可以用过量蒸汽处理,并使硫化氢含量降到规定标准以下,催化剂的活性就可逐渐恢复。为确保催化剂的活性和使用寿命,要求原料气中的总硫含量(体积分数)小于0.5×10^{-6}。

氯及其化合物对镍催化剂的毒害和硫相似,也是使催化剂暂时性中毒。一般要求原料气中氯的含量(体积分数)小于0.5×10^{-6}。氯主要来源于水蒸气。因此,生产中要始终保持锅炉给水的质量。

砷中毒是不可逆的永久性中毒,微量的砷会在催化剂上积累而使催化剂失去活性。

4. 催化剂析炭与除炭

在工业生产中要防止转化过程中有炭黑析出。因为炭黑覆盖在催化剂表面,不仅堵塞微孔,降低催化剂活性,还会影响传热,使一段转化炉炉管局部过热而缩短其使用寿命,影响生产能力。所以,转化过程有炭析出是十分有害的。

增大水碳比可抑制析炭反应的进行。开始析炭时所对应的水碳比称为热力学最小水碳比。

析炭往往发生在转化管入口30%～40%长度处,可采取如下措施防止炭黑生成。

① 实际水碳比大于理论最小水碳比,这是不会有炭黑生成的前提。

② 选用活性好、热稳定性好的催化剂,以避免进入动力学可能析炭区。

③ 防止原料气和水蒸气带入有害物质,保证催化剂具有良好的活性。

④ 选择适宜的操作条件。

⑤ 如果已有炭黑沉积在催化剂表面,应设法除去。

检查反应管内是否有炭黑沉淀,可通过观察管壁颜色,如出现"热斑""热带",或由反应管的阻力变化加以判断。

当析炭较轻时,可采取降压、减量、提高水碳比的方法将其除去。

当析炭较重时,可采用蒸汽除炭,即$C(s)+H_2O \longrightarrow CO+H_2$。首先停止送入原料烃,保留蒸汽,控制床层温度为750～800℃,一般除炭约需12～24h。因为在无还原气体的情况下,温度在600℃

以上时，镍催化剂被水蒸气氧化，所以用蒸汽除炭后，催化剂必须重新还原。

也可采用空气或空气与蒸汽的混合物烧炭。将温度降低，控制转化管出口温度为200℃，停止加入原料烃，然后加入少量空气，控制转化管壁温低于700℃。出口温度控制在700℃以下，大约烧炭8h即可。

二、甲烷蒸汽转化法的工业生产应用

气态烃类蒸汽转化是一个强烈的吸热过程，按照热量供给方式的不同可分为部分氧化法和二段转化法。

部分氧化法是把富氧空气、天然气以及水蒸气通入装有催化剂的转化炉中，在转化炉中同时进行燃烧和转化反应。

二段转化法是目前国内外大型合成氨厂普遍采用的方法，是将烃类与水蒸气的混合物流经管式炉管内催化剂床层，管外加燃料供热，使管内大部分烃类转化为H_2、CO和CO_2。然后将此高温（850～860℃）气体送入二段炉，此处送入合成氨原料气所需的加N_2空气，以便转化气燃烧并升温至1000℃以上，使CH_4的残余量降至约0.3%，从而制得合格的原料气。

1. 分段生产过程

烃类作为制氨原料，要求尽可能转化完全。同时，甲烷为氨合成过程的惰性气体，它在合成氨回路中逐渐积累，不利于氨合成反应。因此，理论上转化气中甲烷含量越低越好。但对于烃类蒸汽转化，残余甲烷含量越低，就要求原料水碳比及转化温度越高，但蒸汽消耗量越大，对设备材质要求越高。

一般要求转化气中甲烷含量小于0.5%（干基）。为了达到这项指标，在加压操作条件下，转化温度需在1000℃以上。由于目前耐热合金钢管一般只能在800～900℃下工作，为了满足工艺和设备材质的要求，工业上采用了转化过程分段进行的流程。

一段转化与二段转化过程：首先，原料在一段转化炉中通过装有催化剂的转化管，在较低温度下进行烃类的蒸汽转化反应，管外用燃料燃烧提供反应所需热量。然后，在有耐火砖衬里的二段转化炉中加入定量空气，于较高温度下利用空气和部分原料气的燃烧反应热继续进行甲烷蒸汽转化反应。

二段转化炉内的化学反应如下。

① 催化剂床层顶部空间进行燃烧反应　二段转化炉原料气中的H_2、CO、CH_4都可以发生燃烧反应，由于氢气的燃烧反应比其他燃烧反应的速率快1×10^3～1×10^4倍，因此，二段转化炉顶部主要进行氢气的燃烧反应，最高温度可达1200℃。

$$2H_2+O_2 \longrightarrow 2H_2O \quad \Delta H^{\ominus}_{298} = -484kJ/mol \tag{3-8}$$

② 催化剂床层中部进行甲烷蒸汽转化和一氧化碳变换反应参考式（3-5）。

$$CO+H_2O \longrightarrow CO_2+H_2 \quad \Delta H^{\ominus}_{298} = -41.2kJ/mol \tag{3-9}$$

随后由于甲烷转化反应吸热，沿着催化剂床层温度逐渐降低，到二段转化炉的出口处为1000℃左右。

2. 工艺条件的选择

（1）压力　虽然从化学平衡考虑，转化反应宜在低压下进行，但目前工业上还是采用加压蒸汽转化。一般压力控制在3.5～4.0MPa，最高已达5MPa，其理由如下：

① 可以降低压缩功耗。气体压缩功与被压缩气体的体积成正比。烃类蒸汽转化为体积增大的反应，压缩含烃原料气和二段转化炉所需空气的功耗比压缩转化气的功耗低得多。

② 提高过量蒸汽的回收价值。转化反应是在水蒸气过量的条件下进行的。操作压力越高，反

应后剩余的水蒸气的分压越高，相应的冷凝温度越高，过量蒸汽的余热利用价值越大。另外，压力高，气体的传热系数大，热量回收设备的体积也可以减小。

③ 可以减少设备投资。加压操作后，减小了设备管道的体积。

④ 加压操作提高了反应物浓度可提高转化、变换的反应速率，从而减少催化剂用量。但是，转化压力过高对平衡不利，为满足转化深度的要求，须提高转化温度。而过高的转化温度又受设备材质的限制，因此，转化压力不宜过高。

（2）温度　无论从化学平衡还是从反应速率角度来考虑，提高温度均有利于转化反应。但一段转化炉的温度受管材耐温性能的限制。

一段转化炉出口温度是决定转化气体出口组成的主要因素。提高出口温度及水碳比，可降低甲烷残余量。但温度对转化管的寿命影响很大，例如，牌号为 HK-40 的耐热合金钢管，当管壁温度为 950℃时，管子寿命为 84000h，若再增加 10℃，寿命就要缩短到 60000h。所以，在可能的条件下，转化管出口温度不要太高，需视转化压力不同而有所区别。大型合成氨厂转化操作压力为 3.2MPa，出口温度约 800℃。

二段转化炉的出口温度在二段压力、水碳比、出口甲烷的残余量确定后，即可确定下来。例如，压力为 3.0MPa，水碳比为 3.5，二段出口转化气甲烷的残余量小于 0.5%，出口温度在 1000℃左右。

（3）水碳比　水碳比是操作变量中最便于调节的一个工艺条件。提高水碳比，不仅有利于降低甲烷平衡含量，也有利于提高反应速率，还可抑制析炭的发生。但水碳比的高低直接影响蒸汽耗量，因此，从降低汽耗方面考虑，应降低水碳比。目前，节能型的合成氨流程的水碳比的控制指标已从 3.5 降至 2.5~2.75，但需采用活性更好、抗析炭性更强的催化剂。

（4）空间速率　空间速率表示单位体积催化剂每小时处理的气量，简称空速。压力高时，可采用较高的空速。但空速不能过大，否则，床层阻力过大，能耗增加。加压下，进入转化炉的碳空速控制在 1000~2000h^{-1} 之间。

空速有多种不同的表示方法。用标准状况下含烃原料的体积来表示，称为原料气空速；用烃类中含碳的物质的量表示，称为碳空速；将烃类气体折算成理论氢（按 1m³CO 对应 1m³H$_2$，1m³CH$_4$ 对应 4m³H$_2$）的体积来表示，称为理论氢空速；液态烃可以用所通过液态烃的体积来表示，称为液空速。

3. 典型工艺

由烃类制取合成氨原料气，目前采用的蒸汽转化法有美国凯洛格（Kellogg）法、丹麦托普索（TopsΦe）法、英国帝国化学公司（ICI）法等。但是，除一段转化炉炉型、烧嘴结构、是否与燃气透平匹配等方面各具特点外，在工艺流程上均大同小异，都包括原料气预热，一段、二段转化炉，余热回收与利用等。

图 3-10 是日产 1000t 氨的两段转化的凯洛格传统工艺流程。原料天然气经压缩机加压到 4.15MPa后，配入 3.5%~5.5%的氢气，于一段转化炉对流段加热至 400℃，进入钴钼加氢反应器进行加氢反应，将原料天然气中的有机硫转化为硫化氢，然后进入氧化锌脱硫槽脱除硫化氢，出口气体中硫的体积分数低于 0.5×10^{-5}、压力为 3.65MPa、温度为 380℃左右，然后配入中压蒸汽，使水碳比达 3.5 左右，进入对流段加热到 500~520℃，送到辐射段顶部原料气总管，再分配进入一段转化炉的各转化管。气体自上而下流经催化床，一边吸热一边反应，离开转化管的转化气温度为800~820℃、压力为 3.14MPa、甲烷含量约为 9.5%，汇合于集气管，并沿着集气管中间的上升管上升，继续吸收热量，使温度达到 850~860℃，经输气总管送往二段转化炉。

工艺空气经压缩机加压到 3.34~3.55MPa，配入少量水蒸气进入对流段加热到 450℃左右，进入二段转化炉顶部与一段转化气汇合，在顶部燃烧区燃烧，温度升到 1200℃左右，再通过催化剂床层进行反应。离开二段转化炉的气体温度为 1000℃、压力为 3.04MPa、甲烷的残余量为 0.3%左右。

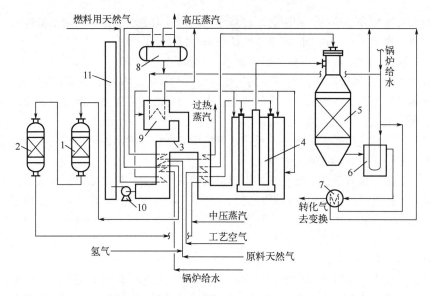

图 3-10　天然气蒸汽转化的凯洛格传统工艺流程

1—钴钼加氢反应器；2—氧化锌脱硫槽；3—对流段；4—辐射段；5—二段转化炉；6—第一废热锅炉；

7—第二废热锅炉；8—汽包；9—辅助锅炉；10—排风机；11—烟囱

为了回收转化气的高温热能，二段转化炉通过两台串联的第一废热锅炉、第二废热锅炉，从第二废热锅炉出来的气体温度约为370℃，可送往变换工段。

燃料天然气在对流段预热到190℃，与氨合成弛放气混合，然后分为两路。一路进入辐射段顶部烧嘴燃烧，为转化反应提供热量，出辐射段的烟气温度为1005℃左右，再进入对流段，依次通过混合气预热器、空气预热器、蒸汽过热器、原料天然气预热器、锅炉给水预热器和燃料天然气预热器，回收热量后温度降至250℃，用排风机送入烟囱排放。另一路进入对流段入口烧嘴，其燃烧产物与辐射段来的烟气汇合，该处设置烧嘴的目的是保证对流段各预热物料的温度指标。此外，还有少量天然气进辅助锅炉燃烧，其烟气在对流段中部并入，与一段转化炉共用一段对流段。

子任务（三）　探究重油部分氧化法

● 任务发布

重油部分氧化法中按照废热回收方式不同可分为德士古法和谢尔（Shell）法两大类。请以小组为单位，通过原理学习和查阅资料，对比德士古法和谢尔（Shell）法，同时完成表3-5的填写。

表3-5　德士古法和谢尔（Shell）法重油气化的比较

项目	德士古法	谢尔（Shell）法
气化炉的形式		
热回收流程		
使用原料范围		
炭黑的除去方法		
炭黑的回收方法		

重油是石油加工到350℃以上所得到的馏分。若将重油继续减压蒸馏到520℃以上，所得到的馏分称为渣油。重油、渣油以及各种深加工所得残渣习惯上统称为"重油"。它是以烷烃、环烷烃和芳香烃为主的混合物，其虚拟分子式为$C_mH_nS_r$。

一、生产原理过程

重油部分氧化法是以重油为原料，利用氧气进行不完全燃烧，使烃类在高温下发生裂解并使裂解产物与燃烧产物——水蒸气和二氧化碳在高温下与甲烷进行转化反应，从而获得以氢气和一氧化碳为主体（$CH_4<0.5\%$）的合成气。

二、重油部分氧化法的工业生产应用

重油部分氧化法制取合成氨原料气的工艺流程包括五个部分：原料油和气化剂的加压、预热和预混合；高温非催化部分氧化；高温水煤气废热的回收；水煤气的洗涤和消除炭黑；炭黑回收及污水处理。

通常按照废热回收方式的不同可分为激冷流程和废热锅炉流程两大类。激冷流程是由德士古公司开发的，废锅流程是由谢尔公司开发的。目前世界上很多重油气化装置均采用这两种工艺。

（一）激冷流程

将一定温度的炭黑水在激冷室与高温气体直接接触，水迅速汽化进入气相，急剧地降低了气体温度。含有大量水蒸气的合成气，在继续降温的前提下，经各洗涤器进一步清除微量炭黑后直接进入变换系统。图3-11为日产1000t氨渣油气化激冷工艺流程。自炭黑回收工序送来的油炭浆（含炭2.8%，溶于重油中），与加压至10.13MPa和10.44MPa、450℃的高压蒸汽混合进入蒸汽油预热器，温度升至320℃，以悬浮状态进入喷嘴的外环管。氧气压缩至10.13MPa，预热至150℃进入喷嘴的中心管。两股物料在相互作用下高速喷入炉内。

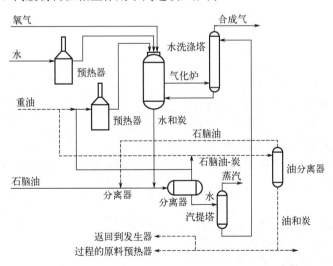

图3-11　日产1000t氨渣油气化激冷工艺流程

反应在1400℃高温和8.61MPa高压下进行，生成含量大于92%的CO和H_2与CH_4（含量低于0.4%）的合成气。气化炉的下半段为激冷室。高温气体以浸没燃烧方式与炭黑喷溅接触，洗掉约90%的炭黑，同时蒸发掉大量水分。出激冷室的气体温度降至260℃左右（略高于其露点温度），经进一步洗涤，残余炭黑至 10mg/m³ 以下。含炭污水送回收工序处理。

（二）废热锅炉流程

图 3-12 流程是采用废热锅炉间接换热回收高温气体的热能。出废锅的气体可进一步冷却至 45℃ 左右，再经脱硫进入变换工序。因此，对重油含硫量无限制，副产的高压蒸汽使用比较方便灵活。

当采用低硫重油或应用耐硫变换催化剂时，激冷流程较废热锅炉流程的设备简单。

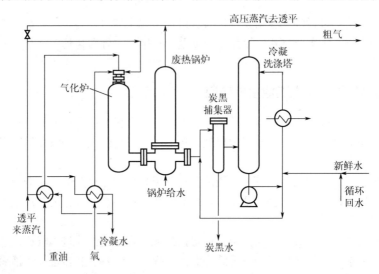

图 3-12　谢尔（Shell）废热锅炉工艺流程

气化炉出口气体经废热锅炉回收热量产生高压蒸汽后，再经炭黑捕集器和洗涤塔而得原料粗气。谢尔工艺适用于压力为 6.59MPa 以下的重油汽化。

任务巩固

一、填空题

1. 生产合成气，工业上有_____、_____、_____三条工艺路线。

2. 烃类蒸汽转化法生产合成气，其主要原料有_____、_____两种。

3. 煤气法生产合成气，其主要原料有_____、_____、_____三种。

4. 重油部分氧化法生产合成气，其主要原料有_____、_____、_____三种。

5. 甲烷蒸汽转化过程所用催化剂的主要活性成分是_____，载体是_____。

6. 所谓部分氧化反应，实质是以纯氧进行不完全的氧化燃烧，未反应重油_____，并用蒸汽控制温度，生成_____和_____的反应。

二、选择题

1. 对于天然气水蒸气转化反应，下列说法正确的为（　　）。

　　A. 水蒸气转化反应是吸热的可逆反应

　　B. 低温对转化反应平衡有利

　　C. 高压有利于转化反应平衡

　　D. 低水碳比有利于转化反应

2. 合成氨工业有下列流程：①原料气制备；②氨的合成；③原料气净化和压缩；④氨的分离。其先后顺序为（　　）。

　　A. ①②③④　　　　B. ①③②④　　　　C. ④③②①　　　　D. ②③④①

三、简答题

1. 实现固体燃料气化法连续生产的方法有哪些？

2. 固体燃料气化法、烃类蒸汽转化法、重油部分氧化法三种方法的适用条件是什么？

3. 烃类蒸汽转化制取合成氨原料气时，大多采用二段转化流程，分两段转化的目的是什么？写出烃类蒸汽第二段转化时所发生的三个主要的化学反应。

4. 从热力学分析气态烃蒸汽转化宜在低压下进行，但在工业生产中一般将压力提高到 3.5～4.0MPa，简述其原因。

5. 为什么天然气-水蒸气转化过程需要供热？供热形式是什么？

任务三　选择合适的合成氨原料气净化流程

🔁 任务情境

当原料和制备原料气方法发生变化的时候，原料气净化的工艺流程顺序也随之变化。作为一名合格的合成氨工厂一线生产技术人员，要根据不同的情况，选择适合实际生产的工艺流程。

📚 任务目标

素质目标：

在综合考虑环保、经济、适用等因素的基础上，合理选择原料气的净化流程，以培养保护环境的意识，以及认真严谨、合理决策的职业素养。

知识目标：

1. 了解合成氨原料气净化工序的目的、方法及意义。

2. 掌握合成氨原料气净化工序的原理、工艺流程及工艺条件。

3. 掌握催化剂的分类及适用情况。

能力目标：

能够结合生产实践设计和选用合理的净化流程。

原料气的净化
流程

✖ 任务实施

由各种原料所制取的合成氨粗原料气，都含有氢气、氮气、硫化物、一氧化碳、二氧化碳、甲烷、少量氩及其他杂质等。这些气体中，除氢气和氮气是合成氨有用的成分外，其余有用成分必须回收利用。对合成氨催化剂有毒害作用的物质和不利于合成的惰性气体，必须在进入氨的合成工序前脱除。

子任务（一）　脱除原料气中含硫化合物

原料气中的硫化物分为无机硫（H_2S）和有机硫（CS_2、COS、硫醇、噻吩、硫醚等），其含量与原料的种类、原料含硫量及加工方法有关。合成氨原料气中，通常含有不同数量的无机硫化物和有机硫化物，这些硫化物的成分和含量取决于气化所用原料的性质及其加工方法。在国内，以煤、焦、重油为原料制得的合成气中，H_2S 含量一般为 1～2g/m³，少数可达 5～10g/m³，其中硫约 10%，在有机硫中，COS 占 80%～90%，其余为 CS_2 等；以天然气、油田气为原料气，H_2S 含量为 0.5～15g/m³，有机硫含量为 0.15～0.2g/m³（以硫醇为主）；如用焦炉气为原料气，H_2S 含量为 8～15g/m³，有机硫为 0.5～0.8g/m³（以 CS_2 为主，并含有难以脱除的噻吩）。

生产合成气的原料品种多、流程长，导致原料气中硫化物的形态及含量各异，所以采用何种方法进行脱硫要根据实际情况来定。请以小组为单位，通过学习脱硫方法和查阅资料，讨论并设计出符合不同生产要求的工艺流程。例如：在以烃类为原料的蒸汽转化法中，要求烃原料中总硫含量必须控制在 5×10^{-7} 以下。

● 任务精讲 ....

硫化物是各种催化剂的毒物，会显著降低甲烷转化催化剂、甲烷化催化剂、中温变换催化剂、低温变换催化剂、甲醇合成催化剂、氨合成催化剂等的活性。硫化物还会腐蚀设备和管道，给后续工段的生产带来许多危害。因此，在反应物料流经催化剂之前必须清除原料气中的硫化物。脱硫方法很多，通常按脱硫剂的形态把它们分为干法脱硫和湿法脱硫。工业上通常采用湿法脱硫脱除原料气中的硫化氢。

一、干法脱硫

采用固体吸收剂或吸附剂来脱除硫化氢或有机硫的方法称为干法脱硫。此法具有脱硫效率高、操作简便、设备简单、维修方便等优点。但干法脱硫剂的硫容量有限，且再生困难，需定期更换脱硫剂，劳动强度较大。因此，干法脱硫一般用在硫含量较低（$3 \sim 5 g/m^3$）、净化度要求较高的场合。

目前，常用的干法脱硫有钴钼加氢-氧化锌法、活性炭法、氧化铁法、分子筛法等。

（一）钴钼加氢-氧化锌法

氧化锌脱硫剂只能脱除硫化氢和一些简单的有机硫化物，不能脱除噻吩等一些复杂的有机硫化物。钴钼加氢是有机硫的预处理措施，可将有机硫几乎全部转化成硫化氢，然后采用氧化锌吸附法便可将硫化氢脱除到 2×10^{-8} 以下。但其主要缺点是需要高温热源，能耗高，开车时间较长。目前一些常温精细脱硫工艺正在开发应用。

1. 钴钼加氢转化

（1）催化剂　主要成分是 MoO_3 和 CoO，载体为 Al_2O_3。

（2）反应方程式

$$CS_2 + 4H_2 \longrightarrow 2H_2S + CH_4 \tag{3-10}$$

$$COS + H_2 \longrightarrow H_2S + CO \tag{3-11}$$

$$RCH_2SH + H_2 \longrightarrow H_2S + RCH_3 \tag{3-12}$$

$$C_6H_5SH + H_2 \longrightarrow H_2S + C_6H_6 \tag{3-13}$$

$$RSSR' + 3H_2 \longrightarrow 2H_2S + R'H + RH \tag{3-14}$$

$$RSR' + 2H_2 \longrightarrow H_2S + R'H + RH \tag{3-15}$$

上述中，前四个反应的反应速率都很快，噻吩加氢转化反应速率最慢，因此有机硫加氢转化反应速率取决于噻吩加氢转化反应速率。

（3）工艺条件　温度 $350 \sim 430℃$，压力 $0.7 \sim 7.0 MPa$，入口空速 $500 \sim 1500 h^{-1}$，所需加氢量一般需维持反应后气体中含有 $5\% \sim 10\%$ 的氢。

2. 氧化锌脱硫剂脱硫

氧化锌是一种内表面积大、硫容量高的固体脱硫剂，能以极快的速度脱除原料气中的硫化氢和部分有机硫（噻吩除外）。氧化锌脱硫法既可单独使用，也可与湿法脱硫串联。

（1）基本原理　氧化锌脱硫剂能直接吸收 H_2S，生成十分稳定的硫化锌。氧化锌也可以脱除硫醇、二硫化碳、硫氧化碳等酸性硫化物，其中以脱除硫醇的性能最好。

（2）反应方程式

$$H_2S+ZnO \longrightarrow ZnS+H_2O \tag{3-16}$$

$$C_2H_5SH+ZnO \longrightarrow ZnS+C_2H_5OH \tag{3-17}$$

$$C_2H_5SH+ZnO \longrightarrow ZnS+C_2H_4+H_2O \tag{3-18}$$

当气体中有 H_2 存在时，CS_2、COS 等有机硫化物先转化成 H_2S，然后被氧化锌吸收。反应方程式为：

$$CS_2+4H_2 \longrightarrow 2H_2S+CH_4 \tag{3-19}$$

$$COS+H_2 \longrightarrow H_2S+CO \tag{3-20}$$

氧化锌法能全部脱除残余的 H_2S，但不能脱除噻吩。

（3）工艺条件

氧化锌吸收硫化氢的反应在常温下就可以进行，但吸收有机硫的反应要在较高温度下才能进行。工业生产中，氧化锌脱硫的操作温度较高，一般在 200～400℃。由于硫化物在脱硫剂的外表面通过微孔达到脱硫剂内表面的内扩散为反应的控制步骤，因此脱硫剂粒度越小，孔隙率越大，越有利于脱硫反应的进行。一般制成 3～6mm 的球状、片状或条状颗粒，呈灰白或浅黄色。

（4）脱硫剂

氧化锌脱硫剂以氧化锌为主体（80%～90%），其余为三氧化二铝，也可加入氧化铜、氧化钼等以提高脱硫效果。常用的型号有 T302、T304、T305 等。英国 ICI 公司新开发了常温型氧化锌脱硫剂，在常温下可使出口气硫化氢含量降到 $5.0×10^{-8}$。我国也已完成了 KT310 常温氧化锌脱硫剂的开发，其性能指标已达到 ICI 常温脱硫剂的水平。常温氧化锌脱硫剂的开发较好地克服了工艺上的"冷热病"，达到节能的目的。

3. 钴钼加氢串氧化锌法脱硫工艺流程设计

当原料气中硫含量较低时，可直接采用双床串联的钴钼加氢串氧化锌脱硫流程，如图 3-13 所示。

含有有机硫 3～5g/m³ 的原料气预热到 300～400℃、压缩到 4～4.5MPa，加入氢气、氮气的混合气使天然气含氢气量达到 15%后，进入加氢槽，通过钴钼催化加氢使有机硫转化为硫化氢，然后送入两个串联的氧化锌槽将硫化氢吸附除去。氧化锌脱硫主要在第一脱硫槽内进行，第二脱硫槽起保护作用，即采用双槽串联倒换操作法。

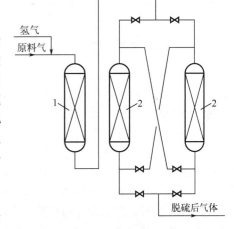

图 3-13　加氢串氧化锌脱硫流程
1—加氢槽；2—氧化锌槽

（二）其他干法脱硫

各种干法脱硫的比较见表 3-6。

表 3-6　干法脱硫的比较

方法	钴钼加氢-氧化锌法	活性炭法	氧化铁法	氧化锰法
能脱除的有机硫	RSH、CS_2、COS	RSH、CS_2、C_4H_4S（很有效）	RSH、CS_2、COS	RSH、CS_2、COS

方法	钴钼加氢-氧化锌法	活性炭法	氧化铁法	氧化锰法
出口总硫含量/1×10^{-6}	<1	<1	<1	<3
温度/℃	350～430	<50（常温）	340～400	400
压力/MPa	Co-Mo：0.7～7.0 ZnO：0～5.0	0～3.0	0～3.0	0～2.0
空速/h^{-1}	Co-Mo：500～1500 ZnO：400	400	—	1000
硫容/%（质量分数）	ZnO：15～25	—	2	10～14
再生情况	Co-Mo：析炭后可再生 ZnO：不可再生	可用过热蒸汽或惰性气体再生（300～400℃）	可用过热蒸汽再生	不可再生
杂质影响	Co-Mo：CO、CO_2 能降低活性、NH_3 是毒物 ZnO：水蒸气对平衡及硫容都有影响	C_3 以上烃类会影响脱硫效率	水蒸气对平衡影响大	CO 甲烷化反应大

二、湿法脱硫

采用溶液作为吸收剂脱除硫化氢气体的方法称为湿法脱硫。具有吸收速率快、生产强度大、脱硫过程连续、脱硫剂可再生、可回收硫黄等优点，但脱硫净化度低，运行费用高，有物料损耗，适合原料气中硫化物含量高的场合。

（一）湿法脱硫的分类

湿法脱硫方法较多，可分为化学吸收法、物理吸收法和物理-化学吸收法。化学吸收法是常用的湿式脱硫工艺，有一乙醇胺（MEA）法、二乙醇胺（DEA）法、二异丙醇胺（DIPA）法，以及近年来发展很快的改良甲基二乙醇胺（MDEA）法。物理吸收法是利用有机溶剂在一定压力下进行物理吸收脱硫，然后减压而释放出硫化物气体，溶剂得以再生。主要有低温甲醇法、碳酸丙烯酯法等。低温甲醇法可以同时或分段脱除 H_2S、CO_2 和各种有机硫，还可以脱除 HCN、C_2H_2、C_3 及 C_3 以上气态烃、水蒸气等，能达到很高的净化度。物理-化学吸收法是将具有物理吸收性能和化学吸收性能的两类溶液混合在一起，脱硫效率较高。常用的吸收剂为环丁砜-烷基醇胺（如甲基二乙醇胺）混合液，前者对硫化物是物理吸收，后者是化学吸收。

湿法脱硫根据再生方式可分为循环法和氧化法。循环法是将吸收硫化氢后的富液在加热降压或汽提条件下解吸硫化氢。氧化法是将吸收硫化氢后的富液用空气进行氧化，同时将液相中的 HS^- 氧化成单质硫。氧化法一般只能脱除硫化氢，不能或只能少量脱除有机硫。最常用的氧化法有蒽醌法（ADA 法）、栲胶法、MSQ 法和 PDS 法等。其反应原理如下：

$$载氧体（氧化态）+HS^- \longrightarrow 载氧体（还原态）+S\downarrow \qquad (3-21)$$

$$载氧体（还原态）+1/2O_2（空气）\longrightarrow 载氧体（氧化态）+H_2O \qquad (3-22)$$

氧化法的关键是选择适宜的氧化性催化剂。下面将详细介绍运用最为普遍的改良 ADA 法。

（二）典型湿法脱硫——改良 ADA 法

ADA 是蒽醌二磺酸钠（anthraquinone disulphonic acid）的英文首字母缩写，它是 2,6-蒽醌二

磺酸钠和 2,7-蒽醌二磺酸钠的一种混合体。两者结构式如下：

2,6-蒽醌二磺酸钠　　　　　　　2,7-蒽醌二磺酸钠

早期的 ADA 法以碳酸钠溶液为吸收剂、ADA 为催化剂，析硫过程缓慢，生成硫代硫酸盐较多。后来发现溶液中添加偏钒酸钠后，氧化析硫速度大大加快，从而发展为当今的改良 ADA 法。

1. 基本原理

脱硫塔中的反应如下：

$$Na_2CO_3+H_2S \longrightarrow NaHS+NaHCO_3 \tag{3-23}$$

$$2NaHS+4NaVO_3+H_2O \longrightarrow Na_2V_4O_9+4NaOH+2S\downarrow \tag{3-24}$$

$$Na_2V_4O_9+2ADA(氧化态)+2NaOH+H_2O \longrightarrow 4NaVO_3+2ADA(还原态) \tag{3-25}$$

再生塔中的反应：

$$ADA(还原态)+O_2 \longrightarrow ADA(氧化态)+H_2O \tag{3-26}$$

副反应：

$$2NaHS+2O_2 \longrightarrow Na_2S_2O_3+H_2O \tag{3-27}$$

2. 工艺条件

（1）溶液的 pH 及组成　溶液的 pH 与总碱度有关，总碱度为溶液中 $NaCO_3$ 与 $NaHCO_3$ 的浓度之和。提高总碱度是提高溶液吸收能力的有效手段。总碱度提高，溶液的 pH 增大，对吸收有利，但对再生不利。当 pH>9.6 以后，ADA-钒酸盐与硫化氢的反应速率急剧下降，加快了生成硫代硫酸钠的速率，溶液吸收二氧化碳的量增多，易析出碳酸氢钠的结晶。所以，pH 通常控制在 8.5～9.5。值得注意的是，在工业生产中必须根据原料气中的硫化氢含量来调整脱硫液中的 ADA 组成。

偏钒酸钠含量高，HS⁻ 的氧化速率快。偏钒酸钠的含量取决于它能否在进入再生槽前全部氧化完毕，否则就会有硫代硫酸钠生成。偏钒酸钠含量太高不仅造成浪费，而且直接影响硫黄的纯度和强度。因此，生产上偏钒酸钠的浓度一般选择 1～1.5g/L。

（2）温度　提高温度，能加快吸收和再生反应速率，但会降低硫化氢在溶液中的溶解度，同时也加快生成 $Na_2S_2O_3$ 副反应的速率。温度降低，溶液再生速率慢，生成的硫黄过细，硫化氢难分离，并且会因碳酸氢钠、硫代硫酸钠等溶解率下降而析出沉淀堵塞填料。为了使吸收、再生和析硫过程更好地进行，生产中吸收温度应控制在 20～30℃，再生槽温度应控制在 60～75℃。此外，由于析硫反应在脱硫塔内完成，因而改良 ADA 法要特别留意硫堵问题。

（3）再生空气用量和再生时间　理论上每氧化 1kg 硫化氢需 $1.57m^3$ 的空气量。生产实际中空气的作用为：①满足氧化反应需要；②具有一定的吹风强度，使溶液中的悬浮硫呈泡沫浮至溶液表面，以便溢流回收：③将溶解在吸收液中的 CO_2 吹出。所以实际生产中空气用量往往比理论用量要大很多倍。喷射再生槽控制在 60～110$m^3/(m^2 \cdot h)$。再生时间越长，再生越完全，在喷射再生槽内的时间为 8～10min。

3. 工艺流程

根据再生工艺的不同，湿式氧化法工艺流程可分为高塔再生工艺流程和喷射氧化再生工艺流程，如图 3-14 和图 3-15 所示。

如图 3-14 所示，原料气从吸收塔底部进入，与塔顶喷淋的脱硫液逆流接触，脱除硫化氢后从塔顶引出经气液分离器分离夹带的液滴后送往下一工段。吸收了硫化氢的富液从塔底排入反应槽继续反应使硫充分析出。富液从再生塔底部与同时从塔底送入的压缩空气自下而上并流接触氧化再生。由再生塔顶部引出的贫液经液位调节器、循环槽、过滤器、循环泵返回吸收塔循环使用。再生塔顶部扩大部分悬浮的硫黄溢流至泡沫槽、温水槽澄清分层，硫黄颗粒经过滤器后送至熔硫釜制成硫黄锭。

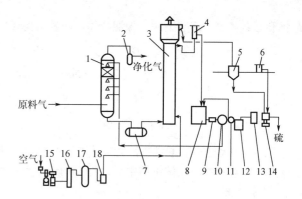

图 3-14 高塔再生法脱硫工艺流程图

1—吸收塔；2—气液分离器；3—再生塔；4—液位调节器；5—泡沫槽；6—温水槽；7—反应槽；8—循环槽；9—过滤器；10—循环泵；11—原料泵；12—地下槽；13—溶碱槽；14—过滤器；15—空气压缩机；16—空气冷却器；17—缓冲罐；18—空气过滤器

如图 3-15 所示，喷射氧化再生系统利用溶液在喷射器内的高速流动形成的负压以自吸空气，这样可以省去空气鼓风机。但是，喷射器要消耗溶液的静压能；高塔再生设备投资较大，并需压缩机送入空气。再生塔上部出来的硫泡沫，过滤洗涤后经熔硫釜熔融即可得到熔硫。

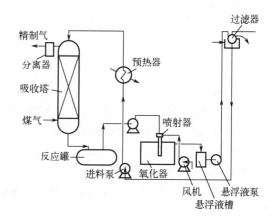

图 3-15 喷射氧化再生法脱硫工艺流程

子任务（二） 实现原料气中一氧化碳变换

● **任务发布** ·······

原料气中一氧化碳的存在，会导致合成氨催化剂中毒，又因一氧化碳难以脱除，因此通过一氧化碳与水蒸气的变换反应，把一氧化碳变为容易清除的二氧化碳。工业上，一氧化碳变换是在催化剂存在下进行的。根据使用催化剂活性温度的高低，可分为中温变换（或称高温变换，简称高变）和低温变换（简称低变）。一氧化碳变换工艺流程有许多种，包括常压、加压变换工艺，两段中温变换、三段中温变换（高变）、高-低变串联变换工艺等。而一氧化碳变换工艺流程的设计和选择，首先应依据原料气中的一氧化碳含量高低来确定。

请以小组为单位，通过一氧化碳变换知识的学习和查阅资料，讨论设计出符合不同原料气变换要求的工艺流程。

● **任务精讲** ·······

合成氨原料气中，CO 的体积分数一般为 12%～40%，采用与水蒸气的变换反应，在把一氧化碳变为容易清除的二氧化碳时，产生更多合成氨反应所需的 H_2，用于 H_2/CO 比例的调节。

一、一氧化碳变换原理

（一）反应原理

$$CO + H_2O \rightleftharpoons CO_2 + H_2 \quad \Delta H_{298}^{\ominus} = -41.19206.0 \text{kJ/mol} \quad (3-28)$$

该反应是可逆、放热、等体积的反应，温度、压力、物料浓度的变化对反应平衡和反应速率有一定影响。

（二）化学平衡

从平衡角度考虑，对一定初始组成的原料气，温度降低，平衡变换率提高，有利于降低出口的 CO 含量，但是必高于催化剂活性温度并且不能结露。压力对变换反应无显著影响。水碳比（H_2O/CO，指进入变换炉原料气中的水蒸气与一氧化碳的体积比），其值代表了水蒸气用量的大小。实际生产中适当提高水碳比，对提高一氧化碳变换率有利，但过高的水碳比在经济上不合理。CO_2 作为产物，其含量增加不利于变换反应，若能除去产物中的 CO_2，则有利于变换反应向生成氢气的方向进行，从而提高一氧化碳的变换率。

（三）反应速率

从速率角度考虑，当温度降低时，反应速率降低，不利于降低出口的 CO 含量，与反应平衡形成矛盾，此时需寻求可逆放热反应的最佳反应温度。最佳反应温度与气体的原始组成、变换率及催化剂有关。在实际生产过程中如果严格控制操作温度，使其随着反应的进行能沿着最佳温度变化，则整个过程反应速率最快，也就是说，在催化剂用量一定、变换率一定时，所需时间最短，或者说达到规定的变换率所需催化剂的用量最少，反应器的生产强度最高。当气体组成和温度一定时，反应速率随压力的增大而增大。压力在 3.0MPa 以下，反应速率与压力的平方根成正比，压力再高，影响就不明显了。在水碳低于 4 时，提高其比值，反应速率增长较快。当水碳比大于 4 后，反应速率随水碳比的增长就不明显了。在工业条件下，变换反应的内扩散的影响是显著的，有时表现为强内扩散控制。内表面的利用率受颗粒尺寸、反应温度和压力的影响，小颗粒催化剂在温和（较低）的压力和温度下，具有较高的内表面利用率。

二、变换催化剂的类型

一氧化碳变换反应无催化剂存在时，反应速率极慢，即使温度升至 700℃ 以上反应仍不明显，因此必须采用催化剂。

（一）铁铬系催化剂

铁铬系催化剂的化学组成以 Fe_2O_3 为主，促进剂有 Cr_2O_3 和 K_2CO_3，活性组分为 Fe_3O_4。开工时需用 H_2 或 CO 将 Fe_2O_3 还原成 Fe_3O_4 后才有催化活性，适用温度范围 300~550℃，因此，铁铬系催化剂也称为铁铬中温（高温）变换催化剂。此外，为了改善催化剂的催化活性，还添加助催化剂如 K^+ 等。催化剂因为使用温度较高，反应后气体中 CO 残余量最低为 3%~4%。如要进一步降低 CO 残余量，需要在更低温度下完成。

为了改善催化剂的使用性能，国内外开发了一系列铁铬系催化剂。

（1）低铬型铁铬中变催化剂　减少了 Cr_2O_3 对人体和环境的影响，主要型号有 B112、B116、B117 等，其铬含量一般在 3%~7% 范围内。

（2）耐硫型铁铬中变催化剂　通过添加铝等金属化合物来提高催化剂的耐硫性能，主要型号有 B112、B115、B117 等。

（3）低水汽比铁铬中变催化剂　通过添加铜促进剂，改善了铁铬中变催化剂对低水汽比条件的适应性，特别是节能型烃类蒸汽转化流程（水碳比小于 2.75），主要型号有 B113-2 等。

各种铁铬系催化剂的共同特点如下：

① 具有较高的催化活性，在活性温度范围内，反应速率较快，可以满足一般工艺的要求；

② 具有较好的机械强度和较长的使用寿命；

③ 活性温度较高，不利于变换反应的化学平衡，蒸汽消耗较高；

④ 具有一定的抗毒性能，对硫的耐受限度为 200mg/m³（视不同催化剂而不同），但磷、砷、氟、氯、硼等化合物是催化剂的毒物；

⑤ 对水汽浓度有一定的要求，当水汽浓度过低时会导致催化剂过度还原。

（二）铜锌系催化剂

金属铜对一氧化碳的变换反应具有较高的活性，但纯的金属铜在催化剂的操作温度（温度区间为 200～280℃，常称为低温）下会烧结而引起表面积减小，从而失去活性。因此必须加入结构性助催化剂以减缓催化剂的烧结。通常使用最多的结构性助催化剂是氧化锌，因此也称铜锌低温变换催化剂。此外，为了改善铜锌低温变换催化剂的某一方面的性能也引入其他的助催化剂。

铜锌系催化剂由铜、锌、铝（或铬）的氧化物组成，又称低温变换催化剂。其化学组成以 CuO 为主，ZnO 和 Al$_2$O$_3$ 为促进剂和稳定剂。铜锌系催化剂的活性组分为金属铜，开工时先用氢气将氧化铜还原成具有活性的细小铜晶粒，操作时必须严格控制氢气浓度，以防催化剂烧结。铜锌系催化剂的弱点是易中毒，低温变换催化剂对硫特别敏感，而且其中毒属于永久性中毒，所以原料气中硫化物的体积分数不得超过 0.1×10^{-6}。

铜锌系催化剂适用温度范围 200～280℃，反应后残余的 CO 可降至 0.2%～0.3%（体积分数）。铜锌系催化剂活性高，若原料气中 CO 含量高时，应先经高温变换，将 CO 降至 3%左右，再连接低温变换，以防剧烈放热而烧坏低温变换催化剂。

为了改善铜系催化剂对硫、水等毒物的耐受性，常添加少量的 Cr$_2$O$_3$，但因其毒害作用影响人体和环境，还因其放热量大易导致超温而逐步被淘汰。主要型号有 B203 等。

为了改善铜锌低温变换催化剂的热稳定性，常添加少量 Al$_2$O$_3$，阻止 Cu 和 ZnO 微晶的长大，从而稳定催化剂的内部结构，保证其在正常工艺条件下长期运行。主要型号有 B205、B206 等。

铜锌低温变换催化剂的共同特点如下：

① 催化活性温度较低，在 200℃以下就有很好的催化活性；

② 催化剂的耐毒性能较差，硫、氯等都是催化剂的毒物，极少量的硫、氯就会引起催化剂中毒；

③ 催化剂的热稳定性也较差，超过 300℃就会引起催化剂的活性组分金属铜的烧结而失活；

④ 催化剂的选择性较好，一般不会发生副反应。

（三）钴钼系催化剂

对于含硫量较高的原料气，铁铬系催化剂不能适应耐高硫的要求，促使人们开发了钴钼耐硫系催化剂。钴钼系催化剂是 20 世纪 50 年代后期开发的一种耐硫变换催化剂，主要成分为钴、钼氧化物。活性温度不同，有适用于高温变换的，也有适用于高温、低温变换的。其化学组成是钴、钼氧化物并负载在氧化铝上，活性组分为钼的硫化物，反应前将钴、钼氧化物转变为硫化物（预硫化）才有活性，故开工时需先进行硫化处理。钴钼系耐硫催化剂适用温度范围为 160～500℃，属于宽温变换催化剂。其特点是耐硫抗毒，使用寿命长。耐硫变换催化剂具有很好的低温活性、突出的耐硫性和抗毒性，并且强度高。重油部分氧化法制原料气，可在除去炭黑后直接送入变换，而无需冷却至常温再脱除炭黑送入变换。

三、一氧化碳变换生产工艺

（一）工艺流程的设计和选择

一氧化碳变换流程有许多种，首先应依据原料气中的一氧化碳含量高低来加以确定。一氧化碳含量很高，宜采用中温变换工艺，首先由于中变催化剂操作温度范围较宽，使用寿命长且价廉易得。当一氧化碳含量大于15%时，应考虑将变换炉分为二段或多段，以使操作温度接近最佳温度。其次是依据进入变换系统的原料气温度和湿度，考虑气体的预热和增湿，合理利用余热。最后还要将一氧化碳的变换和残余一氧化碳的脱除方法结合考虑，若后工序要求一氧化碳残余量低，则需采用中变串低变的工艺。

1. 中变串低变工艺

当以天然气或石脑油为原料制造合成气时，水煤气中CO含量仅为10%～13%（体积分数），采用高-低变串联流程，如图3-16所示。由于CO变换过程是强放热过程，必须分段进行以利于回收反应热，并控制变换段出口CO残余量。第一步是高温变换，使大部分CO转变为CO_2和H_2；第二步是低温变换，将CO含量降至0.3%左右。

来自天然气蒸气转化工序含有一氧化碳为13%～15%的原料气经废热锅炉降温至370℃左右进入高变炉，经高变炉变换后的气体中一氧化碳含量可降至3%左右，温度为420～440℃，高变气进入高变废热锅炉及甲烷化进气预热器回收热量后进入低变炉。低变炉绝热温升为15～20℃，此时出低变炉的低变气中的一氧化碳含量在0.8%～0.5%。为了提高传热效果，在饱和器中喷入少量软水，使低变气达到饱和状态，提高在贫液再沸器中的传热系数。

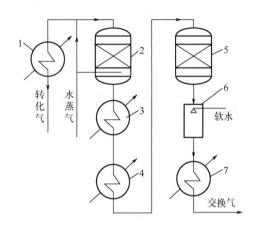

图3-16　中-低变串联工艺流程

1—废热锅炉；2—高变炉；3—高变废热锅炉；4—预热器；

5—低变炉；6—饱和器；7—贫液再沸器

2. 多段中变工艺

以煤为原料的中小型合成氨厂制得的半水煤气中含有较多的一氧化碳气体，需采用多段中变流程。而且由于来自脱硫系统的半水煤气温度较低，水蒸气含量较少。气体在进入中变炉之前设有原料气预热及增湿装置。另外，由于中温变换的反应放热多，应充分考虑反应热的转移和余热回收利用等问题。图3-17为目前中小型合成氨厂应用较多的多段中温变换工艺。

半水煤气首先进入饱和热水塔，在饱和热水塔内气体与塔顶喷淋下来的130～140℃的热水逆流接触，使半水煤气提温增湿。出饱和热水塔的气体进入汽水分离器分离夹带的液滴，并与电炉来的300～350℃的过热蒸汽混合，使半水煤气中的汽气比达到工艺条件的要求，然后进入主热交换器和中间换热器，使气体温度升至380℃进入变换炉，经第一段催化床层反应后气体温度升至480～500℃，经蒸汽过热器、中间换热器与蒸汽和半水煤气换热降温后进入第二段催化床层反应。反应后的高温气体用冷凝水冷激降温后，进入第三段催化剂床层反应。气体离开变换炉的温度为400℃左右，变换气依次经过主热交换器、第一水加热器、饱和热水塔、第二热水塔，第二热水塔回收热量，再经变换气冷却器降至常温后送下一工序。

3. 全低变工艺

全低变工艺是针对传统中变、低变工艺存在的缺点，使用宽温区的钴钼耐硫低温变换催化剂取代传统的铁铬系耐硫变换催化剂，使变换系统处于较低的温度范围内操作，入炉的汽气比大大降低，蒸汽消耗量大幅度减少。但也由于入炉原料气的温度低，气体中的油污、杂质等直接进入催化剂床层从而造成催化剂污染中毒，活性下降。

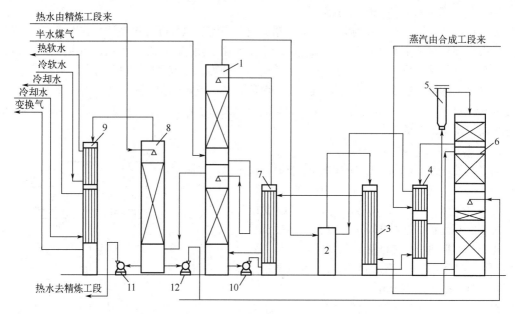

图 3-17　多段中温变换工艺流程

1—饱和热水塔；2—汽水分离器；3—主热交换器；4—中间换热器；5—电炉；6—高变炉；7—第一水加热器；

8—第二热水塔；9—变换气冷却器；10—热水泵；11—热水循环泵；12—冷凝水泵

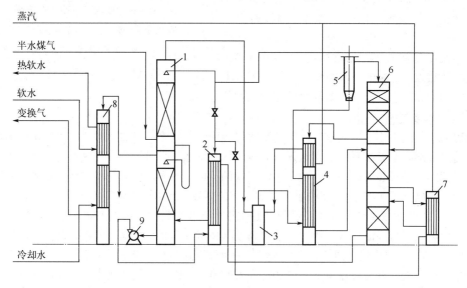

图 3-18　全低温变换工艺流程

1—饱和热水塔；2—水加热器；3—汽水分离器；4—热交换器；5—电炉；6—变换炉；7—调温水加热器；

8—锅炉给水加热器；9—热水泵

全低变工艺流程如图 3-18 所示。全低变工艺是将原中温变换系统温度降低 100℃ 以上，从而非常有利于一氧化碳变换反应的平衡，实际每吨氨蒸气消耗量仅为 250kg 左右，且热回收设备面积小。该工艺带来的效益是显而易见的，具体优点如下：

① 原中变催化剂用量减少 1/2 以上，降低了床层阻力，提高了变换炉的设备能力；

② 床层温度下降 100～200℃，气体体积缩小 25%，降低了系统阻力，减少了压缩机功率消耗；

③ 换热面积减少 50% 左右；

④ 从根本上解决了中变催化剂的粉化问题，改善了催化剂的装卸劳动卫生条件；

⑤ 提高了有机硫的转化能力，在相同操作条件和工况下，全低变工艺比中变串低变的有机硫转化率提高 5%；

⑥ 操作容易，启动快，增加了有效运行时间；

⑦ 降低了对变换炉的材质要求，催化剂使用寿命长，一般可使用 5 年。

近年来开发的无饱和塔全低变流程的优点更为明显，从根本上杜绝了设备的腐蚀，减少了因变换腐蚀而导致的停车，设备减少，系统的阻力降低，压缩机效率提升，减少了原饱和塔循环热水泵的用电，降低了热水排放的能耗，减轻了对设备的腐蚀，更重要的是提高了有机硫的转化能力。因为在传统的饱和热水塔工艺中，煤气中的各种有机硫通过循环热水溶解，再通过变换气释放出来。无饱和塔流程可以解决这个问题，不仅精脱硫中的有机硫转化部分可以去掉，同时煤气中非 COS 等有机硫也不会残留到后续工序，对甲烷化或合成催化剂是极有利的。

（二）工艺条件的控制

欲使变换过程在最佳工艺条件下进行，达到高产、优质和低耗的目的，就必须分析各工艺条件对反应的影响，综合选择最佳条件。

1. 温度

变换反应温度按最适宜温度曲线进行最为理想，但实际上完全按最适宜温度曲线操作是不可能的，因为很难按最适宜温度的需要准确地、不断地移出反应热，且在反应开始时最适宜温度大大超过一般高温变换催化剂的耐热温度。

实际生产中选定操作温度的原则如下：

① 操作温度必须控制在催化剂的活性温度范围内，反应开始温度应高于催化剂活性温度 20℃左右，且反应中严防超温；

② 整个变换过程尽可能在接近最适宜温度的条件下进行。由于最适宜温度随变换率升高而下降，因此，需要随着反应的进行及时移出反应热，从而降低反应温度。工业上采用多段床层间接冷却式，用原料气和饱和蒸汽进行段间换热，移走反应热。段数越多，变换反应过程越接近最适宜温度曲线，但流程也更复杂；

③ 根据变换系统换热设备的负荷、半水煤气中 CO 含量的高低以及催化剂的起始活性温度等因素来决定出口温度。因为半水煤气需要变换气来加热，因此出炉变换气与半水煤气的温差不宜过小，以免换热器面积太大。对于半水煤气最终依靠变换气来升温的水冷激流程，温差以 20～30℃为宜。

2. 压力

一氧化碳变换是一个等分子反应，压力对变换反应的平衡几乎无影响，但加压变换有以下优点：

① 加压可加快反应速率，提高催化剂的生产能力，从而可采用较大空速提高生产强度；

② 设备体积小，布置紧凑，投资较少；

③ 湿变换气中蒸气冷凝温度高，有利于热能的回收利用。此外加压变换也提高了过剩蒸汽的回收价值，提高了热能的利用价值。

加压变换强化了传热、传质过程，使变换系统设备更紧凑。但提高压力会使系统冷凝液酸度增大，设备腐蚀加重，如果变换过程所需蒸汽全部由外界加入新鲜蒸汽，加压变换会增大高压蒸汽负荷，减少蒸汽做功能力。因此，操作压力不宜过高，具体操作压力则依据大、中、小型合成氨厂的工艺特点，特别是工艺蒸汽的压力及压缩机各段出口压力的合理配置而定。一般中、小型厂用常压或 2MPa 以下，大型合成氨厂因原料及工艺的不同差别较大。

3. 水碳比

水碳比（H_2O/CO）是影响 CO 变换反应的主要因素之一。提高蒸汽比例，有利于提高 CO 变换率，从而降低 CO 残余量，因此生产上均采用过量蒸汽操作。另外，过量的蒸汽还起到热载体的作用，减少催化剂床层的温升。但是，过高的水碳比使得变换过程的能耗增加，床层阻力增加，并使余热回收设备负荷加重。实践表明，变换反应的平衡变换率及化学反应的速率虽然都随蒸汽的增加而加快，但变化趋势总是先快后慢，到一定程度后趋势就越来越不明显了。同时蒸汽量增加过多，从催化剂床层带走的热量也多，催化剂床温不易维持，而且又增加了系统阻力，动力消耗和热能损失均加大。所以，蒸汽的添加量并不是无限制的，选择一个合适的水碳比显得尤为重要。水碳比的高低还受催化剂的制约，根据催化剂的特性和各段反应出口 CO 浓度及最终 CO 浓度的要求，高水碳比对反应平衡和速率均有利，但太高时效果已不明显，反而能耗过高，现常用水碳比为 4。

4. 催化剂装填量和空速

没有催化剂参加反应时，CO 变换反应的速率很慢，所以在变换反应器中都装填了催化剂。当催化剂型号确定后，催化剂用量也随空速而确定。空速即单位时间单位体积催化剂处理的工艺气量。空速小，反应时间长，有利于变换率的提高；但空速小，催化剂用量多，催化剂的生产能力降低。空速的选择与催化剂活性以及操作压力有关，催化剂活性高，操作压力高，空速可选择得大些，反之，空速则小些。催化剂设计时空速选择的总原则应该在保证变换率的前提下尽可能提高空速，以增加气体处理量，提高生产能力。

一氧化碳变换
工序企业实景

子任务（三）　脱除原料气中二氧化碳

● 任务发布 ....

脱除气体中 CO_2 的过程称作"脱碳"。工业上常用的脱碳方法为溶液吸收法。该法可分为两大类：一类是循环吸收过程，即吸收 CO_2 后在再生塔解吸出纯态 CO_2，供尿素生产用；另一类是将吸收 CO_2 的过程与生产产品同时进行，例如碳酸氢铵、纯碱和尿素等产品的生产过程。循环吸收法根据所用吸收剂的性质不同，可分为物理、化学和物理-化学吸收法三种。

请以小组为单位，通过脱碳知识的学习和资料查阅，罗列出物理、化学和物理-化学吸收法三类方法中的具体方法及各自的优缺点，并讨论当原料气来源不同时，脱碳方法的选择及优化的工艺条件。同时，完成表 3-7 的填写。

表 3-7　循环吸收法优缺点及适用条件的对比

种类	具体方法	优点	缺点	适用条件 （可举一例说明）	工艺条件 （可举一例说明）
物理法					
化学法					
物理-化学法					

● 任务精讲 ....

一氧化碳变换过程后，原料气中 CO_2 含量可高达 28%~40%。在进入合成系统前必须将 CO_2 气体清除干净。而 CO_2 又是制造尿素、碳酸氢铵和纯碱等的原料。因此，CO_2 脱除和回收净化是脱碳过程的双重任务。

一、脱碳方法的种类与选择

（一）脱碳方法的介绍

国内外的脱碳方法多采用溶液吸收剂来吸收 CO_2，根据吸收机理可分为物理法、化学法和物理-化学吸收法三大类。近年来，出现了变压吸附法、膜分离等固体脱除二氧化碳法等。

1. 物理吸收法

物理吸收法在加压和较低温度条件下吸收 CO_2，溶液的再生靠减压解吸，而不是加热分解，属于冷法，能耗较低。加压水洗法设备简单，但脱除二氧化碳净化度差，氢气损失较多，动力消耗也高，新建氨厂已不再用此法。近几十年来开发有低温甲醇洗涤法、碳酸丙烯酯法、聚乙二醇二甲醚法、变压吸附脱碳法等。它们具有净化度高、能耗低、回收二氧化碳纯度高等优点，而且还可选择性地脱除硫化氢，是工业上广泛采用的脱碳方法。

2. 化学吸收法

化学吸收法具有吸收效果好、再生容易，同时还能脱除硫化氢等优点，主要方法有浓氨水法、乙醇胺法和改良热钾碱法。为提高二氧化碳吸收和再生速度，可在碳酸钾溶液中添加某些无机物或有机物作为活化剂，并加入缓蚀剂以降低溶液对设备的腐蚀。

3. 物理-化学吸收法

以乙醇胺和环丁砜的混合溶液作吸收剂，称为环丁砜法，因乙醇胺是化学吸收剂，环丁砜是物理吸收剂，故此法为物理与化学效果相结合的脱碳方法。

（二）脱碳方法的选择

在合成氨的生产中，脱碳方法的选择取决于氨加工的品种、气化原料和方法、后续工段气体精制方法以及各种脱碳方法的经济性等因素。

氨加工的品种是选择脱碳方法最重要的限制条件。当加工成碳铵时，必须采用联产碳铵法；当加工成纯碱时，必须采用联产纯碱法；当加工成尿素时，可视气化所用原料和方法的不同，选择不同的物理和化学吸收分离法。

气化原料和方法也是选择脱碳方法的重要因素。当用天然气蒸汽转化法制气生产尿素时，理论上生产 1mol 尿素缺二氧化碳 0.058mol，考虑到低温变换余热的利用，通常采用二氧化碳回收率高的本菲尔法较佳；当用重油和煤部分氧化法制气生产尿素时，二氧化碳有余且空分装置又副产大量氮气，采用低温甲醇同时清除硫化氢和二氧化碳较为经济；当以煤为原料间歇式制气生产尿素时，由于二氧化碳有余，采用常温物理吸收法较好。

脱碳方法的选择还与后工序气体精制的方法有关。如果精制方法采用甲烷化法，宜采用使脱碳气中的二氧化碳含量降至 0.1% 的脱碳方法，如本菲尔法和 MDEA 法；如果精制方法采用深冷液氮洗涤法，则通常宜采用低温甲醇洗法；如果精制方法为铜洗法，由于铜洗法能洗涤少量二氧化碳，通常采用净化度不高的常温物理吸收法（如碳酸丙烯酯法、聚乙二醇二甲醚法）或变压吸附法。

脱碳方法的选择最终取决于技术经济指标，即取决于投资和操作费用的高低。但经济性的问题与合成氨的总流程、原料、制气方法及当时当地的条件有关，应针对具体情况，进行各种脱碳方法的经济性比较，做出正确的选择。

二、具体方法

（一）低温甲醇法脱碳

1. 低温甲醇法基本原理

甲醇吸收二氧化碳属于纯物理吸收过程。甲醇对 CO_2、H_2S、COS 等酸性气体有较大的溶解力，而氢气、氮气、一氧化碳在其中的溶解度很小，因而甲醇能从原料气中选择吸收 CO_2、H_2S 等酸性气体，而 H_2 和 N_2 的损失则较小。

影响 CO_2 在甲醇中溶解度的因素有压力、温度和气体的组成。CO_2 在甲醇中的溶解度与吸收压力有关，压力升高，CO_2 在甲醇中的溶解度增大。随着温度的降低，CO_2、H_2S 等气体在甲醇中的溶解度增大，而 H_2、N_2 的溶解度变化不大。因此，利用甲醇脱除二氧化碳的方法宜在低温下操作。实际上，H_2S 在甲醇中的溶解度比 CO_2 更大，所以用甲醇脱除二氧化碳的过程也能把气体中的 H_2S 一并脱除。在甲醇洗涤的过程中，原料气中的 COS、CS_2 等有机硫化物也能被脱除。

经过低温甲醇洗涤后，要求原料气中 CO_2 含量小于 $20cm^3/m^3$，H_2S 含量小于 $1cm^3/m^3$。

甲醇在吸收了一定量的 CO_2、H_2S、COS、CS_2 等气体后，为了循环使用，必须使甲醇溶液得到再生。再生通常是在减压加热的条件下，解析出所溶解的气体。由于在一定条件下，H_2、N_2 等气体在甲醇中的溶解度最小，而 CO_2、H_2S 在甲醇中的溶解度最大，所以采用分级减压膨胀再生时，H_2、N_2 等气体首先从甲醇中解析出来。然后降低压力，使大量 CO_2 解析出来，得到 CO_2 浓度大于 98% 的气体，作为尿素、纯碱的生产原料。最后用减压、汽提、蒸馏等方法使 H_2S 进一步解析出来，得到含 H_2S 大于 25% 的气体，送往硫黄回收工序，予以回收。

另一种再生方法是用 N_2 气提，使溶于甲醇中的 CO_2 解析出来，气提气量越大，操作温度越高或压力越低，溶液的再生效果越好。

2. 低温甲醇法工艺参数的控制

（1）吸收温度　降低温度可以增加二氧化碳在甲醇中的溶解度，这样可以减少甲醇的用量。常温下的甲醇蒸气分压很大，为了减少操作中的甲醇损失，也宜采用低温吸收。在生产上，一般选择吸收温度为 $-70\sim-20℃$。

由于 CO_2 等气体在甲醇中的溶解热很大，因此在吸收过程中溶液温度会不断升高，使吸收能力下降。为了维持吸收塔的操作温度，在吸收大量 CO_2 的中部位设置一个冷却器降温，或者将甲醇溶液引出塔外进行冷却。

（2）吸收压力　吸收压力升高，CO_2 在甲醇中的溶解度增大，所以在加压下操作是有利的。但操作压力过高，对设备强度和材质的要求也较高。目前低温甲醇洗涤法的操作压力一般选择为 $2\sim8MPa$。

3. 低温甲醇法脱碳工艺流程的控制

低温甲醇洗涤法的流程有两大类型：一种是适用于单独脱除气体中的二氧化碳，或处理只含有少量 H_2S 的气体；另一种是适用于同时脱除含 CO_2 和 H_2S 的原料气，再生时可分别得到高浓度的 CO_2 和 H_2S 气体。此处仅介绍前一种。

低温甲醇洗涤法脱除 CO_2 的工艺流程，如图 3-19 所示。

本流程吸收塔分为上下两段，在吸收塔下段脱除大量 CO_2，吸收塔上段主要提高气体的净化度，进行精脱碳。

压力为 2.5MPa 的原料气在预冷器中被净化气和 CO_2 气冷却到 $-20℃$，之后进入吸收塔下部，与从吸收塔中部加入的甲醇溶液（半贫液）逆流接触，大量的 CO_2 被溶液吸收。气体继续进入吸收塔上部，与从塔顶喷淋下来的甲醇（贫液）逆流接触，脱除原料气中剩余的 CO_2，使气体净化度提高，净化气从吸收塔引出与原料气换热后去下一工序。

由于 CO_2 在甲醇中溶解时放热，从吸收塔底部排出的甲醇液（富液）温度升高到 $-20℃$，送入闪蒸器解析出所吸收的氢氮气，氢氮气经压缩后送回原料气总管。甲醇液由闪蒸器进入再生塔，经两级减压再生。第一级在常压下再生，再生气中 CO_2 的浓度在 98% 以上，经预冷器与原料气换热后去尿素工序。第二级在真空度为 20kPa 下再生，可将吸收的大部分 CO_2 放出，得到半贫液。由于 CO_2 从甲醇溶液中解吸吸热，半贫液的温度降到 $-75℃$，经半贫液泵加压后送入吸收塔中部，循环使用。

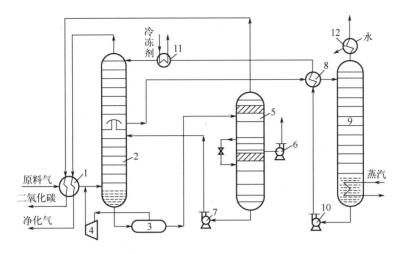

图 3-19　低温甲醇洗涤法脱除 CO_2 的工艺流程

1—原料气预冷器；2—吸收塔；3—闪蒸器；4—压缩机；5—再生塔；6—真空泵；7—半贫液泵；8—换热器；

9—蒸馏塔；10—贫液泵；11—冷却器；12—水冷器

从吸收塔底部排出的甲醇溶液（富液）与蒸馏后的贫液换热后进入蒸馏塔，在蒸汽加热的条件下进行蒸馏再生。再生后的甲醇溶液（贫液）从蒸馏塔底部排出，温度为 65℃，经换热器、冷却器冷却到 -60℃ 左右，送到吸收塔顶部循环使用。

低温甲醇法所使用的吸收塔和再生塔内部都采用带浮阀的塔板，根据流量大小，选用双溢流或单溢流，塔板材料选用不锈钢。

（二）改良热钾碱法脱碳

早期的热钾碱法是用 25%～30% 浓度的热 K_2CO_3 溶液脱除原料气中的 CO_2 和 H_2S。这种方法吸收速率慢、净化度低且设备腐蚀严重。为了克服上述缺点，在 K_2CO_3 溶液中添加不同的活化剂，称为有机胺催化热钾碱法。根据活化剂的不同，氨基乙酸催化热钾碱法、二乙醇胺催化热钾碱法等，此处主要介绍加入活化剂二乙醇胺的热钾碱法，简称本菲尔法。

1. 本菲尔法脱碳基本原理

本菲尔法的吸收剂为在碳酸钾溶液中添加二乙醇胺活化剂、偏钒酸钾缓蚀剂，及消泡剂等。

（1）吸收原理　K_2CO_3 水溶液吸收 CO_2 为气液相反应，气相中的 CO_2 先扩散至液相，之后与溶液中的碳酸钾发生化学反应。

$$K_2CO_3 + H_2O + CO_2 \rightleftharpoons 2KHCO_3 \qquad (3-29)$$

这是一个可逆反应，无催化剂存在时，反应速率很慢。反应生成的碳酸氢钾在减压加热条件下，放出 CO_2，使 K_2CO_3 溶液再生，循环使用。

为了提高反应速率，吸收过程在较高温度（105～110℃）下进行，因而称为热钾碱法。由于纯 K_2CO_3 溶液吸收 CO_2 在上述温度下反应速率仍然很慢，所以需向溶液中加入催化剂。在 K_2CO_3 溶液中加入活化剂二乙醇胺（DEA），由于二乙醇胺分子中的氨基与液相中的 CO_2 直接进行反应，改变了反应历程，所以大大地加快了吸收反应的速率，可加快 10～1000 倍。

含有机胺的 K_2CO_3 溶液在吸收 CO_2 的同时，也能除去原料气中的 H_2S、HCN、RSH 等酸性组分，其吸收反应为：

$$H_2S + K_2CO_3 \rightleftharpoons KHCO_3 + KHS \qquad (3-30)$$

低温甲醇法工序企业实景

$$HCN+K_2CO_3 \Longrightarrow KHCO_3+KCN \qquad (3\text{-}31)$$

$$RSH+K_2CO_3 \Longrightarrow KHCO_3+RSK \qquad (3\text{-}32)$$

COS、CS_2 首先在热 K_2CO_3 溶液中水解生成 H_2S 和 CO_2，然后被溶液吸收。反应式如下：

$$CS_2+H_2O \Longrightarrow COS+H_2S \qquad (3\text{-}33)$$

$$COS+H_2O \Longrightarrow CO_2+H_2S \qquad (3\text{-}34)$$

CS_2 需经两步水解生成 H_2S 后才能全部被吸收，因此吸收效率较低。

（2）溶液的再生　　K_2CO_3 溶液吸收 CO_2 后，K_2CO_3 转变为 $KHCO_3$，由于活性下降，吸收能力减小，故需进行再生，使溶液恢复吸收能力，循环使用。再生反应为吸收反应的逆反应，即

$$2KHCO_3 \Longrightarrow K_2CO_3+H_2O+CO_2 \qquad (3\text{-}35)$$

对再生反应来说，压力越低，温度越高，越有利于 $KHCO_3$ 的分解。为了使 CO_2 更完全地从溶液中解吸出来，可以向溶液中通入惰性气体进行气提，使溶液湍动并降低解吸出来的 CO_2 在气相中的分压。

工业生产上溶液的再生是在带有再沸器的再生塔内进行，即在再沸器内利用间接加热将溶液加热至沸点，使大量水蒸气从溶液中蒸发出来，沿着再生塔向上流动作为气提介质与溶液逆流接触，降低气相中 CO_2 的分压，增加解吸推动力，同时增加液相的湍动过程和解吸面积，使溶液更好地得到再生。

2. 本菲尔法脱碳工艺参数的控制

（1）溶液的组成

① 碳酸钾浓度。增加碳酸钾的浓度，可提高溶液对 CO_2 的吸收能力，加快吸收 CO_2 的反应速率，减少溶液的循环量和提高气体的净化度。但其浓度越高，对设备腐蚀越严重，在低温时易析出碳酸氢钾结晶，堵塞设备和管道，给生产作业带来困难。因此，碳酸钾的浓度一般选择为 27%～30%（质量分数）为宜。

② 活化剂浓度。为了提高吸收效率，在碳酸钾溶液中加入少量的二乙醇胺（DEA），增大二乙醇胺的浓度，可加快溶液吸收 CO_2 的速率，降低净化气中 CO_2 的含量。但是，当活化剂浓度超过 5% 时，活化作用不明显，且活化剂损失增大。所以工业上二乙醇胺的浓度一般维持在 2.5%～5%。

③ 缓蚀剂浓度。为了减轻碳酸钾溶液对设备的腐蚀，需要向溶液中加入缓蚀剂。对于活化剂为有机胺的热钾碱法，缓蚀剂一般是偏钒酸钾（KVO_3）或五氧化二钒（V_2O_5）。由于偏钒酸钾是一种强氧化物质，能与铁作用在设备表面形成一层氧化铁保护膜，从而保护设备不受腐蚀。一般溶液中偏钒酸钾的浓度为 0.6%～0.9%（质量分数）。

④ 消泡剂浓度。由于碳酸钾溶液在吸收过程中很容易起泡，影响溶液的吸收和再生效率，严重时会造成气体带液影响生产，生产中常加入消泡剂，目前常用的消泡剂有喹酮类、聚醚类及高醇类等。消泡剂在溶液中的浓度一般为 3～30mg/kg。

（2）吸收压力　　提高吸收压力，可以增加吸收推动力，加快吸收速率，提高气体净化度，同时也可减小设备的尺寸。但是当压力增大到一定程度时，对吸收的影响就不明显了，且对设备要求更高。实际生产中，吸收压力取决于合成氨的总体流程。以焦炭、煤为原料的合成氨厂吸收压力大多为 1.3～2.0MPa；以天然气、轻油为原料的蒸汽转化法制取合成氨的流程中，吸收压力为 2.6～2.8MPa。

（3）吸收温度　　提高吸收温度可加快吸收反应速率，节省再生耗热量。但吸收温度高，溶液上方 CO 平衡分压增大，降低了吸收推动力，因而降低了气体的净化度。也就是说，温度对吸收过程的化学平衡和反应速率产生两种相互矛盾的影响。为了解决这一矛盾，生产中普遍采用二段

吸收二段再生的流程，吸收塔和再生塔都分为两段。从再生塔上段取出大部分溶液（称为半贫液，占总量的 2/3～3/4），温度为 105～110℃，不经冷却直接进入吸收塔下段，由于半贫液温度较高，可加快吸收反应速率，且半贫液温度接近再生温度，可以节省再生时的耗热量。从再生塔下段引出再生比较完全的溶剂（称为贫液，占总量的 1/4～1/3）冷却到温度为 65～80℃进入吸收塔上段，由于贫液温度较低，溶液上方 CO_2 平衡分压降低，提高了气体的净化度。

（4）溶液的转化度　转化度的大小是溶液再生好坏的一个标志。对吸收而言，转化度越小越好。因转化小，碳酸钾含量高，吸收速率快，气体净化度高。但对再生而言，要达到较低的转化度要消耗更多的热量，且再生塔和再沸器的尺寸也需要相对增大，这又是不利的。

在二段吸收二段再生的改良热钾碱法脱碳中，一般选择贫液转化度为 0.15～0.5，半贫液转化度为 0.35～0.45。

（5）再生工艺条件　再生过程中，提高温度和降低压力，可以加快碳酸氢钾的分解速率。为了简化流程和便于将再生过程中解吸出来的 CO_2 输送到后工序，再生压力应略高于大气压力，一般选择为 0.1～0.14MPa。再生温度为该压力下溶液的沸点，而沸点值与溶液的组成有关，一般为 105～115℃。

3. 本菲尔法脱碳工艺流程的设计

用碳酸钾溶液吸收二氧化碳的工艺流程很多，有一段吸收一段再生、二段吸收一段再生、二段吸收二段再生等。二段吸收二段再生流程的优点为：等温吸收等温再生，节省了再生过程的热量消耗。在吸收塔下部用较高温度的半贫液吸收，加快了吸收 CO_2 的吸收速率，而在吸收塔上部用温度较低的贫液吸收，可提高气体的净化度。目前工业上常用的是二段吸收二段再生流程。

二乙醇胺催化热钾碱法二段吸收二段再生工艺流程如图 3-20 所示。

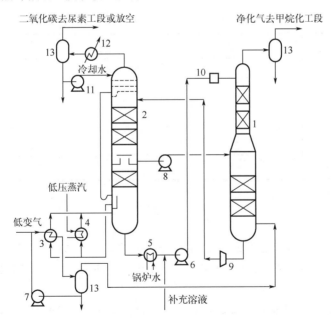

图 3-20　二乙醇胺催化热钾碱法二段吸收二段再生工艺流程

1—吸收塔；2—再生塔；3—再沸器；4—蒸汽再沸器；5—锅炉水预热器；6—贫液泵；7—冷激水泵；
8—半贫液泵；9—水力透平；10—机械过滤器；11—冷凝液泵；12—CO_2 冷却器；13—气液分离器

压力为 2.6MPa 的低温变换气进入再生塔底的再沸器，被冷却至 125℃左右，放出大量的冷凝热作为再生的热源。从再沸器出来的原料气经气液分离器分离出水分后进入吸收塔底，自下而上与吸收液逆流接触，气体中的 CO_2 被吸收。经过吸收塔两段反应后，约含 0.1% 的 CO_2 的净化气经气液分离器除去夹带的液滴后，送往甲烷化工段。

由吸收塔底部排出的富液经水力透平减压膨胀，回收能量后进入再生塔顶部，闪蒸出部分 CO_2。然后自上而下与由再沸器加热产生的蒸汽逆流接触，溶液被加热到沸点并解吸出所吸收的 CO_2。从再生塔中部引出占溶液总量 3/4 的半贫液，温度约为 112℃，经半贫液泵输送到吸收塔中部。从塔底引出的占溶液总量 1/4 的贫液，在锅炉水预热器中被冷却至 70℃ 左右，经贫液泵加压、过滤后送往吸收塔顶部。从再生塔顶部引出的高纯度 CO_2，经冷却器冷却到 40℃ 左右，并经气液分离器分离出液体后，送往尿素工序。

再生过程所需的热量大部分由变换气再沸器供给，不足部分在蒸汽再沸器中由低压蒸汽补充。

子任务（四）　精制原料气

● 任务发布

在合成氨的生产过程中，经过一氧化碳变换和二氧化碳脱除后的原料气尚含有少量残余的 CO 和 CO_2。为了防止它们对氨合成催化剂的毒害，原料气在送往合成工段以前，还需要进一步净化，称为"精制"。"精制"的方法有铜氨液吸收法、液氮洗涤法、甲烷化法、双甲法（甲醇串甲烷化法）等。

请以小组为单位，通过"精制"方法的学习和查阅相关资料，对比四种方法的优缺点及适用条件，并罗列在表 3-8 中。

表 3-8　原料气最终净化方法对比

方法	优点	缺点	适用条件
铜氨液吸收法			
液氮洗涤法			
甲烷化法			
双甲法			
其他典型方法			

● 任务精讲

合成氨工序要求进入氨合成塔原料气中的 $CO+CO_2$ 含氧化合物总含量小于 $10×10^{-6}$。精制后气体中 $CO+CO_2$ 的体积分数之和，大型厂控制在小于 $10×10^{-6}$，中小型厂小于 $30×10^{-6}$。工业上，具体方法如下：

① 铜氨液吸收法。铜氨液吸收法是最早采用的方法，在高压、低温下用铜盐的氨溶液吸收 CO 并生成络合物，然后将溶液在减压和加热条件下再生。由于吸收溶液中有游离氨，故可同时将气体中的 CO_2 脱除。铜氨液洗涤工艺是早期应用的原料气精制工艺技术，除能吸收 CO 和 CO_2 外，还能吸收 O_2 和 H_2S，长期以来用于合成氨原料气体的精制。然而，由于该工艺使用的乙酸铜氨液化学成分多且复杂，吸收和再生过程中影响因素较多，而多种因素在同一操作条件下又相互矛盾，故存在工艺流程冗长、工艺条件控制难度大、能源消耗较高、易污染环境等缺点。

② 液氮洗涤法。利用液态氮能溶解 CO、甲烷的物理性质，在深度冷冻的温度条件下将原料

气中残留的少量 CO 和甲烷等彻底除去，该法适用于设有空气分离装置的重质油、煤加压部分氧化法制原料气的净化流程，也可用于焦炉气分离制氢的流程。

③ 甲烷化法。甲烷化法是 20 世纪 60 年代开发的方法，在镍催化剂存在下使 CO 和 CO_2 加氢生成甲烷。由于甲烷化反应为强放热反应，而镍催化剂不能承受很大的温升，因此，对气体中 CO 和 CO_2 含量有限制。该法流程简单，可将原料气中碳的氧化物脱除到 10×10^{-6} 以下，以天然气为原料的新建氨厂大多采用此法。但甲烷化反应中需消耗氢气，且生成对合成氨无用的惰性组分甲烷。

④ 甲醇串甲烷化法。又称双甲精制工艺，是近年来开发成功的一项新技术。它采用先甲醇化后甲烷化的方法，将原料气中 CO 和 CO_2 的含量降至很低（小于 $10cm^3/m^3$），从而使氢耗大大降低，同时可副产化工原料甲醇。目前，双甲精制新工艺在中、小型合成氨厂正被推广使用。

一、甲烷化法

（一）基本原理

1. 化学平衡

在催化剂存在的条件下，加氢生成甲烷的反应如下：

$$CO+3H_2 \Longrightarrow CH_4+H_2O \tag{3-36}$$

$$CO_2+4H_2 \Longrightarrow CH_4+2H_2O \tag{3-37}$$

当原料气中有 O_2 存在时，会与氢发生反应，反应如下：

$$2H_2+O_2 \Longrightarrow 2H_2O \tag{3-38}$$

在一定条件下，系统还会发生以下副反应：

$$Ni+4CO \Longrightarrow Ni(CO)_4 \tag{3-39}$$

从脱除 CO 和 CO_2 的角度，希望主反应进行，而不希望氢与氧反应和副反应发生。

甲烷化反应是强放热反应，反应热效应随温度升高而增大，催化剂床层会产生显著的绝热温升。1%的 CO 甲烷化的绝热温升为 72℃，1%的 CO 温升为 60℃。

如果原料气中含微量氧，其温升要比 CO 和 CO_2 高得多，1%的 O_2 与 H_2 反应的温升为 165℃，所以原料气中应严格控制氧的进入，否则易引起甲烷化炉严重超温而导致催化剂失活。

甲烷化反应是放热反应，在生产上反应温度应控制在 280～420℃，平衡常数都很大，反应向右进行，有利 CO 和 CO_2 转化生成甲烷。

甲烷化反应是体积缩小的反应，提高压力，使甲烷化反应平衡向右移动，由于甲烷的原料气中 CO 和 CO_2 分压低，H_2 过量很多，即使压力不太高，甲烷化后 CO 和 CO_2 的含量仍很低。所以，从化学平衡考虑，工业上要求甲烷化炉出口气体 CO 和 CO_2 含量低于 $10cm^3/m^3$ 是没有问题的。

2. 反应速率

研究认为，在一般情况下，甲烷化反应速率很慢，但在镍催化剂作用下，反应速率相当快。甲烷化反应速率不仅与空间速率和碳氧化物进出口含量有关，还与温度、压力有关。对于甲烷化反应，随着反应温度的升高，反应速率常数增大，反应速率加快。甲烷化反应速率与压力的 0.2～0.5 次方成正比，压力增加可加快反应速率。传质过程对甲烷化反应速率有显著影响，实际应用时，减小催化剂粒径，提高床层气流的空速，都能提高甲烷化反应速率。

（二）催化剂

甲烷化是甲烷蒸汽转化的逆反应，因此，甲烷化催化剂和甲烷蒸汽转化催化剂都是以镍作为活性组分，但两种催化剂有区别。

第一，甲烷化炉出口气体中的碳氧化物允许含量是极小的，这就要求甲烷化催化剂有很高的活性，而且能在较低的温度下使用。

第二，碳氧化物与氢的反应是强烈的放热反应，故要求催化剂能承受很大的温升。

为满足生产要求，甲烷化催化剂的镍含量比甲烷转化催化剂的镍含量高，其质量分数为 15%~35%（以镍计），有时还加入稀土元素作为促进剂。为提高催化剂的耐热性，通常以耐火材料为载体。催化剂可压片或做成球形，粒度在 4~6mm 之间。

通常原始态甲烷化催化剂中的镍都以 NiO 形式存在，使用前先以氢气或脱碳后的原料气将其还原为活性组分 Ni。在用原料气还原时，为避免床层温升过大，要尽量控制碳氧化物的含量在 1% 以下。还原后的镍催化剂易自燃，务必防止同氧化性的气体接触。而且不能用含有一氧化碳的气体升温，以防止在低温时生成毒性物质羰基镍。

硫、砷、卤素可使镍催化剂中毒。在合成氨系统中常见的使催化剂中毒的物质是硫，硫对甲烷化催化剂的毒害程度与其含量成正比。当催化剂吸附 0.1%~0.2% 的硫（以催化剂质量计）时，其活性明显衰退，若吸附 0.5% 的硫，催化剂的活性完全丧失。

（三）工艺条件的控制

1. 温度

温度低对甲烷化反应平衡有利，但温度过低 CO 会与镍生成羰基镍，而且反应速率慢，催化剂活性不能充分发挥。提高温度，可以加快甲烷化反应速率，但温度太高对化学平衡不利，还会使催化剂超温而造成活性降低。

实际生产中，最低温度应高于生成羰基镍的温度，操作温度一般控制在 280~420℃。

2. 压力

甲烷化反应是体积缩小的反应，提高压力有利于化学平衡，并使反应速率加快，从而提高设备和催化剂的生产能力。在实际生产中，甲烷化操作压力由其在合成氨总流程中的位置确定，一般为 1~3MPa。

3. 原料气成分

甲烷化反应是强放热反应，所以原料气中的 CO 和 CO_2 含量不能太高。若原料气中 CO 和 CO_2 含量高，易造成催化剂超温，同时使进入合成系统的甲烷含量增加，所以要求原料气中 CO 和 CO_2 的体积分数之和必须小于 0.5%。原料气中的水蒸气含量增加，可使甲烷化反应逆向进行，并影响催化剂的活性，所以原料气中水蒸气含量也是越少越好。

（四）甲烷化法工艺流程的设计

由于甲烷化法会生成不利于氨合成的惰性气体 CH_4，因此甲烷化工艺仅适用于 CO、CO_2<0.5% 的情况。流程根据精制后原料气热量回收方式的不同，甲烷化流程设计成如下两种方案，如图 3-21 所示。

在图 3-21（a）流程中，经脱碳后的原料气（1.8MPa，65℃）首先进入甲烷化气换热器管间，与甲烷化炉来的甲烷化气换热，温度升至 240℃ 左右，进入中变气换热器与中变气换热，温度升至 280℃ 左右进入甲烷化炉，进行 CO 和 CO_2 的甲烷化反应。从甲烷化炉出来的气体中，CO 和 CO_2 含量小于 $10cm^3/m^3$，温度在 330℃ 左右，进入甲烷化气换热器管内，与管间原料气换热，温度降至 160℃ 左右，再进入水冷器用水冷却到 40℃ 左右，然后经氢氮气压缩机加压后送往合成工序。

在图 3-21（b）流程中，温度约 71℃ 的原料气，经氢氮压缩机一段出口气换热器预热到 113℃ 左右，进入中变气换热器加热到 310~320℃，进入甲烷化炉。反应后的气体温度升至 358~365℃，经锅炉给水预热器后，温度降到 149℃ 左右，然后进入水冷却器降到 38℃ 左右，送往氢氮气压缩机。

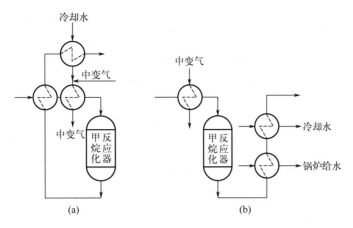

图 3-21　甲烷化流程方案

二、双甲法

（一）双甲工艺流程

为了减少合成系统的放空量，应尽量减少进入甲烷化气体中的 CO 和 CO_2，从而减少甲烷化反应中生成的无用的惰性气体，进而减少 H_2 的消耗量，合成工段的放空量便不会大幅增加，这也是双甲工艺中比较注重的工程技术问题。双甲工艺的工艺流程框图见图 3-22。

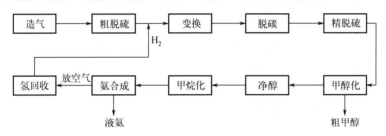

图 3-22　双甲工艺流程框图

一般来说，当新建一套全新的系统时，将双甲工艺按醇产量的大小配置成一个塔产醇，另一个塔净化的方式，产醇塔尽量使用低压法生产，即甲醇产量愈大，将一级醇化由压缩低压段来加压进行生产，当产醇量较小或以净化为目的时，将其第一级和第二级甲醇化设置在一个压力级，有利于醇化塔的互换和管理。这就有醇化系统的"非等压"和"等压"之分。同时，一般甲烷化的配置是紧接在二级甲醇之后，一般与二级甲醇化等压配置。

当甲醇化后串甲烷化时，由于常规常温分离方式的缺陷，往往不能将甲醇化后的气体中的甲醇蒸气、二甲醚蒸气完全分离出来，而这样的气体组成进入甲烷化，对甲烷化催化剂是不利的，工艺上也设置了一个"净醇"岗位，用软水来洗净这些物质，这种方法在很多合成氨企业得到了广泛的推广和应用。

（二）新双甲工艺流程

随着合成氨原料气精制技术的不断发展，双甲工艺技术又被提升为醇烃化技术（后来被称为新双甲工艺）。这是在原双甲工艺基础上，对其进行完善和发展，主要是将原双甲工艺中以气态方式存在的 CH_4 等换成为液态的副产物（常温下能方便地冷凝的醇类及烃类物质），成功地将技术进行了"升级"。达到同样产量和同样的入工段气体成分条件下，精制原料气的 H_2 消耗下降近 30%，合成工段的放空量下降 80%。解决了原双甲工艺中存在的生成不利于氨合成的惰性气体 CH_4、增加循环机功耗和合成系统放空量、有效气体损失大、甲烷化反应器的热不平衡等一系列工艺问题。

醇烃化的工艺方法将烃化催化剂置于甲醇化后，取代原双甲工艺中的甲烷化催化剂。这样可将原来的气态 CH_4 等变成液态的副产物（醇类物质及烃类物质）。这种烃类物质在常温下呈液态，可分离。由于醇烃化反应的生成物是醇类物质，因此，甲醇化工序来的微量的甲醇和二甲醚对醇烃化催化剂的活性没有影响。流程设置也可以去掉原双甲工艺中必须设置的"净醇"工序。

任务巩固

一、填空题

1. 合成气的净化主要包括_____、_____、_____三个过程。

2. 合成气脱硫方法可分为_____脱硫、_____脱硫两类。

3. 改良 ADA 法脱硫包括_____和_____两个过程。

4. 一氧化碳变换选用的催化剂有_____、_____、_____三类。

5. 脱碳的方法有_____、_____、_____三类。

二、选择题

1. 对 CO 变换反应，下列说法正确的是（   ）。

    A. 高温和高水碳比有利于平衡右移

    B. 变换反应是可逆放热反应

    C. 变换过程采用单反应器

    D. 压力对平衡和反应速率都无影响

2. 合成气净化过程中的"脱碳"是指（   ）。

    A. 去除碳粒   B. 去除 CO

    C. 去除 CO_2 D. 去除所有碳化物

3. 下列脱碳方法中，不能脱除极少量碳的方法是（   ）。

    A. 热碳酸钾吸收法   B. 铜氨吸收法

    C. 液氮洗涤法   D. 甲烷化法

4. 为了脱去合成气中极少的残硫，最合适的脱硫法是（   ）。

    A. ZnO 法   B. H_2O 吸收法

    C. 2,6-蒽醌磺酸钠法   D. 深冷分离法

5. 为除去脱碳、一氧化碳变换后的合成气中存在的少量的 CO 和 CO_2，使其总量$\leqslant10\mu g/g$，可使用的吸收剂是（   ）。

    A. 热 K_2CO_3 溶液   B. 液氮

    C. 氨溶液   D. ADA 溶液

6. 为除去合成气中大量的 CO_2，可使用的技术是（   ）。

    A. 甲烷化法   B. ZnO 法

    C. 氨溶液洗涤法   D. 热 K_2CO_3 溶液吸收法

7. 合成气脱硫可以在合成气生成以后再进行的合成气工艺是（   ）。

    A. 蒸汽转化法   B. 煤气化法

    C. 部分氧化法   D. 三种工艺均可以

三、简答题

1. 简述合成氨原料气净化的原则流程及采用的生产方法。

2. 简述合成氨原料气净化阶段湿法脱硫和干法脱硫两种方法各自的特点。

3. 采用甲烷化法的先决条件是什么？

任务四　挑战优化氨的合成

🔄 任务情境

经过净化后的原料气将进入合成氨生产的核心步骤——氨的合成。针对不同生产能力的合成氨工厂，氨合成的工艺流程和合成塔的选型显得尤为重要。某合成氨工厂现在要筹建氨合成工段工艺，作为一名氨合成工段生产技术人员，要具备根据工厂建设规模提出氨合成工段的工艺选择及设备选型方案的能力。

📖 任务目标

素质目标：
通过氨合成循环工艺流程的学习，培养节约意识，以及精益求精的工匠精神。

知识目标：
1. 了解氨合成工艺原理及催化剂。
2. 掌握氨合成生产工艺条件及优化。
3. 掌握氨合成塔结构、类型及工作原理。
4. 掌握氨合成与分离的工艺流程。

能力目标：
能够结合生产能力目标设计和选用合理的生产设备、工艺条件以及工艺流程。

氨合成工艺
流程

✥ 任务实施

氨的合成工序是合成氨生产的最后一步，也是整个合成氨生产的核心部分。在适当温度、压力、催化剂条件下，将精制后 H_2 和 N_2 混合气直接合成 NH_3，然后将生成的气体 NH_3 从混合气体中冷凝分离出来，得到产品液氨，受平衡常数限制，反应后气体中的氨含量一般只有 10%～20%，所以工业上分离氨后的 H_2 和 N_2 需要循环使用。

子任务（一）　掌握氨合成基本原理

● 任务发布

请以小组为单位，根据氨合成反应原理，从化学平衡和化学反应速率两个方面分析对平衡氨含量的影响，两方面存在的矛盾之处，进一步探讨出实际可行的解决方案。

● 任务精讲

一、氨合成基本原理

（一）化学平衡
氨合成反应为：

$$N_2(g)+3H_2(g) \Longleftrightarrow 2NH_3(g) \quad \Delta H_{298}^{\ominus} = -46.2\text{kJ/mol} \qquad （3-40）$$

1. 压力和温度
由于氨的合成反应是一个可逆放热、体积缩小的反应，提高压力、降低温度，平衡氨含量随之增大。

2. 氢氮比

如不考虑其他组分对化学平衡的影响，$H_2/N_2=3$ 时平衡氨含量具有最大值；若考虑惰性气体的影响，平衡氨含量最大值约在 $H_2/N_2=2.68\sim2.9$ 时获得。

3. 惰性气体含量

当氢气、氮气混合气中含有惰性气体时，就会使平衡氨含量降低。氨合成反应过程是一个体积缩小的可逆反应，混合气体的总物质的量随反应进行而逐渐减少，故惰性气体的含量随反应进行而逐渐升高。惰性气体含量增加，降低系统中物质的分压，平衡氨含量随之降低。

综上所述，提高压力、降低温度、降低惰性气体含量，平衡氨含量随之增加。

（二）反应速率

1. 压力

当压力增高时，正反应速率提高快，而逆反应速率提高慢，所以净反应速率提高。

2. 温度

合成氨的反应是可逆放热反应，存在最适宜温度，其值由气体组成、压力和催化剂活性而定。

3. 氢氮比

在反应初期，氢氮比为 1.5 时反应速率最大；随着反应的继续进行，要求的氢氮比随之变化。所以说，热力学和动力学对于氢氮比的要求是不同的，要统筹考虑。

4. 惰性气体含量

惰性气体含量对平衡氨浓度有影响，对反应速率也有影响，而且对两方面的影响是一致的，即惰性气体含量增加，反应速率下降，平衡氨浓度降低。

上述讨论是针对动力学速率控制步骤而言的，即忽略内外扩散对氨合成速率的影响。但在实际工业生产过程中应对内扩散的影响予以重视。减小催化剂颗粒粒度，可提高催化剂内表面利用率，但会增加床层阻力。实践证明，粒度在 $1\sim2mm$ 时基本上能发挥催化剂的全部作用，即消除了内扩散对反应速率的影响。

二、氨合成催化剂

长期以来，人们对氨合成催化剂做了大量的研究工作，发现对氨合成有催化活性的金属有 Os、U、Fe、Mo、Mn、W 等。其中以铁为主体并添加促进剂的铁系催化剂价廉易得，活性良好，使用寿命长，从而获得广泛应用。

（一）催化剂的组成和作用

目前，大多数铁催化剂的活性组分为金属铁，另外添加 Al_2O_3、K_2O 等促进剂。国内生产的 A 系氨合成催化剂已达到国外同类产品的先进水平。

原始态催化剂中二价铁和三价铁的比例对催化剂的活性影响很大，适宜的 FeO 含量为 24%～38%（质量分数），$[Fe^{2+}]/[Fe^{3+}]$ 约为 0.5。

Al_2O_3 是结构型助催化剂，它均匀地分散在 α-Fe 晶格内和晶格间，能增加催化剂的比表面积，并防止还原后的铁微晶长大，从而提高催化剂的活性和稳定性。

K_2O 是电子型助催化剂，能促进电子的转移过程，有利于氮气分子的吸附和活化，也促进生成物氨的脱附。CaO 也属于电子型促进剂，同时，它能降低固溶体的熔点和黏度，有利于 Al_2O_3 和 Fe_3O_4 固溶体的形成，还可以提高催化剂的热稳定性和抗毒性。SiO_2 的加入虽然会削弱 K_2O、Al_2O_3 的助催化作用，但具有稳定 α-Fe 晶粒的作用，从而提高了催化剂的抗毒性和热稳定性等。

通常制得的催化剂为有金属光泽的黑色不规则颗粒，堆积密度为 $2.5\sim3.0kg/L$，孔隙率为

$40\%\sim50\%$。还原后的铁催化剂一般为多孔的海绵状结构，内孔呈不规则的树枝状，比表面积为 $4\sim16m^2/g$。

（二）催化剂的还原和使用

氨合成催化剂在还原之前没有活性，使用前必须经过还原，使 Fe_3O_4 变成 α-Fe 微晶才有活性。催化剂的还原要严格遵守还原工艺条件，包括还原温度、还原压力、还原空速和还原气体成分。

1. 还原温度

还原反应是一个吸热反应，提高还原温度有利于平衡向右移动，并且能加快还原速率，缩短还原时间。但还原温度过高，会导致 α-Fe 晶粒长大，减小催化剂比表面积，使其活性降低。最高还原温度应低于或接近氨合成操作温度。氨合成催化剂的升温还原过程，通常由升温期、还原初期、还原主期、还原末期、轻负荷养护期五个阶段组成。还原过程中应尽可能减小同一平面的温差，并注意最高温度不超过催化剂活性温度上限。因此，实际还原过程中升温与恒温交叉进行。

2. 还原压力

提高压力，加快了还原反应速率。同时，可使一部分还原好的催化剂进行氨合成反应，放出的反应热可弥补电加热器功率的不足。但是，提高压力，也提高了水蒸气的分压，增大了催化剂反复氧化、还原的程度。所以，压力的高低应根据催化剂的型号和不同的还原阶段而定。一般情况下，还原压力控制在 $10\sim20MPa$。

3. 还原空速

空速越大，气体扩散越快，气相中水汽浓度越低，催化剂微孔内的水分越容易逸出。而催化剂微孔内水分的移出，减少了水汽对已还原催化剂的反复氧化，提高了催化剂的活性。此外，提高空速也有利于降低催化剂床层的径向温差和轴向温差，提高床层底部温度。但工业生产过程中，受电加热器功率和还原温度所限，不可能将空速提得过高。国产 A 型催化剂要求还原主期空速在 $10000h^{-1}$ 以上。

4. 还原气体

降低还原气体中的水分有利于催化剂还原。因此，还原气体中的氢气含量宜尽可能高，水汽含量尽可能低。一般情况下，还原过程中可控制氢气含量为 $72\%\sim76\%$，任何时候出口气体中的水汽含量不得超过 $0.5\sim1.0g/m^3$ 干气。

子任务（二）　优化氨合成工艺

● 任务发布 ┈┈

请以小组为单位，分别设计出适用于中小型氨厂和大型氨厂的工艺流程图，并选用适合的氨合成及工艺条件。

● 任务精讲 ┈┈

一、工艺条件的优化

（一）压力的优化

在氨合成过程中，合成压力是决定其他工艺条件的前提，是决定生产强度和技术经济的关键技术。

提高操作压力有利于提高平衡氨含量和氨合成反应速率，增加装置的生产能力，有利于简化氨分离流程。但压力高对设备材质及加工制造的技术要求高,同时,高压下反应温度也较高,催化剂的使用寿命缩短。因此,合成压力的选择需要综合权衡。

生产上选择合成压力主要涉及功的消耗,包括高压机功耗、循环气压缩机功耗和冷冻系统压缩功耗。图 3-23 为某日产 900t 氨合成工段功耗随压力变化的关系。可见,提高压力,循环气压缩功耗和氨分离功耗减少,但高压机功耗却大幅度上升。当操作压力在 20~30MPa 时,总功耗最小。实际生产中,中小型合成氨厂采用电动机驱动的往复式高压机,其合成压力在 20~32MPa;大型合成氨厂采用蒸汽透平驱动离心式高压机,同时采用低压力径向合成塔、装填低温高活性催化剂,其操作压力可降至 10~15MPa。氨合成的所需压力不同,使用高压机类型不同以及驱动高压机的动力和能源种类不同,这是大型氨厂和中小型氨厂的氨能耗悬殊的主要原因。

（二）温度的优化

氨合成反应必须在催化剂的存在下才能进行,而催化剂必须在一定的温度范围内才具有活性,所以氨合成反应温度必须维持在所用催化剂的活性温度范围内。目前工业上使用的铁催化剂的活性温度范围在 400~550℃。

通常,将某种催化剂在一定生产条件下具有最高氨生成率时的温度称为最适宜温度。不同的催化剂具有不同的最适宜温度,而同一催化剂在不同的使用时期,其最适宜温度也会改变。例如,催化剂在使用初期活性较强,反应温度可以低些。催化剂使用中期活性减弱,操作温度要比使用初期提高一些。催化剂使用后期活性衰退,操作温度又要比使用中期再高一些。此外,最适宜温度还与空速、压力等因素有关。

氨的产率与温度、空速的关系如图 3-24 所示。由图可见,在一定的空速下,开始时氨的产率随着温度的升高而增大,达到最高点后,温度再升高,氨产率反而下降。从图中还可以看出,不同的空速都有一个最高点,也就是最适宜温度。所以为了获得最大的氨产率,合成氨的反应温度应随空速的增大而相应地提高。在最适宜温度以外,无论是升高还是降低温度,氨的产率都会下降。

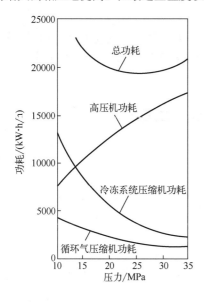

图 3-23　氨合成工段功耗与压力的关系

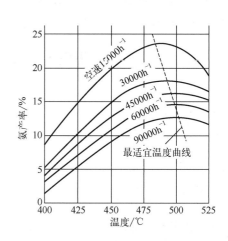

图 3-24　氨产率与温度和空速的关系

催化剂床层内温度分布的理想状况应该是降温状态,即进催化剂床层的温度高,出催化剂床层的温度低。因为刚进入催化剂床层的气体中氨含量低,距离平衡又远,可以迅速地进行合成反应以提高含氨量,因此催化剂床层上部温度高可加快反应速率。当气体进入催化剂床层下部,气体中含氨量已增加，催化剂温度低会降低逆反应速率，从而提高气体中的平衡氨含量。这样，反应速率和反应平衡得到了有利结合，所以能提高总的合成效率。

在实际生产过程中，受操作条件的种种限制，不能做到氨合成塔内的降温状态。例如，当合成塔入口气体中氨含量为4%时，相应的最适宜温度为653℃，这个值超过了铁催化剂的耐热温度。此外，温度分布递降的合成塔在工艺实施上也不尽合理，它不能利用反应热使反应过程自热进行，还需另加高温热源预热反应气体以保证入口温度。

在实际生产中，在催化剂床层的前半段不可能按最适宜温度操作，而是使反应气体在能达到催化剂活性温度的前提下进入催化剂层，先进行一段绝热反应，依靠自身的反应热尽可能快地升高温度，以达到最适宜温度。在催化剂床层的后半段，按照最适宜温度分布曲线相应地移出热量，使合成反应按最适宜温度曲线进行。

综合以上几个影响因素，通过生产实践得出，氨合成操作温度一般控制在400～500℃（依催化剂类型而定）。

工业生产上，应严格控制催化剂床层的两点温度，即床层入口温度和热点温度。床层入口温度应等于或略高于催化剂活性温度的下限；热点温度应小于或等于催化剂使用温度的上限。气体进入催化剂床层后依靠反应热迅速使床层温度提高，而后温度再逐渐降低。提高催化剂床层入口温度和热点温度，可以使反应过程较好地接近最适宜温度曲线。

（三）空速的优化

当操作压力、温度及进塔气体组成一定时，对于既定结构的合成塔，增加空速（也就是加快气体通过催化剂床层的速度），这样气体与催化剂接触时间缩短，出塔气中氨含量降低，即氨净值降低。但由于氨净值降低的程度比空速的增大倍数要少，所以当空速增加时，氨合成生产强度（单位时间、单位体积催化剂所生产的氨量）有所提高，即氨产量有所增加，见表3-9。若继续增加空速，则气体与催化剂的接触时间进一步缩短，气体来不及在催化剂表面发生反应就离开催化剂床层，导致出塔气中氨含量大幅下降，氨产量也会降低。

另外，空速增大，还将使系统阻力增大，压缩循环气功耗增加，分离氨所需的冷冻功耗也增大。同时，单位循环气量的产氨量减少，所获得反应热也相应减少。当单位循环气的反应热降到一定程度时，合成塔就难以维持"自热平衡"，这样就不能正常生产了。

一般操作压力在30MPa左右的中压法合成氨，空速在20000～40000h^{-1}。大型合成氨厂为充分利用反应热、降低功耗及延长催化剂使用寿命，通常采用较低的空速，一般为10000～20000h^{-1}。

表3-9 空速与生产强度、氨净值之间的关系

空速/h^{-1}	10000	15000	20000	25000	30000
氨净值/%	14.0	13.0	12.0	11.0	10.0
生产强度 t/d	908	1276	1584	1831	2015

（四）合成塔进口气体组成确定

1. 氢氮比

从化学平衡的角度来看，当氢氮比为3时，可获得最大的平衡氨浓度。

但从动力学角度分析，最适宜氢氮比随氨含量的不同而变化。在反应初期最适宜氢氮比为1，随着反应的进行，如欲保持反应速率为最大值，最适宜氢氮比将不断增大，氨含量接近平衡值时，最适宜氢氮比趋近于3。如果按照反应初期的氢氮比投料，则会因为氨合成时氢氮比是按3∶1消耗的，导致混合气中的氢氮比将随反应进行而不断减少。若维持氢氮比不变，势必要在反应时不

断补充氢气，这在生产上难以实现。生产实践表明，控制进塔气体的氢氮比略低于3，如图3-25所示，氢氮比 γ 为 2.8～2.9 比较合适。而新鲜气中的氢氮比应控制在3，以免循环气中的氢氮比不断下降。

2. 惰性气体的含量

惰性气体（CH_4、Ar）来自新鲜气，而新鲜气中惰性气体的含量随所用原料和气体净化方法的不同相差很大。惰性气体的存在，对氨合成反应的平衡氨含量和反应速率的影响都是不利的。由于氨合成过程中未反应的氢氮混合气需返回氨合成塔循环利用，而液氨产品仅能溶解少量惰性气体，因此惰性气体在系统中会逐渐积累。

随着反应的进行，循环气中惰性气体的含量会越来越多。为了保持循环气中的惰性气体含量稳定，目前的工业生产上主要靠放空气量来控制。

循环气中惰性气体的含量过高和过低都是不利的。惰性气体的含量过高，则对氨的收率和反应速率都是不利的。惰性气体的含量过低，则需要大量排放循环气，导致原料气消耗量增加。

循环气中惰性气体含量的控制，还与操作压力和催化剂活性有关。操作压力较高且催化剂活性较好时，惰性气体含量可适当控制高一些，以降低原料气的消耗量，同时也能获得较高的氨合成率。相反，循环气中惰性气体含量就应该控制低一些。

因此，循环气中惰性气体含量应根据新鲜气中惰性气体含量、操作压力、催化剂活性等条件来确定。工业生产中，循环气中惰性气体含量控制指标视情况不同而不同，一般控制在12%～18%较为合适。如图3-26所示。

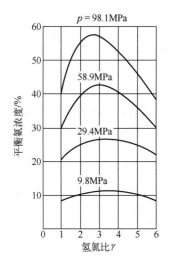

图3-25　500℃平衡氨浓度与氢氮比

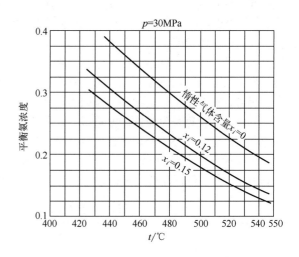

图3-26　不同温度和惰性气体含量下平衡氨浓度

3. 初始氨含量

当其他条件一定时，入塔气体中氨含量越低，氨净值就越大，反应速率越快，生产能力也就越高。反之，入塔气体中氨含量越高，氨净值就越小，生产能力也就越低。而且入塔混合气体中氨含量过低时，合成反应过于剧烈，催化剂床层温度不易控制。

目前一般采用冷凝法分离反应后气体中的氨，由于不可能将循环气中氨全部冷凝下来，所以合成塔进口的气体中多少还含有一些氨。进塔气中的氨含量，主要取决于进行氨分离时的冷凝温度和分离效率。冷凝温度越低，分离效果越好，进塔气中氨含量也就越低。降低入塔中氨含量可以加快反应速率，提高氨净值和催化剂的生产能力。但进口氨含量过低，势必将循环气冷至很低的温度，使冷冻功耗增大。因此，过分降低冷凝温度反而增加氨冷器负荷，在经济上并不可取。

合成塔进口氨含量的控制也与合成压力有关。操作压力高，氨合成反应速率快，进口氨含量可控制高些。操作压力低，为保持一定的反应速率，进口氨含量应控制低些。工业生产中，操作压力 30MPa 时，进塔混合气中氨含量一般控制在 3.2%～3.8%。操作压力为 15MPa 时，塔混合气中氨含量一般控制在 2%～3%。

二、氨合成塔类型

氨合成塔是合成氨生产的关键设备作用，是使氢氨混合气在塔内催化剂床层中合成氨。由于氨的合成是在高压、高温下进行的，在高温下，吸附在钢材表面的氢分子会向钢体内扩散而造成氢腐蚀，使钢体的机械强度降低。氮气和氨气在高温、高压下也会腐蚀钢材，使其疏松变脆。所以，制造高压容器使用的钢材，要随着温度的升高相应地采用优质碳素钢、铬-钼低合金钢、中合金钢和高合金钢等。

（一）氨合成塔的特点

（1）承受高压的部位不承受高温，承受高温的部位不承受高压。所以任何形式的合成塔均由外筒和内件构成。外筒只承受高压不承受高温，可用普通低合金钢或优质低碳钢制成，壁很厚，机械强度高，正常情况下，寿命可达 40～50 年。而内件虽然接触高温，但不承受高压，其承受的压力为环隙气流和床层气流的压差，一般为 0.5～2MPa，可用镍铬不锈钢制作。由于承受高温和氢腐蚀，内件寿命一般比外筒的短。

（2）单位空间利用率高，以省钢材。因此，内件应尽可能多装催化剂，同时其结构要满足阻力尽可能小的要求。

（3）开孔少，保证筒体的强度。只留必要的开孔，以便安装和维修。

（二）氨合成塔的分类

由于氨合成反应的最适宜温度随氨含量的增加而逐渐降低，而氨的合成反应是不断放热的，所以随着反应的进行要在催化剂床层中采取降温措施。按降温方式的不同，氨合成塔可以分为以下三类。

1. 冷管式

在催化剂床层中设置冷却管，用反应前温度较低的原料气在冷却管中流动，移出反应热，降低反应温度，同时将原料气预热到反应温度。根据冷却管结构的不同，可分为双套管、三套管及单管等不同形式。这种合成塔结构复杂，通常用于直径 1m 以下的中小型氨合成塔。

2. 冷激式

将催化剂分为多层（一般为 5 层以下），气体经过每层绝热反应温度升高后，通入冷的原料气与之混合，温度降低后再进入下一层催化剂。冷激式氨合成塔结构简单，但因加入未反应的冷原料气，降低了氨合成率，所以一般多用于大型氨合成塔。

氨合成塔的
结构选型

3. 中间换热式

将催化剂分为几层，在层间设置换热器，上一层反应后的高温气体，进入换热器降温后，再进入下一层进行反应，近年来这种塔在生产上开始应用。按气体在合成塔内的流动方向，合成塔分为轴向塔和径向塔；气体沿塔的轴向流动，称为轴向塔；气体沿塔的半径方向流动，称为径向塔。

我国中小型合成氨厂一般采用冷管式合成塔，大型合成氨厂一般采用冷激式合成塔。

三、工艺流程的设计与选择

根据氨合成的工艺特点，生产过程采用循环流程。其中包括氨的合成、氨的分离、氢氮原料气的压缩并补入循环系统、未反应气体补压后循环使用、热量的回收以及放空部分循环气以维持系统中惰性气体的平衡等。

在工艺流程的设计中，要合理地配置上述各环节。重点是合理地确定循环气压缩机、新鲜原料气的补入位置、放空气体的位置、氨分离的冷凝级数、冷热交换器的安排和热能回收的方式等。

（一）氨合成工艺过程的设计

工业上采用的氨合成工艺流程各不相同，设备结构和操作条件也有差别，但实现氨合成的基本工艺步骤是相同的，如图3-27所示。

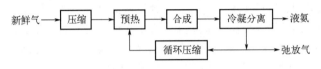

图3-27　氨合成基本工艺流程图

1. 气体的压缩和除油

为了将新鲜原料气和循环气压缩到氨合成系统所要求的操作压力，必须在流程中设置气体压缩机。

当使用往复式压缩机时，由于活塞环采用注油润滑，在压缩过程中气体夹带的润滑油和水蒸气混合在一起，呈细雾状悬浮在气流中。气体中所含的油雾不仅会使氢催化剂中毒，而且会附着在热交换器管壁上，降低传热效率，因此必须清除干净。除油的方法是在压缩机每段出口处设置油水分离器，并在氨合成系统设置滤油器。

采用离心式压缩机的合成氨系统，气体中不含油雾，可以取消油水分离器和滤油设备，简化流程。

2. 气体的预热和合成

压缩后的氢氮混合气需加热到催化剂的起始活性温度，才能送入催化剂床层进行氨合成反应。在正常操作情况下，加热气体的热源主要是利用氨合成时放出的反应热，即反应后的高温气体预热反应前的氢氮混合气，后者被加热到催化剂的活性温度，而反应后的气体则被冷却后去氨的分离工序。在开工阶段或反应不能达到自热平衡时，可利用合成塔内的电加热器或塔外加热炉供给热量。

3. 氨的分离

进入氨合成塔催化剂床层的氢氮混合气，只有少部分起反应生成氨，合成塔出口气体中氨的含量一般为10%~20%，因此需要将氨分离出来。氨的分离主要采用冷凝法，该法是将合成后的气体降温，使其中的气氨冷凝成液氨，然后在氨分离器中分离出来，从而得到产品液氨。

以水和液氨作为介质冷却气体的过程是在水冷器和氨冷器中进行的。在水冷器和氨冷器之后设置氨分离器，把冷凝下来的液氨从气相中分离出来，经减压后送至液氨储槽。

4. 气体的循环

氢氮混合气经过氨合成塔以后，只有一小部分进行反应合成为氨。分离氨之后剩余的氢氮气，除了少量放空以外，大部分与新鲜原料气汇合后，重新返回氨合成塔，再进行氨的合成，从而构成了循环法生产流程。由于气体在设备、管道中流动时，产生了压力损失，为补偿这一损失，流程中必须设置循环气压缩机。循环气压缩机进出口压差通常为2~3MPa，它表示了整个合成氨循环系统压降的大小。

5. 惰性气体的排放

如前所述，因制取合成氨原料气所用原料和净化方法的不同，在新鲜原料气中通常含有一定数量的惰性气体，即甲烷和氩。采用循环法时，新鲜原料气中的氢和氮会连续不断地合成为氨，而惰性气体除一小部分溶解于液氨中被带出外，大部分在循环气体中积累下来。在工业生产中，为了保持循环气体中惰性气体含量不致过高，常采用将一部分循环气体连续或间断地排出氨合成系统的方法（即放空的方法）。

若循环气中的惰性气体含量维持较低时，对氨的合成有利，但放空气量增加，相应地增大了氢氮混合气的损失。反之，当控制放空气较少时，就必然使循环气中的惰性气体含量增加，对氨的合成不利。

氨合成循环系统中的惰性气体通过以下三个途径排出：

① 一小部分从系统中漏损；

② 一小部分溶解在液氨中被带走；

③ 大部分采用放空的办法，即间断或连续地从系统中排放。

在氨的合成系统中，流程中各不同位置的惰性气体含量是不同的。放空的位置应该选择在惰性气体含量最大而氨含量最小的地方，这样放空的损失最小。由此可见，放空的位置应该选择在氨已大部分分离之后，在新鲜气加入之前。

6. 反应热的回收利用

氨的合成反应是放热反应，而且放热量很大，必须回收利用这部分反应热。目前回收用反应热的方法主要有以下三种。

（1）预热反应前的氢氮混合气　在塔内设置换热器，用反应后的高温气体预热反应前的氢氮混合气，使其达到催化剂的活性温度。这种方法热量回收不完全，目前只有小型合成氨厂及部分中型合成氨厂采用这种方法回收利用反应热。

（2）预热反应前的氢氮混合气和副产蒸汽　这种方法是既在塔内设置换热器预热反应前的氢氮混合气，又利用余热副产蒸汽。这种方法热量回收比较完全，同时得到了副产蒸汽，目前中型合成氨厂应用较多。

（3）预热反应前的氢氮混合气和预热高压锅炉给水　反应后的高温气体首先通过塔内的换热器预热反应前的氢氮混合气，然后通过塔外的换热器预热高压锅炉给水。这种方法的优点是减少了塔内换热器的面积，从而减小了塔的体积，同时热能回收完全。目前大型合成氨厂一般采用这种方法。

（二）氨合成工艺流程的选择

由于压缩机型式、操作压力、氨分离的冷凝级数、热能回收的形式以及各部分相对位置的差异，氨合成的工艺流程各不相同。中压法（操作压力为 20～35MP）氨合成的工艺流程，在技术上和经济上都比较优越，因此早些年被国内外普遍采用。近些年来，由于离心式压缩机的广泛使用，大型合成氨大多在较低的压力下进行氨的合成，如凯洛格氨合成系统的操作压力为 15MPa。

1. 中小型合成氨厂经典工艺流程

我国中型及大部分小型合成氨厂，目前普遍采用传统的中压法氨合成流程（生产能力为合成氨 10 万～12 万吨/年），操作压力为 32MPa 左右，反应温度为 450℃，空速 15000～17000h^{-1}、氨净值 ϕ（NH$_3$）=11%，设置水冷器和氨冷器两次分离产品液氨，新鲜气和循环气均由往复式压缩机加压。中小型氨厂合成系统工艺流程如图 3-28 所示。

合成气（新鲜原料气和循环气的混合气）经冷凝器和氨蒸发器冷却冷凝（温度为 0～8℃），合成气中大部分氨被冷凝下来。在氨分离器Ⅱ中分出液氨的低温合成气在冷凝器中与进料合成气热交换，温度上升至 10～40℃（进料合成气被冷却至 10～20℃），进氨合成塔，该塔为轴-径向合成塔，用冷激和层间间接换热方式控制反应温度，出塔气体进入废热锅炉、气-气热交换器（冷合成气与出塔气体热交换）、合成气水冷却器被逐步冷却至 30～40℃，出塔气中的氨被冷却冷凝，然后在氨分离器 I 分出液氨，此时的出塔气大部分用作循环气，少量用作弛放气（吹除气）排出系统。

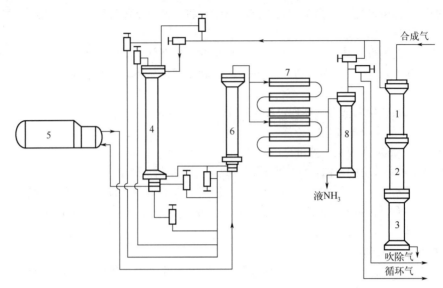

图 3-28　中小型氨厂合成系统工艺流程

1—冷凝器；2—氨蒸发器；3—氨分离器 II；4—氨合成塔；5—废热锅炉；6—气-气热交换器；

7—合成气水冷却器；8—氨分离器 I

2. 大型氨厂合成系统工艺流程

大型氨厂合成系统工艺流程中，采用蒸汽透平驱动的带循环段的离心式压缩机，气体中不含油雾，可以直接把它配置于氨合成塔之前。氨合成反应热除预热进塔气体外，还可用于加热锅炉给水或副产高压蒸汽，热量回收较好。如图 3-29 所示为凯洛格公司 15MPa 氨合成系统传统工艺流程，反应热用于加热锅炉给水由甲烷化工序来的新鲜氢氮气在压力为 2.5MPa 左右、温度约 38℃的条件下进入合成气压缩机的低压缸，压缩到 6.3MPa 左右，温度升到 172℃左右。气体经甲烷化换热器、水冷器及氨冷器，逐步冷却至 8℃左右，将其中大部分水分冷凝下来，然后进入液滴分离器，分离出水分后，气体进入压缩机的高压缸。高压缸内有 8 个叶轮，气体经 7 个叶轮压缩后与循环气在缸内混合，继续在最后一个叶轮（又称循环段）压缩至 15MPa 左右，温度升至 69℃左右。循环气含氨 12%左右，与新鲜气混合后浓度降到 10%左右。

由压缩机循环段出来的气体首先进入两台并联的水冷器，冷却到 38℃左右。气体汇合后又分为两路，一路经一级氨冷器和二级氨冷器。一级氨冷器中液氨在 13℃左右蒸发，将气体温度降至 22℃左右。二级氨冷器中液氨在-7℃左右蒸发，将气体进一步冷却至 1℃左右。另一路气体在冷热换热器中与高压氨分离器来的-23℃左右的气体换热，温度降至-9℃左右。两路气体混合后温度变为-4℃左右，再经过三级氨冷器，利用温度为-33℃下蒸发的液氨将气体进一步冷却至-23℃左右。这时气氨大部分冷凝下来，然后在高压分离器中与气体分离，得到的产品液氨去冷冻系统。由高压氨分离器出来的气体含氨 2%左右，温度约-23℃，经冷热换热器和热热换热器预热到 141℃左右，进入轴向冷激式氨合成塔。

合成塔内有一个换热器和四层催化剂，为控制各层催化剂温度，设有一条冷副线和三条冷激线，把一部分未经换热器换热的气体送入第一、二、三、四层催化剂入口。合成塔出口气体含氨 12%左右，温度为 284℃左右。气体经锅炉给水预热器降温至 166℃左右，再经热热换热器降温至

43℃左右，回到合成气压缩机高压缸最后一个叶轮，与补充的新鲜氢氮气在缸内混合，形成了循环回路。

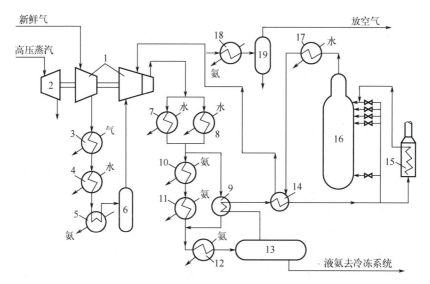

图 3-29　凯洛格公司 15MPa 氨合成系统工艺流程

1—合成气压缩机；2—汽轮机；3—甲烷化换热器；4,7,8—水冷器；5,10,11,12—氨冷器；6—段间液滴分离器；

9—冷热换热器；13—高压氨分离器；14—热热换热器；15—开工加热炉；16—氨合成塔；

17—锅炉给水预热器；18—放空气氨冷器；19—放空气分离器

为了控制循环气中惰性气体的浓度，在循环气进压缩机前排放一部分气体，即为放空气。放空气先在氨冷器把大部分氨冷凝下来，经放空气分离器分离后，氨作为产品回收，气体送往燃料系统。该流程的特点如下。

（1）采用汽轮机驱动的带循环段的离心式压缩机，气体中不含油雾，可以将压缩机设置在氨合成塔之前，而且不必设置油水分离器。

（2）氨合成反应热除预热进塔气体外，还用于加热锅炉给水，热量回收较好。

（3）采用三级氨冷，逐级将气体温度降至-23℃，冷却效果较好。

（4）放空管位于压缩机循环段之前，此处惰性气体含量最高。虽然放空气中氨含量也最高，但由于放空气进行氨的回收，故氨损失不大。

（5）在压缩机循环段之后进行氨的冷凝分离，可以进一步清除气体中夹带的密封油、二氧化碳等杂质，但缺点是循环功耗较大。

 任务巩固

氨合成工序
企业实景

一、填空题

1. 氨合成塔的内件主要由＿＿＿＿、＿＿＿＿和电加热器三个部分组成。

2. 合成氨生产过程包括＿＿＿＿＿＿、＿＿＿＿和＿＿＿＿三大步骤。

3. 氨合成反应是在高温高压下进行，为了适应该条件，氨合成塔通常由内件和外筒两部分组成，其中内件只承受＿＿＿＿，外筒只承受＿＿＿＿＿＿。

4. 平衡氨浓度与温度、压力、氢氮比和惰性气体浓度有关。当温度＿＿＿＿＿＿＿，或压力＿＿＿＿＿＿时，都能使平衡氨浓度增大。

5. 一氧化碳高温变换催化剂是以＿＿＿＿＿＿为主体，以＿＿＿＿为主要添加物的多成分铁铬系催化剂。

6. 二氧化碳既是氨合成_____的毒物，又是制造_____、_____等氮肥的重要原料。

7. 目前，合成氨工业中氨分离的主要方法是_____，该方法的主要原理是_____

_____。

8. 氨合成工艺流程中，惰气的放空位置应设置在惰气含量_____（高或低），氨含量_____（高或低）的部位。

9. 氨合成工艺流程中，循环机位于氨分离器和冷凝塔之间，循环气温度较_____（高或低），气量较_____（多或少）有利于气体的压缩。

二、选择题

1. H_2 与 N_2 合成氨，下列说法中错误的是（　　）。
   A. 温度越高，转化率越低　　　　　　B. H_2 的含量越高，转化率越高
   C. 压力越大，转化率越大　　　　　　D. 惰性气体含量越高，转化率越低

2. 氨合成塔的设计的原理是（　　）。
   A. 套筒设计，里层耐高温，外层耐高压
   B. 单筒设计，筒壁须耐高压
   C. 套筒设计，里层耐高压，外层耐高温
   D 单筒设计，筒壁须耐高压、高温

3. H_2 与 N_2 合成氨所使用的催化剂是（　　）。
   A. Fe_3O_4　　　　　　　　　　　　B. $PdCl_2\text{-}CuCl_2$
   C. Ag_2O　　　　　　　　　　　　　D. V_2O_5

4. 下列各有害物质中，可使合成氨催化剂永久性中毒的是（　　）。
   A. SO_2　　　　　　B. O_2　　　　　　C. H_2O　　　　　　D. CO_2

5. 下列各有害物质中，可使合成氨催化剂暂时性中毒的是（　　）。
   A. SO_2　　　　　　B. CO_2　　　　　　C. PH_3　　　　　　D. AsH_3

6. 在合成氨中，空速与其结果正确的是（　　）。
   A. 空速越大，合成塔中的氨气浓度越大
   B. 空速越大，氨的生产强度越大。所以为了提高产量，采用较大的空速
   C. 空速越小，氨的转化率越高。所以为了提高产量，空速越小越好
   D. 空速越小，反应物 H_2 和 N_2 与催化剂接触时间越短

三、简答题

1. 中小型氨厂的合成流程除了"新鲜的 N_2 和 H_2 应在冷凝塔与氨冷器之间补入"这一特点外，还有哪两个特点？为什么要如此设计？

2. 合成氨时，什么叫空速？为什么要采取合适的空速？空速过大过小各有什么优缺点？

3. 对于放热可逆反应，为什么存在一个最适宜操作温度？

4. 何谓循环式工艺流程？它有什么优缺点？

任务五　设计合成氨生产工艺总流程与操作仿真系统

任务情境

本项目已完成合成氨工业从原料选择、制备原料气、净化以及合成所有工序内容的学习。当原料和生产目标能力发生变化时，生产工艺也随之改变，作为一名合格的合成氨生产技术人员，要对生产工艺流程了然于心，能明确工艺参数控制指标及波动范围，并熟练通过 DCS 操作系统完成工艺控制。

任务目标

素质目标：

培养按照操作规程操作、密切注意生产状况的职业素质，严谨认真、爱岗敬业的职业素养以及团队合作能力。

知识目标：

1. 掌握合成氨工业生产的总工艺流程。
2. 掌握合成氨生产过程中的安全、卫生防护等知识。

能力目标：

1. 能够设计合成氨工业生产的总工艺流程。
2. 能够按照操作规程进行反应岗位的开、停车操作。
3. 能够按照操作规程控制反应过程的工艺参数。

任务实施

子任务（一）　设计与选择合理工艺流程

● **任务发布**

请以小组为单位，分别设计出以煤、天然气、重油为原料合成氨生产的总工艺流程（方块流程图即可）。小组进行成果展示与工艺讲解，其余小组根据表 3-10 进行评分，指出错误并做出点评。

表 3-10　合成氨生产工艺总流程评分标准

序号	考核内容	考核要点	配分	评分标准	扣分	得分	备注
1	流程设计	设计合理	30	设计不合理一处扣 5 分			
		环节齐全	30	环节缺少一处扣 5 分			
2	流程绘制	排布合理	5	排布不合理扣 5 分			
		图纸清晰	5	图纸不清晰扣 5 分			
		边框	5	缺失扣 5 分			
		标题栏	5	缺失扣 5 分			
3	流程讲解	表达清晰、准确	10	根据工艺讲解情况，酌情评分			
		准备充分，回答有理有据	10	根据问答情况，酌情评分			
合计			100				

● **任务精讲**

我国以煤为原料的中型合成氨厂多数采用 20 世纪 60 年代开发的三种催化剂净化流程，即采用脱硫、变换及甲醇化三种催化剂来净化气体，以代替传统的铜氨液洗涤工艺，如图 3-30 所示。以煤为原料的小型氨厂则采用碳化工艺，用浓氨水吸收二氧化碳，得到碳酸氢铵产品，将脱碳过程与产品生产过程结合起来，如图 3-31 所示。

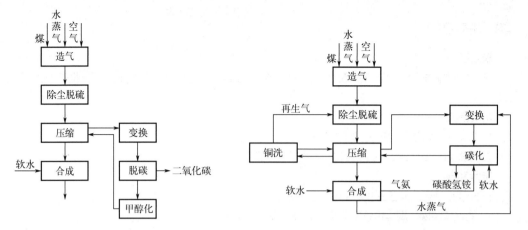

图 3-30　以煤为原料中型氨厂的合成氨流程　　　　图 3-31　以煤为原料小型氨厂的合成氨流程

如图 3-32 所示的以天然气为原料生产合成氨的工艺流程，适用于天然气、油田气、炼厂气等气体原料，稍加改进也可适用于以石脑油为原料的合成氨厂。天然气、炼厂气等气体原料制氨的工艺流程，使用了 7～8 种催化剂，需要有高净化度的气体净化技术配合。如图 3-33 所示的以重油为原料生产合成氨工艺流程，采用部分氧化法制气，从气化炉出来的原料气先清除炭黑，经一氧化碳耐硫变换，低温甲醇洗和液氮洗，再压缩、合成得到氨。该流程中需设置空气分离装置，提供氧气将油汽化，氮气用于液氮洗涤脱除残余的一氧化碳。

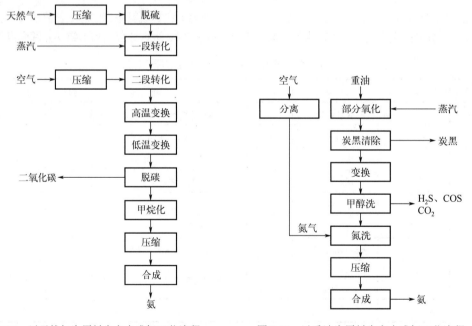

图 3-32　以天然气为原料生产合成氨工艺流程　　　图 3-33　以重油为原料生产合成氨工艺流程

子任务（二）　熟知设备与工艺参数

● **任务发布** ···

根据图 3-34、图 3-35、图 3-36，找出合成氨生产中涉及的主要设备，思考设备的主要作用，以小组为单位完成表 3-11，并通过工艺参数卡片熟知工艺参数。

表 3-11　合成氨生产主要设备

工段	设备位号	设备名称	流入物料	流出物料	设备主要作用
合成氨转化					
合成氨净化工段					
合成氨合成工段					

● 任务精讲 ....

一、合成氨生产工艺流程

合成氨生产工艺流程主要包括转化工段、净化工段和合成工段，本工艺流程以天然气为原料年产 30 万吨合成氨仿真系统为例进行实操训练，其仿真 DCS 图分别如图 3-34、图 3-35、图 3-36 所示。

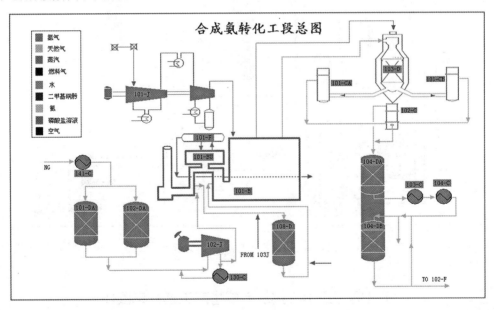

图 3-34　合成氨转化工段仿真 DCS 图

二、合成氨生产工艺参数

合成氨工艺参数的选择需要综合考虑化学平衡、反应动力学、催化剂特性以及系统的生产能力、原料和能量消耗等因素，以达到最佳的技术经济指标，具体工艺参数见二维码。

合成氨工艺参数

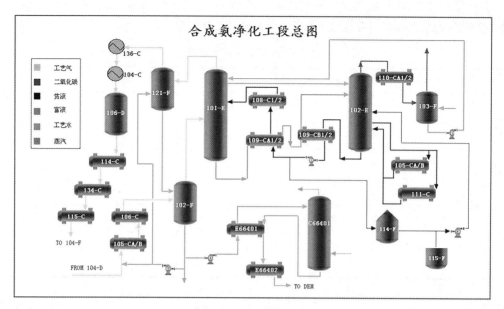

图 3-35　合成氨净化工段仿真 DCS 图

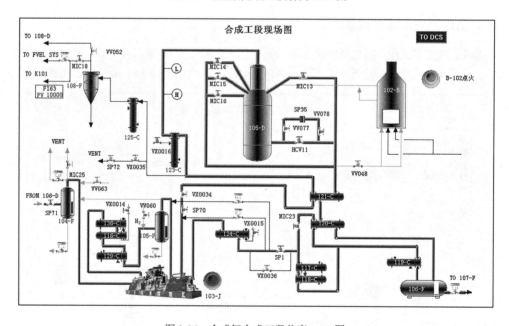

图 3-36　合成氨合成工段仿真 DCS 图

子任务（三）　挑战完成生产工艺开车操作

● 任务发布

　　请根据合成氨生产冷态开车需求设计典型岗位设置方案，并按操作规程完成转化工段、净化工段、合成工段的 DCS 仿真系统的冷态开车，并填写表 3-12。

表 3-12　合成氨冷态开车仿真操作完成情况记录表

工段	序号	步骤	完成情况	未完成原因	改进措施
转化工段	1	建立101-U 液位			
	2	建立101-F 液位			
	3	101-BU 点火			
	4	108-D 升温			
	5	空气升温			
	6	MS 升温			
	7	投料			
	8	加空气			
	9	联低变			
	10	调至平衡			
净化（脱碳）工段	1	开车			
	2	甲烷化系统开车			
	3	冷凝系统开车			
	4	调至平衡			
合成工段	1	合成系统开车			
	2	冷冻系统开车			

● 任务精讲 ···

一、典型岗位设置方案

合成氨生产工艺冷态开车的岗位设置主要包括以下几个关键岗位。

（一）冷态开车总指挥

负责整个冷态开车过程的组织、协调和指挥；确保各岗位按照开车方案有序进行，解决开车过程中出现的重大问题。

（二）外操员

1. 合成氨操作工

负责合成氨装置的操作和调整，确保装置在冷态开车过程中安全、稳定运行；监控并调整工艺参数，如温度、压力、流量等，以达到最佳生产条件。

2. 净化岗位操作工

负责原料气的净化处理，去除其中的杂质和有害物质；在冷态开车时，确保净化系统正常运行，为合成氨装置提供合格的原料气。

3. 转化岗位操作工

负责将净化后的原料气进行催化转化，生成合成氨所需的中间产物；在冷态开车过程中，监控转化器的温度和压力，确保转化效率。

4. 合成岗位操作工

负责将转化后的气体进行合成反应，生成氨气；在冷态开车时，调整合成塔的操作条件，确保合成反应顺利进行。

5. 设备维护工

负责合成氨装置设备的日常维护和保养；在冷态开车前，对设备进行全面检查，确保设备处于良好状态。

6. 安全环保员

负责合成氨生产过程中的安全环保工作；在冷态开车时，监督各岗位的安全操作，确保生产过程中的安全和环保。

（三）内操员

中控室操作工负责整个合成氨装置的集中监控和操作；在冷态开车过程中，通过中控系统实时监测各岗位的运行情况，及时发出指令进行调整。

这些岗位在合成氨生产工艺冷态开车过程中各司其职，共同确保开车过程的顺利进行和装置的安全稳定运行。需要注意的是，具体的岗位设置可能会因合成氨生产装置的规模、自动化程度以及企业的实际情况而有所不同。

二、冷态开车注意事项

合成氨冷态开车是一个复杂而精细的过程，需要严格按照步骤操作，并做好各方面的准备和监控工作。

（一）设备检查与准备

（1）确保所有设备、阀门、管道及电器、仪表均处于正常完好状态。

（2）检查系统内所有阀门的开关位置是否符合开车要求。

（3）对各段放空阀、回收阀、排油水阀等进行仔细检查，确保处于正确状态。

（二）置换与吹扫

（1）若系统经过检修，则需要进行彻底的置换和吹扫，以去除系统中的残留气体和杂质。

（2）置换时，应使用惰性气体或氮气，并严格控制氧含量，确保安全。

（3）吹扫时，应使用适当的介质和压力，按流程逐台设备、逐段管道进行吹扫。

（三）升温与升压

（1）在升温过程中，应严格按照升温曲线进行操作，避免升温过快或过慢对设备造成损害。

（2）升压时，应逐步增加压力，并密切注意系统的压力和温度变化。

（四）原料气配比与调节

（1）原料气的配比应根据生产要求进行调整，确保氢氮比处于最佳范围。

（2）在开车过程中，应密切注意原料气的流量和压力变化，及时进行调节。

（五）安全与环保

（1）严格执行环保有关规定，禁止随意乱排乱放。

（2）在系统置换和开车过程中，应注意防止中毒和烫伤等事故的发生。

（3）确保所有检修项目都有安全处理、施工、开停车等详细方案，并经主管部门批准后实施。

（六）其他注意事项

（1）在开车过程中，应密切注意系统的压力和温度变化，以及各设备的运转情况。如发现异常情况或故障，应立即停车并采取相应的处理措施。

（2）停车后，应对系统进行全面的检查和维护，确保设备处于良好状态。

合成氨冷态开车需要注意设备检查与准备、置换与吹扫、升温与升压、原料气配比与调节、安全与环保、沟通与协调、应急预案与措施以及其他多个方面的事项。只有全面做好这些准备工作和注意事项，才能确保合成氨生产的顺利进行和安全稳定。合成氨的转化工段、净化工段、合成工段的冷态开车 DCS 仿真系统操作规程详见二维码。

合成氨冷态开车操作规程

任务巩固

1. 请绘制出以天然气为原料生产合成氨的工艺总流程。
2. 在合成氨生产操作中，重点设备和工艺参数有哪些？

项目导图

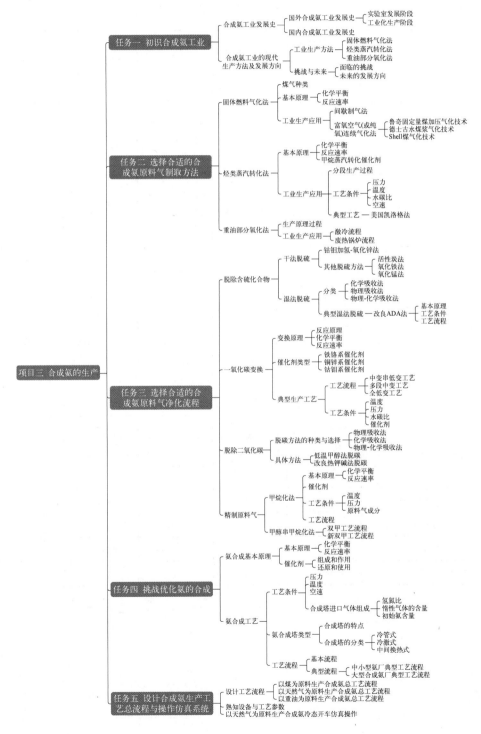

考核方式	考核内容					原因分析及改进（建议）措施
	考核细则	评价等级				
		A	B	C	D	
学生自评	兴趣度	高	较高	一般	较低	
	任务完成情况	按规定时间和要求完成任务，且成果具有一定创新性	按规定时间和要求完成任务，但成果创新性不足	未按规定时间和要求完成任务，任务进程达80%	未按规定时间和要求完成任务，任务进程不足80%	
	课堂表现	主动思考、积极发言，能提出创新解决方案和思路	有一定思路，但创新不足，偶有发言	几乎不主动发言，缺乏主动思考	不主动发言，没有思路	
	小组合作情况	合作度高，配合度好，组内贡献度高	合作度较高，配合度较好，组内贡献度较高	合作度一般，配合度一般，组内贡献度一般	几乎不与小组合作，配合度较差，组内贡献度较差	
	实操结果	90分以上	80～89分	60～79分	60分以下	
组内互评	课堂表现	主动思考、积极发言，能提出创新解决方案和思路	有一定思路，但创新不足，偶有发言	几乎不主动发言，缺乏主动思考	不主动发言，没有思路	
	小组合作情况	合作度高，配合度好，组内贡献度高	合作度较高，配合度较好，组内贡献度较高	合作度一般，配合度一般，组内贡献度一般	几乎不与小组合作，配合度较差，组内贡献度较差	
组间评价	小组成果	任务完成，成果具有一定创新性，且表述清晰流畅	任务完成，成果创新性不足，但表述清晰流畅	任务完成进程达80%，且表达不清晰	任务进程不足80%，且表达不清晰	
教师评价	课堂表现	优秀	良好	一般	较差	
	线上精品课	优秀	良好	一般	较差	
	任务巩固环节	90分以上	80～89分	60～79分	60分以下	
综合评价		优秀	良好	一般	较差	

项目四

氯碱的生产

氯碱工业是传统的资金、技术与能源密集型的基础化工原料行业，在国民经济中占有重要地位，其主要产品为烧碱、氯气和氢气，具有较高的经济延伸价值。耗碱、耗氯和耗氢产品有数千种，广泛应用于轻工、化工、纺织、建材、农业、电力、电子、国防、军工、冶金和食品加工等国民经济各个部门。

本项目通过介绍烧碱技能状元丁蓉，让学生领略氯碱工业领域工匠的风采，同时通过查阅资料、完成相关学习任务，深入了解烧碱的基本性质及氯碱工业发展历史、学习掌握离子膜法生产烧碱的工艺流程及仿真操作等知识。

🌐 工匠园地

建功氯碱行业的技能状元——丁蓉

丁蓉是盐化工总厂氯碱厂电解二车间中控四班班长、离子膜电解高级技师，以其精湛的技术、认真的工作态度和卓越的贡献，在行业内树立了榜样；她保持着不断学习的心态，不断思考进取，以自己的实际行动诠释着"巾帼不让须眉"的能力与担当。

建功氯碱行业的技能状元——丁蓉

任务一　初识氯碱工业

↻ 任务情境

烧碱是一种重要的氯碱产品，广泛应用于造纸、纺织纤维、肥皂与洗涤剂、炼铝、玻璃、橡胶、塑料、农药、医药和石油炼制等领域，在国民经济中占有重要地位。中国烧碱行业经过近 60 年的艰苦努力，得到了长足发展。请你通过查阅文献、书籍和网络等资源，了解烧碱的性质、烧碱工业的发展历史及烧碱的生产方法等知识。

📚 任务目标

素质目标：
树立工业强国意识，提升探索和创新思维，培养科学严谨的工作态度和高度社会责任感。

知识目标：
1. 了解烧碱的性质与作用。
2. 了解烧碱工业的发展历史。
3. 了解现代烧碱生产方法。

能力目标：

培养查阅资料、自主学习能力。

氯碱工业概况

✖ 任务实施

氯碱工业属于基本无机化工，主要产品是氯气和烧碱（氢氧化钠），在国民经济和国防建设中占有重要地位。随着纺织、造纸、冶金、有机、无机化学工业的发展，特别是石油化工的兴起，氯碱工业发展迅速。为了更好地学习氯碱生产工艺，要先了解氯碱工业的发展历程、发展现状及未来发展方向。

子任务（一）　了解氯碱工业的发展史及生产方法

● **任务发布** ·········

氯碱的生产方法主要有隔膜法、水银法和离子膜法，虽然电解原理基本相同，但在实际操作和效果上存在显著的不同之处。请以小组为单位，通过查阅资料，了解烧碱的生产方法，并进行比较，同时完成表 4-1 的填写。

表 4-1　烧碱的生产方法比较

主要生产方法	生产主要过程	优缺点
隔膜法		
水银法		
离子膜法		

● **任务精讲** ·········

一、氯碱工业发展史

烧碱的基本性质

（一）氯碱工业的形成

18 世纪，瑞典化学家 C.W.舍勒用二氧化锰和盐酸共热制取氯气，这种方法称化学法制氯气。将氯气通入石灰乳中，可制得固体产物漂白粉，这对当时的纺织工业的漂白工艺是一个重大贡献。随着人造纤维、造纸工业的发展，氯的需求量大增，纺织和造纸工业，成为当时消耗氯的两大用户。用化学方法制氯的生产工艺持续了一百多年。但它有很大缺点，盐酸只有部分转变为氯，很不经济；且腐蚀严重，生产困难。烧碱最初也用化学法（也称苛化法，即石灰-苏打法）生产：

$$Na_2CO_3+Ca(OH)_2 \longrightarrow 2NaOH+CaCO_3 \tag{4-1}$$

电解食盐水溶液同时制取氯和烧碱的方法（称电解法），在 19 世纪初已经提出，但直到 19 世纪末，大功率直流发电机研制成功，才使该法得以工业化。第一个制氯的工厂于 1890 年在德国建成，1893 年在美国纽约建成第一个电解食盐水制取氯和氢氧化钠的工厂。20 世纪 40 年代以后，石油化工兴起，氯气需求量激增，以电解食盐水溶液为基础的氯碱工业开始形成并迅速发展。20 世纪 50 年代后，化学法只在电源不足时生产烧碱。

（二）电解法的发展

氯碱生产用电量大，降低能耗始终是电解法的核心问题。因此，提高电流效率、降低槽电压和提高大功率整流器效率，降低碱液蒸发能耗，以及防止环境污染等，一直是氯碱工业的努力方向。

初期，普遍采用的是隔膜电解法。为了连续有效地将电解槽中的阴、阳极产物隔开，1890年德国使用了水泥微孔隔膜来隔开阳极、阴极产物，这种方法称隔膜电解法。随后，改用石棉滤过性隔膜，以减少阴极室氢氧离子向阳极室的扩散。这不仅适用于连续生产，而且可以在高电流效率下，制取较高浓度的碱液。20世纪以来，水银法工厂大部分沿用水平式长方形电解槽，解汞槽则由水平式改为直立式，目的在于提高电解槽的电流效率和生产能力。隔膜法电解槽结构也不断改进，如电极由水平式改为直立式，其中隔膜直接吸附在阴极网表面，以降低槽电压和提高生产强度。立式吸附隔膜电解槽代表了20世纪60年代隔膜法的先进水平。

70年代初，改性石棉隔膜用于工业生产。80年代，塑料微孔隔膜研制成功。此外，应用以镍为主体的涂层阴极，并在扩散阳极的配合下，可使电极间距缩小至2～4mm。至此，电解槽运转周期延长，能耗明显降低，电解槽容量不断增大。

隔膜法制得的碱液，浓度较低，而且含有氯化钠，需要进行蒸发浓缩和脱盐等后加工处理。水银法虽可得到高纯度的浓碱，但有汞害。因之离子膜电解法（简称离子膜法）应运而生。

离子膜法于1975年首先在日本和美国实现工业化。此法用阳离子膜隔离阴、阳极室，可直接制得氯化钠含量极低的浓碱液。但阴极附近的氢、氧离子，具有很高的迁移速率，在电场作用下，仍不可避免地会有一部分透过离子膜进入阳极室，导致电流效率下降，因此对离子膜的要求比较苛刻。由于离子膜法综合了隔膜法和水银法的优点，产品质量高，能耗低，又无水银、石棉等公害，故被公认为当代氯碱工业的最新成就。

（三）中国氯碱工业发展简况

中国氯碱工业始于20世纪20年代末。1949年前，烧碱平均年产量仅15kt，氯产品仅盐酸、漂白粉、液氯等少数品种。1949年后，在提高设备生产能力的基础上，对电解技术和配套设备进行了一系列改进。20世纪50年代初，建成第一套水银电解槽，开始生产高纯度烧碱。不久，又研制成功立式吸附隔膜电解槽，并在全国推广应用。20世纪50年代后期，新建长寿、株洲、北京、葛店等十多个氯碱企业及其他小型氯碱厂，到20世纪60年代，全国氯碱企业增至44个。20世纪70年代初，氯碱工业中阳极材料进行了重大革新，开始在隔膜槽和水银槽中用金属阳极取代石墨阳极。20世纪80年代初，建成年产100kt烧碱的47-Ⅱ型金属阳极隔膜电解槽系列及其配套设备。至此，全国金属阳极电解槽年生产能力达800kt碱，约占生产总量的1/3。1983年烧碱产量为2123kt，仅次于美国、德国、日本、俄罗斯。

随着国民经济的飞速发展，国内对聚氯乙烯（PVC）的需求量日益剧增。PVC的供求两旺带动了为其生产提供原料的氯碱行业的飞速发展，20世纪末至21世纪初，中国加入世界贸易组织（WTO）后，氯碱行业同其他行业一样，逐渐与国际接轨，形成隔膜法烧碱与离子膜法烧碱并存的局面，但随着国家对落后产能淘汰的要求，隔膜法烧碱现在已经全部退出历史舞台，目前我国烧碱装置主要为离子膜烧碱。根据中国氯碱工业协会的数据显示，近年来我国烧碱产能呈现波动上升态势，从2007年的2181万吨/年上升至2023年的4000万吨/年，目前我国烧碱生产能力、产量、使用量等均稳居世界第一。

二、烧碱的主要生产方法

（一）隔膜法

隔膜法是最先用于工业生产的电解方法。在电解槽阳极室与阴极室间设有多孔渗透性的隔层，它能阻止阳极产物与阴极产物混合，但不妨碍阳、阴离子的自由迁移。一般情况，电解槽阴极室和阳极室用石棉制成的隔膜隔开，隔膜吸附在铁阴极上，铁阴极系由粗铁丝编织成的网状或多孔板制成，阳极则为石墨棒。盐水由管道连续加入阳极室，阳极液不断地从阳极室通过隔膜的孔隙流入阴极室。阴极上生成的电解液，经电解槽底部的管道连续流出。氯气以及氢气分别经过各自的管道连续排出。如图4-1所示。

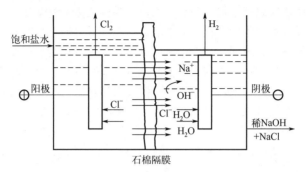

图 4-1　隔膜法示意图

氯化钠溶液存在以下两种电离方程：

$$NaCl == Na^+ + Cl^- \qquad (4\text{-}2)$$

$$H_2O \rightleftharpoons H^+ + OH^- \qquad (4\text{-}3)$$

所以，食盐水中含有 Na^+、H^+、Cl^- 和 OH^- 四种离子。当接通电源后，在电场的作用下，带负电的 Cl^- 和 OH^- 移向阳极，带正电的 Na^+ 和 H^+ 移向阴极，在这种条件下，电极上发生如下反应。

阳极：　　　　　　　　　　$2Cl^- - 2e^- == Cl_2 \uparrow \qquad (4\text{-}4)$

阴极：　　　　　　　　　　$2H^+ + 2e^- == H_2 \uparrow \qquad (4\text{-}5)$

即在阳极室放出 Cl_2，阴极室放出 H_2。由于阴极上有隔膜，而且阳极室的液位比阴极室高，所以可以阻止 H_2 跟 Cl_2 混合，以免引起爆炸。由于 H^+ 不断放电，破坏了水的电离平衡，促使水不断电离，造成溶液中 OH^- 的富集。这样在阴极室就形成了 NaOH 溶液，它从阴极室底部流出。电解食盐水的总反应可以表示为：

$$2NaCl + 2H_2O == 2NaOH + H_2\uparrow + Cl_2\uparrow \qquad (4\text{-}6)$$

用这种方法生产的碱液比较稀，其中含有多量未电解的 NaCl，需要经过分离、浓缩，才能得到固态 NaOH。

（二）水银法

水银电解法将阳极放置在饱和食盐水中，阴极放置在氢氧化钠溶液中。水银电解槽由电解器、解汞器和水银泵三部分组成（图 4-2），形成水银和盐水两个环路。电解器为钢制带盖的沿纵向有一定倾斜度的长方形槽体，两端分别有槽头箱和槽尾箱，由分隔水银与盐水的液封隔板与槽体相连。槽体的底部为平滑的厚钢板，保证水银流动时不致裸露钢铁，钢板下面连接导电板。槽壁衬有耐腐蚀的硬橡胶或塑料的绝缘衬里。槽盖上有通过密封圈下垂的石墨阳极或金属阳极组件，露出槽外的阳极棒由软铜板连接阳极导电板，槽盖与槽体密闭。水银与精制的饱和盐水同时连续进入槽头箱，水银借重力形成流动的薄膜，覆盖整个槽底作为阴极。通入直流电时，盐水中的氯化钠被电解，由于水银阴极上氢的超压（又称过电压），远大于钠的超压，因而钠离子在阴极放电生成的金属钠立即与水银形成钠汞合金，溶在水银中从槽尾箱流出进入解汞器。氯离子在阳极上失去电子生成氯气泡，穿过盐水从槽盖上的氯气出口管引出。解汞后的水银流入水银储槽，由水银泵送到电解器槽头箱，构成水银流动的环路。饱和食盐水溶液流经电解器，一部分氯化钠（15%～16%）解离，剩余的溶有氯气的淡盐水流出槽外，经盐酸酸化后，在真空下或吹入空气脱氯，然后再用固体食盐重新饱和，制成精制盐水，重新使用，构成盐水流动环路。

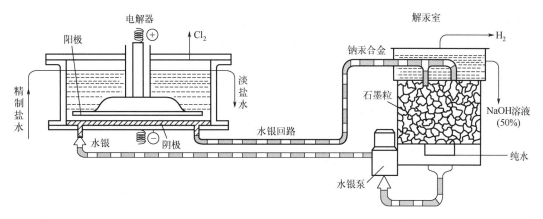

图 4-2　水银法示意图

阳极放置在饱和食盐水中，阴极放置在氢氧化钠溶液中。通电时，氯离子被阳极氧化：

$$2Cl^- - 2e^- \longrightarrow Cl_2 \uparrow \tag{4-7}$$

钠离子在水银中被还原：

$$Na^+ + e^- \longrightarrow Na \tag{4-8}$$

由于钠离子可溶于水银，并且水银阻止钠与水反应，所以会形成钠汞合金。在含有氢氧化钠的电解池中，钠汞合金成了阳极，钠重新被氧化：

$$Na \longrightarrow Na^+ + e^- \tag{4-9}$$

水则在阴极被还原成氢气和氢氧根离子：

$$2H_2O + 2e^- \longrightarrow H_2 + 2OH^- \tag{4-10}$$

水银法把两种电解质用水银隔开，因此这种方法可以合成完全不含氯化钠的氢氧化钠。这种方法曾一度被广泛用来生产氯气和氢氧化钠。然而，该装置需要使用大量的水银，不但成本昂贵，而且有一定的隐患，曾经在加拿大（安大略）和日本（水俣）发生的大规模的汞中毒（水俣病）事件，目前，该方法使用的水银对人体和环境毒性太大，现在我国已经全部淘汰。

（三）离子膜法

离子膜法技术在 20 世纪 50 年代开始研究，80 年代开始工业化生产。离子交换膜电解槽主要由阳极、阴极、离子交换膜、电解槽框和导电铜棒等组成，每台电解槽由若干个单元槽串联或并联组成。电解槽的阳极用金属钛网制成，为了延长电极使用寿命和提高电解效率，钛阳极网上涂有钛、钌等氧化物涂层；阴极由碳钢网制成，上面涂有镍涂层；阳离子交换膜把电解槽隔成阴极室和阳极室。阳离子交换膜有一种特殊的性质，即它只允许阳离子通过，而阻止阴离子和气体通过，也就是说只允许 Na^+ 通过，而 Cl^-、OH^- 和气体不能通过。这样既能防止阴极产生的 H_2 和阳极产生的 Cl_2 混合而引起爆炸，又能避免 Cl_2 和 NaOH 溶液作用生成 NaClO 而影响烧碱的质量。

我国离子膜法烧碱发展十分迅速，彻底淘汰了水银法烧碱和部分石墨阳极隔膜法烧碱，大大地提升和优化了我国氯碱工业的产品结构，促进了相关工业的迅速发展。目前，世界上能生产离子膜法氯碱电解槽的 7 个生产厂中包括北京化工机械厂［现为蓝星（北京）化工机械有限公司］生产的电解槽在国内均有使用厂家，代表当前离子膜法最先进水平的高电流密度、低电流消耗、大单元面积、自然循环工艺的电解槽已被我国化工企业广泛采用。

（四）三种方法的比较

离子膜法电解食盐溶液制碱工艺与其他制碱工艺相比具有独特优势，无论生产规模大到日产近 3000t 氯气，还是小到日产 1t 氯气以下，均可因地制宜建厂并获得经济效益。在氯碱用户所在地建立小型工厂，从而可以避免大宗产品集中生产，这样既节省运输费用，又能避免长途运输带来的资源浪费、环保压力。离子膜法电解制碱有下列主要优点。

1. 投资省

如表 4-2 所示，离子膜法比水银法投资节省约 10%～15%，比隔膜法节省约 15%～25%。

表 4-2　三种电解方法基建投资比较（万吨级）　　　　　　　　单位：%

方法	离子膜法	水银法	隔膜法
盐水	8.8	11.8	7.3
电解	55.9	63.1	48.0
蒸发	5.9	0.0	35.3
配电	9.4	9.4	9.4
公害处理	0.0	11.2	0.0
合计	80.0	95.5	100.0

2. 出槽 NaOH 浓度高

早期的离子膜法出槽 NaOH 浓度为 10%～20%，目前出槽 NaOH 浓度主要为 30%～35%，预计今后出槽 NaOH 浓度将会达到 40%～50%。目前已有在进行生产 50% 的 NaOH 离子膜电解槽的工业化试验。但就耗汽省、耗电多及阴极系统需使用更昂贵的耐腐蚀材料等方面考虑，是不经济的。而对汽贵电廉地区，直接生产 40%～50%NaOH 在经济上还是可行的。

3. 能耗低

表 4-3 是三种电解方法的总能耗比较。

表 4-3　三种电解方法总能耗

指标	电解方法			
	离子膜法		水银法	隔膜法
	复极式	单极式	金属阳极	改性膜、扩张阳极、四效蒸发
电流密度/（kA/m²）	4.0	3.4	12.0	2.15
槽电压/V	3.3	3.2	4.5	3.4
碱液浓度/%	30～32	32～35	50	11
平均电流效率/%	94～95	94～95	97	94～95
电解电力（AC）/（kW·h/t）	2225～2350	2250～2350	3280	2530
电解电力（DC）/（kW·h/t）	2200～2300	2200～2300	3200	2450
动力电（AC）/（kW·h/t）	100	90	80	200
蒸汽（AC）/（kW·h/t）	150	120	30	470
总能耗（AC）/（kW·h/t）	2500～2600	2460～2560	3390	3200

注：1t 蒸汽（AC）按 250kW·h/t 计。

4. NaOH 质量好

离子膜法电解制碱出槽电解液中一般含 NaCl 为 20～35mg/L，经增浓至 50% 的 NaOH 中含 NaCl 一般为 45～75mg/L，浓缩后的固体 NaOH 中含 NaCl 小于 10^{-4}g/kg，可用于合成纤维、医药、水处理及石油化工工业等部门。

5. 氯气纯度高，氯中含氧、含氢低

离子膜法电解氯气纯度高达 98.5%～99.9%，采用进槽盐水加酸工艺，所得氯中含氧量小于 0.8%，完全适合某些氧氯化法聚氯乙烯对氯中含氧的要求。即使进槽盐水不加酸，氯中含氧 1%～1.5%，也能满足某些氧氯化法聚氯乙烯生产的需要，并能提高电石法聚氯乙烯和合成盐酸纯度。另外，氯中含氢量约在 0.1%以下，不仅能保证液氯生产的安全，而且能提高液化效率。

6. 氢气纯度高

离子膜法电解氢气纯度可高达 99.9%，对合成盐酸和 PVC 生产、提高氯化氢纯度极为有利，对压缩氢及多晶硅的生产也有较大的益处。

7. 生产成本低

离子膜法从电解槽流出的 NaOH 浓度已能达到 30%～35%，可以直接作为成品碱出售使用，如果需要浓缩到 50%，蒸汽消耗为 0.6～0.8t/tNaOH，只有隔膜法的 25%～30%。而且碱液中含 NaCl 少，蒸发装置的投资少。离子膜具有较稳定的化学性能，几乎无污染和毒害。

三种电解方法综合比较见表 4-4。

表 4-4　三种电解方法综合比较

项目	隔膜法	水银法	离子膜法	项目	隔膜法	水银法	离子膜法
投资/%	100	85～100	85～75	50%（质量分数）碱中含汞/（mg/L）	无	0.045	无
能耗/%	100	95～85	80～70	Cl₂ 纯度/%（体积分数）	95～96	98.5～99	98.5～99
运转费用/%	100	105～100	95～85	氯中含氧/%（体积分数）	1.5～2.0	0.3	0.8～1.5
NaOH 浓度/%（质量分数）	10～12	50	32～35	氯中含氢/%（体积分数）	0.4～0.5	0.3	0.1
50%（质量分数）碱中含盐/（mg/L）	15000	45	45	氢气纯度/%（体积分数）	98.5	99.9	99.9

综上所述，隔膜法、水银法和离子交换膜法在氯碱生产中的电解原理虽然相似，但在投资、操作方式、产品质量、能耗和环保等方面存在显著差异。在选择氯碱生产方法时，需综合考虑产品质量、生产效率、环保要求以及成本效益等因素。目前，离子膜法因其能耗低、产品质量高且无有害物质污染的优点，已经被视为较理想的烧碱生产方法。

子任务（二）　分析我国氯碱工业的现状及发展方向

● **任务发布**

我国的化工行业发展在近些年来取得了突飞猛进的进步，氯碱工业更是取得了诸多突破，无论从氯碱工业的产量、质量，还是生产技术、生产品种等方面，我国的氯碱工业发展和应用都走在世界的最前列。随着氯碱工业的蓬勃发展，在发展过程中出现的市场饱和问题给氯碱工业提出了新的挑战，如何在当前竞争日益激烈的市场环境中保证自身的生存和发展，提高自身的生产效率，是整个氯碱行业需要认真思考的问题。请以小组为单位，通过查阅资料，课前完成以下问题的思考：

1. 我国氯碱行业的发展现状如何？
2. 对我国氯碱行业未来发展提出建议。

一、我国氯碱工业发展现状

（一）供给侧改革初见成效，行业效益持续提高

"十三五"和"十四五"期间，在供给侧结构性改革的政策引导和行业的努力下，氯碱行业取得了令人瞩目的成绩。行业主导产品产能无序扩张得到了有效控制，布局更加合理，产品结构不断优化，能源和资源消耗持续降低，资源综合利用和环保水平稳步提高，整体盈利水平明显提升。在"十四五"期间，全球乙烯基原料来源向多元化方向发展，我国乙烯来源也更加多元化，将不断改变聚氯乙烯的竞争格局。

未来氯碱行业将坚持"走出去"的方向，不断开拓国际国内两个市场；不断拓宽氯碱产品应用领域，促进与石油化工、现代煤化工及其他新兴产业有机结合，实现行业高质量、绿色健康稳定发展。

（二）产业集中度提高，已形成世界级大型氯碱企业

生产大型化、系列化、规模化是世界氯碱行业的发展方向。经过近几年的整合，我国氯碱行业生产正向大规模、集约化方向发展。2023 年，我国氯碱企业烧碱装置总产能达到 4841 万吨/年，相比 2022 年底净增长了183 万吨/年，产业集中度进一步提高。2023 年中国氯碱产量靠前的企业包括新疆中泰化学股份有限公司、新疆天业股份有限公司、内蒙古君正能源化工集团股份有限公司、宜宾天原集团股份有限公司、陕西北元集团股份有限公司、滨化集团股份有限公司、安徽华塑股份有限公司、航锦科技股份有限公司、浙江镇洋发展股份有限公司等，其中新疆中泰化学股份有限公司2023 年的烧碱产量达 184 万吨，氯碱总营业收入达到了 371.18 亿元，成为氯碱行业上市公司中产量和营业收入最高的企业。氯碱行业大型化、规模化企业集团初步形成，促进了行业整体竞争力的不断提升。

（三）技术水平和能源利用效率进一步提高，引领世界氯碱行业发展

"十三五"期间，氯碱行业技术装备水平进一步提升，离子膜烧碱产能所占的比例由 2015 年的 98.6%提高到 99.7%。高密度自然循环膜（零）极距电解槽、低汞催化剂、余热回收和电石渣综合利用制水泥等一批节能减排技术在行业内得到大范围推广和普及。其中，离子膜法中最先进、节能的膜（零）极距电解槽所占的比例提高到约 88%，前沿的氧阴极电解槽也开始在国内应用。通过节能减排技术的应用，每吨烧碱产品综合能耗水平由335kg/t 标准煤下降到 325kg/t 标准煤（电能耗按当量值计），处于世界领先水平。与此同时，通过对引进技术的消化、吸收和再创新，国内研发、制造的具有自主知识产权的国产化离子膜电解槽已达到世界先进水平，以氯碱成套装置和电解节能改造技术为核心，向世界各地的 150 多家氯碱生产企业提供了年产能超过 1600 万吨烧碱的离子膜电解槽装置，为国外 13 个国家的氯碱用户提供核心设备、工程和服务，业务范围覆盖亚洲、欧洲、北美洲、南美洲和非洲。

（四）满足下游行业需求，不断开发新品种

改革开放 40 多年来，氯碱产品新品种不断开发成功。目前，我国氯产品种类达到了上千种，形成一些具有相当规模的氯产品生产体系，除核心产品烧碱和 PVC 树脂以外，还包括甲烷氯化物-氟硅系列、异氰酸酯系列、氯化高聚物系列、石蜡氯化衍生物、漂白消毒剂系列、氯化芳烃及其衍生物系列等。目前，我国甲烷氯化物、氯乙酸、氯代异氰尿酸、氯化芳烃（氯化苯、硝基氯化苯、氯甲苯、氯化苄等）、MDI（二苯基甲烷二异氰酸酯）、TDI（甲苯二异氰酸酯）、CPE（氯化聚乙烯）和环氧氯丙烷等主要氯产品生产技术已达到国际先进水平，产品产能均居世界第一位，约占世界总产能的30%～70%。

二、我国氯碱工业未来发展方向

（一）严格控制总量，提高产业集中度

为实现我国由世界氯碱大国向氯碱强国转变，未来氯碱行业发展将从规模扩张型转向综合竞争力提高型，优化产业布局，严控新增产能，淘汰落后产能，促进氯碱行业科学规划、合理布局、区域协调发展。西部地区氯碱工业要依托煤炭、电石等资源，追求规模化，打造大型电石法氯碱企业；东部地区要依托市场、港口等优势发展大型乙烯法聚氯乙烯、精细化工产业。同时，制定氯碱行业产能置换实施办法等配套细则，通过安全、环保、市场等手段淘汰落后和缺乏竞争力的同质化产能，鼓大力促进和推动行业整合，励有实力的企业进行兼并重组，鼓励强强联合和上下游一体化经营，进一步提高产业集中度。

（二）积极平衡氯碱，优化产品结构

氯碱工业采用电解法生产工艺，烧碱和氯气按固定质量比例同时产出是氯碱生产的主要特点，而市场对碱和氯的需求不一定符合这一比例，因此就出现了碱与氯的平衡问题。氯碱行业下游主要氯产品包括聚氯乙烯（PVC）、环氧丙烷、环氧氯丙烷、甲烷氯化物、聚碳酸酯（PC）、异氰酸酯（MDI、TDI 等）、氯化高聚物（CPE、CPVC 等）、含氯中间体（氯苯和硝基氯苯、氯乙酸、氯化苄、氯乙酰氯、氯化亚砜）等上千种产品，涉及通用塑料、工程塑料、农药、水处理等多个行业。其中，PVC 树脂是最重要的耗氯产品，耗氯量约占 40%，PVC 树脂的生产和消费对氯碱工业的氯碱平衡具有决定性的影响。因此，未来将进一步优化产品结构，发展 PVC 用树脂、氯化法钛白粉、氯化高聚物，以及新型含氯农药中间体、医药中间体、食品添加剂和化工新材料等高附加值氯产品，基本实现行业、区域烧碱和氯气之间的动态平衡，提高效益，减少安全风险。

（三）加大科研投入，提高离子膜供应保障

随着氯碱工业的发展和技术进步，对氯碱离子交换膜的需求将不断增加。特别是在发展中国家和地区，氯碱工业的发展潜力巨大，将为氯碱离子交换膜市场提供广阔的市场空间。技术创新是推动氯碱离子交换膜市场发展的重要动力。未来，随着新材料、新工艺和新技术的不断涌现，氯碱离子交换膜的性能将得到进一步提升，成本将进一步降低，从而推动市场的快速增长。展望未来，全球氯碱离子交换膜市场将继续保持稳定增长。中国市场作为全球最大的氯碱离子交换膜市场之一，将继续保持快速增长的态势。同时，随着技术创新和市场需求的不断增加，氯碱离子交换膜的性能将得到进一步提升，成本将进一步降低，从而推动市场的快速增长。为了赢得市场主动权，未来将加强新一代国产化离子膜的研发和应用，性能和质量达到国际先进水平，提高行业核心材料离子膜的保障程度，使国产化离子膜在国际离子膜市场占有一席之地。

✎ 任务巩固

一、选择题

1. 下列化工原料中是氯碱工业的主要产品的是（　　）。
   A. 盐酸　　　　　　　B. 硫酸　　　　　　　C. 硝酸　　　　　　　D. 烧碱

2. 氯碱工业产品不包含产品的是（　　）。
   A. 烧碱　　　　　　　B. 氯气　　　　　　　C. 氢气　　　　　　　D. 纯碱

3. 在常温条件下，烧碱能与空气中的（　　）发生化学反应。
   A. 氧气　　　　　　　B. 氮气　　　　　　　C. 二氧化碳　　　　　D. 水蒸气

4. 我国目前采用的烧碱生产方法主要是（　　）。
   A. 苛化法　　　　　　B. 水银法　　　　　　C. 隔膜法　　　　　　D. 离子膜法

5. 离子膜法中离子交换膜工作原理不正确的是（　　）。

A. 组织气体通过   B. 允许水通过

C. 允许阳离子通过   D. 不允许阴离子通过

二、综合应用题

请查阅资料，在了解我国氯碱企业发展的同时，选择一家典型的离子膜烧碱企业，详细介绍其原料来源、工艺控制及产品品种等情况。

任务二　探究离子膜电解工艺

⟳ 任务情境

离子膜烧碱就是采用离子膜法电解食盐水而制成烧碱（NaOH）。生产原理简单易懂，但工业实现过程十分复杂，其主要工序有一次盐水精制、二次盐水精制、电解、氯氢处理等。本任务将探究掌握离子膜电解的主要工艺过程、主要设备及工艺控制参数。

▤ 任务目标

素质目标：

提高探索和实践能力，培养科学素养和强工业意识，以及高度的社会责任感。

知识目标：

1. 掌握离子膜电解的主要工艺过程。

2. 掌握离子膜电解各工序的主要工作原理。

3. 掌握离子膜电解各工序主要工艺控制参数。

能力目标：

能够分析解决问题。

✣ 任务实施

离子膜烧碱行业是典型的"三密"型行业，即资金密集、技术密集、能耗密集，其生产系统更是一个庞大、复杂的工业生产系统，接下来就一同探究完成离子膜制烧碱的主要工序。

子任务（一）　一次处理盐水

● 任务发布 ··

一次盐水工序是通过一系列工艺过程，将原盐变成合格的一次盐水，这一部分直接决定后续工序能否有效运转，因此是十分关键的步骤。请通过查阅资料和学习，写出一次盐水工序需要除去的杂质及原理反应方程。

● 任务精讲 ··

一、工作任务

盐水一次精制的主要目的是控制悬浮物（SS）与各种杂质离子的含量在要求的范围内，为盐水二次精制作准备。

工业盐的主要成分是氯化钠，分子式NaCl，相对分子量58.44，熔点800.4℃，沸点1413℃，易溶于水，微有潮解性，纯净的氯化钠为白色四方结晶或结晶性粉

工序：一次盐水
处理

末；工业盐因含有钙、镁离子等杂质，通常外观呈灰、褐等颜色，敞口存放时易吸收空气中的水分而潮解结块。

氯碱工业生产过程中，无论采用海盐、湖盐、岩盐或卤水中的哪一种原料，都含有 Ca^{2+}、Mg^{2+}、SO_4^{2-} 等无机杂质，以及细菌、藻类残体、腐殖酸等天然有机物和机械杂质。这些杂质在化盐时会被带入盐水系统中，如不去除将会造成离子膜的损伤，从而使其效率下降，破坏电解槽的正常生产，并使离子膜的寿命大幅度缩短。盐水中一些杂质会在电解槽中产生副反应，降低阳极电流效率，并对阳极寿命产生影响。因此，盐水必须进行精制操作除去盐水中的大量杂质，生产满足离子膜电解槽运行要求的精制盐水。

一次澄清盐水的制备是氯碱生产工艺至关重要的工段，精制效果的好坏直接影响产品的质量和产量，具体工作任务有以下几个方面。

（一）有机杂质的去除

利用次氯酸钠的强氧化性，使盐水中的菌藻类被次氯酸钠杀死；腐殖酸类等有机物被次氯酸钠氧化分解成为小分子，最终通过了 $FeCl_3$ 的吸附和共沉淀作用，在预处理器中除去一部分机械杂质。如果来自电解的淡盐水中的游离氯超过一定值，则不需再加次氯酸钠。次氯酸钠的加入量一般控制在粗盐水中含 $1\sim3mg/L$。

（二）游离氯的去除

盐水中的游离氯，一般以 ClO^- 的形式存在，会对螯合树脂造成很大危害，必须全部除去。本工艺采用加入还原剂 Na_2SO_3 溶液，使其与盐水中过量的 ClO^- 发生氧化还原反应，以除去盐水中残留的游离氯。其离子反应方程式为：

$$ClO^- + Na_2SO_3 = Na_2SO_4 + Cl^- \tag{4-11}$$

（三）硫酸根离子的去除

向盐水中加入氯化钡溶液，使其和盐水中的硫酸根反应，生成硫酸钡沉淀，其反应式如下：

$$BaCl_2 + Na_2SO_4 = BaSO_4\downarrow + 2NaCl \tag{4-12}$$

精制氯化钡的加入量必须严格控制，若量不够，硫酸根离子无法有效去除，但也不能过量，否则过量的 Ba^{2+} 将增加离子膜的负荷，若 Ba^{2+} 过多，与电解的 OH^- 生成 $Ba(OH)_2$ 沉淀，堵塞离子膜，会严重影响生产。

（四）钙离子的去除

在盐水中加入碳酸钠溶液，使其和盐水中的 Ca^{2+} 反应，生成不溶性的碳酸钙沉淀。为了除净 Ca^{2+}，必须加入的量比理论需要量要多，工艺要求碳酸钠的过碱量为 $200\sim500mg/L$，反应式如下：

$$Na_2CO_3 + CaCl_2 = CaCO_3\downarrow + 2NaCl \tag{4-13}$$

（五）镁离子的去除

在盐水中加入 NaOH 溶液，使其与盐水中的 Mg^{2+} 反应，生成不溶性的氢氧化镁沉淀。为了除净 Mg^{2+}，必须加入的量比理论需要量多，工艺要求氢氧化钠的过碱量为 $200mg/L$，反应式如下：

$$Mg^{2+} + 2OH^- = Mg(OH)_2\downarrow \tag{4-14}$$

（六）浮上澄清

精制过程中产生的 $Mg(OH)_2$ 沉淀为絮状物，极难沉降，如果 $Mg(OH)_2$ 含量高将不利于 HVM 膜过滤器的正常操作，故采用浮上法经澄清桶（预处理器）将 $Mg(OH)_2$ 先行除去。基本过程是：先将粗盐水通过加压融气罐，罐内保持 $0.20\sim0.30MPa$ 的空气压力，使粗盐水溶解一定量的空气（一般 $5L/m^3$ 粗盐水），当粗盐水进入澄清桶底部后压力突然下降，使得溶解在粗盐水中的空气析出，并产生大量细微的气泡，气泡在絮凝剂 $FeCl_3$ 的作用下与盐水中的杂质形成视密度较低的颗粒一起上浮，在澄清桶上面形成浮泥，通过上排泥口定时排放，部分较重颗粒下沉形成沉泥，通过下排泥口排放。清液自清液出口流出。

二、工艺流程

目前，国内工业盐种类主要为海盐、精制盐、湖盐、岩盐。另外，掺用高浓度卤水也是工业用盐的一种途径。氯碱工业用盐应符合 GB/T 5462—2015 标准要求，质量较好的工业盐应为氯化钠含量较高，氯化钙、氯化镁、硫酸钙、硫酸钠等化学杂质含量较少，镁、钙比值小；同时不溶于水的机械杂质和天然有机物（菌、藻、腐殖酸等）较少；盐颗粒要粗大均匀。

饱和粗盐水加入精制反应剂，经过精制反应后加入絮凝剂进入澄清桶澄清，澄清盐水经砂滤器粗滤后，再经 α-纤维素预涂碳素管过滤器二次过滤，使盐水中的悬浮物小于 $1×10^{-6}$，然后进入离子交换树脂塔，进行二次精制，得到满足离子膜电解槽运行要求的精制盐水。其工艺流程如图 4-3 所示。

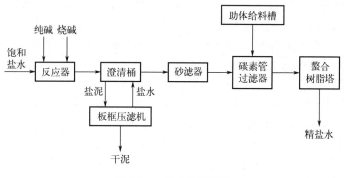

图 4-3　一次盐水流程图

三、主要设备

（一）化盐桶

化盐桶的作用是把固体原盐、部分盐卤水、蒸发回收盐水和洗盐泥回收淡盐水，按比例掺和，并加热溶解成氯化钠饱和溶液。

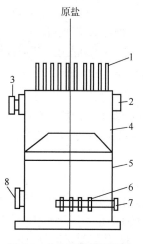

图 4-4　化盐桶结构示意图

1—铁栅；2—溢流槽；3—粗盐水出口；4—桶体；
5—折流圈；6—折流帽；7—溶盐水进口；8—人孔

化盐桶一般是用钢板焊接而成的立式圆桶，其结构见图 4-4。化盐水由桶底部通过分布管进入化盐桶内。分布管出口均采用菌帽形结构防止盐粒、异物等进入化盐水管道造成堵塞现象。在化盐桶中部设置加热蒸汽分配管，蒸汽从分配管小孔喷出，小孔开设方向向下，可避免盐水飞溅或分配管堵塞。在化盐桶中间还设置有折流圈，折流圈与桶体成 45°角。折流圈的底部开设用于停车时放净残存盐水的小孔。折流圈的作用是避免化盐桶局部截面流速过大或化盐水沿壁走短路造成上部原盐产生搭桥现象。折流圈宽度通常约为 150～250mm。

化盐桶上部有盐水溢流槽及铁栅，与盐层逆向接触上升的饱和粗盐水，从上部溢流槽溢流出，原盐中常夹带的绳、草、竹片等漂浮性异物经上部铁栅阻挡除去。

（二）澄清桶

澄清桶的作用是将加入精制剂后反应完全的盐水，

在助沉剂的帮助下，使杂质沉淀颗粒凝聚变大，下沉分离。澄清后的清盐水从桶顶部溢流出，送砂滤器作进一步精制过滤，桶底部排出的盐泥送三层洗泥桶，用水洗涤回收其中所含的氯化钠。

盐水中钙、镁等不溶物悬浮颗粒在加入助沉剂后起凝聚作用，颗粒增大，被截留到桶底定时排出。澄清后的清盐水从桶底部缓缓向上，经桶顶部环形溢流槽汇集后连续不断流出。

（三）砂滤器

砂滤器的作用是把澄清桶送来的澄清盐水经砂滤层过滤，进一步除去清盐水中微量悬浮性不溶杂质，提高进电解槽的盐水质量，确保电解工段对高质量入槽盐水的要求。

一次盐水处理
企业实景

四、主要工艺指标

一次盐水处理后的盐水需要达到的主要指标如表 4-5 所示。

表 4-5　一次盐水处理后的盐水主要工艺指标

指标名称	控制指标
入槽盐水含 NaCl	≥315g/L
盐水过碱量 NaOH	0.07～0.15g/L
Na_2CO_3	0.25～0.35g/L
盐水中钙、镁总量	≤5mg/L
盐水中硫酸根含量	≤5g/L
入槽盐水铵含量	无机铵≤1mg/L，总铵≤4mg/L
排放盐泥中含 NaCl	≤8g/L

子任务（二）　二次精制盐水

● 任务发布 ....

二次精制盐水，顾名思义是在一次盐水工序的基础上进行更加精细的处理。主要是通过离子交换的方式对盐水中的所含悬浮物及各种阴、阳离子进行进一步去除。请通过查阅资料和探讨学习，简述离子膜法进行二次精制盐水的原理。

● 任务精讲 ....

一、工作任务

离子膜电解工艺对进槽盐水质量要求较为苛刻，原因一是电解所用的离子交换膜能使大量阳离子透过，如 Ca^{2+}、Mg^{2+}、Fe^{2+}、Ba^{2+}、Ni^{2+}、Sr^{2+} 等，这些金属离子和阴极室的 OH^- 离子生成不溶性的氢氧化物沉淀，堵塞膜的微孔，造成膜离子交换性能下降，槽电压上升，电流效率下降，最终导致膜损坏；二是盐水中含游离氯和

工序：二次盐水
精制

ClO^- 等组分会引起二次盐水精制所用的螯合树脂中毒失效，若一次盐水过滤器采用碳素管过滤器，又会降低碳素管过滤器的使用性能。二次精制盐水高标准的质量是保证离子膜电解槽安全、稳定、高效运行的首要条件。

用普通化学方法精制的盐水中 Ca^{2+}、Mg^{2+}总质量浓度只能降到10mg/L左右，要使其低于20mg/mL，必须先通过过滤器把盐水中的固体悬浮物（SS）含量降到1mg/L以下，再用螯合树脂吸收来使其达标。盐水的二次精制也就是在一次精制的基础上，通过用螯合树脂吸附，进一步将盐水中的 Ca^{2+}、Mg^{2+}等浓度降至要求的范围。

二、工作流程

盐水二次精制最主要部分是螯合树脂塔，使粗盐水经过树脂塔后除去二价阳离子。一般在二次精制中盐水进螯合树脂塔之前设置碳素管过滤器或其他类型过滤器，以进一步降低盐水中悬浮物的含量。

（一）碳素管过滤

如果一次盐水中的少量悬浮物随盐水进入螯合树脂塔，将会堵塞螯合树脂的微孔，甚至使螯合树脂呈团状，严重时结成块状，降低树脂处理盐水的能力。因此，在盐水精制时，一般要求盐水中悬浮物（SS）的质量分数小于 1×10^{-6}，这样，盐水必须经过过滤。传统的砂滤设备无法满足该项要求，目前使用较多的是碳素管过滤器。碳素管过滤器是由许多根烧结的碳素管组成。碳素管由纯碳烧结而成，具有良好的耐腐蚀性，含碳质量分数为99.93%，在管壁上分布有均匀的微孔，孔径为100μm，气孔率为42%。碳素管的化学性能除了不适用于强氧化剂外，可适用于从低温到200℃的酸性、中性、碱性溶液，碳素管过滤器的操作一般可分为三步：预涂、助剂给料和助滤、清洗。

1. 预涂

过滤前必须预先在碳素管的外表面涂上一层厚薄均匀的α-纤维素，防止盐水中的悬浮物堵塞碳素管边的微孔，提高过滤器的过滤性能。因此，在过滤系统中要设置预涂槽，在预涂槽中将α-纤维素和过滤盐水配制成一定浓度的α-纤维素溶液，然后用泵将此溶液送往过滤器。预涂操作要循环进行，并要保持涂层厚度在2~3mm。

2. 助剂给料和助滤

由于一次盐水中的悬浮物过于细微且有压缩性，为防止过滤元件表面的孔隙堵塞，使过滤元件的滤渣结构疏松，延长过滤周期，在一次盐水送往过滤器前，必须将一定浓度的α-纤维素作为助滤剂混入盐水中，这样，在过滤过程中所形成的滤饼能保持一定的孔隙率，并且具有不可压缩性，从而降低过滤阻力，并提高过滤速度。

3. 清洗

切换下来的过滤器进行反洗时，将过滤后的精盐水打入过滤器的滤液室，再通入压缩空气。在滤液室内，当精盐水受到压缩空气的压力后，迅速从管子的内侧流向管子的外侧，碳素管外的助滤剂和滤饼立即卸出。如此反复即可以达到再生的效果。另外，由于一次盐水中含有少量游离氯会腐蚀碳素管。因此，进入过滤器的一次盐水中除了加助滤剂α-纤维素外，还要加 Na_2SO_3 除去 ClO^-，保护碳素管。过滤后二次盐水的质量指标如下：盐水中NaCl含量290~310g/L；pH值为9.0±0.5；温度为（60±5）℃。

（二）树脂塔精制

离子交换树脂塔内装填的螯合树脂能与金属离子形成稳定的六元环状结构络合物。当一次盐水经过螯合树脂时，盐水中的 Ca^{2+}、Mg^{2+}扩散到树脂内被吸附，从而达到进一步除 Ca^{2+}、Mg^{2+} 的目的。目前，盐水的二次精制工艺均为螯合树脂法，螯合树脂塔一般采用三塔串联流程。塔的运行与再生处理及其周期性切换由DCS程序自动控制。螯合树脂塔结构如图4-5所示。

经过淡盐水热交换器后的二次过滤盐水被送往螯合树脂塔

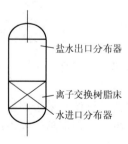

图4-5　螯合树脂塔示意图

盐水出口分布器

离子交换树脂床

水进口分布器

的顶部，自上而下经过树脂床，从塔底流出再到精盐水池，在塔内，盐水中的 Ca^{2+}、Mg^{2+} 与树脂发生离子交换。

在连续操作中，第一座塔作为"初制塔"，除去盐水中大多数的钙、镁离子，而第二座塔作为"精制塔"来确保盐水中的钙、镁离子含量降到控制指标以下。当塔内的树脂床达到最大的吸附能力时，流出塔的盐水中的钙、镁离子含量会急剧增加。

因此，在树脂床还未达到最大处理能力时，螯合树脂就要再生。螯合树脂再生时，首先用高纯盐酸把"Ca^{2+}"、"Mg^{2+}"型树脂转化成"H"型，然后再用高纯烧碱进行苛化处理，使其转化成"Na"型。

在工业生产中，螯合树脂在再生、反洗、运行时，周期性频繁地接触高浓度的盐水、再生用的盐酸和烧碱；由于高浓度介质及树脂转型体积的迅速交替变化所产生的渗透冲击力作用，使树脂在使用中受到各类污染使螯合交换能力下降；机械强度降低使得破碎率增加，需经常填补；从而使生产运行成本增高；因此，氯碱行业二次盐水精制所使用的螯合树脂必须具有较强的抗污染能力、较高的螯合交换能力和较强的使用强度等性能。

二次盐水精制
企业实景

三、主要工艺指标

二次盐水精制的主要工艺指标如表 4-6、表 4-7 所示。

表 4-6　进螯合树脂塔过滤盐水主要质量指标

指标名称	控制参数
NaCl	310～315g/L
pH	9±0.5
温度	60±5℃
Ca+Mg	5mg/L（按照 CaO）以下
Sr	2.5mg/L
Ba	0.1mg/L 以下
Fe	0.1mg/L 以下
ClO^-	不存在
ClO_3^-	10g/L 以下
SO_4^{2-}	4g/L 以下
Hg	10mg/L 以下
其他重金属	总共 0.2mg/L 以下

表 4-7　进离子膜电解槽二次精制盐水主要质量指标

指标名称	控制参数
NaCl	310～315g/L
Ca+Mg	≤20mg/mL（以 Ca 计算）
Sr	≤0.1mg/L

指标名称	控制参数
Ba	≤0.1mg/L
Fe	≤0.1mg/L
ClO_3^-	≤10g/L
SO_4^{2-}	≤4g/L
Hg	10mg/L 以下
其他重金属	≤0.2mg/L

子任务（三）　电解饱和食盐水

● **任务发布** ·······

电解饱和食盐水工序是整个离子膜制烧碱的核心，合格的盐水在电解作用下发生化学变化，最后生产出三种化工产品，即烧碱、氯气和氢气。以小组为单位，通过查阅资料和探讨学习，画出电解工序各主要物料的流向图。

● **任务精讲** ·······

一、基本原理

离子膜电解槽电解反应的基本原理是将电能转换为化学能，将盐水电解，生成 NaOH、Cl_2、H_2，如图 4-6 所示。

工序：电解饱和
食盐水

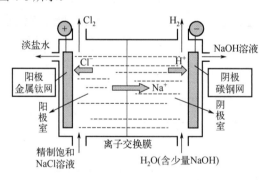

图 4-6　离子膜电解槽工作基本原理

在离子膜电解槽阳极室（图 4-6 左侧），盐水在离子膜电解槽中电离成 Na^+ 和 Cl^-。其中 Na^+ 在电荷作用下，通过具有选择性的阳离子膜迁移到阴极室（图 4-6 右侧），留下的 Cl^- 在阳极电解作用下生成氯气。阴极室内的 H_2O 电离成为 H^+ 和 OH^-，其中 OH^- 被具有选择性的阳离子挡在阴极室，与从阳极室过来的 Na^+ 结合成为产物 NaOH，H^+ 在阴极电解作用下生成氢气。

二、工艺流程

为了保证离子膜电解槽的阴极室和阳极室能在一个合适稳定的工艺边界条件下运行，以及获得最佳的电流效率，无论是强制循环工艺，还是自然循环工艺，通常设计采用阳极循环系统和阴极循环系统来实现各自的工艺边界条件。离子膜电解装置电解工艺流程如图4-7所示。

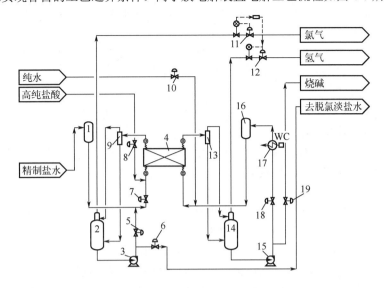

图 4-7　离子膜烧碱电解工序流程图

1—盐水高位槽；2—淡盐水循环槽；3—淡盐水泵；4—离子膜电解槽；5—返回淡盐水调节阀；6—淡盐水循环槽液位调节阀；

7—进槽盐水调节阀；8—进槽盐酸调节阀；9—阳极气液分离器；10—碱液稀释纯水调节阀；11—氯气总管调节阀；

12—氢气总管调节阀；13—阴极气液分离器；14—碱液循环槽；15—碱液循环泵；16—碱液高位槽；

17—阴极液换热器；18—碱液高位槽液位调节阀；19—碱液循环槽液位调节阀

（一）阳极循环部分

从盐水高位槽来的精盐水与淡盐水循环泵输送来的淡盐水按一定比例混合（初始开车时，加纯水），并在进入总管前加入高纯盐酸，调节 pH 值后，再送到每台电解槽的阳极入口总管，并通过与总管连接的进口软管送进阳极室。

进槽盐水的流量是由安装在每台电解槽槽头的盐水流量调节阀来控制的，流量的大小由供给每台电解槽的直流电联锁信号控制。

电解期间，Na$^+$离子通过离子交换膜从阳极室迁移到阴极室，盐水在阳极室中电解产生氯气，同时氯化钠浓度降低转变成淡盐水；氯气和淡盐水的混合物通过出口软管流入电解槽的阳极出口总管和阳极气液分离器，进行初步的气液分离；分离出的淡盐水流入淡盐水循环槽。

在阳极气液分离器中初步分离出的氯气,通过氯气总管流入淡盐水循环槽的上部气液分离室,进一步进行气液分离；然后从其顶部流出至氯气总管；在此总管适宜处设置氯气压力调节回路，通过其调节阀控制氯气压力，并与氢气调节回路形成串级调节，控制氯气与氢气的压差，流出系统至氯气处理装置。

淡盐水循环槽中的淡盐水由淡盐水循环泵加压输送，一部分通过调节回路，返回阳极系统与精盐水混合后再次参加电解；另一部分输送至淡盐水脱氯系统进行脱氯。

（二）阴极循环部分

从碱高位槽来的约 32% 液碱与纯水按一定比例混合后，流入阴极入口总管，并通过与总管连接的进口软管送进阴极室。进槽碱液的流量是根据安装在每台电解槽槽头的流量计来操作控制的。

电解期间，阴极液在阴极室电解产生氢气和烧碱。氢气和碱液的混合物通过出口软管流入阴极出口总管和阴极气液分离器，进行初步的气液分离；分离出的碱液流入碱液循环槽。

在阴极气液分离器初步分离出的氢气，通过氢气总管流入碱液循环槽的顶部气液分离室，进一步进行气液分离；然后从其顶部流出至氢气总管；在此总管适宜处设置氢气压力调节回路，通过其调节阀控制氢气压力，并与氯气压力调节回路形成串级调节，控制氢气与氯气的压差，流出系统至氢气处理装置或就地放空（一般在开车时）。

碱液循环槽中的碱液由碱液循环泵加压输送，一部分通过调节回路输送至碱液高位槽，通过碱液高位槽回到阴极系统；一部分通过调节回路作为成品碱送到成品碱储槽。

（三）淡盐水脱氯

电解后的淡盐水中溶有一定量的游离氯。如果该部分游离氯去除不彻底进入下游工序，不仅会腐蚀下游工序的管道和设备，而且会影响一次盐水工序的正常控制，因此对淡盐水脱氯也是电解工序的重要组成部分。目前，国内物理脱氯生产工艺主要有真空脱氯和空气吹除脱氯；实际生产中为提高脱氯技术经济效益，回收氯气，一般先采取物理脱氯法将大部分游离氯脱除后，再用化学脱氯法将剩余的游离氯除去。具体过程如下。

先将电解槽出来的淡盐水和氢氯处理来的氯水混合后，用31%的高纯盐酸将pH值调至约1.5，送入脱氯塔的顶部。脱氯塔的压力为-70~75kPa，由真空泵进行控制。脱氯塔出口处游离氯降低到50mg/L，脱出的氯气汇入氯气总管，也可送入废气吸收塔。

脱氯后的淡盐水先用NaOH把pH调至9~11，再将亚硫酸钠储槽中配制的浓度为10%的亚硫酸钠溶液用亚硫酸钠泵加入到淡盐水管道中，以彻底除去残余的游离氯。游离氯含量为零的脱氯盐水再送回一次盐水化盐工序。

三、主要设备

电解单元的主要设备是电解槽和装在电解槽里面的离子膜。

电极均为网状，是粗糙的，可增大反应接触面积，阳极表面的特殊处理是考虑阳极产物Cl_2的强腐蚀性。

离子膜电解槽按照单元槽的结构形式不同，分为单极式离子膜电解槽和复极式离子膜电解槽。单极式离子膜电解槽是指在一个单元槽上只有一种电极，即单元槽是阳极单元槽或阴极单元槽，不存在一个单元槽上既有阳极又有阴极的情况；而复极式离子膜电解槽是指在一个单元槽上，既有阳极又有阴极（每台离子膜电解槽的最端头的端单元槽除外），是阴阳极一体的单元槽。

离子膜电解槽的供电方式有两种：并联和串联。在一台单极式离子膜电解槽内部，直流供电电路是并联的，因此总电流为通过各个单元槽的电流之和，各单元槽的电压基本相等，所以单极式离子膜电解槽的特点是低电压、高电流。而复极式离子膜电解槽则正好相反，每个单元槽的电路是串联的，电流依次通过各个单元槽，故各单元槽的电流相等，但总电压为各单元槽的电压之和，所以，复极式离子膜电解槽的特点是低电流、高电压。

目前从世界离子膜电解技术发展来看，采用自然循环复极式电解槽、高电流密度、单元面积大型化、零（膜）极距是其发展方向，因此目前的离子膜生产企业一般均采用自然循环高电流密度复极槽技术。在氯碱行业发展初期，也只有旭化成、旭硝子、蒂森克虏伯、英力士、迪诺拉等全球知名的大型企业才能生产这样的设备。随着我国氯碱行业的发展，我国企业北京化工机械厂也开始自主研发生产氯碱设备。北京化工机械厂研制出的离子膜电解槽作为唯一的国产化电槽，价格低，维修方便，且经过多年的发展，已经到了一个相对成熟的阶段。目前，北京化工机械厂的电解槽不只国内的工厂会使用，在国际上也有很大的市场。据悉，中国已经是全球第三个能够自主生产离子膜电解槽成套装备的国家，国产离子膜电解槽装置运行数量占世界装置总数的20%以上。

离子膜烧碱生产车间现场安装的电解槽如图4-8、图4-9所示。

烧碱上使用的离子膜为复合膜，主要由磺酸层、羧酸层和增强网布组成，离子膜的磺酸层是由磺酸树脂组成的，磺酸树脂的亲水性较好，含水率较大，远高于羧酸树脂组成的羧酸层。离子膜含水率高，相应离子的交换容量就大。交换容量决定膜的导电性，交换容量越大导电性越好，磺酸树脂层较厚是离子膜机械强度的保证。羧酸层与磺酸层相比亲水性差，导电性能相应也差，电阻较高。但羧酸层选择性较好，对 OH$^-$的排斥性能优异。因而羧酸层在电解中起阻挡作用，靠近阴极侧，阻挡 OH$^-$向阳极液渗透，具有很高的阳离子选择渗透性。在电解中电流效率的高低取决于此羟酸层，由于羧酸层电阻高，所以在复合膜的制造中要尽量减薄此层。

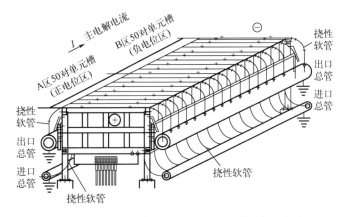

图 4-8 离子膜烧碱生产车间现场的电解槽安装示意图

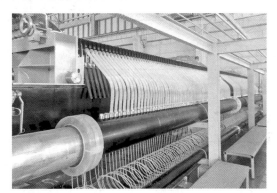

图 4-9 离子膜烧碱生产现场的电解槽

离子膜烧碱生产用的核心材料离子膜的要求非常苛刻，2009 年以前，世界上能生产全氟磺酸-羧酸离子交换膜的厂家只有美国杜邦公司、日本旭化成公司和旭硝子公司等三家公司，我国所用离子膜只能花大价钱去进口。但在 2009 年，山东东岳集团第一次自主生产出了合格的氟化离子膜，由此打开了氯碱离子膜国产化的大门。东岳人都形象地称它为"争气膜"。2018 年，山东东岳集团研发的 DF2807 离子膜经过实验证实，各项指标均达到或超越了国外同类产品的水平，而且在使用过程中从未发生安全事故。但离子膜十分"娇贵"，脆弱易损坏，在安装过程中要注意做好以下几个方面，以免出现针孔和撕裂情况。

（1）在膜的安装过程中，操作者不慎使膜产生了皱褶损伤，虽然当时膜未渗漏，但膜在使用寿命期限内可能会发生针孔或撕裂。

（2）在离子膜电解工艺中，要求将阴极室的压力控制得比阳极室稍大，形成一个稳定的微小压差，使膜在运行中始终贴向阳极网。在装置运行过程中，阴、阳极气相的氯氢压差过大也会造成膜的损伤和阴、阳极网的凹陷变形，更有甚者还会发生爆炸。

（3）经常发生电解液浓度和温度的突变也会造成膜的针孔或撕裂，这种情况多发生在给电解槽充、排液时。当充液时，进槽盐水浓度过高、排液后较高的槽温因水洗急剧下降以及进槽阴、阳极液温差过大时，膜的急剧收缩或膜两侧树脂组织收缩膨胀差异较大时，膜的针孔、撕裂或分层损伤就可能发生。特别是某些适用于高电流密度运行的膜和一些使用了牺牲芯材技术的膜，其强度较低，更易发生针孔或撕裂。

（4）垫片粘接不当产生盐泡，使膜出现针孔。正确贴好的垫片伸入电解槽内的部分，阳极垫片不应当超过阴极垫片。如果阳极垫片伸入槽内部分多并且遮挡了一些阳极网，则处在遮挡处的膜会产生盐泡并进一步形成针孔。如果离型剂、黏接剂涂抹过多，涂到极网上，则离子膜处在这个位置上的部分会产生盐泡并进一步形成针孔。

（5）单元槽初始安装时，因粘接不牢，在电解槽开车初期，充液循环过程中垫片被挤压时，会连带所装的膜拉伸，使膜受伤，易形成多处针孔，严重时会使膜靠边框处被拉伸撕裂。

（6）阴、阳极表面由于加工精度不够出现毛刺，对膜产生机械损伤，产生针孔，对此开车前要仔细检查极网表面状态。

（7）膜本身在制造时存在缺陷，需对离子膜进行目视检查和进行膜试漏。

电解饱和食盐
水企业实景

四、工艺指标

电解工序的主要指标如表 4-8 所示。

表 4-8　电解工序主要控制指标

指标名称	控制指标
单槽氯中含氢量	≤1.0%
氯气总管中含氢量	≤0.4%
单槽氯中含氧量	≤3%
氯气总管中含氧量	≤3%
电解液总管浓度	130±5g/L
单槽电解液浓度	90～140g/L
氧气总管氢纯度	≥98%
电解槽槽温	80～105℃
氯气总管压力	0～-50Pa
氢气总管压力	0～50Pa
对地电压偏差（总电压）	≤10%
电解槽阳极电流效率	≥90%

子任务（四）　处理氯气

● 任务发布

电解槽出来的液体烧碱即可成为产品进入碱液储罐，但从电解槽阳极出来的氯气含有大量盐水，不能直接利用，需要进行处理过程。请以小组为单位，通过查阅资料和探讨学习，简化氯气处理的具体流程，并以方块流程图展示。

一、工作任务

氯气处理工段是氯碱生产厂中连接电解槽与用氯部门的工序，起着承上启下的作用，也是稳定电解槽正常运行、确保安全生产的重要环节。由食盐水溶液电解，其阳极产物是温度较高、并伴有饱和水蒸气及夹带一定盐雾杂质的湿氯气，每吨气相的湿含量可达 0.3381t 以上。这种湿氯气对钢铁及大多数金属有强烈的腐蚀作用，只有少量的稀土及贵金属或非金属材料在一定条件下才能抵御湿氯气的腐蚀，从而使氯产品的生产和氯气的输送发生困难。而干燥脱水的氯气在通常条件下对钢铁等常用材料的腐蚀是比较小的，详见表 4-9。

表 4-9　氯气对钢铁腐蚀速率表

气相中含水分/%	年腐蚀速率/（mm/a）	气相中含水分/%	年腐蚀速率/（mm/a）
0.00567	0.0107	0.0870	0.114
0.01670	0.0457	0.1440	0.15
0.0206	0.051	0.330	0.38
0.0283	0.061		

由表 4-9 可知，对湿氯气的脱水干燥是生产、输送、使用氯气过程所必需的。氯气处理的目的就在于除去湿氯气中的水分，使之成为含湿量甚微的干燥氯气，以适应氯气输送和氯产品生产的需要，由此可见，氯气处理的任务就是将电解槽阳极析出的饱含水蒸气的高温湿氯气（约 80℃）进行冷却除沫、干燥脱水、除雾净化，再压缩输送到各用氯部门，经过处理后，氯气中的含水量降至 0.01% 以下，基本不含酸雾，成为合格的氯气。除此之外还应调节湿氯气出电槽总管时的负压以及在紧急故障情况下将事故氯气进行处理，使其不外泄。

二、工艺流程

离子膜电解装置中的氯气处理生产工艺由三部分组成：冷却、干燥、压缩。这三部分工艺流程一般根据生产规模和下游氯产品对氯气含水量以及压力的要求不同而有不同选择。

（一）氯气的冷却

离子膜电解装置中氯气冷却的工艺流程，氯气直接冷却加间接冷却工艺流程简述如图 4-10 所示。

来自电解工序的高温湿氯气由氯气洗涤塔底部进入，在塔内由下而上地与由塔顶进入的氯水充分接触，洗涤盐雾、交换热量。湿氯气被氯水洗涤冷却至约（40±5）℃后，从塔顶流出。氯水用氯水泵加压，并用氯气冷却器冷却循环使用，以确保循环使用的氯水进入氯水洗涤塔的温度约30℃；多余的氯水由泵送至界外。

从氯气洗涤塔顶流出的湿氯气由钛列管冷却器的上部封头进入管程，被走壳程的约 8℃ 冷水冷却至 12～14℃，然后由其下部封头流出至水雾捕集器，除去水雾后，进入干燥系统。其间冷凝下来的氯水经水封流出至氯水储槽。

当生产规模较大，氯气压缩机采用大型离心式氯气压缩机，同时离子膜电解产生的氯气压力不够高时，为满足大型进口氯气压力为正压的要求，在氯水洗涤塔出口处设置氯气鼓风机，将湿氯气加压为正压操作后，再进入钛列管冷却器冷却和干燥系统。如果离子膜电解产生的氯气压力足以克服整个氯处理系统的阻力降时，就不需要设置氯气鼓风机。

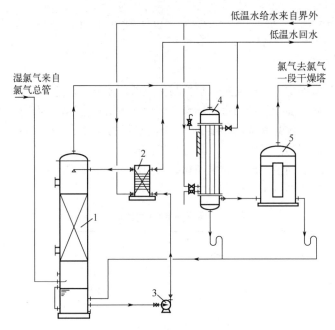

图 4-10 氯气直接冷却加间接冷却工艺流程简图

1—氯气洗涤塔；2—氯气冷却器；3—氯水泵；4—钛列管冷却器；5—水雾捕集器

（二）氯气的干燥

氯气干燥工艺一般有三种：一是"填料+筛板"二合一塔工艺；二是"一级填料塔"和"填料+泡罩"二级复合塔组合，形成两级干燥工艺；三是三级填料塔（或第三级为填料+泡罩塔）或多级填料塔干燥工艺。

"一级填料塔"和"填料+泡罩"二级复合塔组合的工艺是应用比较普遍的，干燥后氯气含水≤50mg/L（质量分数），可满足氯气压缩采用大型离心式压缩机（即进口大型透平机）含水要求，其工艺流程图如图 4-11 所示。

从水雾捕集器来的湿氯气由"一级填料塔"底部进入，并由下而上地经过塔内的填料层，与塔内由上而下的硫酸充分接触而被干燥，氯气由塔顶流出至"填料+泡罩"二级复合塔进口。

从"一级填料塔"顶来的氯气由"填料+泡罩"二级复合塔底部进入，并由下而上地经过塔内填料层和各块塔板，在填料和塔板上的泡罩内与塔内由上而下的硫酸充分接触而被干燥，氯气由塔顶流出，经酸雾捕集器除去酸雾后，得到含水量约 100mg/L 的干燥氯气；然后进入氯气压缩系统。

进入"填料 + 泡罩"二级复合塔泡罩段上部的 98%硫酸来自 98%酸高位槽，在泡罩段一次通过；98%硫酸由浓硫酸储槽用浓硫酸泵供给。

由"填料+泡罩"二级复合塔泡罩段下来的硫酸供其填料段使用，并用二级塔硫酸循环泵和二级塔硫酸循环冷却器（8℃±3℃冷水）冷却循环使用，控制其进塔温度在约 20℃；当其浓度降至约 88%时或塔釜液位达到一定高度时，将其泵至"一级填料塔"硫酸进口。

来自"填料+泡罩"二级复合塔填料段的硫酸浓度约 88%，进入"一级填料塔"上部，并采用一级塔硫酸循环泵和一级塔硫酸冷却器（8℃±3℃冷水）冷却循环使用，控制其进塔温度在约 20℃；当其浓度降至约 75%时或塔釜液位达到一定高度时，将其泵至稀硫酸储槽，然后包装外卖。

（三）氯气的压缩

离子膜烧碱生产过程中，氯气的压缩主要是为了提高氯气的纯度和压力，以满足后续工艺的需求。氯气作为离子膜电解过程中的一种重要原料，其纯度和压力对于烧碱的生产质量和效率有着直接的影响。氯气压缩机是除电解槽外最重要的关键核心设备，具有极其重要的作用，它运行的好坏直接关系到电解生产的安全与稳定。确保氯气压缩系统稳定运行是烧碱装置的首要任务。

目前，离子膜烧碱系统采用的压缩机一般为大型离心式氯气压缩机，即大型透平机，其生产工艺流程如图 4-12 所示。

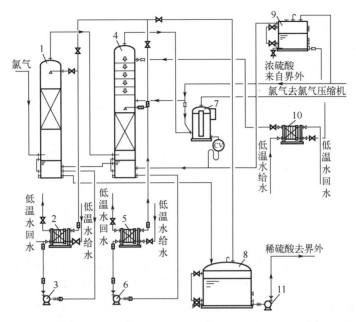

图 4-11　"一级填料塔"和"填料+泡罩"二级复合塔两级干燥工艺流程简图

1—氯气"一级填料塔"；2—一级塔硫酸冷却器；3—一级塔硫酸循环泵；4—"填料+泡罩"二级复合塔；5—二级塔硫酸冷却器；6—二级塔硫酸循环泵；7—酸雾捕集器；8—稀硫酸储槽；9—98%酸高位槽；10—浓酸冷却器；11—稀硫酸泵

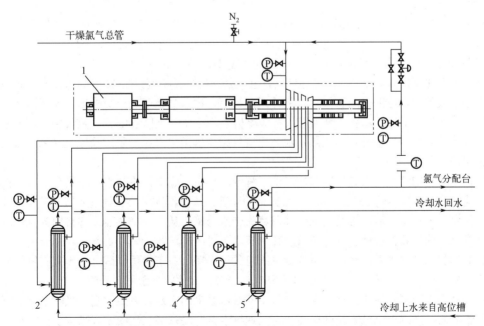

图 4-12　大型离心式氯气压缩机（大型透平机）工艺流程简图

1—大型离心式氯气压缩机；2—一段氯气冷却器；3—二段氯气冷却器；4—三段氯气冷却器；5—后氯气冷却器

来自氯气干燥系统并经酸雾捕集器除去酸雾的含水量约 50mg/L（质量分数）的干燥氯气，进入大型离心式氯气压缩机第一级进口，经四级压缩，使其压力升至 0.45～1.20MPa（可根据下游氯产品用氯压力要求，选择出口压力）。压缩过程中，氯气温度上升，配备各级中间冷却器和后冷却器将每级氯气进口温度和最终出气温度冷却至约 45℃；然后进入氯气分配台向下游用户分配。

各级冷却器所用循环水均由独立设置的循环水系统提供，以防止氯气冷却器泄漏时，水进入氯气侧，造成压缩机损坏；另外各循环水回路上均设置 pH 计用以随时监测回水 pH 值。

为确保氯气系统的压力稳定，通过设置回流调节氯气的方式来实现；为防止高压侧氯气在异常情况下窜回至低压侧，还需设置氯气防窜回自动控制功能。

子任务（五）　处理氢气

氢气是从电解槽阴极出来的，含有碱液，需要对氢气进行处理后方可使用。请以小组为单位通过探讨学习简化出具体流程，并以方块流程图展示。

● 任务精讲 ··

一、工作任务

在电解槽通过离子交换膜，将氢气和氧气分离，使它们分别进入不同的收集容器中，氯气进入氯气处理系统，氢气则进入到氢气处理系统。从电解槽出来的湿氢气，温度约为 80～90℃，并为水蒸气所饱和。氢气的纯度虽然很高，可达99%以上，但含有少量的碱雾和大量的水蒸气，因此需要进行处理。同时，通过调节氢气进出口回流量来平衡阴极室的压力，保证电解槽的安全运行。

二、工艺流程

电解工序来到氢气进入洗涤填料塔，经洗涤冷却至25℃，氢气中大部分固体杂质及蒸汽冷凝水被冷却水带走排入热水池，而氢气则从塔顶出来，然后经水雾捕集、干燥后进入罗茨鼓风机（氢气压缩机），再抽送至用户。具体流程如图 4-13 所示。

处理一般包括洗涤、冷却、干燥等环节，氢气处理的具体实例：在 20 万吨每年离子膜烧碱氢气处理毕业设计中，电解来的氢气经过气体缓冲罐后，进入盐水氢气热交换器，预热盐水，回收热量后，盐水温度上升。随后，氢气进入洗涤填料塔，经洗涤冷却至 25℃，氢气中大部分固体杂质及蒸汽冷凝水被冷却水带走排入热水池，而氢气则从塔顶出来进入罗茨鼓风机（氢气压缩机），抽送至用户。

来自电解槽的氢气进入氢气冷却塔（洗氢桶或填料塔）底部，冷却水由塔上部进入直接喷淋冷却，使氢气温度降至约 35℃，并洗涤所夹带的碱雾；从塔顶排出的氢气进入氢气泵（水环式压缩机）压缩至一定压力后，排至汽水分离器将夹带水分离；从汽水分离器顶部排出的氢气因压缩而温度升高，使得其含水量上升；采用氢气冷却器（列管式）将氢气温度冷却至约 15℃，然后经水雾捕集器将水雾除去后，经氢气缓冲罐进入氢气干燥塔，在塔内用固碱进一步吸收氢气中的水分；干燥后的氢气含水量≤2%，然后进入氢气分配台，由此向下游用户分配。

干燥塔内的固碱定期或根据干燥后氢气中的含水量来确定是否更换补充；吸收水分后产生的碱液回收利用。为确保氢气系统的压力稳定，通过设置回流调节氢气的方式来实现；并在氢气冷却塔前和氢气分配台分别设置氢气安全放空。

氢气冷却塔如用软水作冷却用水，还需设置软水中间冷却器和循环泵闭路冷却循环使用，当水中含碱量达一定浓度时回收利用；如此既能保证洗涤冷却效果又能回收碱，减少碱损。水环式压缩机用水经氢气泵水冷却器冷却后循环使用或定期更换。

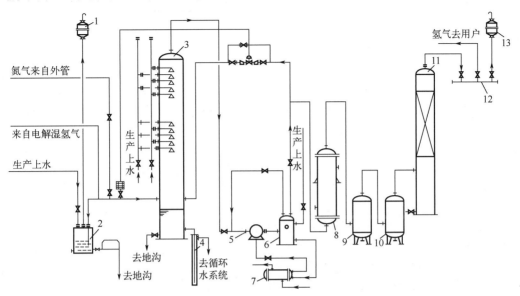

图4-13　氢气冷却、压缩、干燥工艺流程简图

1—氢气阻火器；2—氢气安全水封；3—氢气冷却塔；4—水封管；5—氢气泵；6—汽水分离器；7—氢气泵水冷却器；

8—氢气冷却器；9—水雾捕集器；10—氢气缓冲罐；11—氢气干燥塔；12—氢气分配台；13—氢气阻火器

为保证氢气系统的安全生产，在氢气冷却塔前、塔后和分配台等各管路上，设置充氮置换系统。

 任务巩固

一、选择题

1. 电解饱和食盐水时，阳极产生的物质是（　　　　）。

　　A. 氯气　　　　　　　　　　　　　B. 氢气

　　C. 氧气　　　　　　　　　　　　　D. 氢氧化钠

2. 氯气干燥处理过程除雾包括（　　　　）。

　　A. 酸雾、水雾　　　　　　　　　　B. 酸雾、盐雾

　　C. 酸雾、盐雾、水雾　　　　　　　D. 酸雾

3. 氯气冷却过程中，传热的基本方式包括（　　　　）。

　　A. 对流与辐射　　　　　　　　　　B. 热传导与辐射

　　C. 对流与热传导　　　　　　　　　D. 对流、热传导与辐射

4. 螯合树脂用盐酸再生时，盐酸浓度常用（　　　　）。

　　A. 50%　　　　　B. 31%　　　　　C. 20%　　　　　D. 10%

5. 螯合树脂不能选择吸附的杂质是（　　　　）。

　　A. Ca^{2+}　　　　　B. Mg^{2+}　　　　　C. Sr^{2+}　　　　　D. SS

二、综合应用

1. 在电解岗位在完成操作工作的过程中应该注意哪些安全要领？

2. 电解阴极系统为什么要用氮气置换？

任务三　设计离子膜烧碱生产工艺流程与操作仿真系统

任务情境

本项目已完成离子膜烧碱工业的一次盐水、二次盐水、电解及氯氢处理等所有工序内容的学习。现代氯碱工业自动化程度极高，现场除了简单的巡检外基本没有太多工作，主要的控制工作都是在中央控制室完成。因此作为一名合格的离子膜烧碱生产技术人员，不仅要熟悉生产工艺流程、工艺参数控制指标及波动范围等，还需要熟练掌握 DCS 操作系统完成工艺控制。

任务目标

素质目标：

1. 培养按照操作规程操作、密切注意生产状况的职业素质。

2. 培养严谨认真、爱岗敬业的职业素养，以及团队合作精神。

知识目标：

1. 掌握离子膜烧碱工业生产的总工艺流程。

2. 掌握离子膜烧碱生产过程中的安全、卫生防护等知识。

能力目标：

1. 能够对生产过程出现的故障进行准确判断并有效处理。

2. 能够按照操作规程进行反应岗位的开、停车操作。

3. 能够按照操作规程控制反应过程的工艺参数。

任务实施

子任务（一）　设计与选择合理工艺流程

● 任务发布

请以小组为单位，设计出离子膜制烧碱生产的总工艺流程（方块流程图即可）。小组进行成果展示与工艺讲解，其余小组根据表 4-10 进行评分，指出错误并做出点评。

表 4-10　离子膜制烧碱生产工艺总流程评分标准

序号	考核内容	考核要点	配分	评分标准	扣分	得分	备注
1	流程设计	设计合理	30	设计不合理一处扣 5 分			
		环节齐全	30	环节缺失一处扣 5 分			
2	流程绘制	排布合理	5	排布不合理扣 5 分			
		图纸清晰	5	图纸不清晰扣 5 分			
		边框	5	缺失扣 5 分			
		标题栏	5	缺失扣 5 分			
3	流程讲解	表达清晰、准确	10	根据工艺讲解情况，酌情评分			
		准备充分，回答有理有据	10	根据问答情况，酌情评分			
合计			100				

离子膜制烧碱的生产总工艺流程如图 4-14 所示。电解饱和食盐水作为烧碱工业的核心工序，生产实操流程如图 4-15 所示。本任务将对其重点讲解。

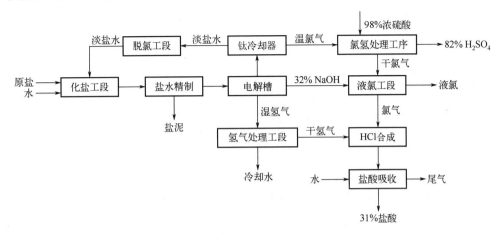

图 4-14 离子膜制烧碱的生产总工艺流程示意图

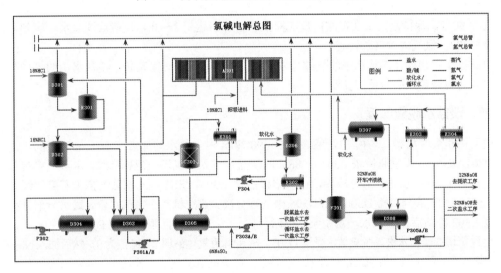

图 4-15 电解饱和食盐水制烧碱生产总工艺流程图

一、电解流程

由二次盐水精制工序送来的精制盐水与 18% HCl 混合成为酸性盐水，靠高位静压力经管道送到每台电解槽的阳极入口总管，并通过与总管连接的进口软管送进阳极室。进槽盐水的流量是由安装在每台电解槽槽头的盐水流量调节阀来控制。

电解期间，Na⁺通过离子交换膜从阳极室迁移到阴极室，盐水在阳极室中电解产生氯气，同时氯化钠浓度降低转变成淡盐水。氯气和淡盐水的混合物通过出口软管流入电解槽的阳极出口总管，进行初步的气液分离，分离出的淡盐水流入阳极液酸化槽 D302，氯气排入氯气总管。

由阴极液高位槽 D307 来的阴极液与补充软化水混合后，靠重力作用流入电解槽。

电解后产生的氢气和 NaOH 混合物通过软管汇集排入阴极液总管，并在总管中进行气体和液体分离。分离后的 NaOH 溶液排入氢气分离器 F301。

二、氯气、氢气流程

电解产生的氯气在阳极液总管中与淡盐水分离后，与阳极液槽 D303、气液分离器 D306 来的氯气汇集后进入氯气总管。然后氯气被送往氯氢处理工序或废气处理工序。在氯气总管适宜处设置氯气压力调节回路，通过其调节阀控制氯气压力，并与氢气压力调节回路形成串级调节，控制氯气与氢气的压差。

电解产生的氢气在阴极液总管中与 NaOH 溶液分离后，与氢气分离器 F301 来的氢气汇集后进入氢气总管。然后氢气被送往氯氢处理工序或火炬。氢气压力由自调阀控制，并与氯气调节回路形成串级调节，控制氢气与氯气的压差。

三、阳极液流程

出电解槽的淡盐水，在阳极液总管中与氯气分离后进入阳极液酸化槽 D302，调节 pH 为 3 左右，进入阳极液槽 D303，由阳极液泵 P301A/B 将淡盐水分别送入真空脱氯塔 C301 和阳极液盐酸混合槽 D301。

阳极液盐酸混合槽 D301 中的淡盐水加入盐酸（淡盐水和盐酸体积比约为 7∶1）后，进入氯酸盐反应槽 R301，在 R301 中通入低压蒸汽（蒸汽压力≤0.4MPa），气液直接混合，控制、稳定反应温度在 90℃，保持淡盐水在氯酸盐反应槽中停留时间达到 2~3h，反应后淡盐水溢流到阳极液酸化槽 D302，氯气去氯气总管。

电解槽运行初期，淡盐水中的氯酸盐浓度很低，随着运行时间延长，淡盐水中的氯酸盐不断积累，可适时开启氯酸盐反应支路。

四、淡盐水脱氯流程

脱氯塔里装有填料，塔内真空度在 82.7~90.7kPa 时，盐水的沸点在 50~60℃之间，由阳极液泵 P301A/B 送入真空脱氯塔 C301 的 88℃的淡盐水进入脱氯塔内急剧沸腾，水蒸气携带着氯气进入冷却器 E301，水蒸气部分冷凝，进入阳极液槽 D303，未冷凝的水蒸气携带着氯气经真空泵 P304 出口送入气液分离器 D306，在 D306 中气液分离，放空氯气去氯气总管，氯水一部分经氯水冷却器 E302 冷却后，送入水环真空泵 P304 循环，另一部分送回阳极液槽 D303。

出脱氯塔的淡盐水进入脱氯盐水受槽 D305，用 32%氢氧化钠调节 pH 值为 9，然后加入 Na_2SO_3 溶液，去除残余的游离氯。脱氯后的淡盐水用脱氯盐水泵 P303A/B 送去一次盐水工序和二次盐水工序。

五、阴极液循环

从电解槽 A301 来的氢气和碱液的混合物在氢气分离器 F301 中分离出氢气，氢气从其顶部流出至氢气总管。分离后的碱液流入阴极液槽 D308，后由阴极液泵 P305A/B 加压输送，一部分通过调节回路经换热器 E303 或 E304 输送至阴极液高位槽 D307，通过 D307 回到阴极系统；一部分通过调节回路送到提浓工序。

子任务（二）　熟知设备与工艺参数

● 任务发布 ....

根据图 4-16、图 4-17、图 4-18、图 4-19、图 4-20，找出氨碱法制碱生产中涉及的主要工段的主要设备，思考设备的主要作用，以小组为单位完成表4-11。

表 4-11　氨碱法制碱生产主要设备

流程	设备位号	设备名称	流入物料	流出物料	设备主要作用
电解流程					
阳极液流程					
淡盐水脱氯流程					
阴极液循环流程					

● 任务精讲 ··

本工艺流程以离子膜法电解饱和食盐水为例进行实操训练，其电解工序中电解槽、气体总管、阳极液流程、淡盐水脱氯、阴极液循环等仿真 DCS 图分别如图 4-16、图 4-17、图 4-18、图 4-19、图 4-20 所示。

电解饱和食盐水主要设备及工艺参数

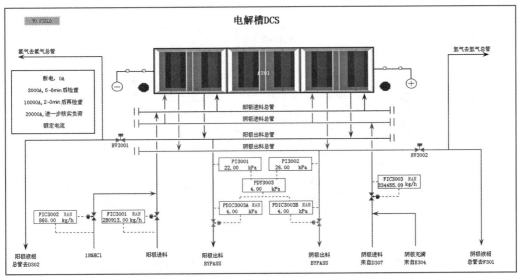

图 4-16　电解槽仿真 DCS 图

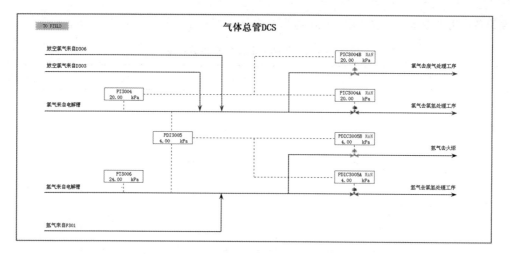

图 4-17　气体总管仿真 DCS 图

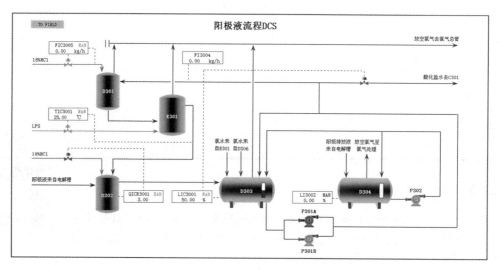

图 4-18　阳极液流程仿真 DCS 图

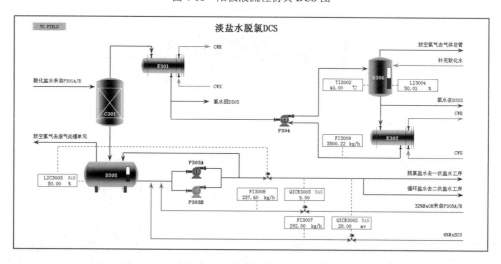

图 4-19　淡盐水脱氯仿真 DCS 图

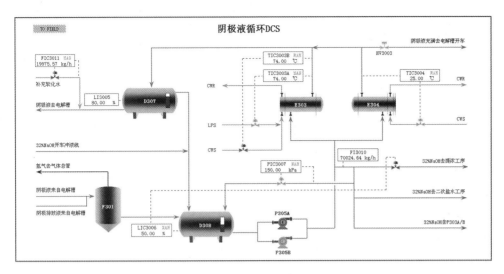

图 4-20　阴极液循环仿真 DCS 图

子任务（三）　挑战完成电解饱和食盐水生产工艺开车操作

● 任务发布 ··

请根据电解饱和食盐水生产冷态开车需求设计典型岗位设置方案，并按操作规程完成电解饱和食盐水 DCS 仿真系统的冷态开车，并填写表 4-12。

表 4-12　电解饱和食盐水冷态开车仿真操作完成情况记录表

流程	完成情况	未完成原因	改进措施
电解槽送电			
气体总管			
阳极液流程			
淡盐水脱氯			
阴极液循环			

● 任务精讲 ··

一、典型岗位设置方案

离子膜法冷态开车的岗位设置主要包括以下几个关键岗位。

（一）岗位总负责人

负责离子膜法冷态开车的整体组织、协调和指挥，确保各岗位按照开车方案有序进行，并解决开车过程中出现的重大问题。

（二）外操员

1. 离子膜电解操作工

负责离子膜电解槽的操作和调整。在冷态开车时，负责电解槽的预热、升温和电解液的循环等工作。监控并调整电解工艺参数，如电流密度、电压、温度等，以确保电解过程的稳定进行。

2. 盐水精制岗位操作工

负责盐水的精制处理，确保盐水质量符合电解要求。在冷态开车前，检查盐水精制设备是否完好，并按照操作规程进行盐水精制操作。

3. 纯水制备岗位操作工

负责纯水的制备和供应。在冷态开车时，确保纯水制备设备正常运行，为电解过程提供合格的纯水。

4. 脱氯岗位操作工

负责电解产生的淡盐水和二次盐水的脱氯处理。在冷态开车时，监控脱氯设备的运行状态，确保脱氯效果符合生产要求。

5. 设备维护工

负责离子膜法生产设备的日常维护和保养。在冷态开车前，对设备进行全面检查，确保设备处于良好状态。在开车过程中，及时解决设备出现的故障和问题。

6. 安全环保员

负责离子膜法生产过程中的安全环保工作。在冷态开车时，监督各岗位的安全操作，确保生产过程中的安全和环保。负责应急预案的制定和实施，以应对可能出现的紧急情况。

（三）内操员

中控室操作工：负责整个离子膜法生产装置的集中监控和操作。在冷态开车过程中，通过中控系统实时监测各岗位的运行情况，及时发出指令进行调整。

这些岗位共同协作，确保离子膜法冷态开车的顺利进行和生产的稳定运行。需要注意的是，具体的岗位设置可能会因企业的实际情况、生产规模以及自动化程度而有所不同。

二、冷态开车注意事项

离子膜法电解饱和食盐水冷态开车包括阴极液循环、阳极液循环、电解槽送电、淡盐水脱氯、气体总管投用等步骤。注意事项如下。

（一）开车前准备

1. 检查设备

确保电解槽、离子膜、管道、阀门等关键设备完好无损，无泄漏、腐蚀等问题。检查电解槽内部是否清洁，无杂质、灰尘等。

2. 清洗离子膜

使用 3%～5% 的 HCl 溶液或 NaOH 溶液作为清洗液，并加入适量去离子水调节 pH 值在 2.5～3.5 之间。在清洗槽内清洗离子膜，时间一般为 30min。清洗完毕后，用去离子水彻底冲洗干净。

3. 加液操作

打开电解槽的阀门和加液口盖，将电解质液体（饱和食盐水）倒入加液口。加液时要保持电解槽内部的清洁，避免将杂质带入电解槽内。加液时要注意时间，达到要求后即可关闭加液阀门和加液口盖。

（二）参数调整与检查

1. 调整参数

检查槽温、电流密度、电压等参数是否正常，并根据实际情况进行相应调整。

特别注意槽温的控制，不能低于 65℃，以防电流效率发生不可逆转的下降。同时，槽温也不能过高（如超过 92℃），以免大量水蒸气导致槽电压上升。

2. 检查电解液浓度

确保电解液的浓度符合要求，如 NaCl 质量浓度应控制在 300～310g/L，以防温度下降过饱和盐结晶析出，堵塞管道和树脂塔。

3. 检查设备气味

检查电解槽内部是否有异味，如有异味应立即关闭电解槽并进行检查。

（三）安全注意事项

1. 个人防护

操作人员应穿好防护服、护目镜、手套等防护用具，避免与电解质接触，并避免吸入有害气体。

2. 禁止吸烟与携带易燃易爆物品

操作过程中，禁止吸烟、携带易燃易爆物品等，以免发生意外事故。

3. 应急处理

如发生电解液泄漏或其他意外情况，应立即进行应急处理，并通知相关工作人员。

（四）其他注意事项

1. 避免频繁开停车

频繁开停车会对离子膜和电解槽造成较大影响，如离子膜晃动、涂层脱落、性能下降等。因此，应尽量避免频繁开停车操作。

2. 保持设备稳定

在开车过程中，要保持设备稳定运行，避免因压差波动、极化电流投用不及时等问题对设备和离子膜造成损害。

离子膜法电解饱和食盐水冷态开车需要注意多个环节和细节问题。只有严格按照操作流程进行准备、调整参数、检查设备以及采取必要的安全措施和应急处理方案，才能确保设备的安全稳定运行和高效生产。请扫码学习具体操作规程，以顺利完成开车操作。

电解饱和食盐水
冷态开车仿真操
作规程

 任务巩固

一、选择题

1. 在所有电解方法生产的氢氧化钠，质量最好的是（　　　）。

　　A. 离子膜法　　　　　B. 隔膜电解法　　　C. 水银电解法

2. 盐水制备的中和操作中，加入 HCl 是为了（　　　）。

　　A. 除去杂质　　　　　　　　　　B. 提高精盐水透明度

　　C. 中和过量碱　　　　　　　　　D. 提高 NaOH 浓度

3. 除盐水中 SO_4^{2-} 离子，一般用（　　）作精制剂。

　　A. Na_2CO_3　　　　B. NaOH　　　　　C. HCl　　　　　　D. $BaCl_2$

4. 离子膜电解总管氯中含氢≤（　　　）。

　　A. 0.2%（体积分数）　　　　　　B. 0.4%（体积分数）

　　C. 2%（体积分数）　　　　　　　D. 3%（体积分数）

5. 电解槽阴极产生的物质除 NaOH 还有（　　　）。

　　A. Cl_2　　　　　B. H_2　　　　　C. HCl　　　　　D. CO_2

二、综合应用

1. 二次盐水精制工序和电解工序常见故障有哪些？如何进行处理？

2. 在一次盐水处理生产操作中，重点设备和工艺参数有哪些？

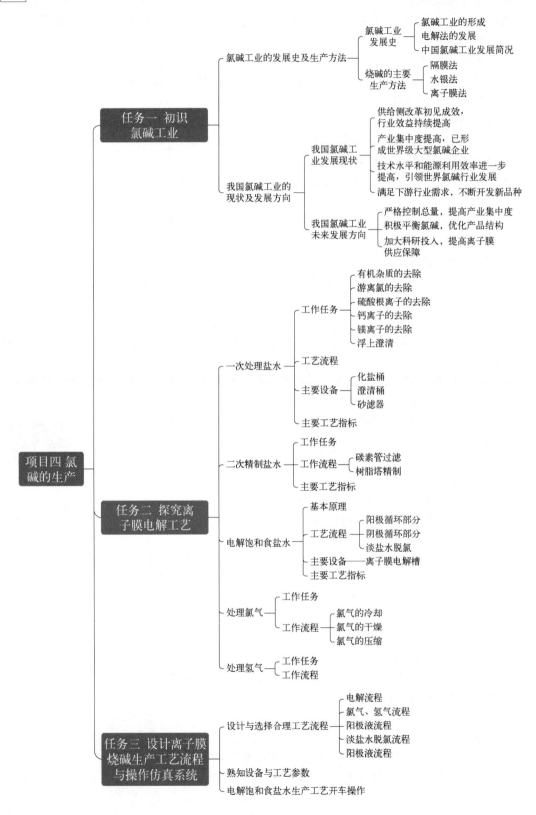

项目考核

考核方式	考核细则	考核内容				原因分析及改进（建议）措施
		评价等级				
		A	B	C	D	
学生自评	兴趣度	高	较高	一般	较低	
	任务完成情况	按规定时间和要求完成任务，且成果具有一定创新性	按规定时间和要求完成任务，但成果创新性不足	未按规定时间和要求完成任务，任务进程达80%	未按规定时间和要求完成任务，任务进程不足80%	
	课堂表现	主动思考、积极发言，能提出创新解决方案和思路	有一定思路，但创新不足，偶有发言	几乎不主动发言，缺乏主动思考	不主动发言，没有思路	
	小组合作情况	合作度高，配合度好，组内贡献度高	合作度较高，配合度较好，组内贡献度较高	合作度一般，配合度一般，组内贡献度一般	几乎不与小组合作，配合度较差，组内贡献度较差	
	实操结果	90分以上	80～89分	60～79分	60分以下	
组内互评	课堂表现	主动思考、积极发言，能提出创新解决方案和思路	有一定思路，但创新不足，偶有发言	几乎不主动发言，缺乏主动思考	不主动发言，没有思路	
	小组合作情况	合作度高，配合度好，组内贡献度高	合作度较高，配合度较好，组内贡献度较高	合作度一般，配合度一般，组内贡献度一般	几乎不与小组合作，配合度较差，组内贡献度较差	
组间评价	小组成果	任务完成，成果具有一定创新性，且表述清晰流畅	任务完成，成果创新性不足，但表述清晰流畅	任务完成进程达80%，且表达不清晰	任务进程不足80%，且表达不清晰	
教师评价	课堂表现	优秀	良好	一般	较差	
	线上精品课	优秀	良好	一般	较差	
	任务巩固环节	90分以上	80～89分	60～79分	60分以下	
综合评价		优秀	良好	一般	较差	

项目五

纯碱的生产

　　纯碱是工业生产与制造中必不可少的原料之一，广泛用于纺织、印染、造纸、冶金、石油开采、肥料生产、医药、陶瓷等领域。我国纯碱工业发展史具有传统工业的特色。经历了从极度紧缺到奋力突破，再到快速扩张，出现结构性产能过剩之后，又顶着压力进行调整和洗牌，通过技术创新不断迈向更高端等多个阶段。现在，我国已经成为名副其实的纯碱生产大国和净出口国，生产技术居世界领先地位。

　　本项目基于纯碱生产的职业情境，通过查阅纯碱生产相关资料，逐一学习每道生产工序的反应原理、工艺流程、工艺条件、设备参数等，对纯碱生产总流程进行设计。并利用仿真软件，按照操作规程，进行总流程的开车操作，在操作的过程中监控仪表、正常调节机泵和阀门，遇到异常现象时能分析原因并及时排除，以保障生产的正常运行，生产出合格产品。通过侯德榜制碱内容的学习，增强民族自豪感和自信心。

🌐 工匠园地

全国技术能手、无机反应工——朱文宝

　　朱文宝，江苏连云港人，大专学历，是江西晶昊盐化有限公司引进的纯碱行业高技术人才，"宜春市朱文宝纯碱技艺技能大师工作室"和"朱文宝劳模创新工作室"的领衔人。2020年荣获宜春市"五一劳动奖章"、江西省劳动模范，2022年荣获"全国技术能手"、新时代赣鄱先锋，2023年享受国务院政府特殊津贴。多年来，他累计荣获各类荣誉50余项。

全国技术能手、
无机反应工——
朱文宝

任务一　初识纯碱工业

🔄 任务情境

　　纯碱工业是化学工业的另一只"翅膀"，亦被称为"化工之母"。生产方法先后主要有吕布兰制碱法、索尔维制碱法、侯氏制碱法和天然碱加工法等。在我国，纯碱工业的发展史具有传统工业的特点，先后经历极度紧缺、打破壁垒、迅速扩张、结构性产能过剩、调整和洗牌、创新与发展等阶段。请以小组为单位通过查阅文献、书籍和网络等资源，了解纯碱工业的发展史以及现代主要纯碱生产方法和未来的发展方向。

📑 任务目标

素质目标：

在了解纯碱工业发展史和理解行业市场动态以及未来发展趋势的过程中，树立绿色纯碱化工和可持续发展理念。

知识目标：

1. 了解纯碱工业的发展史。

2. 了解纯碱工业现代的主要生产方法。

3. 了解纯碱工业未来的发展方向。

能力目标：

会利用资源查询相关资料，并自主完成整理、分析与总结。

纯碱工业概况及
生产方法

 任务实施

纯碱的主要成分为碳酸钠（Na_2CO_3），是诸多工业的基础原料，被广泛应用于人们的日常生活，以及化工、轻工、冶金、纺织、建材等行业。自 18 世纪下半叶，吕布兰研发出以食盐、硫酸、木炭和石灰石为原料的吕布兰制碱法起，已有两百余年历史。

子任务（一）　了解纯碱工业发展史及生产方法

● **任务发布** ....

两百余年中，纯碱生产方法先后主要有吕布兰制碱法、索尔维制碱法、侯氏制碱法和天然碱加工法等。请以小组为单位查阅资料，完成表 5-1 的填写。

表 5-1　四种纯碱生产方法比较

纯碱生产方法	生产原料	涉及原理方程	优缺点
吕布兰制碱法			
索尔维制碱法			
侯氏制碱法			
天然碱加工法			

● **任务精讲** ....

一、纯碱的性质和用途

纯碱的化学名即碳酸钠（Na_2CO_3），俗称为苏打或碱灰，白色细粒结晶粉末，20℃时密度为 2.533g/cm^3，比热容为 1.04kJ/（kg·K），熔点为 851℃。易溶于水，水合时放热，水合物有 $Na_2CO_3\cdot H_2O$、$Na_2CO_3\cdot 7H_2O$、$Na_2CO_3\cdot 10H_2O$。微溶于无水乙醇，不溶于丙酮，长期暴露于空气中能缓慢地吸收空气中的水分和二氧化碳生成碳酸氢钠，$NaHCO_3$ 受热易分解成 Na_2CO_3。

纯碱是一种重要的基础化工原料，年产量在一定程度上可以反映出一个国家化学工业发展的水平。纯碱的主要用途：首先用于生产各种玻璃，制取各种钠盐和金属碳酸盐等化学品；其次用于造纸、肥皂和洗涤剂、染料、陶瓷、冶金、食品工业和日常生活用品。因此，纯碱在国民经济中占有极为重要的地位。我国是世界上最大的纯碱生产国与消费国。目前我国纯碱的主要消费部门如表5-2所示。

表5-2　我国纯碱主要消费部门

部门	轻工	建材	化工	冶金	民用	其他
消费量/%	23～29	15～18	17～19	6～7	12	18～24

二、纯碱工业发展史及重要的生产方法

纯碱的工业生产有一个发展历程，18世纪以前，碱的来源依靠天然碱和草木灰。随着欧洲产业革命的进展，需要大量的纯碱。法国人吕布兰，比利时人索尔维，我国著名化学家制碱泰斗侯德榜先生先后提出吕布兰制碱、索尔维制碱和侯氏制碱三种工业生产方法。

（一）吕布兰制碱法

1791年，法国医生吕布兰以食盐为原料，先与硫酸反应生成硫酸钠，再用焦炭还原硫酸钠得到硫化钠，生成的硫化钠再与石灰石反应，最后制得碳酸钠，并首先获得制碱专利，实现纯碱生产工业化。

主要化学反应方程式为：

$$2NaCl+H_2SO_4 \Longrightarrow Na_2SO_4+2HCl \tag{5-1}$$

$$Na_2SO_4+4C \Longrightarrow Na_2S+4CO\uparrow \tag{5-2}$$

$$Na_2S+CaCO_3 \Longrightarrow Na_2CO_3+CaS \tag{5-3}$$

该方法原料利用率低、产品质量差、成本较高、生产过程不连续，用焦炭还原硫酸钠时需要高温，另外，反应中需要大量的硫酸，对设备的腐蚀很严重，加之CaS作为废弃物长期堆积，易产生大量的臭气，导致无法满足工业发展的需要，故该方法被索尔维制碱法所替代。

（二）索尔维制碱法

1861年，索尔维在煤气厂从事稀氨水的浓缩工作，发现用食盐水吸收NH_3和CO_2可得到$NaHCO_3$。获得用食盐和石灰石为原料、以氨为媒介制取纯碱的专利，此法被称为索尔维制碱法或氨碱法。具体工艺流程为：先将氨气通入饱和食盐水中得到氨盐水，再通入CO_2碳酸化，生成$NaHCO_3$沉淀和NH_4Cl溶液。$NaHCO_3$沉淀经过滤、洗涤、干燥后，煅烧即得纯碱产品。为进一步节约氨原料，实现氨气的循环使用，将含有氨的滤液与石灰乳混合加热、蒸馏，回收得到氨气。经过蒸馏去除氨气的原液，被称为蒸氨废液，一般直接排弃。化学反应过程如图5-1所示。

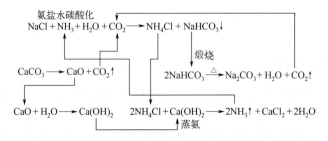

图5-1　氨碱法化学反应过程

该方法使食盐的利用率得到了很大提高，可得到高纯度的产品，并且实现了连续化生产，同时大大降低了纯碱的价格。尽管如此，氨碱法仍存在不足之处：一是原盐利用率不高，只有 72%～75%；二是每生产 1t 纯碱需排放 11m³ 的氯化钙废液和未反应的氯化钠的蒸氨废液、废渣，占用大量土地，污染江海。

（三）侯氏制碱法

我国著名化学家侯德榜在 1938 年对联碱技术展开了研究，1942 年提出了比较完整的工业方法，被命名为"侯氏制碱法"。1961 年在大连建成我国第一座联碱车间，后来经过完善和发展，现在已经成为制碱工业的主要技术支柱和方法。反应过程如图 5-2 所示。

由于侯氏制碱法由合成氨厂提供 CO_2 和 NH_3，因此又称为联碱法。该法无须通过蒸氨将氨气循环使用，NH_4Cl 可作为产品出售，具体操作是向过滤掉 $NaHCO_3$ 后的母液中添加细粉状 NaCl，通入氨气，由于 NH_4Cl 在 NaCl 溶液中的溶解度比在水中的小很多，故可以析出 NH_4Cl 晶体，进一步处理即得到 NH_4Cl 产品。同时，在滤出 NH_4Cl 沉淀的滤液中，NaCl 基本达到饱和，NaCl 由此可以循环利用。

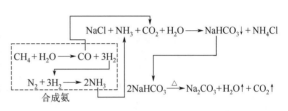

图 5-2　联碱法化学反应过程

联碱法把原盐利用率从 75% 提高到 98%，很好地解决了氨碱法原盐利用率不高的问题，并且无废弃物排放。不足之处则是每生产 1t 纯碱会副产 1t 氯化铵，氯化铵可作为氮肥出售，但随着更高含氮量尿素的出现，市场受限，产能过剩。

（四）天然碱加工法

天然碱加工法工艺，是一种以碳酸钠、碳酸氢钠盐湖矿资源为原料，水溶转化蒸发生产纯碱的方法，主要由采集天然碱水，通过沉淀、过滤、脱色等工艺进行天然碱水精细处理、蒸发制造纯碱、包装和存储四道主要工段。与传统的人工制碱方法相比，此种工艺更环保、更健康、更经济。但由于受到资源储量及地理位置等基础条件的限制，天然碱法相比合成碱法应用不甚广泛。

图 5-3 为井矿海湖盐卤水或烧碱淡盐水浓缩液热循环法氨联碱变革工艺流程。

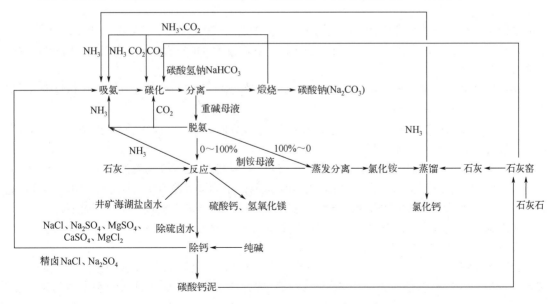

图 5-3　井矿海湖盐卤水或烧碱淡盐水浓缩液热循环法氨联碱变革工艺流程

子任务（二）　分析纯碱工业的现状及发展方向

● 任务发布 ....

请以小组为单位，通过查阅资料，了解现代纯碱工业的现状及发展方向，并以 PPT 形式在课堂进行讲解。

● 任务精讲 ....

一、纯碱工业的发展现状

（一）国内发展现状

1949 年，我国仅在天津塘沽、大连有 2 家纯碱厂，总产量为 88kt/a。20 世纪 50 年代，纯碱工业有了很大发展，除对原有厂进行扩建、改造外，从 1958 年起，先后兴建了四川自贡、山东青岛、湖北应城 3 个中型纯碱厂和一批小型纯碱厂。1985 年生产纯碱达 200 万吨，产量仅次于美国、苏联两国。

2010 年，受房地产市场下滑的影响，纯碱产量和产能增速放缓。2014 年末，纯碱产能达到 3159.78 万吨/年，但产能利用率仅为 79.57%，处于历史较低水平。同时，行业竞争加剧，使得行业产能持续下行，最终导致产品价格长期低迷。在此背景下，部分高成本联碱法和污染严重的氨碱法产能逐渐退出市场。

自 2003 年以来，中国纯碱产量首超美国，产量呈逐年攀升趋势，并于 2010 年成功跃居全球产量第一大国。我国纯碱工业经过几十年的发展，目前已跻身世界前列。根据 2023 年的数据，全球纯碱产量为 8295 万吨，中国纯碱产量为 3262 万吨。因此，中国纯碱产量占世界的比重约为 39.3%（以 3262 万吨计算），是全球纯碱产能的主要分布地区之一。随着我国国民经济的高速增长，中国需要进一步发展纯碱工业。中国纯碱企业必须不断加强管理和促进技术进步，进一步稳定和提高产品质量，降低生产成本，不断提高纯碱在市场上的竞争能力。

（二）国外发展现状

中国作为目前全球纯碱产量的第一大国，其他主要生产国是美国、俄罗斯、印度、德国、乌克兰、法国、英国、意大利等。2017 年，全球的纯碱产量为 5400 万吨/年。中国和美国对纯碱的需求量和产量最大。

美国纯碱生产全部靠天然碱加工，2017 年，美国纯碱产量为 11800 万吨/年，出口量为 6870 万吨/年，是全球最大的纯碱输出国。

土耳其开发天然碱资源，对全球纯碱市场产生了很大的影响，是仅次于美国的第二大纯碱输出国，综合产能达到了 5300 万吨/年。

印度政府对进口纯碱征收反倾销税，使得厂家为了自身利益，热衷于向海外扩展，从而使印度国内纯碱工业发展比较缓慢，导致供不应求。索尔维集团对欧洲纯碱市场有举足轻重的作用，在欧洲的各碱厂，总产能达到了 5400 万吨/年，但目前也存在因能源价格不断上涨而影响生产等困难。

从需求的角度来看，美国和日本等世界发达国家的纯碱市场已基本成熟，趋于缓慢上升趋势，而发展中国家的需求空间比较大。

美国天然碱蕴藏量丰富，纯碱的生产主要来源于天然碱，且均是质量较好的低盐重质碱。受美国的影响，西欧纯碱的生产呈下降趋势，西欧的纯碱工业产自索尔维公司和卜内门化学工业公司。

近年来，保加利亚、罗马尼亚和波兰的纯碱工业发展很快，其中，保加利亚纯碱出口量在东欧国家中位列第二。

亚洲纯碱主要生产国是中国、日本和印度，主要以合成碱为主，而菲律宾、泰国等国家没有纯碱装置，完全依赖于进口，因此，东南亚是世界最大纯碱进口地区。

二、纯碱工业的挑战与未来

在国内产能进一步增长、国家产业政策更加严格的情况下，纯碱行业必将面临"优胜劣汰"，使整个行业向集约化、规模化发展。

（一）面临的机遇与挑战

（1）纯碱作为化工行业重点高耗能行业之一，碳减排潜力较大，2020年排放量约为0.2亿吨。我国纯碱产量约占世界总产量的一半，要实现我国"双碳"目标的愿景，纯碱行业碳减排不可或缺。

（2）因金融危机、产能过剩等问题，各企业对市场和自身评估不准确，导致纯碱产能过快增长、大量过剩。

（3）因科研核心、管理经验、市场操作模式、销售渠道、售后服务等不够成熟，导致产品国际竞争力不足。

（二）未来的发展方向

1. "双碳"目标下，关于纯碱工艺自身碳减排的发展方向

（1）工艺内部节能降耗　主动响应环保政策，通过"关停并转"等手段淘汰落后产能，形成我国纯碱行业以大型企业为主的格局。加强先进节能技术的开发和应用，如一步法重灰技术、重碱离心机过滤技术、重碱加压过滤技术、回转干铵炉技术等；推动余热余压回收利用及生产用原材料的优化利用。

（2）捕集利用生产工艺中产生的CO_2　贯彻落实"双碳"目标，开发捕集纯碱生产工艺中低浓度、高杂质含量CO_2尾气的技术；研究综合处理氯化钙废液及CO_2产生高附加值产品且不产生新含氯废液等新技术，促进废物资源化综合利用，形成基于碳-钙联合循环的第四套制碱工艺。

（3）碳钙循环利用，取代石灰窑等高耗能设备。

2. 制定策略，增强国际竞争力

在参与国际市场竞争过程中，注重学习和利用成熟的先进管理经验和市场操作模式，着力培养优质的海外销售渠道，建设完善的售后服务体系，促进我国纯碱行业持续健康发展。

3. 结合优势，实现产学研深度融合

纯碱龙头企业与国内重点建设高校、科研机构共同组建能够引领和支撑纯碱工业发展的产学研战略联盟。对于促进纯碱工业技术水平提升的重大共性、关键和核心技术，通过产学研战略联盟为平台，在政策上给予支持。

 任务巩固

请结合查阅资料，选取一家纯碱年产100万吨以上的企业，介绍其选用的生产方法及生产流程。

任务二　探究索尔维制纯碱

🔄 任务情境

索尔维制碱又称氨碱法制碱，是一种重要的工业制碱方法，但长期以来被西方国家所垄断，技术细节严

格保密。范旭东、侯德榜等化工先驱深知索尔维制碱法的垄断对全球化工工业发展的不利影响，因此他们希望通过公布这一秘密，打破西方的技术垄断，促进全球制碱工业的均衡发展。在侯德榜等化学家的不断钻研和坚持下，破解了索尔维制碱技术，并通过撰写专著《纯碱制造》，将索尔维制碱法的全部技术和自己的实践经验公之于众。这部化工巨著被世界各国化工界公认为制碱工业的权威专著，同时被相继译成多种语言出版，对世界制碱工业的发展起了重要作用。

但不可否认的是，索尔维制碱法的成功应用是科学探索的典范，由于具有原料来源方便，生产过程连续，成本低，产量高等优点，至今仍在生产中广泛应用。作为制碱生产操作员，要熟知掌握索尔维制碱的每道工段。

▤ 任务目标

素质目标：
索尔维制碱法的成功应用是科学探索的典范，通过学习，培养探索精神和创新意识。

知识目标：
1. 了解索尔维制碱的原理。
2. 掌握索尔维制碱每道工段的工艺流程及工艺条件。

能力目标：
能够结合生产实践设计合理的总生产流程。

氨碱法生产
纯碱

✖ 任务实施

子任务（一）　煅烧石灰石与制备石灰乳

● **任务发布** ··

请写出石灰石煅烧和石灰乳制备的原理方程，合理选择工艺的控制条件。

● **任务精讲** ··

一、石灰石煅烧

（一）煅烧原理

石灰石的来源丰富，主要成分是 $CaCO_3$，优质石灰石的 $CaCO_3$ 含量在95%左右，此外尚有 2%~4%的 $MgCO_3$，少量 SiO_2、Fe_2O_3 及 Al_2O_3。

石灰石经煅烧受热分解的主要反应为：

$$CaCO_3 \rightleftharpoons CaO+CO_2\uparrow \qquad \Delta H_{298}^{\ominus}=179kJ/mol \tag{5-4}$$

这是一个体积增大、可逆吸热反应，当温度一定时，CO_2 的平衡分压为定值。此值即为石灰石在该温度下的分解压力。

（二）工艺参数控制

1. 温度

$CaCO_3$ 分解的必要条件是升高温度，以提高 CO_2 的平衡分压，或者将已产生的 CO_2 排出，使气体中的 CO_2 的分压小于该温度下的分解压力，$CaCO_3$ 即可连续分解，直至分解完全为止。

石灰石的分解速度从理论上讲与其块状大小无关，只随温度的升高而增加。当温度高于

900℃时，分解速度急剧上升，有利于 $CaCO_3$ 迅速分解并分解完全。这是因为升高温度不仅加快了反应本身，而且能使热量迅速传入石灰石内部并使其温度超过分解温度，达到加速分解的目的。但升高温度也受一系列因素的限制，温度过高可能出现熔融或半熔融状态，发生挂壁或结瘤，还会使石灰变成坚实不易消化的"过烧石灰"。生产中石灰石温度一般控制在950～1200℃。

2. 窑气中 CO_2 浓度

石灰石煅烧后，产生的气体称为窑气。$CaCO_3$ 煅烧分解所需热量由燃料煤（也可用燃气或油）提供。首先是由煤与空气中的氧反应生成 CO_2 和 N_2 的混合气，并放出大量的热量。燃烧所放出的热被 $CaCO_3$ 吸收并使之分解，同时产生大量的 CO_2。燃料燃烧和 $CaCO_3$ 的分解是窑气中 CO_2 的来源。两个反应所产生的 CO_2 之和理论上可达44.2%，但实际生产过程中，空气中氧不能完全利用，即不可避免有部分残氧（一般约为0.3%），煤的不完全燃烧产生部分 CO（约0.6%）和碳钙比（煤中的 C 与矿石中 $CaCO_3$ 的配比）等原因，使窑气中的 CO_2 浓度一般只能达40%。

产生的窑气必须及时导出，否则将影响反应的进行。在生产中，窑气经净化、冷却后被压缩机不断抽出，以实现石灰石的持续分解。

（三）煅烧设备——石灰窑

$CaCO_3$ 和煤通入空气制生石灰的反应过程是在石灰窑中进行的。石灰窑的形式很多，目前采用最多的是连续操作的竖窑。窑身用普通砖砌或钢板卷焊而制成，内衬耐火砖，两层之间填装绝热材料，以减少热量损失。空气由鼓风机从窑下部送入窑内，石灰石和固体燃料由窑顶装入，在窑内自上而下运动，反应自下而上进行，窑底可连续产出生石灰。此类立窑称为混料立窑，如图5-4所示。该窑具有生产能力大，上料、下灰完全机械化，窑气中 CO_2 浓度高，热利用率高，石灰产品质量好等优点，因而被广泛采用。

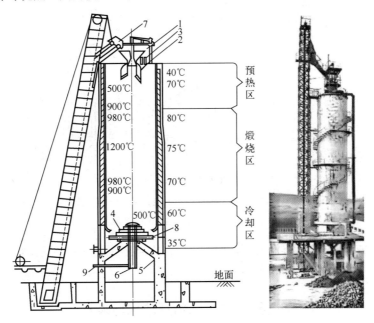

图 5-4 混料立窑简图

1—加料斗；2—布料装置；3—振动给料机；4—炉箅；5—塔基座；6—气体分布管；

7—计量料斗；8—矿料支撑板；9—进气口

二、石灰乳制备

（一）制备原理

把石灰窑排出的成品生石灰加水进行消化，即可制成后续工段（盐水精制和蒸氨过程）所需的氢氧化钙，其化学反应为：

$$CaO + H_2O \longrightarrow Ca(OH)_2 \qquad \Delta H_{298}^{\ominus} = -15.5kJ/mol \tag{5-5}$$

消化时因加水量不同即可得到消石灰（细粉末）、石灰膏（稠厚而不流动的膏）、石灰乳（消石灰在水中的悬浮液）和石灰水［$Ca(OH)_2$ 水溶液］。$Ca(OH)_2$ 溶解度很低，且随温度的升高而降低。粉末消石灰等使用很不方便，因此，工业上采用石灰乳，石灰乳存在下列平衡：

$$Ca(OH)_2(s) \Longrightarrow Ca(OH)_2(l) \Longrightarrow Ca^{2+} + 2OH^- \tag{5-6}$$

石灰乳较稠，对生产有利，但其黏度随稠厚程度增加而升高，太稠则会沉降和阻塞管道及设备，一般工业上制取和使用的石灰乳比重约为 1.27。

（二）工艺流程

石灰乳的制备过程又称为石灰消化，示意流程见图 5-5。石灰消化主要在化灰机内完成。化灰机为一卧式回转筒，稍有斜度（约 0.5°），出口朝着一端倾斜。生石灰和水从一端加入，互相混合反应，圆筒内装有螺旋形推料器，转动时将水和石灰向前推动，尾部有孔径不同的两层筛子，已消化的石灰乳从筛孔中流出进入灰乳桶，筛内剩下的生烧或过烧的石灰则由筛子内流出，大块可以重新入窑再烧，称为返石；小块称为废石，排弃之。

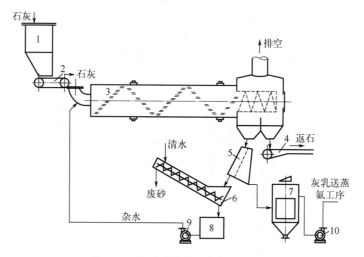

图 5-5　石灰消化流程及化灰机示意图

1—灰包；2—链板机；3—化灰机；4—返石皮带；5—振动筛；6—螺旋洗砂机；7—灰乳桶；

8—杂水桶；9—杂水泵；10—灰乳泵

近年来，石灰乳的制备工艺也有了新的改进，有的企业利用氯碱工业的副产物电石渣，回收其中的活性钙，取得了良好的经济效益。

子任务（二）　精制盐水与吸氨

● 任务发布 ···

请以小组为单位，结合查阅资料与学习内容，比对出饱和食盐水精制过程中石灰-碳酸铵法和石灰-纯碱法两种方法的异同点及适用条件，并完成表 5-3 的填写。

表 5-3　石灰-碳酸铵法和石灰-纯碱法两种方法的异同点

精制方法	相同点	不同点	适用条件
石灰-碳酸铵法			
石灰-纯碱法			

● 任务精讲 ┈┈┈┈┈┈┈┈┈┈┈┈┈┈┈┈┈┈┈┈┈┈┈┈┈┈┈┈┈┈┈┈┈┈┈┈┈┈┈

一、饱和食盐水的制备与精制

氨碱法生产的主要原料之一是食盐水溶液。用盐作制碱原料，首先是除去盐中有害和无用杂质，再制成饱和溶液进入制碱系统，如图 5-6 所示。

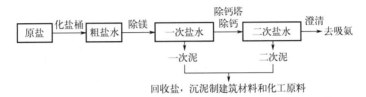

图 5-6　饱和食盐水的制备与精制的流程框图

无论是海盐、岩盐、井盐和湖盐，均需进行精制。精制的主要任务是除去盐中的钙、镁元素。虽然这两种杂质在原料中的含量并不大，但在制碱的生产过程中会与 NH_3 和 CO_2 生成盐或复盐的结晶沉淀，不仅消耗了原料 NH_3 和 CO_2，沉淀物还会堵塞设备和管道。同时这些杂质混杂在纯碱成品中，致使产品纯度降低。因此，生产中须进行盐水精制。

精制盐水的方法目前有两种，即石灰-碳酸铵法和石灰-纯碱法。

1. 石灰-碳酸铵法
第一步是用消石灰除去盐中的镁 Mg^{2+}，化学反应式为：
$$Mg^{2+}+Ca(OH)_2 \longrightarrow Mg(OH)_2\downarrow+Ca^{2+} \tag{5-7}$$
这一过程中溶液的 pH 一般控制在 10～11，若需加速沉淀出 $Mg(OH)_2$（一次泥）时，也可适当加入絮凝剂。

第二步是将分离出沉淀后的溶液送入除钙塔中，用碳化塔顶部尾气中的 NH_3 和 CO_2 再除去 Ca^{2+}，其化学反应为：
$$Ca^{2+}+CO_2+2NH_3+H_2O \longrightarrow CaCO_3\downarrow+2NH_4^+ \tag{5-8}$$
此法适用于含镁较高的海盐。由于利用了碳化尾气，成本降低。但此法具有溶液中氯化铵含量较高，氨耗增大，氯化钠的利用率下降，工艺流程复杂的缺点。我国氨碱技术路线多数采用此法。

2. 石灰-纯碱法
石灰-纯碱法除镁的方法与石灰-碳酸铵法相同，即第一步过程是相同的，而第二步在除钙时则采用纯碱，化学反应式为：
$$Ca^{2+}+Na_2CO_3 \longrightarrow CaCO_3\downarrow+2Na^+ \tag{5-9}$$
这种方法除钙时不生成铵盐而生成钠盐，因此不存在降低 NaCl 利用率的问题。

采用这一方法时，除钙、镁的沉淀过程是一次进行的。其消石灰的用量与镁的含量相等，而纯碱的用量为钙镁之和。由于 $CaCO_3$ 在饱和盐水中的溶解度比在纯水中大，因此纯碱用量应大于理论用量，一般控制纯碱过量 0.8g/L，石灰过量 0.5g/L，pH 为 9 左右。

石灰-纯碱法须消耗最终产品纯碱，但精制盐水中不出现结合氨（即 NH_4Cl）。石灰-碳酸铵法虽利用了碳化尾气，但精制盐水中出现结合氨，对碳化略微不利。

二、盐水吸氨

盐水精制完成后即进行吸氨操作。吸氨操作也称氨化，目的是制备符合碳酸化过程所需浓度的氨盐水，同时起到最后除去盐水中钙镁等杂质的作用。所吸收的氨主要来自蒸氨塔，其次还有真空抽滤气和碳化塔尾气，这些气体中含有少量的 CO_2 和水蒸气。

（一）吸氨原理

1. 化学反应

精制盐水由蒸氨塔送来的气体发生如下反应：

$$NH_3(g)+H_2O(l) === NH_4OH(aq) \quad \Delta H_{298}^{\ominus}=-35.2kJ/mol \quad （5-10）$$

$$NH_3(g)+CO_2(g)+H_2O(l) === NH_4HCO_3(aq) \quad \Delta H_{298}^{\ominus}=-124kJ/mol \quad （5-11）$$

盐水吸氨是一个伴有化学反应的吸收过程，由于液相中溶有游离状态的 NH_3 及 CO_2，且又有 NH_4HCO_3 生成，这样液面上氨的分压一般较同一浓度氨水上方氨的平衡分压有所降低，同时遇到盐水中残余的钙镁离子，生成沉淀。

2. 原盐和氨溶解度的影响

氯化钠在水中的溶解度随温度的变化不大，但在饱和盐水吸氨时，会使氯化钠的溶解度降低。氨溶解得越多，氯化钠的溶解度越小。氨在水中的溶解度很高，但在盐水中有所降低，即氨盐水气相中氨平衡分压比纯水气相中氨平衡分压大。

温度对气相氨溶解度的影响与一般气体的影响相同，温度越高溶解度越小。在盐水吸氨过程中，因气相中的 CO_2 溶于液相能生成 NH_4HCO_3，故可增大氨的溶解度。

盐水吸氨过程中，由于它们相互制约，所以饱和盐水的吸氨量应该控制适宜，否则氯化钠在液相中的溶解度将因浓度的升高而下降，这不利于制碱过程中的利用率及产率。

3. 吸氨过程的热效应

吸氨过程在吸氨塔内进行，伴有大量热放出，其中包括 NH_3 及 CO_2 的溶解热，NH_3 及 CO_2 的反应热，以及氨气所带来的水蒸气冷凝热。1kg 氨吸收成氨盐水时释放出的总热量为 4280kJ。这些热量若不从系统中引出，可使吸氨塔内温度高达 120℃，导致完全失去吸氨作用，反而变成蒸馏过程。所以冷却是吸氨过程的关键。冷却越好，吸氨越完全。但实际生产过程中，过冷也将造成杂质分离困难，所以温度应控制在 70℃ 左右为宜。

（二）吸氨工艺

1. 工艺流程

精盐水吸氨的工艺流程如图 5-7 所示。精制以后的二次饱和盐水经冷却后进入吸氨塔，盐水由塔上部淋下，与塔底上升的氨气逆流接触，以完成盐水吸氨过程。此时放出大量热，会使盐水温度升高，因此需将盐水从塔中抽出，送入冷却排管进行冷却后再返回中段吸收塔，下段出来的氨盐水经循环段储桶、循环泵、冷却排管进行循环冷却，以提高吸收率。

精制后的盐水虽已除去 99% 以上的钙、镁，但难免仍有少量残余杂质进入吸氨塔，形成碳酸盐和复盐沉淀。为保证氨盐水的质量，成品氨盐水经澄清桶沉淀，再经冷却排管后进入氨盐水储槽，最后经氨盐水泵送往碳酸化系统。

用于精盐水吸氨的含氨气体，导入吸氨塔下部和中部，与盐水逆流接触吸收后，尾气由塔顶放出，经真空泵，送往二氧化碳压缩机入口。

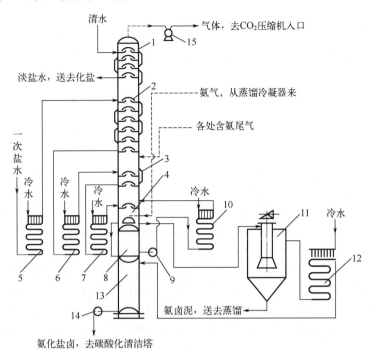

图 5-7 吸氨工艺流程图

1—净氨塔；2—洗氨塔；3—中段吸氨塔；4—氨气入口；5，6，7，10，12—冷却排管；8—循环段储桶；

9—循环泵；11—澄清桶；13—氨盐水储槽；14—氨盐水泵；15—真空泵

2. 工艺条件

（1）氨盐水 $NH_3/NaCl$ 比值的选择　为获得较高浓度的氨盐水，使设备利用和吸收效果好，原料利用率高，必须选择适当的 $NH_3/NaCl$ 比值。

理论计算中氨盐水碳酸化是 $NH_3/NaCl$ 应为 1∶1（物质的量之比），而生产实践中的比值为 1.08～1.12，即氨稍微过量，以补偿在碳酸化过程中的氨损失。若此比值过高，会有 NH_4HCO_3 和 $NaHCO_3$ 共同析出，降低氨的利用率；若比值过低，又会降低钠的利用率。

（2）盐水吸氨温度的选择　盐水进吸氨塔之前用冷却水冷却至 25～30℃，自蒸氨塔来的氨气也先经冷却至 50℃后再进吸氨塔。低温既有利于盐水吸收 NH_3，也有利于降低氨气夹带的水蒸气含量，继而降低盐水的稀释程度，但温度不宜太低，否则会产生$(NH_4)_2CO_3 \cdot H_2O$、NH_4HCO_3 等结晶堵塞管道和设备。实际生产中进入吸氨塔的温度一般控制在 55～60℃。

（3）吸收塔内的压力　为防止和减少吸氨系统的泄漏，加速蒸氨塔中的 CO_2 和 NH_3 的蒸出，提高蒸氨效率和塔的生产能力，减少蒸汽用量，吸氨操作是在微负压条件下进行的。其压力大小以不妨碍盐水下流为限。

子任务（三）　完成氨盐水碳酸化

● **任务发布** ⋯⋯⋯⋯⋯⋯⋯⋯⋯⋯⋯⋯⋯⋯⋯⋯⋯⋯⋯⋯⋯⋯⋯⋯⋯⋯⋯⋯⋯⋯⋯

氨盐水吸收 CO_2 的过程称为碳酸化，又称碳化，是纯碱生产过程中一个重要的工段，它集吸收、结晶和传热等化工单元操作过程于一体。碳酸化的目的和要求在于获得产率高、质量好的碳酸氢钠结晶。要求结晶颗粒大而均匀，便于分离，以减少洗涤用水量，从而降低蒸氨负荷和生产成本；同时降低碳酸氢钠粗产品的含水量，有利于重碱的煅烧。

作为氨碱法核心工段的操作员，请与小组成员讨论出氨盐水碳酸化过程中适宜的工艺参数。

● **任务精讲** ···

一、氨盐水的碳化

1. 工艺流程

氨盐水碳酸化过程是在碳化塔中进行的。如以氨盐水的流向区分，碳化塔分为清洗塔和制碱塔，清洗塔也称中和塔或预碳酸化塔。

氨盐水先经清洗塔进行预碳酸化，清洗附着在塔体及冷却壁管上的疤垢，然后进入制碱塔进一步吸收 CO_2，生成碳酸氢钠的晶体。制碱塔和清洗塔周期性交替轮流作业，氨盐水碳酸化的工艺流程如图 5-8 所示。精制合格的氨盐水经泵送往清洗塔的上部。一部分窑气经清洗气压缩机及分离器送入清洗塔的底部，以溶解塔中的疤垢并初步对氨盐水进行碳化，而后经气升输卤器送入制碱塔的上部。另一部分窑气经中段气压缩机及中段气冷却塔送入制碱塔中部。煅烧重碱所得的炉气（又称锅气）经下段气压缩机及下段气冷却塔送入制碱塔下部。碳酸化以后的晶浆，由碳化塔下部靠塔内压力和液位自流入过滤工段悬浮液碱槽中，然后分离过滤出重碱。

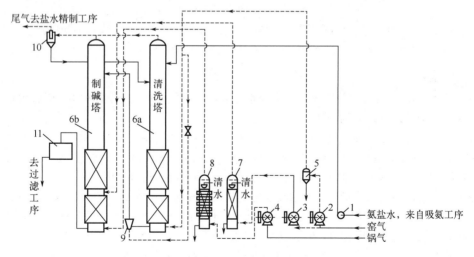

图 5-8　氨盐水碳酸化工艺流程

1—氨盐水泵；2—清洗气压缩机；3—中段气压缩机；4—下段气压缩机；5—分离器；6a—碳酸化清洗塔；6b—碳酸化制碱塔；
7—中段气冷却塔；8—下段气冷却塔；9—气升输卤器；10—尾气分离器；11—碱液槽

2. 碳化设备——碳化塔

碳化塔是氨碱法制碱的主要设备之一，如图 5-9 所示。它由许多铸铁塔圈组装而成，分为上、下两部分，一般塔高为 24～25m，塔径为 2～3m，塔上部是二氧化碳的吸收段，每圈之间装有笠形泡帽以及略向下倾斜的中央开孔的漏液板、孔板和签帽。边缘有分散气体的齿缝以增加气液接触面积，促进吸收。塔的下部是冷却段。区间内除了有签帽和塔板外，还设有列管式冷却箱，用来冷却碳化液以析出碳酸氢钠结晶。冷却水在水箱管中的流向可根据水箱管板的排列方式分为"田字形"或"弓字形"。

3. 工艺条件

（1）碳化度　碳化度是指铵盐水溶液吸收 CO_2 的程度，一般以 R 表示，定义为碳化液体系中全部 CO_2 物质的量与总 NH_3 摩尔比。

在适当的氨盐水组成条件下，R 值越大，氨转化成 NH_4HCO_3 越完全，NaCl 的利用率 U 越高，生产上尽量提高 R 值以达到提高 U 的目的，但受多种因素和条件的限制，实际生产中的碳化度一般只能达到 180%～190%。

（2）原始氨盐水溶液的理论适宜组成　理论适宜组成是指一定温度和压力条件下，塔内达到液固平衡时液相的组成是 U 达到最高时原始溶液组成。在实际生产中，原始氨盐水的组成不可能达到最适宜的浓度，其原因是饱和盐水被吸氨过程中氨夹带的水稀释，使 $NH_3/NaCl$ 的摩尔比提高；另外生产中为防止碳化塔尾气带氨损失，需控制 $NH_3/NaCl$ 摩尔比在 1.08～1.12。因此，最终液相组成点不可能落在 Na 的利用率最高的位置，而只能在靠近 U_{Na} 最高处附近区域。

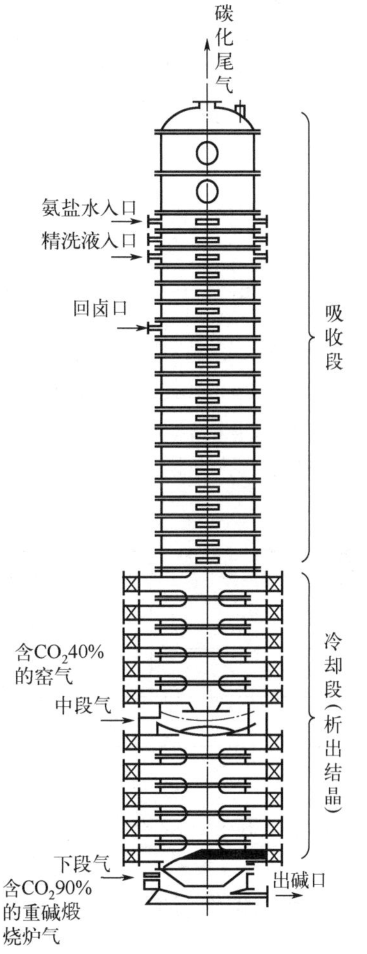

二、碳酸氢铵结晶条件控制

$NaHCO_3$ 在碳化塔中生成重碱结晶，结晶颗粒越大，越有利于过滤、洗涤，所得到的产品含水量低，收率高，煅烧成纯碱的质量高，因此，碳酸氢钠结晶在纯碱生产过程中对产品的质量有决定性的意义。$NaHCO_3$ 的结晶大小、快慢与溶液的过饱和度有关。过饱和度又与温度有关，因此，温度和过饱和度成为 $NaHCO_3$ 结晶的重要因素。

1. 温度

$NaHCO_3$ 在水中的溶解度随着温度降低而降低，所以低温对生成较多的 $NaHCO_3$ 结晶有利。

在塔内进行的碳化反应是放热反应，使进塔溶液沿塔下降过程中温度由 30℃ 逐步升高到 60～65℃，温度高，$NaHCO_3$ 的溶解度大，形成的晶核少，但晶粒颗粒大，当结晶析出后逐渐降温，有利于 CO_2 的吸收和提高放热反应的平衡转化率，提高产率和钠的利用率；更重要的是可使晶体长大，产品质量得以保证。

降温过程要特别注意降温速率，在较高温度的条件下，应适当维持一段时间，以保证足够的晶核生成。时间太短则颗粒尚未生成或生成太少，会导致过饱和度增大，出现细小晶粒，甚至在取出时不能长大；时间太长则导致后来降温速率太快，使过饱和加快，易于生成细晶，一般液体在塔内停留时间为 1.5～2h，出塔温度为 20～28℃。

2. 添加晶种

碳化过程中溶液达到过饱和度甚至稍过饱和时，并无晶体析出，此时若加入少量的固体杂质，就可以使溶质以固体杂质为核心，长大而析出晶体。在 $NaHCO_3$ 生产中，就是采用向过饱和溶液中加入晶种并使之长大的办法来提高产量和质量。

应用此方法时应注意两点：①加晶种的部位和时间。晶种应加在过饱和时或过饱和溶液中，如果加入过早，晶种会被溶解；加入过迟则溶液自身已发生结晶，再加晶种失去了作用。②加入

碳化尾气

氨盐水入口
精洗液入口

回卤口

吸收段

含 CO_2 40% 的窑气
中段气

冷却段（析出结晶）

下段气
含 CO_2 90% 的重碱煅烧炉气

出碱口

图 5-9　碳化塔结构图

晶种的量要适量。如果加入晶种过多，则晶体中心过多，使晶体长大效果不明显，设备的生产能力反而下降；如果加入的晶种量过少，则又不能起到晶种的作用，仍需溶液自身析出晶体作为结晶中心，因此质量难以提高。

另外，也有少数企业采用加入少量表面活性剂的方法使晶粒长大，效果也较好。

子任务（四） 过滤与煅烧重碱

● 任务发布 ....

从碳化塔取出的晶浆含悬浮固体 $NaHCO_3$ 45%～50%（体积分数），生产中采用过滤的方法使其部分分离。工业上，实现液固分离的设备有很多种，作为过滤工段的操作员，要具备合理选用生产设备的能力。请以小组为单位，通过学习和资料查阅，在表 5-4 中至少罗列出 3 种常用的液固分离设备，并描述其工作原理、优缺点及适用条件。

表 5-4 液固分离设备比对

设备名称	工作原理	优点	缺点	适用条件

● 任务精讲 ....

一、重碱过滤

通过过滤设备将 $NaHCO_3$（俗称重碱）结晶浆与母液分离，分离后所得的湿重碱再送往煅烧炉以制取纯碱，母液送往蒸氨工段处理。

重碱过滤时，须对滤饼进行洗涤，将重碱中残留的母液洗去，降低成品纯碱中氯化钠的含量。洗涤宜用软水，以免带入 Ca^{2+}、Mg^{2+} 形成沉淀堵塞滤布。同时，应适当控制洗水量，以保证重碱的质量及减少损失。

（一）设备选用

过滤分离方法在制碱工业中经常采用的有两类：离心分离和真空分离，相应的设备分别为离心过滤机和真空过滤机。

离心过滤是利用离心力原理使液体和固体分离，这种设备流程简单，动力消耗低，滤出的固体重碱含水量少（可小于 10%），但它对重碱的力度要求高，生产能力低，氨耗高，国内大厂较少使用。这里重点介绍真空过滤设备。

真空过滤机的原理是利用真空泵将过滤机滤鼓内抽成负压，使滤布（即过滤介质层）两边产生压差，随着过滤设备的运转，碳化悬浮液中的母液被抽入鼓内导出。重碱固体附着在鼓面滤布上被吸干，在经过洗涤挤压后用刮刀从滤布上刮下送煅烧工艺。

真空过滤机主要由滤鼓、错气盘、碱液槽、压辊、刮刀、洗水槽及传动装置组成，真空过滤机的工作原理如图 5-10 所示。滤鼓内有许多格子连在错气盘上，鼓外面有多块算子板，板上多用毛毡作滤布，鼓的两端装有空心轴，轴上有齿轮和传动装置相连；滤鼓下部约 2/5 浸在槽内，旋转时全部滤面轮流与碱液槽接触，滤液因减压而被吸入滤鼓内。重碱结晶则附着于滤布上，在滤鼓机旋转过程中，滤布上重碱内的母液被逐渐吸干，转至一定角度时用洗水洗涤重碱内残留的母液，然后经真空吸干，同时用压辊挤压，使重碱内的水分减少到最低程度，最后滤鼓上的重碱被刮刀刮下，落在带动运输机上送至煅烧工段。滤液及空气经空心轴抽到气液分离。为了不使重碱在槽液底部沉降，真空过滤机上附有搅拌机在半圆槽内往复摆动，使重碱均匀地附在滤布上。

（二）工艺流程

真空过滤的工艺流程如图 5-11 所示。由碳化塔底部取出的碱液经出碱液槽流入过滤机的碱槽内，由于真空系统的作用，母液通过滤布的孔隙被抽入转鼓内，而重碱结晶则被截在滤布上。鼓内的滤液和同时被吸入的空气一同进入分离器，滤液由分离器底部流出，进入母液桶，用泵送往吸氨工段，气体由分离器上部出来，经净氨洗涤后排空。滤布上的重碱用来自高位槽的洗水进行洗涤，经吸干后的重碱被刮刀刮落于皮带运输机上，然后送往煅烧炉煅烧成纯碱。

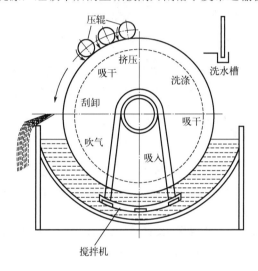

图 5-10　真空过滤机的工作原理

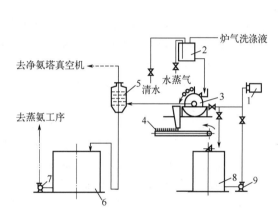

图 5-11　真空过滤的工艺流程图

1—除碱槽；2—洗水槽；3—过滤机；4—皮带输送机；
5—分离器；6—储存槽；7—泵；8—碱液槽；9—碱液泵

真空过滤机的操作，主要是调节真空度，真空度的大小（一般为 26.7～33.3kPa）决定过滤机的生产能力、重碱的含水量及成品纯碱的质量。其次是滤饼的洗涤，洗水温度应适宜。温度太高则 $NaHCO_3$ 的溶解损失大，温度太低则洗涤效果差。洗水用量过多，除增加 $NaHCO_3$ 溶解损失外，还会使母液体积增大，增大蒸氨负荷；洗水用量过少，则洗涤不彻底，难以保证重碱的品质。滤饼的洗涤一般控制 $NaHCO_3$ 的溶解损失为 2%～4%，所得纯碱成品中含 NaCl 不应大于 1%。

二、重碱煅烧

分离并洗涤后的固体 $NaHCO_3$ 去煅烧，煅烧过程要求保证产品纯碱含量较少，分解出来的 CO_2 气体纯度较高，损失少，生产过程中能耗低。化学反应为：

$$2NaHCO_3 \longrightarrow Na_2CO_3 + CO_2\uparrow + H_2O \tag{5-12}$$

（一）设备选用

目前生产中使用较多的是内热式蒸汽煅烧炉，如图 5-12 所示。炉体为卧式圆筒形，常用规格为 2.5m、长 27m，炉体上有两个滚圈，炉体与物料的质量通过滚圈支承在托轮上，在出料口端靠近托轮的炉体上装有齿轮圈，由此带动炉体回转。

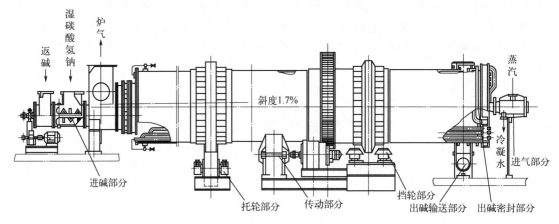

图 5-12　内热式蒸汽煅烧炉

炉体内装有三层蒸汽加热管，管外焊有螺旋导热片以增大传热表面，气室设在炉尾，导入高压蒸汽后，冷凝水由原管回气室，并流入冷凝水室，经疏水器送往扩容器，闪蒸一部分蒸汽后，冷凝水返回锅炉。

内热式蒸汽煅烧炉具有生产能力大、热效率高等特点。

（二）煅烧工艺

重碱煅烧工艺流程如图 5-13 所示。重碱由重碱皮带输送机运来，经重碱绞龙、入炉绞龙与返碱混合，并与炉气分离器来的粉尘混合后进煅烧炉，经中压水蒸气间接加热分解约 20min，即由出碱螺旋输运机自炉内卸出，经冷却、筛分获得成品。

炉气经炉气分离器将其中大部分碱尘回收返回炉内，少量碱尘随炉气进入总管，经水封槽、冷却器、洗涤塔除尘冷却洗涤后，CO_2 浓度可达 90% 以上的炉气由压缩机送碳化塔使用。

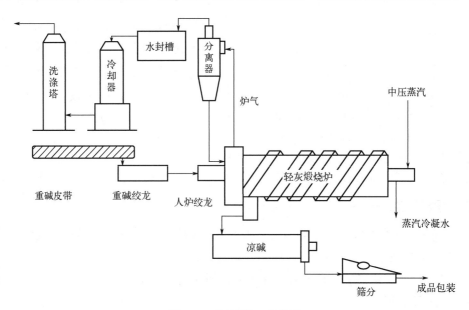

图 5-13　重碱煅烧工艺流程

子任务（五） 回收氨

● 任务发布 ……………………………………………………………………………………………

利用索尔维制碱法（氨碱法）中的氨是循环使用的，请以小组为单位讨论本教材中还有哪些化学品生产采用循环工艺，并通过查阅资料阐述循环工艺的优缺点。

● 任务精讲 ……………………………………………………………………………………………

一、反应原理

氨碱法生产纯碱的过程中，氨是循环使用的。每生产 1t 纯碱约需循环 0.4～0.5t 氨，但由于逸散、滴漏等原因，还需向系统中补充 1.5～3.0kg 的氨，且氨的价格较纯碱高几倍。因此，在纯碱生产和氨回收循环使用过程中，如何减少氨的逸散、滴漏和其他机械损失，是氨碱法的一个极为重要的问题。常见的氨回收方法是将各种含氨的溶液集中进行加热蒸馏回收，或用氢氧化钙对溶液进行中和后再蒸馏回收。主要反应如下。

在加热段中的反应如下：

$$NH_4OH \longrightarrow NH_3 + H_2O \tag{5-13}$$

$$(NH_4)_2CO_3 \longrightarrow 2NH_3 + CO_2 + H_2O \tag{5-14}$$

$$NH_4HCO_3 \longrightarrow NH_3 + CO_2 + H_2O \tag{5-15}$$

溶解于过滤母液中的 $NaHCO_3$ 和 Na_2CO_3 发生如下反应：

$$NaHCO_3 + NH_4Cl \longrightarrow NaCl + NH_3 + CO_2 + H_2O \tag{5-16}$$

$$Na_2CO_3 + 2NH_4Cl \longrightarrow 2NaCl + 2NH_3 + CO_2 + H_2O \tag{5-17}$$

灰乳在蒸馏段中的反应如下：

$$Ca(OH)_2 + 2NH_4Cl \longrightarrow CaCl_2 + 2NH_3 + H_2O \tag{5-18}$$

$$Ca(OH)_2 + CO_2 \longrightarrow CaCO_3 + H_2O \tag{5-19}$$

二、蒸氨工艺

含氨溶液主要是指过滤母液和淡液。过滤母液中含有游离氨和结合氨，同时有少量的 CO_2 或 HCO_3^-。为了减少石灰乳的损失，避免生产 $CaCO_3$ 沉淀，氨回收在工艺上采用两步进行：①将溶液中的游离氨和二氧化碳用加热的方法逐出液相；②再加石灰乳与结合氨作用，使结合氨分解成游离氨而被蒸出。淡液是指炉气洗涤液、冷凝液及其他含氨杂水，其中所含的游离氨回收较为简单，可以与过滤母液一起或分开进行蒸馏回收。分开回收时可节约能耗，减轻蒸氨塔的负荷，但需单设一台淡液回收设备。

（一）工艺流程

蒸氨过程的主要设备是蒸氨塔，蒸氨工艺流程如图 5-14 所示。从过滤工段来的25～32℃的母液经泵打入蒸氨塔顶母液预热段的水箱内，被管外上升水蒸气加热，温度升至约 70℃，从母液预热段最上层流入塔中部加热段。加热段采用填料或设置托液槽，以扩大气液接触面，强化热量、质量传递。石灰乳蒸馏段主要用来蒸出由石灰乳分解结合氨而得的游离氨。母液经分液槽加入，与下部上来的热气直接接触，蒸出液体中的游离氨和二氧化碳，剩下含结合氨和盐的母液。含结合氨的母液送入预灰桶，在搅拌作用下与石灰乳均匀混合，将结合氨转变成游离氨，再进入蒸氨塔下部石灰乳蒸馏段的上部单菌帽泡罩板上，液体与底部上升的水蒸气直接逆流接触，蒸出游离氨。至此，99%以上的氨被蒸出，含微量氨的废液由塔底排出。蒸氨塔各段蒸出的氨气自下而上升至母液预热段，预热母液后温度降至65～67℃，再进入冷凝器冷凝掉大部分水蒸气，随后送往吸氨工段。

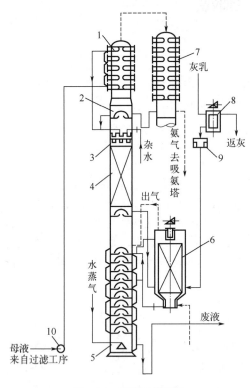

图5-14　蒸氨工艺流程

1—母液预热段；2—蒸馏段；3—分液槽；4—加热段；5—石灰乳蒸馏段；6—预灰桶；7—冷凝器；8—加石灰乳罐；9—石灰乳流堰；10—母液泵

（二）工艺条件

1. 温度

蒸氨只需要热量即可，所以采用何种形式的热源并不重要，因此为节省加热设备，工业上采用直接水蒸气加热。水蒸气用量要适当，若水蒸气用量不足，将导致液体抵达塔底时不能将氨逐尽而造成损失；若水蒸气用量过多，虽能使氨蒸出完全，但会使气相中水蒸气分压增加，温度升高。蒸氨尾气中水蒸气用量增加，带入吸氨工段会稀释氨盐水。温度越高，母液中氯化铵的腐蚀性越强。一般塔底温度维持在110～117℃，塔顶在温度80～85℃，并在气体出塔前进行一次冷凝，使温度降至55～60℃。

2. 压力

蒸氨过程中，在塔的上、下部压力不同。塔下部压力与所用水蒸气压力相同或接近，塔顶的压力为负压，有利于氨的蒸发和避免氨的逸散损失。同时也应保持系统密封，以防空气漏入而降低气体浓度。

3. 石灰乳浓度

石灰乳中活性氧化钙浓度的大小对蒸氨过程有影响。石灰乳浓度低，稀释了母液使水蒸气消耗增大，石灰乳浓度高又使石灰乳消耗量增加。

📝 任务巩固

一、填空题

1. 氨碱法制碱过程中，碳酸化所需的CO_2主要来源于_____。

2. 氨碱法制纯碱时，石灰窑是制造_____和_____的关键设备。

3. 对饱和食盐水精制，主要是除去粗盐水中的两种离子，它们分别是_____和_____。

4. 氨碱法制纯碱，精盐水吸氨时，为了防止氨气泄漏，操作压力略_____（高于、等于、低于）大气压。

5. 氨碱法制纯碱时，生石灰消化时可得到消石灰、石灰膏、石灰乳和石灰水四种产品，其中_____是用来蒸氨的。

6. 氨碱法制纯碱时，精制后的饱和食盐水先吸收_____，再吸收_____，冷却后，就能得到含有$NaHCO_3$结晶体的溶液。

二、简答题

1. 氨碱法制纯碱时，CO_2来源于煅烧石灰石，请写出煅烧石灰石所需热量来源的化学反应。

2. 采用石灰-氨-二氧化碳法对饱和食盐水精制,除去其中 Ca^{2+}、Mg^{2+} 时,写出该精制方法的离子方程式。

3. 写出索尔维法(氨碱法)生产纯碱主要工序的基本化学反应式。

任务三　探究侯氏制纯碱

 任务情境

20世纪初,中国所需的纯碱全部依赖进口,制碱技术被西方国家垄断。第一次世界大战爆发后,欧亚交通梗阻,碱价骤涨,严重制约了我国工业的发展。1921年,侯德榜学成归国,应爱国实业家范旭东之邀,加入永利碱厂,担任总工程师,致力于发展中国的制碱工业。历经种种磨难与千万次试验,侯德榜在破解索尔维制碱技术后,终于成功发明了联碱法。1941年,这一制碱新方法被命名为"侯氏制碱法"。"侯氏制碱法"的成功引起了国际上的广泛关注,为中国化学工业赢得了荣誉,侯德榜也因此被誉为世界制碱业的权威。请以小组为单位,通过学习和查阅制碱历史资料,讲述"侯德榜的制碱故事"。

 任务目标

素质目标:

学习侯德榜先生的先进事迹和在制碱工业上的卓越贡献,感受科学家的爱国情怀和奋斗精神,激发民族自豪感和爱国热情。

知识目标:

1. 了解侯德榜制碱技术的历史背景和对我国制碱工业发展的里程碑意义。

2. 掌握侯氏制碱法原理。

3. 掌握侯氏制碱法每道工段的工艺流程及参数选择。

能力目标:

能够结合生产实践设计纯碱生产的闭路循环流程。

联碱法生产
纯碱

 任务实施

子任务(一)　理解侯氏制碱的原理过程

● **任务发布** ··

请以小组为单位,比对出索尔维制碱与侯德榜制碱的异同点及优缺点,并完成表 5-5 的填写。

表 5-5　索尔维制碱法与侯德榜制碱法之间的异同点

制碱方法	相同点	不同点	优缺点
索尔维 制碱法			
侯德榜 制碱法			

　　侯氏制碱法是针对氨碱法存在的缺点进行改进的一种制碱方法，原料仍然是食盐水、氨和二氧化碳，产品是纯碱和氯化铵，氨和二氧化碳由合成氨厂提供，故称为联合制碱。此法与氨碱法不同之处在于：首先是母液循环使用，做到充分利用食盐；其次是两次吸氨过程，第一次是向过滤后的母液中加氨，使母液中的 NH_4HCO_3 和 $(NH_4)_2CO_3$ 转化，以免结晶析出，第二次是析出 NH_4Cl 结晶后；然后是精制固体食盐的加入，母液降温析出 NH_4Cl 后加入 NaCl，在同离子效应作用下，使 NH_4Cl 析出更完全；最后是联合制碱法有两种产品，即纯碱和 NH_4Cl，没有废液。

　　在联合制碱法中，分为制碱和制氯化铵两个过程，如图 5-15 所示。第一过程为制碱过程，它与氨碱法生产一样，将含 NH_3 与 NaCl 为主的溶液碳酸化，此时就大量析出 $NaHCO_3$ 沉淀。第二过程为制 NH_4Cl 过程，为了不使 $NaHCO_3$ 和 NH_4HCO_3 随 NH_4Cl 一起析出，在重碱母液中加入了 NH_3，此时溶液中的 HCO_3^- 就与 NH_3 发生反应，生成 CO_3^{2-} 和 NH_2COO^-。

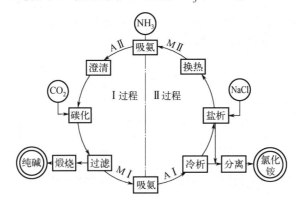

图 5-15　侯氏制碱原理图

$$NH_3 + H_2O \longrightarrow NH_4^+ + OH^- \qquad (5-20)$$

$$HCO_3^- + NH_3 \longrightarrow CO_3^{2-} + NH_4^+ \qquad (5-21)$$

$$HCO_3^- + NH_3 \longrightarrow NH_2COO^- + H_2O \qquad (5-22)$$

　　为便于说明如何从这样复杂的多组分体系中将 NH_4Cl 结晶析出，假定体系只是由氯化铵和氯化钠两种盐组成的 NH_4Cl-NaCl-H_2O 三组分体系。

　　氯化铵和氯化钠在水中溶解度的实验数据如表 5-6 所示。不难看出，氯化铵的单独溶解度随温度改变很大，而氯化钠的溶解度随温度变化不大。当这两种盐共存时，由于同离子效应，其溶解度都较单独溶解度低。

表 5-6　NH₄Cl 和 NaCl 在 100kg 水中的溶解度　　　　　　　　单位：kg

温度/℃	单独溶解度		两种盐的共饱和溶液中	
	NH_4Cl 溶解度	NaCl 溶解度	NH_4Cl 溶解度	NaCl 溶解度
0	29.7	35.6	14.6	28.6
15	35.5	35.8	19.9	26.7
30	41.6	36.0	25.5	24.9
45	48.4	36.5	32.2	23.4

子任务（二） 探究侯氏制碱工艺

● 任务发布 ··

经过学习侯氏制碱工艺流程后，请以小组为单位，简化侯氏制碱工艺框图。

● 任务精讲 ··

一、工艺流程

侯氏制碱法的工艺流程如图 5-16 所示。原盐经过化盐桶制备成饱和食盐水，再添加石灰乳除去盐水中的镁，然后在除钙塔中吸收碳化塔尾气中的 CO_2，除去盐水中的钙。精制的食盐水送入吸氨塔吸收氨气，氨气主要是由蒸氨塔回收得到。吸氨所得的氨盐水送往碳化塔。

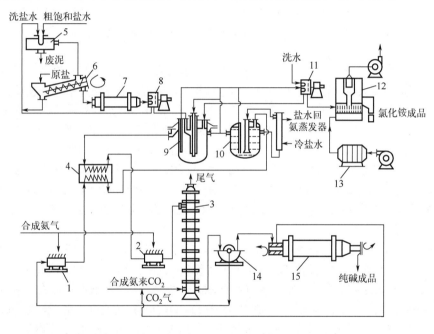

图 5-16　侯氏制碱法的工艺流程

1，2—吸氨塔；3—碳化塔；4—热交换器；5—澄清桶；6—洗盐机；7—球磨机；8，11—离心机；9—盐析结晶器；

10—冷析结晶器；12—沸腾干燥炉；13—空气预热器；14—过滤机；15—重碱煅烧炉

碳化塔是多塔切换操作的。氨盐水先经过处于清洗状态的碳化塔，在此塔中氨盐水溶解塔中沉淀的碳酸氢盐，同时吸收从塔底导入的石灰窑窑气中的 CO_2。吸收都是逆流操作。清洗塔出来的部分碳酸化的氨盐水送入处于制碱状态的碳化塔，进一步吸收 CO_2 而发生复分解反应，生成 $NaHCO_3$。碳酸化所需的 CO_2 是按浓度从碳化塔的不同段导入。中部导入的是含 CO_2 为 43% 的石灰窑窑气。底部导入的是含 CO_2 为 90% 以上的 $NaHCO_3$ 煅烧炉气。碳化塔顶的尾气用于食盐水精制。碳化塔底的含 $NaHCO_3$ 结晶的悬浮液送往真空过滤机过滤。滤得的 $NaHCO_3$ 送往煅烧炉，使重碱受热分解而生成纯碱作为产品，分解出的 CO_2 送去碳酸化。

制碱系统送来的氨母液 I 经换热器与母液 II 换热，母液 II 是盐析出氯化铵后的母液。换热后的氨母液Ⅰ送入冷析结晶器。在冷析结晶器中，利用冷析轴流泵将氨母液Ⅰ送到外部冷却器冷却并在结晶器中循环。因温度降低，氯化铵在母液中呈过饱和状态，生成结晶析出。

一般来说，适当加强搅拌、降低冷却速率、晶浆中存在一定量晶核和延长停留时间都能促进结晶成长和析出。

冷析结晶器的晶浆溢流至盐析结晶器，同时加入粉碎的洗盐，并用轴流泵在结晶器中循环。过程中洗盐逐渐溶解，氯化铵因同离子效应而析出，其晶体不断长大。盐析结晶器底部沉积的晶浆送往滤铵机。盐析结晶器溢流出来的清母液Ⅱ与氨母液Ⅰ换热后送去制碱。

滤铵机常用自动卸料离心机，滤渣含水量为6%～8%。之后氯化铵经过转筒干燥或流态化干燥，使含水量降至1%以下，作为产品。

二、工艺条件

（一）压力

制碱过程可在常压下进行，但氨盐水的碳化过程在加压条件下可以达到强化吸收的效果。因此，碳化制碱的压力可以从常压到加压，氨厂在流程上具体采用何种压力进行碳化，由合成氨系统的压缩机类型及流程设备而定，制铵和其他工段均可在常压下进行。

（二）温度

碳化反应是放热反应，降低温度，平衡向生成NH_4Cl和$NaHCO_3$方向移动，可提高产率。但温度降低，反应速率减慢，影响生产能力。实际操作中，联碱法碳化温度略高于氨碱法。由于联合制碱的氨母液Ⅱ中有一部分NH_4Cl和NH_4HCO_3，为了防止碳化过程结晶析出，故选取较高的出塔温度，但此温度又不宜过高，否则制铵结晶较困难或能耗提高，并且温度过高时，$NaHCO_3$的溶解度增大，产量下降。工业生产上一般控制碳化塔的出塔温度为32～38℃。

在制氨母液Ⅱ的过程中，随着NH_4Cl结晶温度的降低，冷冻费用也相应增加，且氨母液Ⅱ的黏度也提高，致使NH_4Cl分离困难。因此，在工业生产中一般控制NH_4Cl的冷析结晶温度不低于10℃，盐析结晶温度为15℃左右，且制碱与制铵两个过程的温差以20～25℃为宜。

（三）母液浓度

联碱制碱循环母液有三个非常重要的控制指标，又称三比值，它们分别是α、β、γ值。

（1）α值是指氨母液Ⅰ中的游离氨f-NH_3与CO_2浓度之比　在联碱生产中CO_2浓度是以HCO_3^-的形态折算的。氨母液Ⅰ吸氨是为了减少液相中的HCO_3^-，使之不至于在低温下形成太多的$NaHCO_3$结晶而与NH_4Cl共析。因此，应维持母液中f-NH_3与CO_2有一定的比例关系。α值过低，重碳酸盐与氯化铵共同析出；若α值过高，氨的分压增大，损失增大，同时恶化操作环境。

一般情况下，只要操作条件稳定，氨母液Ⅰ中的CO_2浓度可视为定值，而α值则只与NH_4Cl结晶温度有关，如表5-7所示。

表5-7　结晶温度与α值的关系

结晶温度/℃	20	10	0	-10
α值	2.35	2.22	2.09	2.02

由表5-7可知，结晶温度越低，要求维持的α值越小，即在一定的CO_2浓度条件下，要求的吸氨量越少。在实际生产中结晶析出温度在10℃左右，因此α值一般控制在2.1～2.4。

（2）β值是指氨母液Ⅱ中游离氨f-NH_3与氯化钠的浓度之比　相当于氨碱法中的氨盐比。

在制碱过程中的反应是可逆反应，提高反应物浓度有利于化学反应向生成物的方向进行。因此，在碳化开始之前，NaCl溶液应尽量达到饱和，碳化时CO_2气体的浓度应尽可能提高。在此基础上，溶液中游离氨的浓度适度提高，以保证较高的钠的利用率。实际生产中，β 值不宜过高，因游离氨 f-NH$_3$ 过高，碳化过程中会有大量的 NH$_4$HCO$_3$ 随 NaHCO$_3$ 结晶析出，部分游离氨被尾气和重碱带走，造成氨的损失。因此要求氨母液Ⅱ中 β 值控制在 1.04～1.12。

（3）γ 值是指氨母液Ⅱ中 Na$^+$ 浓度与结合氨浓度 c-NH$_3$ 的比值 γ 值的大小标志着加入原料氯化钠的多少。根据同离子效应，加入的氯化钠越多，氨母液Ⅰ中结合氨浓度越低，γ 值越大，单位体积溶液的 NH$_4$Cl 产率越大。但 NaCl 在溶液中的量与溶液的温度相关，即与该温度条件下 NaCl 溶解度相关。

生产中为了提高 NH$_4$Cl 产率，避免过量 NaCl 与产品共结晶，一般盐析结晶器的温度为 10～15℃时，γ 值控制在 1.5～1.8。

子任务（三） 实现氯化铵结晶

● 任务发布

氯化铵结晶的工艺流程，按所选方法、制冷手段的不同而不同。根据所学知识和查阅资料，请总结出并料流程和逆料流程的特点、适用条件及典型工艺，并填入表 5-8。

表 5-8 并料流程和逆料流程的适用条件及典型工艺

氯化铵结晶工艺流程	特点	适用条件	典型工艺
并料流程			
逆料流程			

● 任务精讲

氯化铵结晶是联碱法生产过程的一个重要步骤，它不仅是生产氯化铵的过程，同时也密切影响制碱的过程与质量。氯化铵的结晶是通过冷冻和加入氯化钠产生同离子效应而发生盐析作用来实现的，同时获得合乎要求的氨母液Ⅱ。

一、氯化铵的结晶条件

（一）过饱和度

在碳化塔中，溶液连续不断地吸收 CO$_2$ 而生成 NaHCO$_3$，当其浓度超过了该温度下的溶解度，并且形成过饱和时才有结晶析出。氯化铵的析出并不是由于逐步增加浓度而使其超过溶解度，而是溶液在一定浓度条件下，降低温度所形成的对应温度下的过饱和后而析出的。对一种过饱和溶液，如果使之缓慢冷却，则仍可保持较长一段时间不析出结晶。

（二）氯化铵结晶条件的控制

从溶液到析晶，可分为过饱和的形成、晶核生成和晶粒成长三个阶段，为了得到较大的均匀晶体，必须避免大量析出晶核，同时促进一定数量的晶核不断成长。影响晶核成长速度和大小的因素主要有以下几个方面。

1. 溶液的成分

不同母液组成具有不同的过饱和极限，溶液的成分是影响结晶粒度的主要因素。氨母液Ⅰ的介稳区较宽，而母液Ⅱ的介稳区较窄。介稳区较窄，使操作易超出介稳区范围，造成晶核数量增多，粒度减小。

2. 搅拌强度

适当增加搅拌强度，可以降低溶液的过饱和度，并使其不超过饱和极限，从而减少骤然大量析晶的可能。但过分激烈搅拌将使介稳区缩小而易出现结晶，同时颗粒间的互相摩擦、撞击会使结晶粉碎，因此搅拌强度要适当。

3. 冷却速度

冷却越快，过饱和度必然有很快的增大的趋势，容易超出介稳区，析出大量晶核，从而不能得到大晶体。

4. 晶浆固液比

母液过饱和度的消失需要一定的结晶表面积。晶浆固液比高，结晶表面积大，过饱和度消失将更完全。这样不仅可使已有结晶长大，而且可防止过饱和度积累，减少细晶出现，故应保持适当的晶浆固液比。

5. 结晶停留时间

停留时间为结晶器内结晶盘存量与单位时间产量之比。在结晶器内，结晶停留时间长，有利于结晶粒子的长大。当结晶器内的晶浆固液比一定时，结晶盘存量也一定。因此当单位时间的产量小时，则停留时间就长，从而可获得大颗粒晶体。

二、氯化铵结晶设备——结晶器

结晶器是氯化铵结晶的主体设备，母液过饱和度的消失、晶核的生成及长大都在结晶器中进行。当前使用的结晶器属于奥斯陆（OSLO）外冷式。

结晶器在设计和制造时必须满足以下要求。

（1）应有足够的容积和高度　为了稳定结晶质量，一般要求在结晶器内结晶停留时间大于8h。盐析结晶器负荷比冷析结晶器大，所以盐析结晶器的容积应较冷析结晶器大，结晶器的悬浮段是产生结晶的关键段，一般应高3m。

（2）要有分级作用　当含氯化铵的过饱和溶液通过晶浆浆层，在中心管外的环形截面上升时，产生对晶粒的上升力，在一定流速与晶浆固液比条件下，悬浮出一定大小的晶粒。结晶器的分级作用是通过不同表观流速来实现的。所以要求结晶器清液段直径要大，以降低其表观流速（0.0150.02m/s）；对于悬浮层，为了悬浮一定粒度的结晶，要求有较大的表观流速（0.025～0.05m/s），直径应较清液段小。因此结晶器上部直径大，中部直径小。上述表观流速，下限适用于盐析，上限适用于冷析。

（3）晶浆取出口的位置要合适　应在不降低取出晶浆固液比的前提下尽量提高晶浆取出口位置，以降低产品的含盐量。

（4）结晶器内壁应力求平整、光滑，减少死角。

三、氯化铵结晶工艺

氯化铵结晶的工艺流程，按所选方法、制冷手段的不同而不同。

（一）并料流程

在母液Ⅱ中析出氯化铵分为两步，先冷析后盐析，然后分别取出晶浆，再稠厚分离出氯化铵，此即并料流程。并料工艺流程如图5-17所示。

从制碱来的母液Ⅰ吸氨后成为氨母液Ⅰ，在换热器中与母液Ⅱ进行换热以降低温度，经流量计后，与外冷器的循环母液一起进入冷析结晶器的中央循环管，到结晶器底部再折回上升。冷析结晶器的母液由冷析轴流泵送至外冷器，换热降温后经冷析器中央循环管回到冷析结晶器底部。

如此循环冷却，以保持结晶器内一定的温度。结晶器内，降温形成的氯化铵过饱和会逐渐消失，并促使结晶的生成和长大。

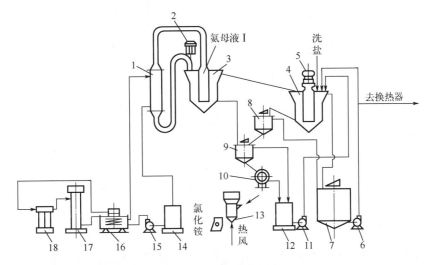

图 5-17　并料工艺流程图

1—外冷器；2—冷析轴流泵；3—冷析结晶器；4—盐析结晶器；5—盐析轴流泵；6—母液Ⅰ泵；7—母液Ⅰ桶；
8—盐析稠厚器；9—混合稠厚器；10—滤铵机；11—滤液泵；12—滤液桶；13—干铵炉；14—盐水桶；
15—盐水泵；16—氨蒸发器；17—氨冷凝器；18—氨压缩机

　　由于大量液体循环流动，所以晶体呈悬浮状，上部清液为半母液Ⅱ，溢流进入盐析结晶器的中央循环管。由洗盐工段送来的精洗盐也加入盐析结晶器中央循环管，与母液Ⅱ一起由结晶器下部均匀分布上升，逐渐溶解，借同离子效应析出 NH_4Cl 结晶。盐析轴流泵不断地将盐析结晶器内母液抽出，再压入中央循环管，使盐析晶浆与冷析结晶器中物料一样，呈悬浮结晶状。

　　盐析结晶器上部清液流入母液Ⅱ桶，用泵送至换热器与氨母液Ⅰ换热，再去吸氨制成氨母液Ⅱ后，用以制碱。

　　两结晶器的晶浆，都是利用系统内自身静压取出。盐析晶浆先入盐析稠厚器，盐析稠厚器内高浓度晶浆由下部自压流入混合稠厚器，与冷析晶浆混合。盐析晶浆中含盐较高，在混合稠厚器中，用纯度较高并有溶解能力的冷析晶浆来进行洗涤，并一起稠厚，如此可提高产品质量。稠厚晶浆用滤铵机分离，固体 NH_4Cl 用皮带输送至干铵炉进行干燥。滤液与混合稠厚器溢流液一起流入滤液桶，用泵送回盐析结晶器。从氨蒸发器来的低温盐水，进入外冷器管间上端，借助于盐析轴流泵在管间循环。经热交换后的盐水由外冷器管间下端流回盐水桶，并用泵送回氨蒸发器，在蒸发器中，利用液氨蒸发吸热使盐水降温。气化后的氨气进氨压缩机，经压缩后进氨冷凝器，以冷却水间接冷却降温，使氨气液化，再回氨蒸发器，供盐水降温用。工业上，将如此不断地循环称为冰机系统。

（二）逆料流程

　　逆料流程，是将盐析结晶器的结晶借助于晶浆泵或压缩空气气升设备送回冷析结晶器的晶床中，而产品全部从冷析结晶器中取出，其流程简图如图 5-18 所示。

　　半母液由冷析结晶器溢流到盐析结晶器中，经加盐再析结晶，因此结晶须经过两个结晶器，停留时间较长，故加盐量可以接近饱和。盐析结晶器中的晶浆返回到冷析结晶器中，冷析结晶器中的晶浆导入稠厚器，经稠厚后去滤铵机分离得到 NH_4Cl 产品。在盐析结晶器上部溢流出来的母液Ⅰ，送去与氨母液Ⅰ换热。

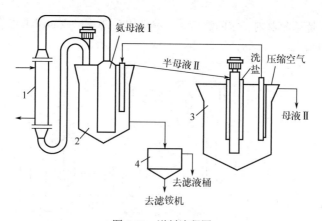

图 5-18 逆料流程图

1—外冷器；2—冷析结晶器；3—盐析结晶器；4—稠厚器

近年来，我国已对此晶液逆向流动的流程，取得良好的试验和使用效果。它具有以下突出特点：

（1）由于析结晶器中的结晶送至冷析结晶悬浮层内，使固体洗盐在Na浓度较低的半母液Ⅱ中可以充分溶解。与并料流程相比，总的产品纯度可以提高。在并料流程中，在冷析结晶器可得到颗粒较大、质量较高的精铵，而逆料流程则不能制取精铵。

（2）逆料流程对原盐的粒度要求不高，不像并料流程那样严格，但仍能得到合格产品。可使盐析结晶器在接近NaCl饱和浓度的条件下进行操作，可提高设备的利用率，相对盐析结晶器而言，控制也较容易掌握。

（3）由于析结晶器允许在接近 NaCl 饱和浓度的条件下操作，因此，可提高 γ 值，使母液Ⅱ的结合氨降低，从而提高了产率，母液的当量体积可以减少。

任务巩固

一、填空题

1. 生产纯碱最重要的方法为_____、_____和天然碱加工。

2. 联碱法中制铵，为使 NH_4Cl 更完全地沉析出来，工艺采取_____、_____两步。

3. 氨碱法工艺流程中，可循环利用的有_____和_____。

4. 联碱法工艺流程中，可循环利用的有_____和_____。

5. 根据联合制碱示意图（图 5-15），根据图示回答下列问题：

（1）过滤出 $NaHCO_3$ 后的母液Ⅰ（MI）中主要含有_____、_____、_____和_____四种离子。

（2）母液Ⅰ吸氨的离子方程式可表示为_____。该反应发生时，可防止_____和_____与 NH_4Cl 在冷析与盐析时一起析出。

（3）冷析后、盐析前的母液_____（是/不是）NH_4Cl 的饱和溶液，_____（是/不是）$NaCl$ 的饱和溶液。

二、选择题

1. 联碱法制纯碱的主要原料是（　　）。

    A. $NaCl$、NH_3、CO_2　　　　　　　　B. $NaCl$、石灰石

    C. $NaOH$、CO_2　　　　　　　　　　　D. NH_3、CO_2

2. 氨碱法制纯碱的主要原料是（　　）。

A. NaCl、NH₃ $\qquad$ B. NaCl、石灰石、NH₃

C. NaOH、石灰石 $\qquad$ D. NH₃、CO₂

3. 工业上生产纯碱过滤时，所用过滤装置大多数采用（　　）。

    A. 回转真空过滤机 $\qquad$ B. 离心分离机

    C. 板框式压滤机 $\qquad$ D. 常压过滤机

4. 侯德榜法（联碱法）制纯碱，其副产物是（　　）。

    A. 碳酸氢钙 $\qquad$ B. 碳酸氢铵 $\qquad$ C. 氯化铵 $\qquad$ D. 氯化钙

5. 联合制碱法生产的产品是（　　）。

    A. NaCl 和 NaOH $\qquad$ B. Na₂CO₃ 和 CaCl₂

    C. Na₂CO₃ 和 NH₄Cl $\qquad$ D. NaHCO₃ 和 NH₄Cl

6. 氨碱制碱法生产的主要产物是（　　）。

    A. NaCl 和 NaOH $\qquad$ B. Na₂CO₃ 和 CaCl₂

    C. Na₂CO₃ 和 NH₄Cl $\qquad$ D. NaHCO₃ 和 NH₄Cl

7. 制碱工艺中，氨液 Ⅱ 吸收 CO_2 产生 $NaHCO_3$，所使用的设备是（　　）。

    A. 煅烧炉 $\qquad$ B. 提升管反应器

    C. 沸腾炉 $\qquad$ D. 碳化塔

8. 制碱工艺中，将 $NaHCO_3$ 转变为 Na_2CO_3 所使用的设备是（　　）。

    A. 煅烧炉 $\qquad$ B. 管式炉

    C. 沸腾炉 $\qquad$ D. 碳化塔

三、简答题

1. 分别写出氨碱法和联碱法的原料；氨和二氧化碳来源的化学方程式。

2. 侯德榜法制铵时，为尽量获得较多的铵产品，可采取哪两种措施？为什么？

任务四　设计氨碱法制碱生产工艺总流程与操作仿真系统

🔄 任务情境

    氨碱法制碱以食盐和石灰石为原料，以氨为媒介，进行一系列化学反应和工艺过程而制得。主要包括石灰石煅烧、石灰乳制备、盐硝分离、蒸氨、吸氨、碳酸化、重碱过滤、轻灰煅烧、重灰煅烧、凉碱等工段。作为一名合格的氨碱法生产技术人员，要对生产工艺流程了然于心，能明确工艺参数控制指标及波动范围，并熟练通过仿真操作系统完成工艺控制。

📚 任务目标

素质目标：

全面提升科学素养、工程实践能力、综合能力以及安全意识。

知识目标：

1. 掌握氨碱法制碱工业生产的总工艺流程。

2. 掌握氨碱法制碱生产过程中的安全、卫生防护等知识。

能力目标：

1. 能够设计氨碱法制碱工业生产的总工艺流程。

2. 能够按照操作规程进行生产工段的开车操作。

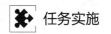 **任务实施**

子任务（一） 设计与选择合理工艺流程

● **任务发布** ....

请以小组为单位，设计出氨碱法制碱生产的总工艺流程（方块流程图即可）。小组进行成果展示与工艺讲解，其余小组根据表 5-9 进行评分，指出错误并做出点评。

表 5-9 氨碱法制碱生产工艺总流程评分标准

序号	考核内容	考核要点	配分	评分标准	扣分	得分	备注
1	流程设计	设计合理	30	设计不合理一处扣 5 分			
		环节齐全	30	环节缺失一处扣 5 分			
2	流程绘制	排布合理	5	排布不合理扣 5 分			
		图纸清晰	5	图纸不清晰扣 5 分			
		边框	5	缺失扣 5 分			
		标题栏	5	缺失扣 5 分			
3	流程讲解	表达清晰、准确	10	根据工艺讲解情况，酌情评分			
		准备充分，回答有理有据	10	根据问答情况，酌情评分			
合计			100				

● **任务精讲** ....

氨碱法制碱生产总工艺流程如图 5-19 所示。按照 1t 石灰石与 60～80kg 焦炭的配比，将石灰石与焦炭投入石灰窑中煅烧，石灰石高温分解为 CaO 与 CO_2，产生的 CO_2 经除尘洁净后作为工艺气使用，称之为窑气，而产生的 CaO 则送往化灰机，与水反应制得灰乳 $Ca(OH)_2$。

窑气经压缩后分三部分送往碳酸化工段，一部分作为清洗气由碳化塔（清洗塔）底部，与自上而下的氨盐水逆流接触，该过程一方面清洗碳化塔制碱过程中的结垢、结疤，另一方面制得碳化氨盐水（又称"中和水"），进行预碳化；一部分作为中段气从碳化塔（制碱塔）中部进入；另一部分窑气与碱煅烧来的炉气混合作为下段气从碳化塔（制碱塔）底部进入，中段气与下段气都与自上而下来的碳化氨盐水逆流接触制碱，生成 $NaHCO_3$ 结晶，由于该结晶过程对温度较敏感，所以在碳化塔（制碱塔）水箱通入冷却水控制温度。析出的碳酸氢钠结晶称为晶浆，送入过滤工段。

自碳化塔（制碱塔）底部来的碳酸氢钠悬浮液（晶浆）经泵打入转鼓真空过滤机，转鼓真空过滤机运转过程中，一方面借来自压缩工段的真空泵气体的抽力进行真空过滤；另一方面用洗水洗涤，过滤后的湿重碱产品经皮带送往煅烧车间，滤过母液送往蒸氨工段。

湿重碱经预混器与返碱充分混合后，由炉头送入轻灰蒸汽煅烧炉，高温反应后产生的轻质碱（又称"轻灰"）由炉尾出来，一部分作为返碱返回预混器与湿重碱混合，调节湿重碱的水分，另一部分去重灰煅烧炉；煅烧过程中产生的炉气先经旋风分离器分离大部分碱尘，再经碱尘吸收塔洗涤碱尘、炉气冷凝塔降温及炉气洗涤塔洗涤后，送往压缩工段压缩，作为碳化制碱的工艺气。轻灰首先进入水合机，与一定比例的软水混合生成一水合碱结晶（$Na_2CO_3 \cdot H_2O$）后进入重灰煅烧炉，重灰煅烧炉返碱方式为自身返碱，经高温煅烧成重质碱（又称"重灰"），重灰送凉碱工段进行凉碱。

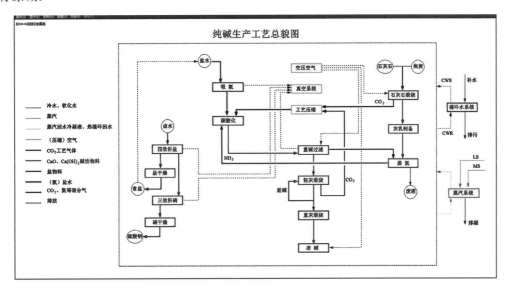

图 5-19　氨碱法制纯碱生产总工艺流程图

　　滤过工段来的母液依次经过冷凝器、游离氨塔、固定氨塔，与依次流经固定氨塔、游离氨塔、冷凝器的加热蒸汽逆向接触，母液中的氨、CO_2 被蒸出，作为蒸氨气送往吸氨工段。其蒸氨过程为：滤过母液在冷凝器中与游离氨塔出来的蒸氨气进行逆向换热，蒸氨气被部分冷凝，而滤过母液则被加热升温，自流进入游离氨塔顶部，与固定氨塔来的上升蒸气逆流接触换热，蒸出大部分游离氨和二氧化碳。液体自塔下流出为预热母液，经预热母液泵输送至预灰桶，与预灰桶内的灰乳、石灰粉进行充分反应（反应液即为调和液），将大部分的固定氨（NH_4Cl）分解为游离氨，调和液经沉砂器除砂后由调和液泵打入固定氨塔上部，与管廊来的蒸气逆向换热，蒸出氨、二氧化碳。与滤过母液换热后蒸氨气被部分冷凝，经冷却器进一步降温后作为废淡液送至淡液塔上部，煅烧工段来的炉气冷凝液由淡液塔中部进入，与底部进入的蒸气逆流接触换热，进一步蒸出氨和二氧化碳。

　　精盐水分别送到碳化尾气吸收塔、高真空尾气吸收塔、低真空尾气吸收塔顶部，分别吸收碳化尾气和高、低真空吸收尾气中的氨、CO_2，底部出来的氨氨盐水进入高真空吸收塔顶部，与从淡液塔来的氨、CO_2 并流吸收，吸收后的尾气进入高真空尾气吸收塔底部，与精盐水逆流吸收；高真空吸收塔塔底出来的半氨盐水经泵打至低真空吸收塔上部，与蒸氨工段来的蒸氨气并流吸收，自塔底的氨盐水储桶段经泵送至碳酸化工段。低真空吸收塔来的尾气进入低真空尾气吸收塔底部，高、低真空尾气吸收塔内尾气都用精盐水逆流吸收，吸收后的气体由塔顶排出。

　　精盐水吸氨工段来的合格氨盐水，送到碳酸化清洗塔上部，同时在塔底加入清洗气进行逆流吸收。清洗塔有两个作用：进行预碳酸化及清洗碳化塔内的结疤物。从清洗塔下部出来的液体成为碳化氨盐水，碳化氨盐水经泵送至碳酸化制碱塔，在制碱塔内碳化氨盐水与塔中部进入的中段气和塔下部进入的下段气逆流吸收进行化学反应，生成碳酸氢钠悬浮液，并从塔底排出经泵送往滤过工段。清洗塔和制碱塔排放的尾气则由塔顶排出，进入碳化尾气吸收塔回收氨和 CO_2 后放空。

子任务（二） 熟知设备与工艺参数

● 任务发布

根据图 5-20、图 5-21、图 5-22，找出氨碱法制碱生产中涉及主要工段的主要设备，思考设备的主要作用，以小组为单位完成表 5-10。

表 5-10 氨碱法制碱生产主要设备

工段	设备位号	设备名称	流入物料	流出物料	设备主要作用
碳酸化工段					
蒸氨工段					
四效盐析工段					

● 任务精讲

本工艺流程以氨碱法生产工艺仿真系统为例进行实操训练，其碳酸化、蒸氨和四效盐析等工段仿真 DCS 图分别如图 5-20、图 5-21、图 5-22 所示。

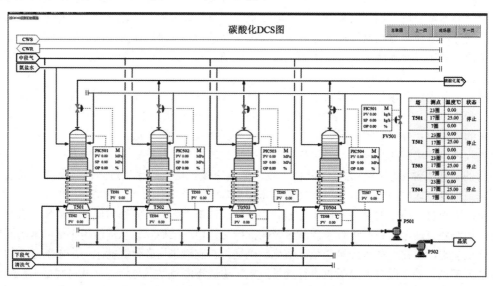

图 5-20　氨碱法制纯碱碳酸化工段仿真 DCS 图

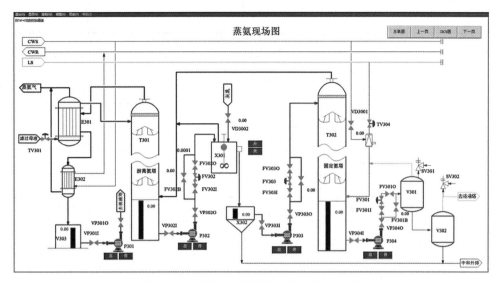

图 5-21 氨碱法制纯碱蒸氨工段仿真 DCS 图

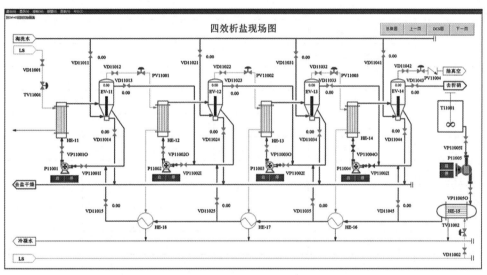

图 5-22 氨碱法制纯碱四效盐析工段仿真 DCS 图

子任务（三） 挑战完成生产工艺开车操作

● **任务发布**

请根据氨碱法制纯碱生产冷态开车需求设计典型岗位设置方案，并按操作规程完成氨碱法生产纯碱全流程的 DCS 仿真系统的冷态开车，并填写表 5-11。

表 5-11 合成氨冷态开车仿真操作完成情况记录表

工段	序号	步骤	完成情况	未完成原因	改进措施
灰乳制备工段	1	鼓风准备			
	2	烧窑			

工段	序号	步骤	完成情况	未完成原因	改进措施
灰乳制备工段	3	窑气制备			
	4	化灰			
蒸氨吸氨工段	1	蒸汽暖塔			
	2	蒸氨系统通料			
	3	抽真空操作			
	4	吸氨系统			
碳酸化工段	1	工艺气压缩			
	2	清洗塔开车			
	3	制碱塔开车			
重碱过滤工段	1	真空系统开车			
	2	空压机启动			
	3	过滤系统开车			
轻灰煅烧	1	开车准备			
	2	投碱			
重灰煅烧	1	开车准备			
	2	投碱			
凉碱工段	1	压缩空气系统			
	2	凉碱系统			
四效蒸发制盐	1	真空系统			
	2	蒸发进料			
盐干燥	1	脱水			
	2	干燥			
三效蒸发制硝	1	真空系统			
	2	蒸发进料			
硝干燥	1	脱水			
	2	干燥			
循环水系统	1	启动			

● **任务精讲** ···

一、岗位设置方案

氯碱法生产纯碱冷态开车的岗位设置通常包括以下几个关键部分。

（一）开车领导小组

负责整个冷态开车过程的组织、协调和指挥，确保各岗位按照开车方案有序进行，并解决开车过程中出现的重大问题。

（二）具体操作岗位

1. 氯碱电解岗位

负责氯碱电解槽的操作和调整，监控并调整电解工艺参数，如电流密度、电压、温度等，确保电解过程的稳定进行。在冷态开车时，还需负责电解槽的预热、升温以及电解液的准备和循环等工作。

2. 盐水精制岗位

负责盐水的精制处理，确保盐水质量符合电解要求。在冷态开车前，需要检查盐水精制设备是否完好，并按照操作规程进行盐水精制操作。

3. 纯碱制备岗位

负责将电解产生的氯气和氢气以及其他原料进行化学反应，制备纯碱。在冷态开车时，需要确保反应设备的正常运行，并调整反应条件以达到最佳生产效果。

4. 设备维护岗位

负责氯碱法生产设备的日常维护和保养。在冷态开车前，需要对设备进行全面检查，确保设备处于良好状态。在开车过程中，还需要及时解决设备出现的故障和问题。

5. 安全环保岗位

负责氯碱法生产过程中的安全环保工作。在冷态开车时，需要监督各岗位的安全操作，确保生产过程中的安全和环保。同时，还需要负责应急预案的制定和实施，以应对可能出现的紧急情况。

6. 中控室操作岗位

负责整个氯碱法生产装置的集中监控和操作。在冷态开车过程中，需要通过中控系统实时监测各岗位的运行情况，及时发出指令进行调整。

（三）辅助岗位

1. 化验分析岗位

负责原料、中间产品和最终产品的化验分析工作，确保产品质量符合标准。

2. 公用工程岗位

负责提供生产所需的蒸汽、冷却水、压缩空气等公用工程服务。

3. 物资供应岗位

负责生产所需原料、备品、备件的采购和供应工作。

这些岗位共同协作，确保氯碱法生产纯碱冷态开车的顺利进行和生产的稳定运行。具体的岗位设置可能会因企业的实际情况、生产规模以及自动化程度而有所不同。

二、冷态开车注意事项

氨碱法生产纯碱工艺冷态开车，涉及灰乳制备、蒸氨吸氨、碳酸化系统、重碱过滤、轻灰煅烧、重灰煅烧、盐干燥、三效蒸发制硝工序开车，过程较为复杂，注意事项如下。

（一）设备检查与准备

1. 设备状态检查

在进行冷态开车前，应全面检查设备的状态，包括设备的密封性、加热介质的充足性、各阀门的灵活性以及安全装置的完好性。确保设备周围没有危险物品，且设备符合冷态开车的要求。

2. 加热介质准备

加热介质应充足，并符合生产要求。在开车前，应检查加热介质的储存量和质量，确保其能够满足生产需要。

3. 电机与电气检查

检查电机及接地是否完整，绝缘是否合格，靠背轮是否齐全、有无松动，安全罩是否良好。联系电工送电后，启动电机，检查运转方向是否正确，响声是否正常，电流是否过大。

（二）开车步骤与操作

1. 缓慢升温

在开启设备时，应逐渐增加加热功率，使设备逐渐升温。避免因突然加热导致设备受损或发生安全事故。

升温过程中，应密切监测设备的运行状态，及时调整加热功率和加热介质的流量。

2. 监测与调整

在设备升温过程中，需要不断监测设备的运行状态，包括温度、压力、流量等参数。

根据监测结果，及时调整加热功率和加热介质的流量，以确保设备升温速度逐渐加快并达到正常操作温度。

3. 注意密封性

冷态开车过程中，设备处于低温状态，加热设备会产生热胀冷缩的现象，容易导致设备泄漏。因此，应特别注意设备的密封性，及时检查并处理泄漏问题。

（三）安全与环保

1. 防止超温、超压

在开车过程中，应严格控制设备的温度和压力，避免因超温、超压导致设备损坏或发生安全事故。

2. 注意排放与回收

开车过程中产生的废气、废液等应妥善处理，符合环保要求。特别是氨气的排放，应严格控制，避免对环境造成污染。

3. 紧急停车处理

如遇紧急情况，应立即停车并采取相应的处理措施。停车后，应关闭相关阀门和电源，确保设备处于安全状态。

（四）记录与交接

1. 记录开车情况

在开车过程中，应详细记录设备的运行状态、温度、压力等参数以及开车时间和情况。这有助于后续的设备维护和故障排查。

2. 交接与沟通

开车完成后，应与相关人员进行交接，确保设备处于正常运行状态。同时，应与生产、调度等部门保持沟通，确保生产流程的顺利进行。

氨碱法制纯碱冷态开车过程中需要注意设备检查与准备、开车步骤与操作、安全与环保以及记录与交接等方面的问题。通过严格遵守操作规程和注意事项，可以确保冷态开车的顺利进行和设备的长期稳定运行。通过扫描二维码，认真学习操作规程。

氨碱法生产纯碱工艺冷态开车操作规程

 任务巩固

1. 修改完善氨碱法制纯碱的总工艺流程图。

2. 在氨碱法制纯碱生产操作中，重点设备和工艺参数有哪些？

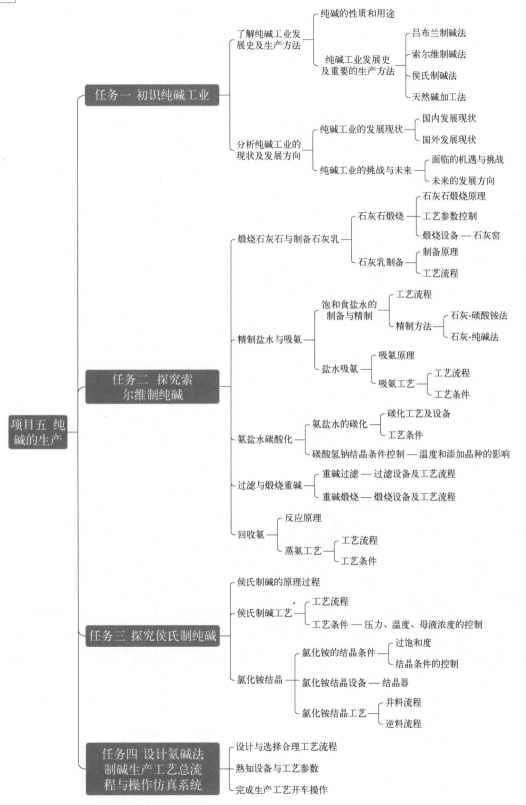

考核方式	考核内容					原因分析及改进（建议）措施
	考核细则	评价等级				
		A	B	C	D	
学生自评	兴趣度	高	较高	一般	较低	
	任务完成情况	按规定时间和要求完成任务，且成果具有一定创新性	按规定时间和要求完成任务，但成果创新性不足	未按规定时间和要求完成任务，任务进程达80%	未按规定时间和要求完成任务，任务进程不足80%	
	课堂表现	主动思考、积极发言，能提出创新解决方案和思路	有一定思路，但创新不足，偶有发言	几乎不主动发言，缺乏主动思考	不主动发言，没有思路	
	小组合作情况	合作度高，配合度好，组内贡献度高	合作度较高，配合度较好，组内贡献度较高	合作度一般，配合度一般，组内贡献度一般	几乎不与小组合作，配合度较差，组内贡献度较差	
	实操结果	90分以上	80～89分	60～79分	60分以下	
组内互评	课堂表现	主动思考、积极发言，能提出创新解决方案和思路	有一定思路，但创新不足，偶有发言	几乎不主动发言，缺乏主动思考	不主动发言，没有思路	
	小组合作情况	合作度高，配合度好，组内贡献度高	合作度较高，配合度较好，组内贡献度较高	合作度一般，配合度一般，组内贡献度一般	几乎不与小组合作，配合度较差，组内贡献度较差	
组间评价	小组成果	任务完成，成果具有一定创新性，且表述清晰流畅	任务完成，成果创新性不足，但表述清晰流畅	任务完成进程达80%，且表达不清晰	任务进程不足80%，且表达不清晰	
教师评价	课堂表现	优秀	良好	一般	较差	
	线上精品课	优秀	良好	一般	较差	
	任务巩固环节	90分以上	80～89分	60～79分	60分以下	
综合评价		优秀	良好	一般	较差	

项目六

乙烯的生产

乙烯是世界上产量最大的化学产品之一，乙烯工业是石油化工产业的核心，乙烯产品占石化产品的 75% 以上，在国民经济中占有重要的地位，是衡量一个国家石油化工发展水平的重要标志之一。

本项目基于工业上乙烯生产的职业情境，以学生个体作为乙烯生产的现场操作工，通过查阅乙烯生产相关资料，收集技术数据，参照工艺流程图、设备图等，对乙烯生产过程进行工艺分析，选择合理的工艺条件。并利用仿真软件，按照操作规程，进行反应和分离装置的开车、正常运行和停车操作，在操作过程中监控仪表、正常调节机泵和阀门，遇到异常现象时能发现故障原因并排除，保证生产和分离过程的正常运行，生产出合格的产品。

 工匠园地

乙烯追梦人——薛魁

薛魁，中共党员，现就职于中国石油新疆独山子石化公司，高级技师、中国石油技能专家。先后荣获全国技术能手、全国五一劳动奖章、中国青年五四奖章标兵、新疆维吾尔自治区突出贡献高技能人才、中国石油劳动模范、全国就业之星、中华技师、大国工匠等荣誉称号，享受国务院政府特殊津贴。

乙烯追梦人
——薛魁

任务一　初识乙烯工业

任务情境

乙烯是石油化工最基本的原料，也是生产各种重要的有机化工产品的基础，它的发展带动着整个有机化工的发展。因此，世界上已将乙烯产量作为衡量一个国家石油化工发展水平的重要标志之一。请查阅资料，了解乙烯的性质和用途，与石油化工的关系，及国内外乙烯的生产现状。

 任务目标

素质目标：
培养严谨的科学态度，树立工业强国的意识和信心。

知识目标：
1. 了解乙烯的性质和用途。
2. 理解乙烯与石油化工的关系。

能力目标：
具备查询、收集乙烯行业动态信息的能力。

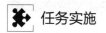

子任务（一） 认知乙烯与石油化工的关系

● **任务发布** ···

乙烯作为基本有机化工原料，其衍生物种类繁多，广泛应用于生活中的方方面面。请观察周围的生活用品，以小组为单位讨论，在衣、食、住、行、用等方面，有哪些乙烯衍生物制品。

● **任务精讲** ···

一、乙烯与石油化工的关系

1940 年，美孚石油公司建成了世界上第一套以炼厂气为原料的乙烯生产装置，开创了以乙烯装置为中心的石油化工历史。

二十世纪六七十年代是石油化工飞速发展的年代，八十年代以后，石油化工向现代化、大型化、综合利用、深度加工和精细化的方向发展。

石油作为石油和化学工业最主要的原料，按其加工和用途来划分有两大分支：一是石油炼制，即经过炼制生产各种燃料油（如汽油、煤油、柴油等）、润滑油、石蜡、沥青、焦炭等石油产品；二是石油加工，即把蒸馏得到的馏分油进行热裂解，分离出基本原料，再合成生产各种石化产品。炼油与化工相互依存，相互联系，衍生出庞大而且复杂的石油化工产业链，如图 6-1 所示。

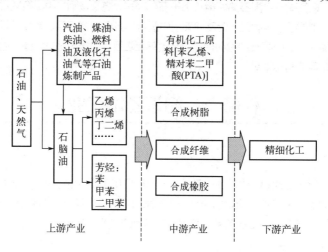

图 6-1 石油化工产业链

（一）乙烯是石油化工的标志

乙烯是石油化工的主要代表产品，在石油化工中占主导地位。乙烯装置生产的"三烯"和"三苯"是其他有机原料及三大合成材料的基础原料。乙烯原料的增长，带动和促进了三大合成材料和其他有机原料的增长。

2019 年各国乙烯产能分布占比情况统计表如表 6-1 所示。目前，中国的乙烯生产能力已超越各国成为全球最大的乙烯生产国。美国和沙特阿拉伯的乙烯产能位列二、三位。近些年，韩国乙烯产能大幅增加，正向乙烯生产大国挺进。

表 6-1　2019 年各国乙烯产能分布占比情况统计表

区域	乙烯产量占比/%	区域	乙烯产量占比/%
亚太	35	东欧	5
北美	24	南美	4
中东	17	非洲	1
西欧	14		

（二）乙烯是石油化工的基础材料

以乙烯为原料生产的主要化工产品如图 6-2 所示。

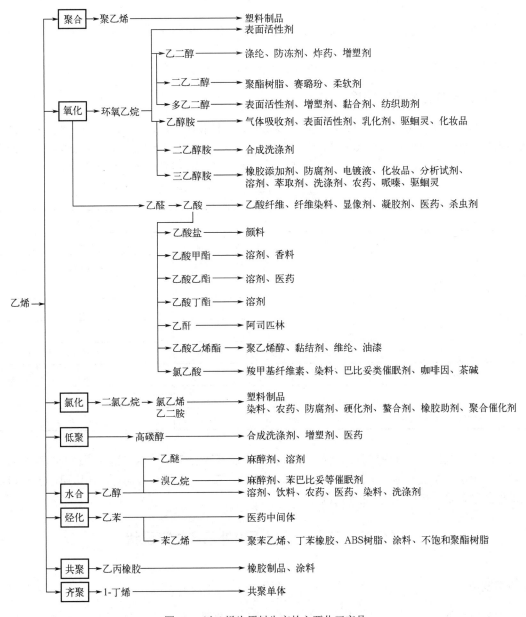

图 6-2　以乙烯为原料生产的主要化工产品

（三）石油化工包括的三大生产过程

1. 基本有机化工生产过程

以石油和天然气为起始原料，经炼制、热裂解、分离等步骤制得"三烯"（乙烯、丙烯、丁二烯）、"三苯"（苯、甲苯、二甲苯）、乙炔和萘等基本有机原料。

通过基本有机化工生产过程，可制得八大基础原料："三烯"、"三苯"、乙炔、萘。

2. 有机化工生产过程

在"三烯"、"三苯"、乙炔和萘的基础上，通过各种合成步骤制得醇、醛、酮、酸、酯、醚、腈类等有机原料。

通过有机化工生产过程，可制得十四种基本有机原料：甲醇、甲醛、乙醇、乙醛、乙酸、环氧乙烷、环氧氯丙烷、甘油、异丙醇、丙酮、丁醇、辛醇、苯酚、苯酐。

3. 高分子化工生产过程

在十四种基本有机原料的基础上，经过各种聚合、缩合步骤制得各种纤维、合成塑料、合成橡胶等最终产品。

通过高分子化工生产过程，可制得三大合成材料：纤维、塑料、橡胶。

二、乙烯的性质及其用途

乙烯是最简单的烯烃，分子式为 C_2H_4。少量存在于植物体内，是植物的一种代谢产物，能使植物生长减慢，促进叶落和果实成熟。常温常压下，乙烯为无色易燃气体。熔点-169.15℃，沸点-103.71℃。几乎不溶于水，难溶于乙醇，易溶于乙醚和丙酮。具体的物理性质见表6-2。

表6-2　乙烯物理性质

项目名称	单位	乙烯
熔点	℃	-169.15
沸点	℃	-103.71
闪电	℃	<-66.7
自然点	℃	543
临界温度	℃	909
临界压力	Pa（G）	$5.409×10^6$
临界密度	kg/m³	227
蒸发潜热	J/kg	$4.83×10^3$
在空气中的爆炸范围	$×10^{-2}$	2.7～36

乙烯是合成纤维、合成橡胶、合成塑料（聚乙烯及聚氯乙烯）、合成乙醇（酒精）的基本化工原料，也用于制造氯乙烯、苯乙烯、环氧乙烷、乙酸、乙醛、乙醇和炸药等，还可用作水果和蔬菜的催熟剂，是一种已证实的植物激素。

子任务（二）　分析国内外乙烯生产现状

● **任务发布** ....

乙烯作为重要的石化产品，其产能的变化历史也反映着世界石化产业的发展，请查阅资料，分析目前国内外的乙烯生产情况，并针对乙烯的生产现状和未来发展趋势写一份报告。

● 任务精讲 ··

一、国内乙烯生产现状

2011 年后，由于油价高企，我国煤制乙烯产能逐步扩展，煤制乙烯产能占比有一定提升。该工艺主要是通过煤炭替代石油生产甲醇，进而转化为乙烯、丙烯等。2010 年，第 1 套煤制乙烯装置——内蒙古神华包头煤化工有限公司 60 万吨/年煤制乙烯项目投入商业化运营，标志着我国已实现煤基甲醇制烯烃技术的工业化应用；2011 年，我国首套 20 万吨/年甲醇制乙烯项目投产；2014～2016 年是我国煤制烯烃项目的投产高峰期。截至 2021 年底，我国煤制烯烃生产能力达到 1115 万吨/年。

2022 年后，国内乙烯产能延续扩张态势，但产能增长较 2020 年和 2021 年有所放缓。2023～2025 年，国内仍有大量乙烯项目投产，投产概率极大的乙烯产能共计 1545 万吨/年。其中，油基乙烯将占绝大多数；气基乙烯新增产能面临较大不确定性，主要受限于海外乙烷供应稳定性；煤基乙烯新增产能规模将较为有限，主要由于各地区在"双碳"目标下陆续出台煤化工等行业产能控制政策。

截至 2022 年底，我国煤制烯烃生产能力超过 1100 万吨/年，成为全球最大的煤基烯烃生产国家。

未来几年，在中国和美国乙烯项目如期投产的前提下，中国依旧是全球最大的乙烯生产国家，并且美国规模较中国的差距将会越发扩大。

二、国外乙烯生产现状

21 世纪以来，全球乙烯产能主要经过三次扩张及产能地转移。随着发展中国家经济高速发展带来日益增长的化工产品需求，全球乙烯产能稳步增长，在 2009～2011 年乙烯经历了一段新的高峰投产期。新增产能主要来自中国和中东，三年总计新增乙烯产能超 2200 万吨。2011 年后，美国的页岩气革命带来了乙烷产乙烯的投量高峰，中国则经历了煤制乙烯产能的提升和近些年大炼化带来的乙烯产能扩张。

从整体产能来看，截至 2021 年，全球乙烯产能达到 2.1 亿吨/年，同比增长 6.2%。2021 年，世界乙烯装置总数约 340 座，乙烯装置的平均规模约为 62 万吨/年。

从产能分布地区和国家来看，2021 年，在中国乙烯产能推动下，亚太地区乙烯总产能已升至 8330 万吨/年，在世界乙烯总产能的占比从 2015 年的 36% 升至 40%。近年来，亚太地区乙烯产能始终保持快速增长态势，超过了欧美乙烯产能总和，其世界领先地位不断提升。

 任务巩固

一、选择题

1. 下列关于乙烯的性质说法错误的是（　　　）。
    A. 乙烯是无色气体，稍有气味
    B. 乙烯难溶于水，溶于乙醇、乙醚等有机试剂
    C. 乙烯在空气中燃烧火焰比甲烷的明亮，是因为其含碳量较低
    D. 乙烯能使酸性高锰酸钾溶液褪色
2. 乙烯的用途不包括（　　　）。
    A. 用于制造塑料　　　　　　　　　　B. 作为燃料大量使用

C. 作水果的催熟剂　　　　　　　　　D. 用于合成乙醇

3. 下列过程属于对石油的一次加工的是（　　　）。

    A. 烃类热裂解　　　　　　　　　　　B. 催化重整

    C. 催化裂化　　　　　　　　　　　　D. 常压蒸馏和减压蒸馏

4. 能鉴别乙烯和乙烷的试剂是（　　　）。

    A. 水　　　　　　　　　　　　　　　B. 稀硫酸

    C. 溴水　　　　　　　　　　　　　　D. 氢氧化钠溶液

二、填空题

1. 乙烯的分子式为_____，结构简式为_____。

2. 乙烯发生加成反应时，_____键断裂，与其他原子或原子团结合。

3. 乙烯在一定条件下发生加聚反应的化学方程式为_____，反应产物的名称是_____。

4. 基本有机化工中所说的"八大基础原料"指的是_____。

5. 石油化工生产过程可分为_____、_____和_____三大生产过程。

任务二　探究烃类热裂解制乙烯

任务情境

目前，世界上乙烯的生产主要以烃类裂解法为主。在化工生产过程中，工艺条件对化学反应的影响关系到生产过程的能力和效率。对于乙烯的生产，明确工艺条件尤为重要。

任务目标

素质目标：

培养科学严谨、求真细致的工作态度，树立高效率、低能耗的环保理念。

知识目标：

掌握烃类裂解制乙烯的生产原理和工艺条件。

能力目标：

能够根据生产原理分析、判断和选择乙烯生产过程中的工艺条件。

任务实施

子任务（一）　理解裂解原理与确定裂解工艺条件

● **任务发布** ···

烃类热裂解法是工业上应用最广泛的生产乙烯的方法，乙烯收率的大小与原料、裂解温度、裂解压力等条件息息相关。请查找资源，包括相应期刊、书籍、网络资源等，获取烃类裂解生产乙烯的工艺条件，记录下来，填写表6-3。

表 6-3　烃类热裂解生产乙烯的工艺条件

工艺指标	工艺条件
裂解温度	
裂解压力	
停留时间	
稀释剂	
水蒸气加入量	

● 任务精讲 ···

一、烃类热裂解的原理

（一）烃类热裂解的概念

将石油系烃类原料（乙烷、丙烷、液化石油气、石脑油、煤油、轻柴油、重柴油等）经高温作用，使烃类分子发生碳链断裂或脱氢反应，生成分子量较小的烯烃、烷烃和其他不同分子量的轻质烃和重质烃类。

石油烃热裂解的主要目的是生产"三烯""三苯"，即乙烯、丙烯、丁二烯以及苯、甲苯和二甲苯。它们都是重要的基本有机化工原料。裂解能力的大小以乙烯的产量来衡量。

烃类裂解与分离示意如图 6-3 所示。

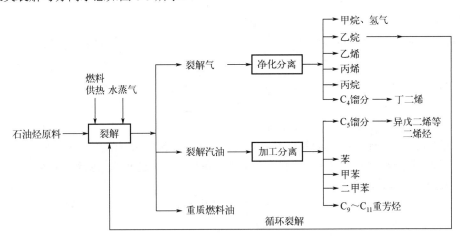

图 6-3　烃类裂解与分离示意图

（二）烃类热裂解的反应过程

即使是单一组分裂解，例如乙烷热裂解的产物有氢、甲烷、乙烯、丙烷、丙烯、丁烯、丁二烯、芳烃和碳五以上组分，还含有未反应的乙烷。在裂解产物中已经鉴别出的化合物多达百种以上。

烃类热裂解的化学反应有脱氢、断链、二烯合成、异构化、脱氢环化、脱烷基、叠合、歧化、聚合、脱氢交联和焦化等一系列复杂的反应。

烃类裂解过程中主要产物示意如图 6-4 所示。

一次反应：即由原料烃类（主要是烷烃、环烷烃）经热裂解生成乙烯和丙烯的反应。

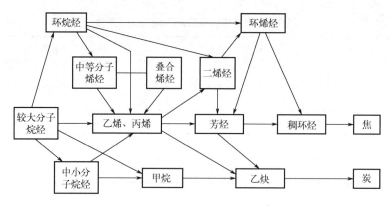

图 6-4　烃类裂解过程主要产物示意图

二次反应：主要是指一次反应产物（乙烯、丙烯等低分子烯烃）进一步发生反应生成多种产物，甚至最后生成焦或碳。

二次反应不仅降低了一次反应产物乙烯、丙烯的收率，而且生成的焦或碳会堵塞管道及设备，影响裂解操作的稳定。因此烃类裂解的生产工艺条件要有利于促进一次反应的进行，抑制二次反应的发生，最大程度地获得乙烯、丙烯等目的产物。

1. 烃类热裂解的一次反应

（1）链烷烃裂解的一次反应　链烷烃裂解的一次反应主要有以下几种。

① 脱氢反应。碳氢键的断裂反应，生成碳原子数相同的烯烃和氢，其通式如下：

$$R—CH_2—CH_3 \longrightarrow R—CH=CH_2+H_2 \tag{6-1}$$

脱氢反应是可逆反应，在一定条件下达到动态平衡。

② 断链反应。是碳碳键的断裂反应，反应产物是碳原子数较少的烷烃和烯烃，其通式为：

$$R—CH_2—CH_2—R' \longrightarrow R—CH=CH_2 + R'H \tag{6-2}$$

烷烃的裂解规律包括：同碳原子数的烷烃，C-H 键能大于 C-C 键能，故断链比脱氢容易；烷烃的相对热稳定性随碳链的增长而降低，它们的热稳定性顺序是 $CH_4 > C_2H_6 > C_3H_8 > \cdots\cdots >$ 高碳烷烃，越长的烃分子越容易断链；烷烃的脱氢能力与烷烃的分子结构有关。叔氢最易脱去，仲氢次之，伯氢又次之；带支链烃的 C-C 键或 C-H 键的键能小，易断裂。故有支链的烃容易裂解或脱氢。

（2）环烷烃热裂解的一次反应　原料中的环烷烃可以发生断链和脱氢反应，生成乙烯、丁烯、丁二烯、芳烃等。例如，环戊烷裂解：

$$\tag{6-3}$$

$CH_2=CH_2+CH_2=CH—CH_3$

$+H_2$

环己烷裂解：

$$\tag{6-4}$$

$CH_2=CH_2+CH_2=CH—CH=CH_2+H_2$

$CH_2=CH_2+CH_3—CH_2—CH=CH_2$

$+H_2$

裂解原料中环烷烃含量增加时，乙烯和丙烯收率会下降，丁二烯、芳烃的收率则有所增加。

环烷烃的裂解规律包括：带短侧链时，先断侧链再裂解；带长侧链时，先在侧链间断裂；侧链断裂产物，可能是烯烃、也可能是烷烃；脱氢成芳烃比开环容易；裂解时，五元碳环比六元碳环更稳定。

（3）烯烃热裂解的一次反应　烯烃在裂解条件下，可以分解生成较小分子的烯烃或二烯烃，裂解的结果，可以增加乙烯、丙烯收率。此反应在热力学上是有利的。

① 断链反应。

$$C_{m+n}H_{2(m+n)} \longrightarrow C_mH_{2m}+C_nH_{2n} \tag{6-5}$$

② 脱 H 反应。

$$C_4H_8 \longrightarrow C_4H_6+H_2 \tag{6-6}$$

（4）芳烃热裂解的一次反应

芳香烃的热稳定性很高，在一般的裂解温度下不易发生芳环开裂的反应，但可发生两类反应：一类是烷基芳烃的侧链发生断裂生成苯、甲苯、二甲苯等反应和脱氢反应；另一类是在较剧烈的裂解条件下，芳烃发生脱氢缩合反应。如苯脱氢缩合成联苯和萘等多环芳烃，多环芳烃还能继续脱氢缩合生成焦油直至结焦。

总之，正构烷烃是生产乙烯、丙烯的理想原料，且碳原子数愈少，收率愈高。各种烃类裂解难易顺序为：正构烷烃＞异构烷烃＞环烷烃（$C_6>C_5$）＞芳香烃。

2. 烃类热裂解的二次反应

烃类热裂解过程的二次反应远比一次反应复杂。原料经过一次反应生成了氢、甲烷和一些低分子量的烯烃（如乙烯、丙烯、丁烯、异丁烯、戊烯等），氢和甲烷在该裂解温度下很稳定，而烯烃则可继续反应。

在二次反应中除了较大分子的烯烃裂解能增产乙烯、丙烯外，其余的反应都要消耗乙烯，降低了乙烯的收率，因此应当尽量避免二次反应。

结焦生炭是二次反应，烃类经高温裂解反应，可逐步脱氢最终生成焦炭，此过程一般称为"生炭"；当生成的焦炭中含碳量约为 95% 以上，并含有少量氢时，一般称为"结焦"。

结焦生炭的途径如下：

（1）结焦反应　烃的结焦反应，要经过生成芳烃的中间阶段，芳烃在高温下发生脱氢缩合反应而形成多环芳烃，它们继续发生多阶段的脱氢缩合反应生成稠环芳烃。高沸点稠环芳烃是馏分油裂解结焦的主要母体，裂解焦油中含大量稠环芳烃，裂解生成的焦油越多，裂解过程中结焦越严重。

$$\text{烯烃} \xrightarrow{-H_2} \text{芳烃} \xrightarrow{-H_2} \text{多环芳烃} \xrightarrow{-H_2} \text{稠环芳烃} \xrightarrow{-H_2} \text{焦}$$

（2）生炭反应　裂解过程中生成的乙烯在 900～1000℃ 或更高的温度下经过乙炔阶段而生炭。如乙烯脱氢先生成乙炔，再由乙炔脱氢生成炭。

$$CH_2{=}CH_2 \xrightarrow{-H} CH_2{=}CH \cdot \xrightarrow{-H} CH{=}CH \xrightarrow{-H} CH{\equiv}C \cdot \xrightarrow{-H} \cdot C{\equiv}C \cdot \atop \xrightarrow[-H]{} C_n \tag{6-7}$$

结焦与生炭过程二者机理不同，结焦是在较低温度下（＜927℃）通过芳烃缩合而成，生炭是在较高温度下（＞927℃）通过生成乙炔的中间阶段，脱氢为稠合的碳原子，并且乙炔生成的炭不是断键生成单个碳原子，而是脱氢稠合成几百个碳原子。炭几乎不含氢，焦含有 0.1%～0.3% 微量氢。

3. 烃类热裂解的反应机理

烃类裂解的反应机理有自由基链反应机理。

1900 年 M.Gomberg 首次发现自由基的存在。

1934 年 F.O.Rice 用自由基链反应历程解释了低级烷烃热裂解反应规律。

自由基是一种具有未成对电子的原子或原子基团，它具有很高的化学活泼性。在通常条件下，自由基都是反应的中间产物，不能稳定存在，很容易与其他自由基或分子进行反应。

烃类热裂解过程甚为复杂。据研究认为烃类热裂解是自由基型链式反应。在高温下，C—C 键发生断链，形成非常活泼的反应基团——自由基，它很容易与其他自由基发生反应，现以轻柴油中的链烷烃为例说明。

自由基链式反应是分三个阶段进行的：

（1）链引发

$$R_1H \longrightarrow R_2 \cdot + R_3 \cdot \qquad (6\text{-}8)$$

（2）链传递

$$R_2 \cdot + R_1H \longrightarrow R_2H + R_1 \cdot \qquad (6\text{-}9)$$

$$R_3 \cdot + R_1H \longrightarrow R_3H + R_1 \cdot \qquad (6\text{-}10)$$

$$R_1 \cdot \longrightarrow C_nH_{2n} + R_4 \cdot \qquad (6\text{-}11)$$

（3）链终止

$$R_1 \cdot + R_4 \cdot \longrightarrow 生成物 \qquad (6\text{-}12)$$

首先，原料烃 R_1H 的 C—C 链在高温下断链生成两个游离自由基 $R_2 \cdot$ 和 $R_3 \cdot$，然后 $R_2 \cdot$ 和 $R_3 \cdot$ 与原料烃反应脱氢生成自由基 $R_1 \cdot$，由于 $R_1 \cdot$ 对热不稳定，所以 $R_1 \cdot$ 分解成烯烃 C_nH_{2n} 和自由基 $R_4 \cdot$，最后 $R_4 \cdot$ 和 $R_1 \cdot$ 反应生成稳定的生成物。因此，在高温条件下，各种烃类在这种机理的作用下，不断反应生成各种复杂产物，在合理时间控制下，可得到最佳目的产物。

二、烃类热裂解的原料

（一）裂解原料的来源

烃类裂解原料来源十分广泛，按其相态可分为气态原料和液态原料，气态原料主要包括天然气及炼厂气等，液态原料主要包括石油化工生产中原油蒸馏或各种一次加工所得到的多种馏分油。一般将馏分油分为轻质油及重质油两大类，轻质油包括石脑油、拔头油、抽余油以及常压瓦斯油（包括煤油、轻柴油）等；重质油主要指减压瓦斯油（包括重柴油、减压柴油等），轻质油比重质油裂解性能好，液态烃较气态烃的乙烯收率低，但来源丰富，运输方便，能获得较多丙烯、丁烯和芳烃。

裂解反应的
原理过程

烃类裂解原料按密度可分为轻质烃和重质烃，轻质烃包括乙烷、丙烷、丁烷、液化石油气，这类烃在美国大约占原料的 50%；重质烃包括石脑油、煤油、柴油、重油，这类烃在国内及西欧占原料的 80%~90%。常见的裂解原料包括天然气、炼厂气、石脑油、加氢焦化汽油等。石脑油是我国最主要的乙烯原料。

以石脑油为基础原料的乙烯生产企业面临最重大的挑战是乙烯原料的成本，降低原料成本要从装置大型化、原料多元化、原料轻质化、炼油化工一体化、新技术应用等方面综合考虑，同时轻烃裂解原料的选择和分离要根据市场上石脑油等裂解原料、烯烃以及衍生品的价格和企业裂解原料的自给能力等因素综合测算后确定。能提供乙烯原料的石油炼制装置流程见图 6-5。

炼厂气：重整、加氢裂化、催化裂化、延迟焦化生产装置提供。

拔头油：重整生产装置提供。

抽余油：芳烃抽提生产装置提供。

轻石脑油、石脑油：常压蒸馏生产装置提供。

常压柴油：常压蒸馏生产装置提供。

减压柴油：减压蒸馏生产装置提供。

加氢尾油：加氢裂化生产装置提供。

（二）裂解原料的评价指标

裂解原料种类繁多，原料性质对裂解结果有决定性的影响。表征裂解原料品质特性参数主要有族组成（PONA）、氢含量、特性因数（K）、芳烃指数（BMCI）。原料的重要物理常数（密度、黏度、胶质含量）以及化学杂质（硫含量、砷含量，铅、钒等金属含量，残碳等）。其中以 PONA、K、BMCI 及氢含量最为重要。PONA 增大、氢含量增大。K 增大、BMCI 减小时，乙烯收率均增大。

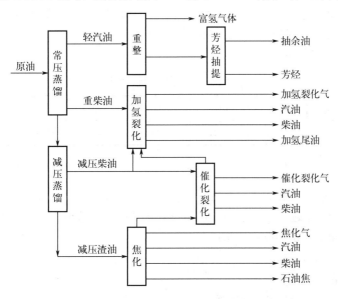

图 6-5　能提供乙烯原料的石油炼制装置流程示意图

1. 族组成

裂解原料油中的各种烃按其结构可以分为四大族，即烷烃族、烯烃族、环烷烃族和芳香族，这四大族的族组成以 PONA 值来表示，烷烃含量高、芳烃含量低的原料可获得较高乙烯产率。

以族组成表示的裂解原料的裂解规律如下。

① P：易生成乙烯和丙烯，正构烷比异构烷收率高；

② O：烯烃裂解性能不如烷烃；

③ N：易裂解生成丁二烯、芳烃，不易生成乙烯；

④ A：不易生成乙烯、丙烯，易生成重质烃，结焦。

不同原料裂解的主要产物收率如表 6-4 所示。

表 6-4　不同原料裂解的主要产物收率

裂解原料		乙烷	丙烷	石脑油	抽余油	轻柴油	重柴油
原料组成特征		P	P	P+N	P+N	P+N+A	P+N+A
主要产物收率	乙烯	84	44	31.7	32.9	28.8	25.0
	丙烯	1.4	15.6	13.0	15.5	13.5	12.4
	丁二烯	1.4	3.4	4.7	5.3	4.8	4.8
	混合芳烃	0.4	2.8	13.7	11.0	10.9	11.2
	其他	12.8	34.2	36.8	35.8	42.5	48.6

2. 氢含量

氢含量可以用裂解原料中所含氢的质量分数表示，原料氢含量越高，裂解性能越好，烷烃氢含量最高，环烷烃次之，芳烃最低。总之，含氢量与裂解产物的分配关系为：

氢含量顺序：P＞N＞A，乙烯收率：P＞N＞A

液体收率：P＜N＜A，易结焦倾向：P＜N＜A

裂解原料氢含量与乙烯收率的关系如图 6-6 所示。

3. 特性因数

特性因数 K 是表示烃类和石油馏分化学性质的一种参数。K 值以烷烃最高，环烷烃次之，芳烃最低，它反映了烃的氢饱和程度，乙烯和丙烯总体收率大体上随裂解原料特性因数的增大而增加。烃类的特性因数如表 6-5 所示。

表 6-5　烃类的特性因数

烃类	甲烷	乙烷	丙烷	丁烷	环戊烷	环己烷	甲苯	乙苯
特性因数 K	19.54	18.38	14.71	13.51	11.12	10.99	10.15	10.37

4. 芳烃指数

馏分油的芳烃指数表示油品芳烃的含量，芳烃指数越大，则油品的芳烃含量越高。一般而言，BMCI 越小，乙烯的产率越大；反之，BMCI 越大，乙烯的产率越小，结焦倾向越大。柴油裂解的 BMCI 值与乙烯收率的关系如图 6-7 所示。

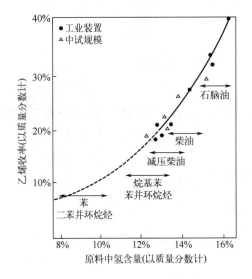 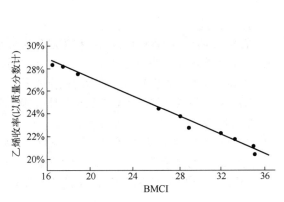

图 6-6　裂解原料中氢含量与乙烯收率的关系　　　图 6-7　柴油裂解的 BMCI 值与乙烯收率的关系

总之，表征裂解原料性质的参数如表 6-6 所示。

表 6-6　表征裂解原料性质的参数

参数名称	此参数说明的问题	此参数适用于评价何种原料	何种原料可获得较高乙烯产率
族组成（PONA）	能从本质上表征原料的化学特性	石脑油、柴油等	烷烃含量高，芳烃含量低
氢含量	氢含量的大小反应原料潜在乙烯含量的大小	各种原料都使用	氢含量高的或碳氢比低的
特性因数 K	特性因数的高低反映原料芳香性的强弱	主要用于液体原料	特性因数高
芳烃指数（BMCI）	BMCI 大小反应烷烃支链和直链比例的大小，反应芳香性的大小	柴油	芳烃指数小

三、烃类裂解制乙烯的工艺条件

在烃类裂解工艺过程中，影响裂解过程的主要因素有裂解温度、停留时间、裂解压力和稀释蒸汽的用量。高裂解温度、短停留时间、低烃分压有利于提高乙烯收率、抑制结焦生炭反应、延长运转周期。

（一）裂解温度

裂解是吸热反应，需要在高温下才能进行，提高温度有利于裂解一次反应的进行，但更有利于二次反应、生碳等副反应的进行。

提高反应温度，有利于提高一次反应对二次反应的相对反应速率，有利于乙烯收率的提高。但温度升高，一次、二次反应的绝对速度均加快，焦的绝对生成量增加。所以，高温时必须与停留时间分布相关联。裂解温度对烯烃收率的影响如图6-8所示。通常，裂解温度范围控制在750～900℃。

（二）停留时间

停留时间指物料从反应开始到达某一转化率时在反应器内经历的反应时间。由于二次反应，必有最佳停留时间使乙烯收率最大，但与温度有关。柴油裂解产物的温度-停留时间效应如图6-9所示。

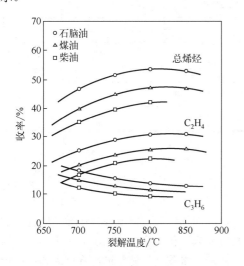

图 6-8　裂解温度对烯烃收率的影响　　　　图 6-9　柴油裂解产物的温度-停留时间效应

温度与停留时间对提高乙烯收率是一对互相依赖、制约的因素。二次反应是连串副反应，短停留时间有利于抑制副反应，进而提高乙烯和丙烯的收率。

石脑油［w(水蒸气)／w(石脑油)=0.6］裂解停留时间对裂解产物的影响如表6-7所示。

表 6-7　石脑油裂解停留时间对裂解产物的影响

实验条件及产物产率	实验1	实验2	实验3	实验4
停留时间/s	0.70	0.5	0.45	0.4
出口温度/℃	760.0	810.0	850.0	860.0
乙烯收率/%	24.0	26.0	29.0	30.0
丙烯收率/%	20.0	17.0	16.0	15.0
w（裂解汽油）/%	24.0	24.0	21.0	19.0
汽油中w（芳烃）/%	47.0	57.0	64.0	69.0

原料相同，烯烃收率随裂解深度增加而增加至一定值后呈下降趋势，且结焦趋势加重。裂解深度取决于裂解温度和停留时间，提高裂解温度和延长停留时间均可提高裂解深度，但是停留时间越长越容易发生二次反应。为获得最高的乙烯产率，应根据原料性质选择最适宜裂解深度。

总之，提高温度，缩短停留时间可抑制芳烃生成，减少液体收率和焦的生成。提高温度，缩短停留时间，烷烃裂解时可得到乙烯产率高。利用温度-停留时间效应图，可调节产物中乙烯和丙烯的比例。

（三）裂解压力

裂解过程中的一次反应，都是气体分子数增加的反应，压力虽然不能改变化学平衡常数的大小，但能改变其平衡组成，故降低压力有利于提高乙烯平衡转化率。对于缩合、聚合等二次反应，都是分子数减少的反应。因此降低压力可以促进生成乙烯的一次反应和抑制发生聚合的二次反应，从而减轻结焦的程度。另外，从反应动力学分析，降低压力可增大一次反应对于二次反应的相对反应速率，所以降低压力可以提高乙烯的选择性。实际操作中，通常采取通入稀释蒸汽的方法以降低烃分压。

压力对裂解过程中一次反应和二次反应的影响如表 6-8 所示。

表 6-8　压力对裂解过程中一次反应和二次反应的影响

反应	化学热力学因素	化学动力学因素		
	减压对平衡转化率的影响	反应级数	减压对加快反应速率影响	减压对于增大一次反应与二次反应的相对速率影响
一次反应	有利	一级	不利	有利
二次反应	不利	高于一级	更不利	不利

（四）稀释剂

降低反应装置的压力，不能直接采用抽真空减压操作。这是因为裂解炉在高温下不易密封，一旦空气漏入负压操作系统，空气与烃类气体混合会引起爆炸，同时还会多消耗能源，对后面分离工序的压缩操作不利，增加负荷，增加能耗。所以，添加稀释剂以降低烃分压是一个较好的方法。这样，设备仍可在常压或正压操作，而烃分压则可降低。稀释剂理论上讲可用水蒸气、氢气或任意一种惰性气体，但目前较为成熟的裂解方法，均采用水蒸气作稀释剂，其原因如下：一是降低烃分压的作用明显，水的摩尔质量小，同样质量的水蒸气其分压较大，稀释蒸汽可降低炉管内的烃分压，在总压相同时，烃分压可降低较多；二是价廉易得，水蒸气易分离，价廉易得，而且水蒸气可循环利用，有利于环保；三是稳定裂解温度，水蒸气热容量较大，当操作供热不平稳时，它可以起到稳定温度的作用，还可以防止炉管过热；四是保护炉管，水蒸气抑制原料中硫对裂解炉管的腐蚀，水蒸气对金属表面起一定的氧化作用，使金属表面的铁、镍形成氧化物薄膜，高温蒸汽可减缓炉管内金属 Fe、Ni 对烃分解生炭反应的催化，抑制结焦速率，起到钝化作用；五是脱除结炭，水蒸气在高温下能与裂解炉管中沉淀的焦炭发生如下反应：

$$C+H_2O \longrightarrow H_2+CO \qquad (6-13)$$

该反应使固体焦炭生成气体随裂解气离开，从而延长了炉管运转周期。

裂解原料不同，水蒸气的加入量也不同。一般来说，轻质原料所需稀释蒸汽量可以低一些，随着裂解原料变重，所需稀释蒸汽量要增加，以减少结焦现象的发生，加入水蒸气的量，不是越多越好，增加稀释蒸汽量，将增大裂解炉的热负荷，增加燃料的消耗量，增加水蒸气的冷凝量，从而增加能量消耗，同时也会降低裂解炉和后部系统设备的生产能力。

总之，根据烃类热裂解的特点，由于裂解过程是一个吸热反应，宜在高温下进行；裂解过程是一个分子数增加的反应，宜在低压下进行；裂解过程有二次副反应、生碳、结焦，宜在短停留时间下操作。

子任务（二）　认知烃类裂解关键设备

● 任务发布

根据传热方式不同，烃类裂解的方法包括管式炉裂解法、固体热载体裂解法、液体热载体裂解法、气体热载体裂解法和部分氧化裂解法等。

在各种裂解法中，以管式炉裂解法技术最为成熟，应用最广泛，并处于不断改进中。据统计，用管式炉裂解法生产的乙烯占世界乙烯产量的99%以上。

烃类热裂解装置的核心设备是裂解炉，除此之外，还需要用到原料预热器、汽提塔、水洗塔、分馏塔等设备，请根据烃类热裂解装置仿真软件和工艺流程图，分析装置中的典型设备及其作用，完成表6-9。

表6-9　乙烯裂解装置典型设备及其作用

序号	设备名称	设备作用

● 任务精讲

原料烃的裂解采用高的裂解温度、短的停留时间和较低的烃分压，产生的裂解气要迅速离开反应区，并加以急冷，以获得较高的乙烯产率。因为高温裂解气在出口温度条件下会继续进行裂解反应，二次反应增加，乙烯会损失，所以需要将高温裂解气急冷，当温度降到650℃以下时，裂解反应才基本终止。因此烃类热裂解的主要设备包括裂解炉和裂解气急冷设备。

一、管式裂解炉

为了提高乙烯收率，降低原料和能量消耗，多年来管式炉技术取得了较大进展，并不断开发出各种新炉型。尽管管式炉有不同类型，但从结构上看，总是包括对流段（或称对流室）和辐射段（或称辐射室）组成的炉体、炉体内适当布置的由耐高温合金钢制成的炉管和燃料燃烧器等三个主要部分。图6-10为SRT型管式裂解炉结构示意图。

（一）炉体

由两部分组成，即对流段和辐射段。对流段内设有数组水平放置的换热管，用来预热原料、工艺稀释水蒸气、急冷锅炉进水和过热的高压蒸汽等。辐射段由耐火砖（里层）和隔热砖（外层）砌成，在辐射段炉墙或底部的一定部位安装有一定数量的燃烧器，所以辐射段又称为燃烧室或炉膛，裂解炉管垂直放置在辐射室中央。为放置炉管，还有一些附件如管架、吊钩等。

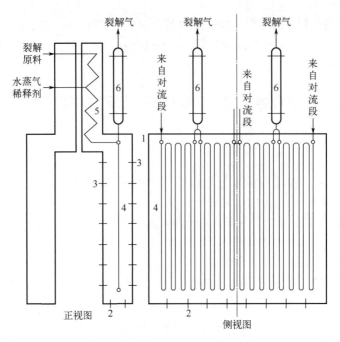

图 6-10　SRT 型管式裂解炉结构示意图

1—炉体；2—油气联合烧嘴；3—气体无焰烧嘴；4—辐射段炉管；5—对流段炉管；6—急冷锅炉

（二）炉管

炉管前一部分安置在对流段的称为对流管，对流管内物料被管外的高温烟道气以对流方式进行加热并汽化，达到裂解反应温度后进入辐射管，故对流管又称为预热管。

炉管后一部分安置在辐射段的称为辐射管，通过燃料燃烧的高温火焰产生的烟道气将热量经辐射管管壁传给物料，裂解反应在该管内进行，故辐射管又称为反应管。

（三）燃烧器

又称为烧嘴，它是管式炉的重要部件之一，管式炉所得的热量是通过燃料在燃烧器中燃烧得到的。性能优良的烧嘴不仅对炉子的热效率、炉管热强度和加热均匀性起着十分重要的作用，而且使炉体外形尺寸缩小、结构紧凑、燃料消耗低、烟气中 NO_x 等有害气体含量低。烧嘴因其所安装的位置不同分为底部烧嘴和侧壁烧嘴，管式裂解炉的烧嘴设置方式可分为三种：一是全部由底部烧嘴供热，二是全部由侧壁烧嘴供热；三是由底部和侧壁烧嘴联合供热。按所用燃料不同，又分为气体燃烧器、液体（油）燃烧器和气油联合燃烧器。

管式裂解炉生产乙烯的优点包括：工艺成熟，炉型结构简单，操作容易，便于控制；乙烯、丙烯收率高；动力消耗少，裂解炉热效率高，裂解气和烟道气的余热大部分可以回收利用；原料适应范围日益扩大，且可大规模连续化生产。

管式裂解炉生产乙烯的缺点是管式裂解炉不能采用重质烃（重柴油、重油、渣油等）为原料，主要原因是炉管易结焦，造成清焦操作频繁，生产周期缩短；生产中稍有不慎，还会堵塞炉管，酿成炉管烧裂等事故；若需强化高温短停留时间工艺，则要求裂解炉管能耐更高的温度，目前还难以解决。

二、裂解气急冷设备

从裂解炉管出来的裂解气含有烯烃和大量水蒸气，温度高达900℃以上，烯烃反应性强，若任它们在高温下长时间停留，仍会继续发生二次反应，引起结焦和烯烃的损失，因此必须使裂解气急冷以终止反应。为此需要将裂解炉出口的高温裂解气尽快冷却，当裂解气温度降至650℃以下时，裂解反应基本终止。

（一）急冷的分类

急冷有间接急冷和直接急冷之分。

裂解炉出来的高温裂解气温度在600～800℃，在急冷的降温过程中要释放出大量热，是一个可利用的热源。为此可用换热器进行间接传热，回收这部分热量产生蒸汽，以提高裂解炉的热效率，降低产品成本。用于此目的的换热器称为急冷换热器，急冷换热器和汽包所构成的产生蒸汽的系统称为急冷锅炉，也有将急冷换热器称为急冷锅炉或废热锅炉的。使用急冷锅炉有两个主要目的：一是终止裂解反应；二是锅炉给水回收裂解气的热量后变成蒸汽，回收废热。

直接急冷的方法是在高温裂解气中直接喷入冷却介质。冷却介质被高温裂解气加热而部分汽化，由此吸收裂解气的热量，使高温裂解气迅速冷却。根据冷却介质的不同，直接急冷可分为水直接急冷和油直接急冷。

直接急冷设备费用少，操作简单、系统阻力小，由于是冷却介质直接与裂解气接触传热效果较好，但形成大量含油污水，油水分离困难，且难以利用回收的热量，而间接急冷对能量利用较合理，可回收裂解气被急冷时所释放的热量，经济性较好，且无污水产生，故工业上多用间接急冷。不同裂解原料的急冷方式如表6-10所示。

图6-10　不同裂解原料的急冷方式

裂解原料	裂解稀释蒸汽含量	急冷负荷	重组分液体产物含量	结焦难易	合适的急冷方式		
					间接	油直接	水直接
乙烷、丙烷、丁烷	较少	较小	较少	较不易	√		√
石脑油	中等	中等	中等	较易	√	√	
轻柴油	较多	较大	很多	较易	√	√	
重柴油	很多	很大	很多	很易		√	

（二）急冷锅炉

急冷锅炉既能把高温气体在极短时间内冷却到中止二次反应的温度以下，又能回收高温裂解气中的热能产生高压蒸汽，是乙烯装置中工艺性非常强的关键设备之一。

急冷锅炉由急冷换热器与汽包所构成的水蒸气发生系统组成（见图6-11）。温度高达800℃的高温裂解气进入急冷换热器管内，要在极短的时间内（一般在0.1s以下）下降到250℃～600℃，管外走高压热水，压力为11～12MPa，在此产生高压水蒸气，出口温度为320℃～326℃。因此，急冷换热器应具有热强度高、操作条件极为苛刻、管内外必须同时承受较高的温度差和压力差的特点，同时在运行过程中还有结焦问题，急冷换热器为双套管型的换热器，裂解气走内管，锅炉给水和产生的超高压蒸汽走内管和外管之间

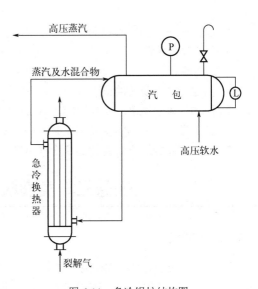

图6-11　急冷锅炉结构图

的环隙。

在裂解炉顶部平台上，每个炉子设置一个汽包，废热锅炉通过上升管和下降管与汽包相连，这个高度是由自然循环压头来决定的。汽包也叫高压蒸汽罐，其工作压力为 12.4MPa，属于高压容器。锅炉给水在急冷换热器和高压汽包之间形成热虹吸循环。

（三）油急冷塔

裂解气经过急冷换热器后，先进入油急冷塔和水冷塔进行油洗和水洗。油洗的作用有两个，一是通过急冷油将裂解气继续冷却，并回收其热量；二是使裂解气中的重质油和轻质油冷凝洗涤下来回收，然后送去水洗。

（四）水急冷塔

水急冷塔的作用也有两个：一是通过水将裂解气继续降温到 40℃左右；二是将裂解气中所含的稀释蒸汽冷凝下来，并将油洗时没有冷凝下来的一部分轻质油也冷凝下来，同时也可回收部分热量。

油急冷塔和水急冷塔的急冷方式都属于直接急冷，急冷剂与裂解气直接接触，急冷剂一般为油或水。

任务巩固

一、填空题

1. 烃类热裂解在低压下有利，工业生产实现低烃分压采取的方法是_____。

2. 表征裂解原料优劣的性质指标有_____、_____、_____和_____。

3. 烃类热裂解原料中氢含量顺序为 P＞N＞A（P 烷烃，N 环烷烃，A 芳烃），则其裂解所得乙烯收率大小顺序为_____，液体收率为_____，结焦程度由易到难的顺序为_____.

4. 烃类热裂解采取的工艺条件特点是_____、_____和_____。

5. 烃类热裂解反应机理为_____机理。

6. 裂解制乙烯较佳的气态原料主要为_____、_____和_____，轻质液态原料主要为_____。

7. 裂解原料的芳烃指数_____越大，则裂解所得的乙烯收率越_____，结焦倾向性越_____。

8. 结焦和生碳的不同机制：结焦是通过_____阶段，缩合形成焦；生碳是通过_____阶段，脱氢稠合生成碳。

二、简答题

1. 简述烃类热裂解的概念。

2. 简述烃类热裂解一次反应和二次反应的定义。

3. 影响烃类热裂解的主要因素有哪些？是如何影响的？

4. 烃类热裂解过程中为什么要进行急冷？

任务三　实现裂解气的净化与分离

任务情境

裂解气是很复杂的混合气体，要从中分离出高纯度的乙烯和丙烯等产品，必须进行一系列的净化与分离过程。作为一名合格的一线化工生产技术人员，要明确生产工艺和工艺流程。

任务目标

素质目标：

培养化工生产过程中的安全、环保、节能意识，以及高度的社会责任感。

知识目标：

1. 理解裂解气的分离原理。
2. 掌握深冷分离流程。
3. 掌握深冷分离六大精馏塔。

能力目标：

会判断并处理分离过程中出现的异常现象，具备分析问题、解决问题的能力。

任务实施

子任务（一）　分离与精制裂解气

● 任务发布

　　裂解气净化与分离的任务：一是要除去裂解气中有害杂质；二是要分离出单一烯烃产品和馏分，提供有机化工原料。乙烯的产品规格见表 6-11。

表 6-11　乙烯的产品规格

质量项目	单位	优级指标	一级指标
乙烯纯度	10^{-2}	≥99.95	≥99.9
甲烷+乙烷	10^{-2}	≤0.05	≤0.1
$C_3+C_3^+$	10^{-5}	≤10	≤50
乙炔	10^{-5}	≤5	≤8
CO	10^{-5}	≤1	≤5
CO_2	10^{-5}	≤5	≤10
氧	10^{-5}	≤1	≤2
硫（以 H_2S 计）	10^{-5}	≤1	≤1
水	10^{-5}	≤1	≤10
氢气	10^{-5}	≤5	≤10
甲醇	10^{-5}	≤5	必要时测定
氯（以 HCl 计）	10^{-5}	≤1	必要时测定

　　请查找资源，包括相应期刊、书籍、网络资源等，获取裂解气中的有害杂质和净化方法，填写表 6-12。

表 6-12　裂解气中的有害杂质和净化方法

裂解气中的有害杂质	杂质的危害	有害杂质的净化方法

一、裂解气的预分馏与净化

裂解气的净化
与分离

（一）裂解气的预分馏

裂解炉出口的高温裂解气经废热锅炉冷却，再经急冷器进一步冷却后，裂解气的温度可以降到200～300℃。将急冷后的裂解气进一步冷却至常温，并在冷却过程中分馏出裂解气中的重组分（如燃料油、裂解汽油、水分）。经预分馏处理的裂解气再送至压缩工序，随后进行净化和深冷分离。

裂解气的预分馏过程的作用如下。

（1）降低裂解气温度，保证裂解气压缩机的正常运转，并降低裂解气压缩机的功耗。

（2）分馏出裂解气中的重组分，减少进入压缩分离系统的进料负荷。

（3）将裂解气中的稀释蒸汽以冷凝水的形式分离回收，循环使用，以减少污水排放量。

（4）回收裂解气低能位热量，由急冷油回收的热量发生稀释蒸汽，并可由急冷水回收的热量进行分离系统的工艺加热。

轻烃裂解装置裂解气预分馏过程示意图如图6-12所示。

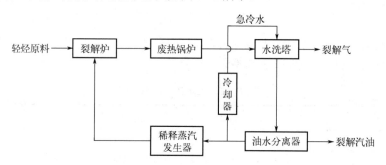

图 6-12　轻烃裂解装置裂解气预分馏过程示意图

（二）裂解气的组成

烃类经过裂解反应制得裂解气，裂解气的组成是很复杂的，含有许多低级烃类，主要是甲烷、乙烯、乙烷、丙烯、丙烷与C_4、C_5，还有氢和少量乙炔、丙炔、一氧化碳、二氧化碳、硫化氢及惰性气体等杂质。表6-13为不同裂解原料的典型裂解气组成，其各组分含量随原料裂解的深度而改变。

表 6-13　不同裂解原料的典型裂解气组成

裂解气组分	乙烷	轻烃	石脑油	轻柴油	减压柴油
H_2	34.00	18.20	14.09	13.18	12.75
$CO+CO_2+H_2S$	0.19	0.33	0.32	0.27	0.36
CH_4	4.39	19.83	26.78	21.24	20.89
C_2H_2	0.19	0.46	0.41	0.37	0.46
C_2H_4	31.51	28.81	26.10	29.34	29.62
C_2H_6	24.35	9.27	5.78	7.58	7.03
C_3H_4	—	0.52	0.48	0.54	0.48
C_3H_6	0.76	7.68	10.30	11.42	10.34
C_3H_8	—	1.55	0.34	0.36	0.22

裂解气组分	乙烷	轻烃	石脑油	轻柴油	减压柴油
C_4S	0.18	3.44	4.85	5.21	5.36
C_5S	0.09	0.95	1.04	0.51	1.29
$C_6\sim204℃$馏分	—	2.70	5.43	4.58	5.05
H_2O	4.36	6.26	4.98	5.40	6.15
平均分子量	18.89	24.90	26.83	28.01	28.38

裂解气的这些杂质可能是从原料中带来的，也可能是在裂解反应过程中生成的，还有可能是裂解气处理过程引入的。这些杂质的含量虽不多，但对裂解气深冷分离过程是有害的。若这些杂质不脱除，进入乙烯、丙烯产品，会使产品达不到规定的标准。尤其是生产聚乙烯、聚丙烯等，其杂质含量的控制是很严格的，为了达到产品所要求的规格，必须脱除这些杂质，对裂解气进行净化。

（三）裂解气的净化

裂解气的净化需要脱除其中的杂质，包括酸性物质（CO_2 和硫化物）、炔类、二烯烃物质、一氧化碳和水蒸气等，排除对后续分离工序的干扰。

1. 酸性气体脱除

裂解气中的酸性气体除了 CO_2、H_2S、炔烃外，还有少量的有机硫化物，如氧硫化碳（COS）、二硫化碳（CS_2）、硫醚（RSR′）、硫醇（RSH）和噻吩等。这些酸性气体主要来源于裂解原料附带和裂解体系反应产生的。

酸性气体会降低乙烯、丙烯纯度；H_2S 会腐蚀设备管道，使分子筛寿命降低，使加氢脱炔用催化剂中毒；CO_2 在低温下会结成干冰堵塞设备管道，在生产聚乙烯等时酸性气体积累造成聚合速度降低，同时导致聚乙烯的分子量降低。当产品氢气、乙烯、丙烯等中酸性气含量不合格时，可使下游加工装置的聚合过程或催化反应过程的催化剂中毒，也可能严重影响产品质量。

工业上一般采用的吸收剂有氢氧化钠溶液、乙醇胺溶液、N-甲基吡咯烷酮等。目前使用最多的是氢氧化钠溶液的碱洗法和乙醇胺法。工业上根据裂解气中含酸性杂质的多少及其要求的净化程度、酸性杂质是否回收等条件来确定采用哪种脱除方法。一般地说，酸性杂质含量低采用 NaOH 碱洗法；酸性杂质含量较高则采用醇胺为吸收剂，除去大量酸性杂质后，再用碱洗，即胺-碱法。碱洗后裂解气中 CO_2、H_2S 含量低于 $1×10^{-6}$。

（1）碱洗法脱除酸性气体　碱洗法脱除酸性杂质原理如下：

$$2NaOH + H_2S \longrightarrow Na_2S + 2H_2O \tag{6-14}$$

$$2NaOH + CO_2 \longrightarrow Na_2CO_3 + H_2O \tag{6-15}$$

$$COS + 4NaOH \longrightarrow Na_2S + Na_2CO_3 + 2H_2O \tag{6-16}$$

$$CS_2 + 6NaOH \longrightarrow 2Na_2S + Na_2CO_3 + 3H_2O \tag{6-17}$$

$$RSH + NaOH \longrightarrow RSNa + H_2O \tag{6-18}$$

碱洗法脱除酸性气体的工艺流程如图 6-13 所示。碱洗一般采用多段（两段或三段）过程脱除裂解气中硫化氢和二氧化碳，裂解气压缩机三段出口裂解气经冷却并分离凝液后，进入碱洗塔，该塔分三段，Ⅰ段水洗塔为泡罩塔板，Ⅱ段和Ⅲ段为碱洗段（填料层），裂解气经两段碱洗后，再经水洗段水洗后进入压缩机四段吸入罐。补充新鲜碱液浓度为 18%～20%，Ⅰ段为水洗，保证Ⅱ段循环碱液 NaOH 含量为 5%～7%，部分Ⅱ段循环碱液补充到Ⅲ段循环碱液中，以平衡塔釜排出的废碱，Ⅲ段循环碱液 NaOH 含量为 2%～3%。通过多段碱洗，可将 CO_2 和 H_2S 的含量降至 $1μL/L$ 以下。

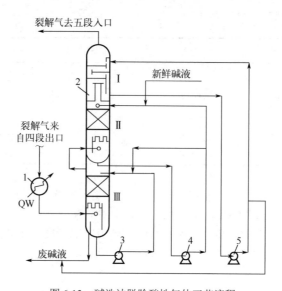

图 6-13　碱洗法脱除酸性气体工艺流程

1—加热器；2—碱洗塔；3，4—碱液循环泵；5—水洗循环泵；QW—急冷水

（2）醇胺法脱除酸性气体　乙醇胺法脱除酸性气体用乙醇胺作吸收剂，除去裂解气中的 H_2S、CO_2，是一种物理吸收和化学吸收相结合的方法，所用的吸收剂主要是一乙醇胺（MEA）和二乙醇胺（DEA）。

一乙醇胺与 H_2S 反应如下：

$$2HOC_2H_4NH_2+H_2S \longrightarrow (HOC_2H_4NH_3)_2S \qquad (6-19)$$

一乙醇胺与 CO_2 反应如下：

$$2HOC_2H_4NH_2+CO_2+H_2O \longrightarrow (HOC_2H_4NH_3)_2CO_3 \qquad (6-20)$$

乙醇胺法脱除酸性气体的反应为可逆反应；反应为分子数减少的反应，高压有利于吸收反应进行，低压有利于解吸反应进行；反应为放热反应，低温有利于吸收，高温有利于解吸。一般一乙醇胺吸收 H_2S 的反应在 49℃以上逆向进行，吸收 CO_2 的反应在 71℃以上逆向进行，所以一乙醇胺脱酸性气吸收塔的反应温度应控制在 49℃以下。

醇胺法与碱洗法的特点比较见表 6-14，醇胺法的主要优点是吸收剂可再生循环使用，当酸性气含量高时，从吸收液的消耗和废水处理量来看，醇胺法明显优于碱洗法。但醇胺法对酸性气杂质的吸收不如碱洗法彻底。醇胺虽可再生循环使用，但由于挥发和降解，仍有一定损耗。醇胺水溶液呈碱性，但当有酸性气体存在时，溶液 pH 值急剧下降，从而对碳钢设备产生腐蚀。

表 6-14　醇胺法与碱洗法的特点比较

方法	碱洗法	醇胺法
吸收剂	氢氧化钠（NaOH）	乙醇胺（$HOCH_2CH_2NH_2$）
原理	$CO_2+2NaOH \longrightarrow Na_2CO_3+H_2O$ $H_2S+2NaOH \longrightarrow Na_2S+2H_2O$	$2HOCH_2CH_2NH_2+H_2S \rightleftharpoons (HOCH_2CH_2NH_3)_2S$ $2HOCH_2CH_2NH_2+CO_2 \underset{-H_2O}{\overset{+H_2O}{\rightleftharpoons}} (HOCH_2CH_2NH_3)_2CO_3$
优点	对酸性气体吸收彻底	吸收剂可再生循环使用，吸收液消耗少
缺点	碱液不能回收，消耗量较大	1. 醇胺法吸收不如碱洗法彻底 2. 醇胺法对设备材质要求高，投资相应增大（醇胺水溶液呈碱性，但当有酸性气体存在时，溶液 pH 值急剧下降，

方法	碱洗法	醇胺法
缺点	碱液不能回收，消耗量较大	从而对碳钢设备产生腐蚀） 　3. 醇胺溶液可吸收丁二烯和其他双烯烃（吸收双烯烃的吸收剂在高温下再生时易生成聚合物，由此既造成系统结垢，又损失了丁二烯）
适用情况	裂解气中酸性气体含量少时	裂解气中酸性气体含量多时

2. 裂解气的干燥脱水

裂解气中的水分来源于裂解过程加入、急冷加入和碱洗带入。

裂解气碱洗后水含量为 $2000\sim5000\mu L/L$，而深冷分离要求裂解气的含水量为 $5\mu L/L$ 左右（露点在 $-70\sim-65℃$）。裂解气分离是在 $-100℃$ 以下进行的，在低温下水能冻结成冰，并能与轻质烃类形成固体结晶水合物，这些冰和水合物结在管壁上，轻则增加动力消耗，重则使管道堵塞，影响正常生产。另外，水也可能成为某些催化剂的毒物。因此必须对裂解气进行干燥。

工业上对裂解气进行干燥的方法很多，主要采用固体吸附方法。吸附剂有硅胶、活性氧化铝、分子筛等。目前广泛采用的效果较好的是分子筛吸附剂脱除裂解气中的水分。

分子筛的主要成分为 SiO_2 和 Al_2O_3。由于它们的摩尔比不同，所得分子筛的孔径大小就不一样。目前，工业上常用分子筛分为三种型号：A 型、X 型和 Y 型。A 型孔径最小，Y 型最大，X 型介于两者之间。

3A 分子筛是一种极性吸附剂，它对极性分子，尤其是水，有很大的吸附力和很强的吸附选择性，而对乙烯、乙烷等非极性烃类或直径大的分子不能吸附，从而达到脱水干燥的目的。分子筛吸水能力随吸水量的增多而减弱，最终达到饱和，失去吸附能力。因此，当干燥剂分子筛吸水至一定程度时应进行再生。分子吸附水是一个放热过程，所以降低温度有利于放热的吸附过程，高温则有利于吸热的脱附过程。因此，在分子吸附了水分以后，用加热的方法可以使水分脱附出来，达到再生的目的，以便重新用来吸水。

裂解气干燥与分子筛再生流程如图 6-14 所示。裂解气干燥与分子筛再生包括两个过程：一是吸附过程，裂解气自上而下通过吸附器，其中的水分不断被分子筛吸附，一旦吸附床层内的分子筛被水所饱和，就转到再生过程；二是再生过程，吸附过程完成后，床层内的分子筛被水所饱和，床层失去了吸附能力，需进行再生。再生时自下而上通入 $280℃$ 左右的甲烷、

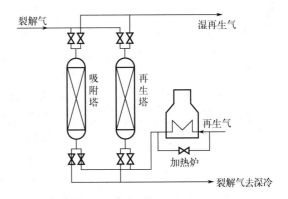

图 6-14　裂解气干燥与分子筛再生流程

氢气，使吸附器缓慢升温，以除去吸附剂上大部分的水分和烃类，直至床层升温至 $230℃$ 左右，以除去残余水分。再生后需要冷却，然后才能用于脱水操作，可以用冷的甲烷、氢馏分由上而下地吹扫分子筛床层。经过加热和吹扫，被分子筛吸附的水分子从分子筛的孔穴中被解吸出来，由甲烷、氢带走，从而恢复原有的吸附能力。

3. 一氧化碳的脱除

裂解气中的一氧化碳是在裂解过程中由结炭的气化和烃的转化反应生成的。烃的转化反应是

在含镍裂解炉管的催化作用下发生的，当裂解原料硫含量低时，这种催化作用可能十分显著。

结炭的气化反应：

$$C+H_2O \longrightarrow CO+H_2 \qquad (6-21)$$

烃的转化反应：

$$CH_4+H_2O \longrightarrow CO+3H_2 \qquad (6-22)$$

$$C_2H_6+2H_2O \longrightarrow 2CO+5H_2 \qquad (6-23)$$

裂解气经低温分离，CO 富集于甲烷馏分和氢气馏分中，含量达到 $5000\mu L/L$ 左右。氢气中含有的 CO 将使加氢反应的催化剂中毒。为避免在加氢过程中将 CO 带入产品乙烯和丙烯中，要求将氢气中 CO 脱除至 $3\mu L/L$ 以下。工业上常使用镍系催化剂进行甲烷化反应脱除 CO。

主反应：

$$CO+3H_2 \longrightarrow CH_4+H_2O \qquad (6-24)$$

$$CO_2+4H_2 \longrightarrow CH_4+2H_2O \qquad (6-25)$$

副反应：

$$C_2H_4+H_2 \longrightarrow C_2H_6 \qquad (6-26)$$

甲烷化反应是放热、体积减小的反应，加压、低温对反应有利，反应通常在 2.95MPa 和 300℃ 左右温度下进行，采用镍系催化剂，大多数催化剂的使用条件要求限制氢气中的 CO 含量不超过 $1.5\%\sim2\%$。

4. 炔烃、二烯烃的脱除

裂解气中常含有 $2000\sim5000\mu L/L$ 的少量炔烃，如乙炔、丙炔、丙二烯等，这些炔烃是在乙烯裂解过程中生成的。乙炔主要集中在 C_2 馏分中，含量一般为 $2000\sim7000\mu L/L$。丙炔以及丙二烯主要集中在 C_3 馏分中，丙炔含量一般为 $1000\sim1500\mu L/L$，丙二烯含量一般为 $600\sim1000\mu L/L$。

乙烯产品中乙炔含量有严格的技术要求，乙炔的存在会影响合成催化剂的寿命，使乙烯聚乙烯生产技术的过程复杂化，影响聚合物的性能。在聚乙烯生产中，乙炔会降低乙烯的分压，影响聚合的进行，也影响聚合的最终产品质量。若乙炔积累过多还具有爆炸的危险，形成不安全因素。丙炔和丙二烯的存在，将影响丙烯聚合反应的顺利进行。所以裂解气在分离前，必须把少量的炔烃除去，乙烯产品要求乙炔含量小于 $1\mu L/L$，丙烯产品要求丙炔含量小于 $1\mu L/L$、丙二烯含量小于 $50\mu L/L$。

工业上脱炔的主要方法是采用溶剂吸收法和选择催化加氢法，目前用得最多的是选择催化加氢法。在钯催化剂的作用下，使乙炔加氢生成乙烯，既除去了炔烃又增加了乙烯、丙烯的产量。反应如下。

主反应：

$$C_2H_2+H_2 \longrightarrow C_2H_4 \qquad (6-27)$$

副反应：

$$C_2H_2+2H_2 \longrightarrow C_2H_6 \qquad (6-28)$$

$$C_2H_4+H_2 \longrightarrow C_2H_6 \qquad (6-29)$$

$$nC_2H_2 \longrightarrow 绿油 \qquad (6-30)$$

$$C_2H_2 \longrightarrow 2C+H_2 \qquad (6-31)$$

要使乙炔选择性加氢成乙烯，而不进一步变成烷烃，必须采用选择性良好的催化剂，常用的催化剂是载于 α-Al_2O_3 载体上的钯催化剂，也可以用 Ni-Co/α-Al_2O_3 催化剂，在这些催化剂上，乙炔的吸附能力比乙烯强，能进行选择性加氢。

二、裂解气的分离与精制

裂解气是很复杂的混合气体，要从中分离出高纯度的乙烯和丙烯等产品，必须进行一系列的净化与分离过程。裂解气分离过程可以概括成三大部分：一是气体净化系统，包括脱除酸性气体、脱水、脱除乙炔和脱除一氧化碳（即甲烷化，用于净化氢气）；二是压缩和制冷系统，使裂解气加压降温，为分离创造条件；三是精馏分离系统，包括一系列的精馏塔，以便分离出甲烷、乙烯、丙烯、C₄ 馏分以及 C₅ 馏分。

裂解气经过前面的净化、压缩和制冷过程，除去杂质，获得约3.6MPa的高压及-100℃以下的低温，为深冷分离创造了条件。

（一）裂解气的分离原理

裂解气的分离和普通蒸馏原理一样，是利用各组分在一定温度和压力下挥发度的不同，多次在塔中进行部分汽化和部分冷凝，最终在液相中得到较纯的重组分，在气相中得到较纯的轻组分。

由于裂解气低级烃类沸点很低，在临界条件下，甲烷在 4.64MPa 和-82.3℃时才能液化，C_2 以上的组分相对地就比较容易液化。因此，裂解气在除去甲烷、氢以后，其他组分的分离就比较容易。所以分离过程的主要矛盾是如何将裂解气中的甲烷、氢先行分离。因此需要把温度降低到-100℃以下，组分冷凝为液态才能分离。

（二）深冷分离

1. 深冷分离概念

深冷分离在-100℃左右的低温下，将裂解气中除了氢和甲烷以外的其他烃类全部冷凝下来，然后利用裂解气中各种烃类的相对挥发度不同，在合适的温度和压力下，以精馏的方法将各组分分离开来，以达到分离的目的。实际上，此法为冷凝精馏过程。即裂解气中各种低级烃类在加压、低温下相对挥发度不同，通过精馏的方法将它们逐一分出。工业上一般把冷冻温度高于-50℃称为浅度冷冻（简称浅冷）；在-100～-50℃之间称为中度冷冻；把等于或低于-100℃称为深度冷冻（简称深冷）。

2. 深冷分离六大精馏塔

（1）脱甲烷塔　将甲烷、氢、C_2 及比 C_2 更重的组分进行分离的塔，称为脱甲烷塔，简称脱甲塔。

（2）脱乙烷塔　将 C_2 及比 C_2 更轻的组分与 C_3 及比 C_3 更重的组分进行分离的塔，称为脱乙烷塔，简称脱乙塔。

（3）脱丙烷塔　将 C_3 及比 C_3 更轻的组分与 C_4 及比 C_4 更重组分进行分离的塔，称为脱丙烷塔，简称脱丙塔。

（4）脱丁烷塔　将 C_4 及比 C_4 更轻的组分与 C_5 及比 C_5 更重组分进行分离的塔，称为脱丁烷塔，简称脱丁塔。从脱丁烷塔顶出来的馏分进入丁二烯抽提单元，塔底馏分进入汽油加氢单元。

（5）乙烯精馏塔　将乙烯与乙烷进行分离的塔，称为乙烯精馏塔，简称乙烯塔。

（6）丙烯精馏塔　将丙烯与丙烷进行分离的塔，称为丙烯精馏塔，简称丙烯塔。

（三）深冷分离流程

裂解气的深冷分离有三种分离流程：顺序分离流程、前脱乙烷流程、前脱丙烷流程。一套乙烯装置采用哪种流程，主要取决于流程对所需处理裂解气的适应性、能量消耗、运转周期及稳定性、装置投资等几个方面。

顺序分离流程技术成熟，运转平稳可靠，产品质量好，对各种原料有较强的适应性。本任务重点介绍顺序分离流程。

顺序分离流程按裂解气中各组分碳原子数由小到大的顺序进行分离。先分离出甲烷、氢，其次是脱乙烷及乙烯的精馏，接着是脱丙烷和丙烯的精馏，最后是脱丁烷，塔底得 C_5 馏分，其流程见图6-15。

裂解气经过离心式压缩机一、二、三段压缩，压力达到 1MPa，送入碱洗塔，脱去 H_2S、CO_2 等酸性气体。碱洗后的裂解气经过压缩机的四、五段压缩，压力达到 3.7MPa，经冷却到 15℃，去干燥器用 3A 分子筛脱水，使裂解气的露点温度达到-70℃左右。

干燥后的裂解气经过一系列冷却、冷凝，在前冷箱中分出富氢和四股馏分。分别进入脱甲烷塔的不同塔板。塔顶脱去甲烷馏分，釜液是 C_2 以上组分。进入脱乙烷塔，塔顶分出 C_2 馏分，塔

釜液为 C_3 以上馏分。

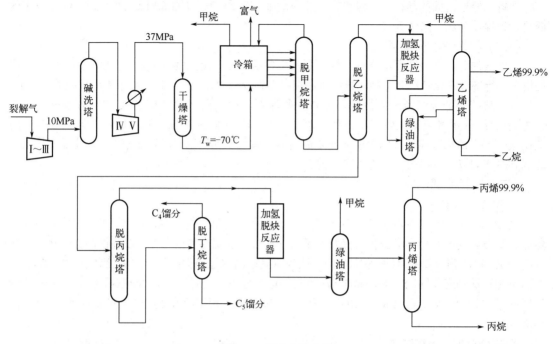

图 6-15 顺序分离流程

由脱乙烷塔来的 C_2 馏分经过换热升温,进行气相加氢脱乙炔,在绿油塔用乙烯塔来的侧线馏分洗去绿油,再经过 3A 分子筛干燥,然后送去乙烯塔。在乙烯塔的上部侧线引出纯度为 99.9% 的乙烯产品。塔釜液为乙烷馏分,送回裂解炉做裂解原料,塔顶脱除甲烷、氢(在加氢脱乙炔时带入,也可在乙烯塔前设置第二脱甲烷塔,脱去甲烷、氢后再进乙烯塔分离)。

脱乙烷塔釜液入脱丙烷塔,塔顶分出 C_3 馏分,塔釜液为 C_4 以上馏分,含有二烯烃,易聚合结焦,故塔釜温度不宜超过 100℃,并需加入阻聚剂。为防止结焦堵塞,此塔一般有两个再沸器,以供轮换检修使用。

由脱丙烷塔蒸出的 C_3 馏分经过加氢脱丙炔和丙二烯,然后在绿油塔脱去绿油和加氢时带入的甲烷、氢,在丙烯塔进行精馏,塔顶蒸出纯度为 99.9% 的丙烯产品,塔釜液为丙烷馏分。

脱丙烷塔的釜液在脱丁烷塔分成 C_4 馏分和 C_5 以上馏分,C_4 和 C_5 以上馏分送往下步工序进一步分离与利用。

子任务(二) 分析乙烯生产安全问题

● 任务发布 ···

在乙烯的生产工艺过程中,存在较多危险有害因素,这就要求在生产过程中,正确控制各种工艺参数,防止各种危险事故的发生。请结合本任务的学习,总结乙烯的安全生产的注意事项,制作乙烯生产车间安全告知卡。

● 任务精讲 ···

乙烯装置内有大量易燃易爆且有毒的化学物质,如氢气、甲烷、乙烯、丙烯、1,3-丁二烯、芳烃类等，在高温、高压、深冷等工艺条件下，加之设备易腐蚀可能造成泄漏，遇明火（包括静电、雷电等）会引起火灾爆炸。另外，一些催化剂也具有易燃易爆性，如三乙基铝与水、空气和含有活泼氢的化合物可发生激烈反应，与空气接触自动燃烧，与含氧化合物、有机卤化物反应甚为激烈。

裂解炉的安全操作与工艺、设备紧密相连，一般裂解炉的火灾、爆炸原因有以下几点：

（1）燃料的压力降低，造成火嘴熄灭，在压力恢复后，未经分析合格即点火；

（2）燃料调节阀失灵，燃料过多，使燃烧不完全；

（3）大幅度改变燃料性能，烧嘴不能适应燃料，造成燃烧不完全；

（4）助燃空气流量急剧变化；

（5）燃烧空气系统不良，燃烧用空气不足；

（6）被加热流体的温度计测量不准，造成燃料过多使燃烧不完全，炉管过热导致炉管破裂；

（7）炉管局部超温产生过热，导致炉管破裂；

（8）炉管寿命太短，因蠕变、渗碳、腐蚀等原因造成炉管破裂；

（9）炉管内流量降低，使炉管过热产生破裂；

（10）炉管内严重结焦，使炉管过热破裂；

（11）燃料带液，造成炉膛正压，向外喷火；

（12）减温器（DS）带水造成炉管断裂。

把易燃物料引入装置之前，要做好人员和设备保护措施。厂区内应清除所有不必要的建筑材料以防着火或发生偶然危险。操作人员和消防人员应充分平整装置周围的地面，以提供足够的安全活动空间。同样，设备周围和建筑物内应该有足够的通道。水和蒸汽系统应该投用，启用消防栓，准备足够的消防软管、喷嘴和有关设备。装置各处的消防蒸汽及软管已接通并放好待命。应备有随时可用的防火毯、特殊衣服及手提式化学灭火器。现场救护设施和电话设施应随时可用。

任务巩固

一、选择题

1. 烃类裂解法的关键设备不包括（　　　）。

   A. 裂解炉　　　　　B. 急冷换热器　　　C. 精馏塔　　　　　D. 干燥器

2. 在烃类裂解过程中，裂解炉的主要作用是（　　　）。

   A. 对裂解气进行冷却　　　　　　　B. 提供高温反应环境

   C. 分离裂解产物　　　　　　　　　D. 去除杂质

3. 乙烯生产过程中，（　　　）的泄漏可能导致爆炸。

   A. 氮气　　　　　　B. 水蒸气　　　　　C. 乙烯　　　　　　D. 二氧化碳

4. 乙烯生产装置中，（　　　）部位最容易发生火灾。

   A. 裂解炉　　　　　B. 压缩机　　　　　C. 储罐　　　　　　D. 管道

5. 在乙烯生产过程中，为了防止静电积聚，应采取（　　　）。

   A. 增加湿度　　　　　　　　　　　B. 降低流速

   C. 使用绝缘材料　　　　　　　　　D. 减少接地

二、填空题

1. 裂解气从裂解炉出来之后应立即进行_____处理，然后再净化。

2. 工业上烃类裂解乙烯的过程主要有：_____、_____、_____。

三、判断题

1. 急冷换热器的作用仅仅是降低裂解气的温度。（　　　）

2. 所有的烃类裂解工艺都需要使用相同类型的裂解炉。（　　　）

3. 乙烯生产过程中，只要安装了安全仪表系统，就可以避免事故的发生。（　　）

4. 在乙烯生产装置中，定期进行设备维护和检查可以有效降低安全风险。（　　）

5. 乙烯泄漏后，可以用水直接喷淋进行灭火。（　　）

任务四　设计烃类热裂解工艺流程及操作仿真系统

任务情境

以小组为单位，设计出烃类热裂解工艺的方块流程图。利用仿真软件，模拟生产反应车间工艺操作。在操作过程中监控现场仪表、正确调节现场机器和阀门，遇到异常现象时发现故障原因并排除，保证生产装置的正常运行。

任务目标

素质目标：

培养按照操作规程操作、密切注意生产状况的职业素养。

知识目标：

1. 掌握烃类裂解制乙烯的反应原理、工艺条件和工艺流程。

2. 掌握乙烯生产过程中的安全、卫生防护等知识。

能力目标：

1. 能够按照操作规程进行装置的开车、停车操作。

2. 能够按照操作规程控制反应过程的工艺参数。

3. 能够根据反应过程中的异常现象分析故障原因，排除故障。

任务实施

子任务（一）　设计烃类热裂解工艺流程

● 任务发布 ···

熟悉工艺流程是对装置熟练操作的前提。请以小组为单位，设计出烃类热裂解工艺的方块流程图。并根据工艺方块流程图说明烃类裂解过程的加工环节、原料及产品，完成表 6-15。

表 6-15　烃类裂解过程的加工环节、原料及产品

序号	加工环节	原料	产品
1			
2			
3			
4			
5			
6			

小组进行成果展示与工艺讲解，其余小组根据表6-16进行评分，指出错误并做出点评。

表6-16　烃类裂解工艺总流程评分标准

序号	考核内容	考核要点	配分	评分标准	扣分	得分	备注
1	流程设计	设计合理	30	设计不合理一处扣5分			
		环节齐全	30	环节缺失一处扣5分			
2	流程绘制	排布合理	5	排布不合理扣5分			
		图纸清晰	5	图纸不清晰扣5分			
		边框	5	缺失扣5分			
		标题栏	5	缺失扣5分			
3	流程讲解	表达清晰、准确	10	根据工艺讲解情况，酌情评分			
		准备充分，回答有理有据	10	根据问答情况，酌情评分			
合计				100			

● 任务精讲 ··

一、烃类热裂解的工艺流程

裂解工艺流程包括原料加热及反应系统、急冷锅炉及高压水蒸气系统、油急冷及燃料油系统、水急冷和稀释水蒸气系统。图6-16是烃类热裂解单元原则流程图。图6-17所示为管式裂解炉典型工艺流程。

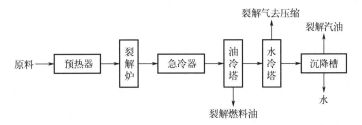

图6-16　烃类热裂解单元原则流程图

（一）原料加热及反应系统

由原料罐区来的石脑油等原料换热后，与减温器（180℃，0.55MPa）按相应的油汽比混合进入裂解炉对流段，加热后进入辐射段。物料在辐射段炉管内迅速升温进行裂解反应［以控制辐射炉管出口温度（COT）的方式控制裂解深度 COT 大约为800～900℃］。裂解气出口温度通过调节每组炉管的烃进料量来控制，要求高于裂解气的露点（裂解气中重组分的露点），若低于露点温度，则裂解气中的较重组分有一部分会冷凝，凝结的油雾黏附在急冷换热器管壁上形成流动缓慢的油膜，既影响传热，又容易发生二次反应。

应根据炉子总的烃进料量来确定调节侧壁燃料气总管压力。底部烧气时，燃料气在压力控制下进入炉子的底部烧嘴。底部烧油时，燃料油在流量控制下进入炉子的底部烧嘴。按设计条件，部烧嘴能提供整台炉子30%～40%的热负荷。

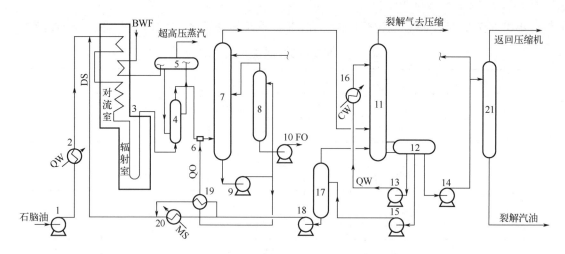

图 6-17　管式裂解炉典型流程图

BWF—锅炉给水；QW—急冷水；QO—急冷油；FO—燃料油；CW—冷却水；MS—中压蒸汽；1—原料油泵；2—原料预热器；

3—裂解炉；4—急冷换热器；5—汽包；6—急冷器；7—汽油分馏塔（油冷塔）；8—燃料油汽提塔；9—急冷油系；

10—燃料油系；11—水洗塔；12—油水分离器；13—急冷水泵；14—裂解汽油回流系；15—工艺水泵；

16—急冷水冷却器；17—工艺水汽提塔；18—工艺水泵；19，20—稀释蒸汽发生器；21—汽油汽提塔

（二）急冷锅炉及高压水蒸气系统

从裂解辐射炉管出来的裂解气进入急冷换热器，与 326℃的高压锅炉给水换热迅速冷却以终止二次反应。管式换热器间接换热是使裂解气骤冷的重要设备。它使裂解气在极短的时间（0.01～0.1s）内，温度由约800℃下降到560℃左右。急冷换热器与汽包相连的热虹吸系统，在 12.4MPa 的压力条件下产生超高压蒸汽（SS）。锅炉给水（BFW）由对流段预热后进入锅炉蒸汽汽包。

（三）油急冷及燃料油系统

从急冷换热器出来的裂解气，进入急冷器。在急冷器内，用循环急冷油直接喷淋，裂解气与急冷油直接接触冷却至250℃以下，然后汇合送入油冷塔。在油冷塔中，裂解气进一步被冷却，裂解燃料油从油冷塔底抽出，被泵送到燃料油汽提塔，用汽提汽将裂解燃料油汽提，提高急冷油中馏程在 260～340℃馏分的浓度，有助于降低急冷油黏度。塔底的燃料油通过燃料油泵送入燃料油罐。

（四）水急冷和稀释水蒸气系统

油冷塔顶的裂解气，和水洗塔中的循环急冷水直接接触进行冷却和部分冷凝，温度冷却至28℃，水洗塔的塔顶裂解气被送到裂解气压缩工段。急冷水和稀释水蒸气系统的生产目的是用水将裂解气继续降温到40℃左右，将裂解气中所含的稀释蒸汽冷凝下来，并将油洗时没有冷凝下来的一部分轻质油也冷凝下来，同时也可回收部分热量。稀释蒸汽发生器接收工艺水，发生稀释蒸汽送往裂解炉管，作为裂解炉进料的稀释蒸汽，降低原料裂解中烃分压。

二、裂解装置及工艺介绍

本工艺以某大型石化公司乙烯装置为例，该装置采用林德公司工艺技术，裂解原料脱砷工艺，C_3 液相加氢工艺以及裂解汽油两段加氢工艺采用法国（IFP）的专利技术。乙烯设计生产能力为38 万吨。本装置具有原料适应性强、操作弹性大、产品收率高、综合能耗低等特点，它主要以石脑油、轻柴油、加氢裂化尾油、液化气、干气和轻烃等为主要原料，经过高温裂解、急冷、压

缩、碱洗、预冷干燥、前脱乙烷、深冷分离、汽油加氢精制等几道工序，在年操作时数 8000h 条件下可产乙烯 70 万吨、丙烯 35 万吨以及氢气、乙炔、裂解碳四、加氢汽油等副产品，以满足下游多套装置深加工的需要。

裂解工艺是指只通过高热能将一种物质（一般为高分子化合物）转变为一种或几种物质（一般为低分子化合物）的化学变化过程。如图 6-18 所示为裂解炉裂解系统 DCS 界面。

裂解炉工段将进料（石脑油或其他原料）送进裂解炉，利用裂解炉系统高温、短停留时间、低烃分压的操作条件，将裂解进料生成富含乙烯、丙烯和丁二烯的裂解气，再送至急冷系统冷却分离的过程。如图 6-19 所示为裂解炉蒸汽发生系统 DCS 界面。

来自罐区、分离工段的燃料气，送入裂解炉作为裂解炉的燃料气，为裂解炉高温裂解提供热量。如图 6-20 所示为裂解炉燃料气系统 DCS 界面。

裂解炉废热锅炉系统回收裂解气的热量，用来产生超高压蒸汽作为裂解气压缩机等机泵的动力。

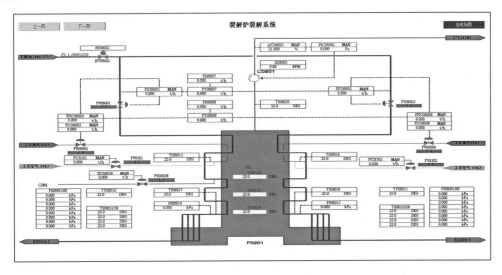

图 6-18　裂解炉裂解系统 DCS 界面

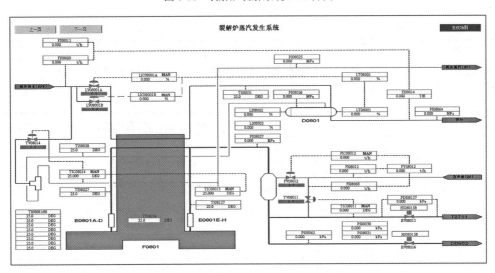

图 6-19　裂解炉蒸汽发生系统 DCS 界面

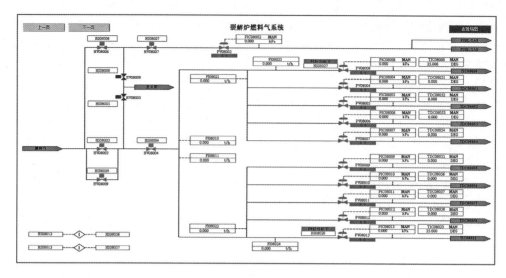

图 6-20　裂解炉燃料气系统 DCS 界面

子任务（二）　熟知设备与工艺参数

● 任务发布 ···

表 6-17 是装置中的主要设备。

表 6-17　乙烯裂解装置主要设备表

序　号	位号	名称	说明
1	C0801	引风机	裂解炉工段
2	D0801	蒸汽汽包	裂解炉工段
3	E0801A～H	线性急冷器	裂解炉工段
4	F0801	裂解炉	裂解炉工段

根据设备中各进出物料的进出及组成情况，完成表 6-18 乙烯裂解装置工艺参数表。

表 6-18　乙烯裂解装置工艺参数表

设备名称	工艺参数	位号	正常指标	单位
裂解炉 F0801	进料量			
	横跨段集合管温度			
	炉膛负压			
	裂解炉出口温度			
	E0801 出口温度			
	急冷器出口温度			
	燃料气流量			

设备名称	工艺参数	位号	正常指标	单位
蒸汽汽包 D0801	锅炉给水量			
	D0801 温度			
	一段过热温度			
	二段过热温度			

● 任务精讲 ···

裂解炉系统说明

来自脱砷和原料预热单元的石脑油（73℃）在裂解炉 F0801 的对流段原料预热器预热至187～191℃后，与在对流段过热至327～341℃的稀释蒸汽混合，使裂解原料全部气化，混合物的温度为183～200℃，然后经高温对流段Ⅰ和Ⅱ进一步加热到574～607℃，再通过横跨管，进入辐射室进行裂解，裂解温度为 850～876℃。从辐射段出来的裂解气 850～876℃，用一组线性急冷换热器 E0801A～H 冷却，使温度降为 387～481℃，再用喷注急冷油的方法使裂解气温度进一步降低到230℃，进入油/水急冷塔。

裂解炉 F0801 由两个辐射室和一个对流段及八个线性废锅（LQE）组成，在辐射段炉管内发生裂解反应，主要生成乙烯和丙烯，对流段用于加热原料、稀释蒸汽、锅炉给水和高压蒸汽，急冷器主要是抑制裂解气二次反应，废锅（LQE）产生高压蒸汽进入到汽包 D0801。

（一）对流段

进入辐射段之前，完全汽化的原料和蒸汽混合物在高温对流段（HTC）管束内进一步过热。工艺物料离开对流段进入集合管，通过文丘里均匀分配进入辐射炉管。

锅炉给水经过对流段翅片管预热后进入汽包 D0801，汽包内的水通过热虹吸方式进入急冷器，冷却工艺物流同时产生高压蒸汽，高压蒸汽收集到汽包中，汽包中的高压蒸汽在对流段过热。

从辐射段来的热烟气送入对流段预热几排管束，具体为原料预热段、锅炉给水预热段、稀释蒸汽过热段、高压蒸汽过热段、进料和蒸汽混合后的过热段，可获得较高的热效率（大于94%）。

对流段的设计能使每个工艺通道有均匀的热量传输，同时使烟气均匀流通。为避免烟气发生沟流，在对流段的侧壁设置烟气挡板。烟气通过变频风机 C0801 控制转速控制炉膛负压。

对流段布置如图 6-21 所示。

（二）辐射段

通过调节阀控制进料和稀释蒸汽的量，原料和蒸汽混合物在 PyroCrack 1-1 型裂解炉辐射段发生裂解反应，主要产生乙烯和丙烯产品。燃料气总量通过 FI08010/ FI08011 显示。

PyroCrack 1-1 炉是顶进顶出的裂解炉，炉管排布如图 6-22 所示。所有炉管排成一排，炉管这样排布保证炉管受热相同，火盆适合的宽度、火嘴数量和位置合理分布，避免炉管出现过热点和降低炉管结焦速度，保证裂解炉长周期运转和高热效率。每根辐射段炉管入口都设有文丘里，保证经过文丘里的流量和压降恒定，入口原料和稀释蒸汽混合均匀，而且温度相同，确保物料在炉管内停留时间相同。

（三）急冷换热器

每台裂解炉有 80 根炉管，每 10 根双程炉管对应一个线性急冷器，每台裂解炉有 8 组线性急冷器。裂解气离开辐射段进入线性急冷器 E0801A～H 中被锅炉给水迅速冷却，锅炉给水在汽包和传输线换热器（TLE）内靠自然对流的方式循环，出口温度由 TI08081～TI08088 显示。裂解气离开 TLE 汇集到 2 个裂解气线，裂解气温度 TI08027/TI08127 和上游裂解气压力 PI08027 在控制室显示和报警。急冷油通过 FIC08012 控制流量喷入急冷器，裂解气温度 TIC08011 被控制在 230℃。

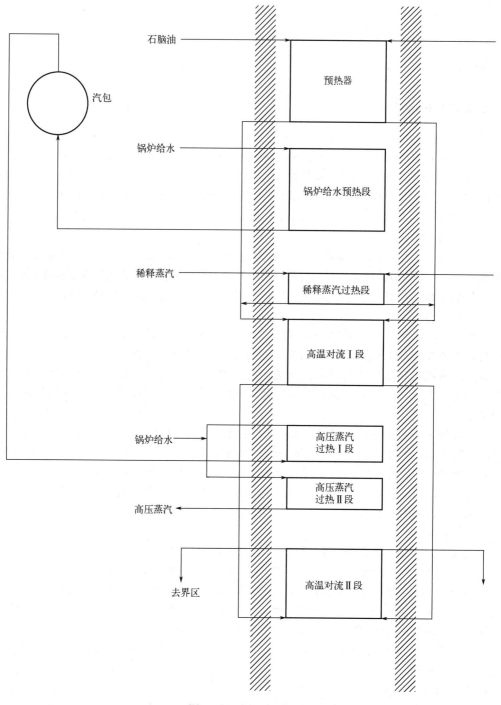

图 6-21　对流段布置图

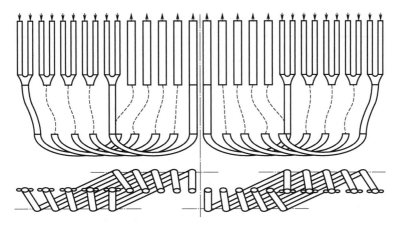

图 6-22　炉管排布图

（四）高压蒸汽系统

从脱盐水站来的锅炉给水（117℃）在对流段锅炉给水省煤器内加热到221～238℃后进入汽包D0801，其液位由 LIC08001A/B 控制，由 FI08009 显示流量，出口温度由 TI08031 指示，少量锅炉给水通过 FI08014 下游排污阀控制排放。

汽包内的锅炉给水通过虹吸原理进入线性急冷锅炉E0801A～H 冷却裂解气，同时产生高压蒸汽［328℃、11.49MPa（g）］返回汽包，汽包内的高压蒸汽经对流段高压蒸汽过热Ⅰ段和Ⅱ段进一步加热到520℃后进入高压蒸汽管网，供裂解气压缩机透平使用。

（五）燃烧系统

燃料在辐射炉膛内燃烧，为裂解反应提供热量，燃料燃烧后热量回收如下：

高温对流Ⅱ段　　　　　　　　（HTCⅡ）

高压蒸汽过热Ⅱ段　　　　　　（HPSSHⅡ）

高压蒸汽过热Ⅰ段　　　　　　（HPSSHⅠ）

高温对流Ⅰ段　　　　　　　　（HTCⅠ）

稀释蒸汽过热段　　　　　　　（DSSH）

锅炉给水预热段　　　　　　　（ECO）

原料预热段　　　　　　　　　（FPH）

总热量由 48 个底部火嘴和 96 个侧壁火嘴提供，每个底部火嘴配备一个长明灯。为保证炉管出口温度相同，采用多重燃烧控制。

在每组炉管系统中，测量每根炉管的出口温度，作为燃烧控制回路的设定值，控制与该炉管系统相关的底部烧嘴燃料气压力。这一措施有效地保证了不同炉管出口温度的均衡。

每个辐射室的侧壁烧嘴由该辐射室内底部烧嘴燃料气的平均压力控制。

空气过剩量和辐射室排风的氧含量由变频控制的引风机 C0801 进行调节。

子任务（三）　挑战完成开、停车操作及事故处理

● 任务发布 ···

请根据裂解生产冷态开车需求设计典型岗位设置方案，并按操作规程进行裂解装置DCS仿真系统的冷态开车、正常停车及事故处理操作，并在表6-19中"完成否"列作好记录。

表 6-19 裂解装置仿真操作完成情况记录表

项目	序号	步骤	完成否
冷态开车	1	引风机开车	
	2	开车升温程序	
	3	燃料气系统投用	
	4	升温和裂解炉投用	
	5	高压蒸汽系统投用	
	6	裂解炉工艺物流投料	
正常停车	1	从正常操作状态到蒸汽开车状态	
	2	蒸汽冷却系统投用	
	3	裂解炉系统停车	
	4	高压蒸汽系统停车	
事故处理	1	原料中断事故	
	2	锅炉给水中断事故	
	3	引风机故障事故	
	4	裂解炉飞温事故	
	5	汽包液位低低事故	
	6	燃料气（FG）压力低低事故	

● 任务精讲 ···

一、典型岗位设置方案

（一）冷态开车典型岗位设置

裂解装置冷态开车的岗位设置方案通常包括以下几个关键岗位，以确保开车过程的顺利进行。

1. 总指挥/协调岗位

负责裂解装置冷态开车的整体指挥和协调工作，确保各岗位按照既定计划有序进行，解决开车过程中出现的重大问题。

2. 裂解炉操作岗位

负责裂解炉或反应器的预热、升温、投料等操作；监控并调整裂解工艺参数，如温度、压力、流量等，确保裂解过程的稳定进行；在冷态开车过程中，特别关注裂解炉或反应器的升温曲线和投料时机。

3. 压缩机操作岗位

负责裂解气压缩机、循环水泵等关键设备的启动、运行和监控；确保压缩机或泵的入口压力、出口流量等参数符合工艺要求；在冷态开车前，对压缩机或泵进行必要的检查和准备。

4. 分离/精制岗位

负责裂解气的分离和精制工作，如碱洗脱硫、塔系分离等；调整分离和精制工艺参数，确保产品质量符合标准；在冷态开车过程中，关注分离和精制设备的运行状况和产品质量。

5. 仪表/电气控制岗位

负责裂解装置的仪表和电气控制系统的操作、监控和维护；确保仪表和电气设备的准确性和可靠性，及时处理故障和报警；在冷态开车前，对仪表和电气设备进行全面的检查和测试。

6. 安全环保岗位

负责裂解装置的安全和环保工作，监督各岗位的安全操作；制定并执行应急预案，应对可能出现的紧急情况；在冷态开车过程中，特别关注安全风险和环保指标。

7. 公用工程岗位

负责提供裂解装置所需的蒸汽、冷却水、压缩空气等公用工程服务；确保公用工程设备的稳定运行和供应质量；在冷态开车前，对公用工程设备进行必要的检查和准备。

8. 化验分析岗位

负责原料、中间产品和最终产品的化验分析工作；提供准确的分析数据，为生产操作和质量控制提供依据；在冷态开车过程中，及时分析并报告产品质量和工艺参数的变化。

这些岗位共同协作，确保裂解装置冷态开车的顺利进行和生产的稳定运行。具体的岗位设置可能会因企业的实际情况、生产规模以及自动化程度而有所不同。

（二）事故处理岗位设置方案

裂解装置事故处理岗位设置方案是确保在事故发生时能够迅速、有效地进行应急处置的关键。以下是一个基于事故处理需求的岗位设置方案。

1. 应急指挥部

作为事故应急处置工作的最高领导机构，负责组织、协调、指挥事故应急处置工作；决策启动或终止应急预案；对外联络，获取外部支持。

岗位设置：

（1）总指挥　全面负责应急指挥工作，决策重大事项。

（2）副总指挥　协助总指挥开展工作，负责具体指挥和协调。

2. 现场指挥组

负责现场指挥、协调和处置工作；根据事故情况，制定应急处置方案；指挥现场救援组、警戒保卫组等开展工作。

岗位设置：

（1）组长　负责现场指挥组的全面工作。

（2）成员　包括安全专家、工艺专家等，提供技术支持和决策建议。

3. 现场救援组

负责事故现场的救援工作；实施应急处置方案中的救援措施；抢救受伤人员，疏散受威胁人员。

岗位设置：

（1）组长　负责现场救援组的组织和指挥。

（2）救援队员　包括消防队员、急救人员等，具体实施救援行动。

4. 警戒保卫组

负责事故现场的警戒和保卫工作；确保现场安全，防止事态扩大；协助现场救援组疏散人员。

岗位设置：

（1）组长　负责警戒保卫组的组织和指挥。

（2）保卫队员　负责设置警戒线、维持秩序等工作。

5. 医疗救护组

负责事故现场受伤人员的救治工作；提供紧急医疗援助，确保伤员生命安全。

岗位设置：

（1）组长　负责医疗救护组的组织和指挥。

（2）医护人员　具体实施医疗救治行动。

6. 后勤保障组

负责事故应急处置所需的物资、设备等后勤保障工作；确保应急物资和设备的及时供应。

岗位设置：

（1）组长　负责后勤保障组的组织和指挥。

（2）物资管理员　负责应急物资的储备和管理。

（3）设备维护员　负责应急设备的维护和保养。

7. 事故调查组（事故后设置）

负责事故原因的调查分析工作；收集事故现场证据，分析事故原因；提出事故处理建议和防范措施。

岗位设置：

（1）组长　负责事故调查组的组织和指挥。

（2）调查人员　包括安全专家、工艺专家等，负责具体的事故调查工作。

此外，根据裂解装置的具体情况和事故类型，还可以设置其他必要的岗位，如环境监测组、通信联络组等。

以上岗位设置方案旨在确保在裂解装置事故发生时，能够迅速、有效地进行应急处置，最大限度地减少人员伤亡和财产损失。各岗位人员应明确自己的职责和任务，熟练掌握应急处置流程和技能，以确保应急处置工作的顺利进行。

二、冷态开车、正常停车及事故处理注意事项

裂解装置 DCS 仿真系统包括冷态开车、正常停车及事故处理，每步操作至关重要。注意事项如下。

（一）裂解装置冷态开车注意事项

（1）氮气扫线　由于裂解装置所处理的物料易燃易爆，因此在物料进入装置前，必须用含量在99.5%以上的干燥氮气进行全系统的扫线，以吹扫去除系统中的空气。吹扫后，应分析系统中的气体，确保氧含量在 0.5% 以下才算合格。

（2）催化剂和干燥剂准备　对各催化剂和干燥剂进行再生和干燥处理，确保其处于备用状态。

（3）乙烯、丙烯系统准备　乙烯、丙烯进入乙烯机、丙烯机系统后，需要置换除去氮气。并按照开车要求，先开丙烯机，待其运转正常后，再开乙烯机。

（4）裂解气压缩机操作　在开车过程中，需要联系裂解装置，送裂解气，并开启裂解气压缩机，同时开启脱硫塔等系统。裂解气在分离系统开车时，可以按照全系统升压、开车或逐塔开车的方式进行。

（5）泄放与排空　开车时有大量不合格物料泄放，因此必须做好泄放、排空工作，将不合格物料及时排至火炬，确保开车安全。

（6）逐步升压与升温　在开车过程中，需要逐步升压、升温，并密切注意各设备的运转情况和工艺指标的变化。

（7）协调与指挥　加强协调统一指挥，确保各岗位之间的操作相互配合，避免出现误操作或

操作不当的情况。

（二）裂解装置正常停车注意事项

（1）停车方案制定　应根据停工后检修的目的、时间长短、动火范围等制定详细的停车方案，并报主管领导审批。同时，需要绘制停车操作顺序图表，并组织全体职工学习、演练。

（2）逐步降压与降温　在停车过程中，需要逐步降压、降温，并密切注意各设备的运转情况和工艺指标的变化。降温、降压的速度不宜过快，应严格按照工艺指标执行。

（3）物料处理　停车时，需要将各塔系出料到不合格为止，然后把物料按要求泄入放空系统。同时，各反应器、干燥器中的存余物料也需要泄放去火炬。对于乙烯、丙烯等冷剂，应尽量回收并妥善处理。

（4）设备吹扫与置换　停车后，需要对系统进行氮气吹扫和置换，确保系统中的残留物料被彻底清除。吹扫和置换后，应分析系统中的气体成分，确保符合安全要求。

（5）安全检查　停车后，需要对各设备进行安全检查，消除设备表面、梯子平台、地面的油污、易燃物等，为设备交工检修创造条件。

（6）切断电源与水源　根据具体情况，需要先后停水、蒸汽、压缩空气和电等，确保设备处于安全状态。

裂解装置冷态开车和正常停车都需要严格遵守操作规程和安全要求，确保操作过程平稳、有序进行。同时，需要加强协调与指挥，确保各岗位之间的操作相互配合，避免出现误操作或操作不当的情况。请扫描二维码，认真学习操作规程，以确保工艺过程的顺利进行。

裂解装置 DCS 仿真
系统冷态开车、正常
停车及事故处理
操作规程

任务巩固

一、选择题

1. 在烃类裂解过程中，裂解炉的主要作用是（　　）。
　　A. 对裂解气进行冷却　　　　　　　　B. 提供高温反应环境
　　C. 分离裂解产物　　　　　　　　　　D. 去除杂质

2. 乙烯生产过程中，（　　）物质的泄漏可能导致爆炸。
　　A. 氮气　　　　　　　　　　　　　　B. 水蒸气
　　C. 乙烯　　　　　　　　　　　　　　D. 二氧化碳

3. 乙烯生产装置中，（　　）部位最容易发生火灾。
　　A. 裂解炉　　　　　　　　　　　　　B. 压缩机
　　C. 储罐　　　　　　　　　　　　　　D. 管道

4. 在乙烯生产过程中，为了防止静电积聚，应采取（　　）措施。
　　A. 增加湿度　　　B. 降低流速　　　C. 使用绝缘材料　　　D. 减少接地

二、判断题

1. 管式裂解炉的操作压力越高越好。（　　）
2. 管式裂解炉的辐射段和对流段可以互换使用。（　　）
3. 管式裂解炉的对流段主要是为了加热裂解原料。（　　）
4. 管式裂解炉停车时可以直接关闭燃料气阀门。（　　）

三、简答题

1. 简述管式裂解炉的工作原理。
2. 简述管式裂解炉的主要组成部分及各部分的作用。
3. 管式裂解炉操作中如何控制裂解深度？

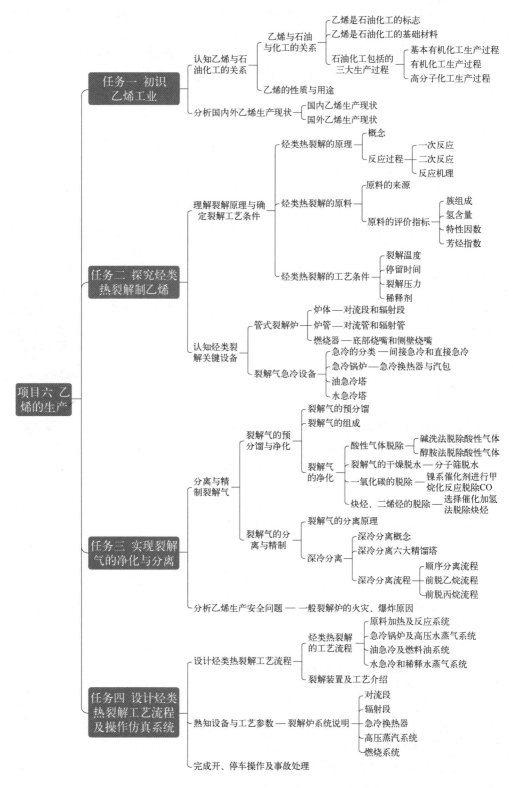

项目考核

考核方式	考核内容					原因分析及改进（建议）措施
	考核细则	评价等级				
		A	B	C	D	
学生自评	兴趣度	高	较高	一般	较低	
	任务完成情况	按规定时间和要求完成任务，且成果具有一定创新性	按规定时间和要求完成任务，但成果创新性不足	未按规定时间和要求完成任务，任务进程达80%	未按规定时间和要求完成任务，任务进程不足80%	
	课堂表现	主动思考、积极发言，能提出创新解决方案和思路	有一定思路，但创新不足，偶有发言	几乎不主动发言，缺乏主动思考	不主动发言，没有思路	
	小组合作情况	合作度高，配合度好，组内贡献度高	合作度较高，配合度较好，组内贡献度较高	合作度一般，配合度一般，组内贡献度一般	几乎不与小组合作，配合度较差，组内贡献度较差	
	实操结果	90分以上	80~89分	60~79分	60分以下	
组内互评	课堂表现	主动思考、积极发言，能提出创新解决方案和思路	有一定思路，但创新不足，偶有发言	几乎不主动发言，缺乏主动思考	不主动发言，没有思路	
	小组合作情况	合作度高，配合度好，组内贡献度高	合作度较高，配合度较好，组内贡献度较高	合作度一般，配合度一般，组内贡献度一般	几乎不与小组合作，配合度较差，组内贡献度较差	
组间评价	小组成果	任务完成，成果具有一定创新性，且表述清晰流畅	任务完成，成果创新性不足，但表述清晰流畅	任务完成进程达80%，且表达不清晰	任务进程不足80%，且表达不清晰	
教师评价	课堂表现	优秀	良好	一般	较差	
	线上精品课	优秀	良好	一般	较差	
	任务巩固环节	90分以上	80~89分	60~79分	60分以下	
综合评价		优秀	良好	一般	较差	

项目七

甲醇的生产

在当今能源与化工领域，甲醇作为一种至关重要的基础化工原料和潜在的清洁能源载体，正发挥着越来越关键的作用。随着科技的不断进步和对可持续发展的迫切需求，高效、环保的甲醇生产工艺成为了行业关注的焦点。

本项目基于工业上甲醇生产的职业情境，通过学习甲醇生产岗位涌现出的全国技术能手——邓晶的先进事迹，领略甲醇生产的魅力与奥秘。参照甲醇生产工艺流程图、设备图等，对甲醇生产过程进行工艺分析，选择合理的工艺条件。利用仿真软件，按照操作规程，进行甲醇合成和甲醇精制的开车、正常运行和停车操作，在操作过程中监控仪表、正常调节机泵和阀门，遇到异常现象时能及时发现故障原因并排除故障，保证合成和精制过程的正常运行，生产合格的产品。

⊕ 工匠园地

视甲醇装置为"宝贝"的全国技术能手——邓晶

邓晶，女，2007年7月参加工作，2007年5月加入中国共产党，现任开滦集团唐山中润煤化工有限公司甲醇分厂工艺技术员。先后获得全国技术能手、全国优秀共青团员、煤炭行业技能大师、全国石油和化工行业技术能手、河北省劳动模范等荣誉称号。

视甲醇装置为"宝贝"的全国技术能手——邓晶

任务一　初识甲醇工业

↻ 任务情境

甲醇是最简单的化学品之一，是重要的化工基础原料和清洁液体燃料，广泛应用于有机合成、染料、医药、农药、涂料、汽车和国防等工业中。请通过查阅资料，了解甲醇有哪些性质和用途以及国内外甲醇的生产现状。

▤ 任务目标

素质目标：
培养科学严谨、认真细致的职业素养，以及工业强国的理念信念。
知识目标：
了解甲醇的性质、用途和国内外甲醇生产现状。
能力目标：
具备自主学习及分析甲醇市场的供需状况和竞争格局的能力。

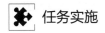
子任务（一） 认知甲醇工业发展史

● 任务发布 ....

甲醇在众多行业中发挥着不可或缺的作用。从传统的化工生产到新兴的能源领域，甲醇都展现出了巨大的潜力和价值。它不仅是合成各种重要化工产品的关键原料，更是为解决能源问题提供了新的思路和途径。说一说，你对甲醇的认知。通过查阅甲醇生产相关资料，完成表 7-1。

表 7-1 甲醇的物理性质

密度	
黏度	
沸点	
熔点	
蒸气在空气中的爆炸上限	
蒸气在空气中的爆炸下限	
闪点	
自燃点	

● 任务精讲 ....

一、甲醇工业发展史

1905 年，科学家保罗·萨巴蒂尔首次提出通过 CO 和 H_2 反应产生甲醇的路线，并发现镍基催化剂可催化一氧化碳的加氢反应生产甲醇。

甲醇的物理和
化学性质

20 世纪 20 年代后，高压法合成甲醇方法出现，标志着甲醇工业开始发展。1923 年，德国 BASF 公司第一次实现以 CO 和 H_2 为原料、以锌/氧化铬为催化剂，在特定温度和较高压强下工业化合成生产甲醇，直至 1965 年，高压法合成工艺都是合成甲醇的唯一方法。

20 世纪 60 年代后期，英国 ICI 公司和德国的 Lurgi 公司分别开发了中压法和低压法工艺。低压法具有能耗低、装备建设容易、生产能力高等优点，20 世纪 70 年代中期以后被许多公司和工厂使用。

20 世纪 80 年代～21 世纪初，甲醇的工业化生产在全球范围内得到进一步推广和发展，产能不断增加。中国、中东、美洲等地区成为主要的甲醇生产地，甲醇被广泛应用于化工、医药、食品等领域。

21 世纪至今，随着环保和能源危机日益突出，绿色甲醇成为研究和发展的重点。绿色甲醇可以通过利用可再生能源（如太阳能、风能等）产生的电力进行电解水制氢，再将氢气与二氧化碳合成得到，实现了碳的资源化利用。

甲醇在交通领域的应用不断拓展，如甲醇燃料电池、甲醇汽车等。同时，甲醇作为船舶燃料也受到航运业的关注。

二、甲醇的用途

甲醇在有机合成工业中，是仅次于烯烃的重要基础有机原料。甲醇工业的迅猛发展，源于甲醇是多种有机产品的基本原料和重要的溶剂及清洁液体燃料，广泛用于有机合成、染料、医药、农药、涂料、汽车和国防等工业中。

甲醇是重要的化工原料，甲醇的主要应用领域是生产甲醛，甲醛可用来生产胶黏剂，主要用于木材加工业，其次是用作模塑料、涂料、纺织物及纸张等的处理剂，其中，用作木材加工的胶黏剂约占其消费总量的80%；乙酸消费约占全球甲醇需求的7%，可生产乙酸乙烯、乙酸纤维和乙酸等，其需求与涂料、黏合剂和纺织等方面的需求密切相关；甲基丙烯酸甲酯约占全球甲醇需求的 2%~3%，主要用来生产丙烯酸板材、表面涂料和模塑料等，预计发达国家的增长速度比较适中，而亚洲地区的增长速度较快。

随着碳一化工的发展，以甲醇为原料合成乙二醇、乙醛和乙醇等工艺正日益受到重视。甲醇作为重要原料在敌百虫、甲基对硫磷和多菌灵等农药生产中及医药、染料、塑料和合成纤维等工业中都有着重要的地位。甲醇是一种重要的有机溶剂，其溶解性能优于乙醇，可用于调制油漆。作为一种良好的萃取剂，甲醇在分析化学中可用于一些物质的分离。甲醇可经生物发酵制取甲醇蛋白，用作饲料添加剂，有着广阔的应用前景。甲醇是性能优良的能源和车用燃料，纯甲醇可直接用作汽车燃料。

子任务（二）　分析国内外甲醇生产现状

● 任务发布 ·······

在当今的化工领域，甲醇产品以其独特的性质和广泛的用途占据着重要的地位。在生活中，甲醇日益受到重视，它既可以作为燃料，又可以作为有机化工原料。请查阅资料，在我国地图上标记国内甲醇生产厂家，并分析目前国内的甲醇生产情况，针对甲醇未来发展趋势写一份报告。

● 任务精讲 ·······

一、国内甲醇生产现状

我国的甲醇工业始于20世纪50年代，我国利用苏联技术在兰州、太原和吉林采用锌铬系催化剂建起了高压法甲醇合成装置。60~70年代，上海吴泾化工厂先后自建了以焦炭和石脑油为原料的甲醇合成装置，南京化学工业公司研究院研制了合成氨联醇用的中压铜基催化剂，推动了合成氨联产甲醇的工业发展。70年代，四川维尼纶厂引进了我国第一套低压甲醇合成装置，以乙炔尾气为原料，采用ICI低压冷激式合成工艺。80年代中期，齐鲁第二化工厂引进了德国Lurgi公司的低压甲醇合成装置，以渣油为原料。进入90年代，随着甲醇需求的快速增长，利用引进技术和自有技术建成了数十套甲醇和联醇生产装置，使我国的甲醇生产得到前所未有的快速发展。

到目前为止，中国已成为全球第一大甲醇生产国、消费国和进口国。2024年中国甲醇产能达到10977.6万吨/年，同比增加3.4%，增速下降了2.4个百分点，新增产能和新投产装置数量均为近五年来新低。但2025年仍将有约760万吨/年新增产能计划投产，且2025年甲醇新增产能投放压力仍较大，预计新增产能达1400万吨。

2024 年中国甲醇产能区域分布情况如图 7-1 所示。2024 年，中国甲醇产能多分布在西北、华北、华东地区，产能占比分别为 35.26%、28.96%、17.73%。西北地区由于煤炭资源丰富，仍是中国最主要的甲醇产区。西南、华中、华南、东北产能占比分别为 6.55%、5.68%、3.16%、2.66%。

二、国外甲醇生产现状

甲醇的大规模工业化生产是从 20 世纪 20 年代高压法合成甲醇的工业实现开始的。1913 年，德国 BASF 公司在其高压合成氨的试验装置上进行了一氧化碳和氢合成含氧化合物的研究，并于 1923 年在德国 Leuna 建成了世界上第一座年产 3000t 合成甲醇的生产装置，并成功投产。该装置采用 Zn-Cr 氧化物为催化剂，一氧化碳和氢为原料，反应在 30~35MPa，300~400℃条件下进行，该法称为甲醇高压合成法。1965 年采用该法生产的甲醇产量已达 298.8 万吨。

截至 2022 年底，全球甲醇总产能达 1.89 亿吨，同比增长 3.3%。其中，其中约有 60% 集中于中国市场，而其他的 40% 多集中于中东、美洲及东南亚（包括新西兰）一带。目前除中国以外，全球产能最大的国家依然是伊朗，紧随其后的就是美国，2022 年总产能维持在千万吨以上。国际甲醇产能分布图如图 7-2 所示。

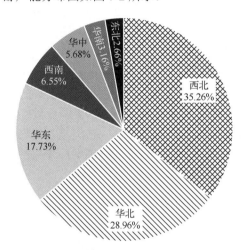

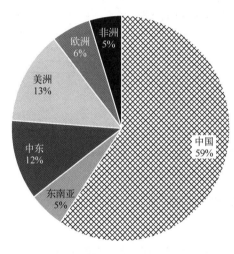

图 7-1　2024 年中国甲醇产能区域分布情况　　图 7-2　国际甲醇产能分布图

中东地区资源优势明显，是国际甲醇的重要生产地。该地区天然气资源丰富且价格低廉，为甲醇生产提供了有利的原料条件。

美国是北美地区甲醇生产的主要国家。2014 年后随着页岩气革命成功，廉价的天然气原料刺激美国掀起一轮甲醇产能扩张热潮，目前总产能 1000 多万吨。

任务巩固

一、选择题

1. 甲醇的化学式是（　　　）。
　　A. CH_4　　　　　　　B. CH_3OH　　　　　　C. C_2H_5OH　　　　　　D. C_3H_8

2. 甲醇的物理性质中，下列说法错误的是（　　　）。
　　A. 无色透明液体　　　　　　　　　B. 有刺激性气味
　　C. 不溶于水　　　　　　　　　　　D. 易挥发

3. 甲醇在化工领域的主要用途不包括（　　　）。
　　A. 生产甲醛　　　　　　　　　　　B. 制造塑料

          C. 合成药物   D. 冶炼钢铁

4. 甲醇有毒，误饮可导致（   ）。
   A. 贫血   B. 中毒甚至死亡
   C. 消化不良   D. 过敏反应

5. 甲醇的有害燃烧产物有（   ）。
   A. 一氧化硫   B. 一氧化碳   C. 二氧化碳   D. 氧化氮

6. 甲醇发生燃烧不可选用的灭火剂是（   ）。
   A. 泡沫   B. 砂土   C. 干粉   D. 二氧化碳

二、填空题

1. 甲醇也称_____。
2. 甲醇具有_____、透明、易挥发、有刺激性气味的特点。
3. 甲醇的主要用途有_____、_____、_____等。
4. 甲醇易燃，应远离_____和热源。

三、简答题

简述甲醇的化学性质。

任务二　选择甲醇生产方法

↻ 任务情境

　　甲醇生产方法有多种，选择合适的甲醇生产方法对于提高生产效率、降低成本、减少环境污染具有重要意义。不同的生产方法，生产原料、工艺过程、经济性、产品收率等不同，在工业生产中，应该根据生产实际，选择合适的工艺路线。

⇄ 任务目标

素质目标：
培养严谨负责的职业素养，高效、环保、节能、降本的工作理念，以及高度的责任感。

知识目标：
1. 深入了解不同甲醇生产方法的特点、原理和工艺流程。
2. 掌握合成气化学合成法制甲醇的工艺原理。
3. 了解甲醇生产技术现状及进展。

能力目标：
具备综合分析影响因素后，能为甲醇生产企业提供科学合理生产方法的能力。

✖ 任务实施

甲醇的生产

子任务（一）　认知甲醇生产方法

● 任务发布

　　目前，甲醇的生产方法主要有木材干馏法、氯甲烷水解法、甲烷部分氧化法及合成气化学合成法四种，请查阅资料，了解甲醇的生产方法，并从原料、生产原理及优缺点等方面对这几种生产方法进行比较，完成表 7-2。

表 7-2　甲醇生产方法比较

生产方法	生产原料	生产原理	优点	缺点
木材干馏法				
氯甲烷水解法				
甲烷部分氧化法				
合成气化学合成法				

● 任务精讲 ·········

一、木材干馏法

木材干馏成为工业上最古老的制取甲醇的方法。甲醇最早由木材和木质素干馏制得，故俗称木醇。木材在长时间加热炭化过程中，产生可凝和不可凝的挥发性物质，这种被称为焦木酸的可凝性液体中含有甲醇、乙酸和焦油。除去焦油的焦木酸可通过精馏分离出天然甲醇和乙酸。生产1kg 的甲醇需 60～80kg 的木材。木材干馏法制得的甲醇含有丙酮和其他杂质，要从甲醇中除去这些杂质比较困难。由于甲醇的需求量与日俱增，木材干馏法不能满足需要。因此，人们开始采用化学合成的方法生产甲醇。

二、氯甲烷水解法

氯甲烷水解法是在 350℃时，于流动系统中进行，所得到的甲醇产率为 67%，二甲醚为 33%。氯甲烷的转化率达 98%。水解速度慢。其反应过程如下：

$$CH_3Cl+H_2O+NaOH \longrightarrow CH_3OH+NaCl+H_2O \qquad (7-1)$$

氯甲烷水解法制甲醇的成本相当昂贵，虽然早在一百多年前就被发现了，但并没有在工业上得到应用。

三、甲烷部分氧化法

这种制甲醇的方法工艺流程非常简单，建设投资较少，而且将便宜的原料甲烷变成贵重的产品甲醇，是一种可取的甲醇生产方法。其反应过程如下：

$$2CH_4+O_2 \longrightarrow 2CH_3OH \qquad (7-2)$$

这种氧化的过程是不易控制的，常常因为深度的氧化生成碳的氧化物和水，而使原料和产品受到很大的损失，使甲醇的总收率不高（30%）。虽然已经有运行的工业试验装置，但甲烷氧化制甲醇的方法仍然未实现工业化。

四、合成气化学合成法

1923 年，德国 BASF 公司在合成氨工业化的基础上，首先用锌铬催化剂在高温高压的操作条件下实现了由一氧化碳和氢合成甲醇的工业化生产，开创了工业合成甲醇的先河。工业合成甲醇成本低，产量大，促使了甲醇工业的迅猛发展。甲醇消费市场的扩大，又促使甲醇生产工艺不断改进，生产成本不断下降，生产规模日益增大。1966 年，英国 ICI 公司成功地实现了铜基催化剂的低压甲醇合成工艺，随后又实现了更为经济的中压法甲醇合成工艺。与此同时德国 Lurgi 公司也成功地开发了中低压甲醇合成工艺。随着甲醇合成工艺的成熟和规模的扩大，由甲醇合成和甲醇应用所组成的甲醇工业成为化学工业中的一个重要分支，在经济的发展中起着越来越重要的作用。

合成气化学合成法制甲醇生产工艺较新，选择性高，杂质少，产品质量好，可行性高。自1923年开发以来，成为目前工业上广泛采用的方法。其反应过程如下：

$$CO+2H_2 \longrightarrow CH_3OH \tag{7-3}$$

$$CO_2+3H_2 \longrightarrow CH_3OH+H_2O \tag{7-4}$$

子任务（二） 选择合适的甲醇生产方法

● 任务发布 ⋯⋯⋯⋯⋯⋯⋯⋯⋯⋯⋯⋯⋯⋯⋯⋯⋯⋯⋯⋯⋯⋯⋯⋯⋯⋯⋯⋯⋯⋯⋯⋯

目前，工业上几乎都是采用合成气化学合成法合成甲醇。根据操作压力和使用催化剂的不同，合成气化学合成法合成甲醇分为高压法、中压法、低压法三种方法。请查阅甲醇相关资料，完成表 7-3。

表 7-3 高压法、中压法、低压法三种方法比较

操作方法	催化剂	操作压力	操作温度	特点
高压法				
中压法				
低压法				

● 任务精讲 ⋯⋯⋯⋯⋯⋯⋯⋯⋯⋯⋯⋯⋯⋯⋯⋯⋯⋯⋯⋯⋯⋯⋯⋯⋯⋯⋯⋯⋯⋯⋯⋯

甲醇合成是可逆强放热反应，受热力学和动力学控制。通常在单程反应器中，CO 和 CO_2 的单程转化率达不到 100%。反应器出口气体中，甲醇含量仅为 3%～6%，未反应的 CO、CO_2 和 H_2 需与甲醇分离，然后进一步压缩循环到反应器中。较早开发的锌铬催化剂活性较低，反应温度达到 300℃时才具有足够的活性。为了保证反应器出口气体中有较高的甲醇含量，一般采用 30MPa 以上的反应压力。铜基催化剂有较高的催化活性，反应温度为 270℃时就显示出很好的活性，一般采用中压或低压合成压力。两种催化剂的比较见表 7-4。

表 7-4　锌铬、铜基两种催化剂的比较

操作压力/MPa	合成塔出口甲醇百分比/%	
	锌铬催化剂出口温度 648K	铜基催化剂出口温度 543K
33	5.5	18.2
20	2.4	12.4
10	0.6	5.8
5	0.2	2.5

目前，世界上约 70% 的甲醇生产采用英国 ICI 公司的中、低压法生产，规模从 50t/d 到 2500t/d。此外，还有德国 Lurgi、美国 UCI、丹麦 Topsoe 等生产工艺。

一、高压法

通常使用锌铬催化剂，在 300～400℃、30MPa 的高温高压下合成甲醇。这种方法生产能力大、单程转化率高、但能耗大、加工复杂，早期应用广泛。

高压法合成甲醇工艺流程见图 7-3。由压缩工段送来的具有 31.36MPa 的新鲜原料气，先进入铁油分离器，在此处与循环气压缩机送来的循环气汇合。这两种气体中的油污、水雾及羰基化合物等杂质同时在铁油分离器中除去，然后进入甲醇合成塔。原料气分两路进入甲醇合成塔。一路经主线（主阀）由塔顶进入，并沿塔壁与内件之间的环隙流至塔底，再经塔内下部的热交换器预热后，进入分气盒。另一路经副线（副阀）从塔底进入，不经热交换器而直接进入分气盒。在实际生产过程中，可用副阀来调节催化层的温度，使 H_2 和 CO 能在催化剂的活性温度范围内合成甲醇。

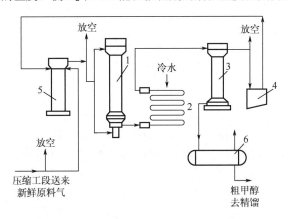

图 7-3　高压法合成甲醇工艺流程图

1—甲醇合成塔；2—冷凝器；3—甲醇分离器；4—循环气压缩机；5—铁油分离器；6—粗甲醇中间槽

CO 与 H_2 在塔内于 30MPa 左右的压力和 360～420℃ 条件下，在锌铬催化剂上反应生成甲醇。转化后的气体经塔内热交换预热后进入塔内的原料气，温度降至 160℃ 以下，甲醇含量约为 3%。经塔内热交换后的转化气体混合物出塔，进入冷凝器，出冷凝器后气体混合物温度降至 30～35℃，再进入甲醇分离。从甲醇分离器出来的液体甲醇减压至 0.98～1.568MPa 后，送入粗甲醇中间槽。由甲醇分离器出来的气体，压力降至 30MPa 左右，送循环气压缩机以补充压力损失，使气体循环使用。

为了避免惰性气体（N_2、Ar 等）在反应系统中积累，在甲醇分离器后设有放空管，以保持循环气中惰性气体含量在 15%～20%。

二、中压法

操作压力为 10～27MPa，温度为 235～275℃，催化剂为铜基催化剂。此法的特点是处理量大、设备庞大、占地面积大，是综合了高压、低压法的优缺点而提出来的。此法是在低压法研究基础上发展而来，能有效降低建厂费用和甲醇生产成本。

中压法合成甲醇工艺流程如图 7-4 所示。原料以天然气或石脑油为起始，经过重整转化为合成气。原料、燃料天然气和弛放气在转化炉内燃烧加热，转化炉管内填充镍催化剂。从转化炉出来的气体进行热量交换后，送入合成气压缩机，经压缩与循环气一起，在循环气压缩机中预热。然后进入合成塔，其压力为 8.106MPa，温度为 220℃。在合成塔里，合成气通过催化剂生成粗甲醇。塔为冷激型，回收合成反应热产生中压蒸汽。出塔气体预热进塔气体，然后冷却，将粗甲醇在冷凝器中冷凝出来。气体大部分循环，其余弛放气用作转化炉燃料。粗甲醇在拔顶塔和精制塔中，经蒸馏分离出二甲醚、甲酸甲酯及杂醇油等杂质，即得精甲醇产品。

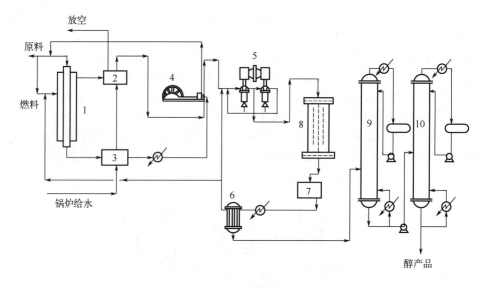

图 7-4　中压法合成甲醇工艺流程图

1—转化炉；2，3，7—换热器；4—压缩机；5—循环气压缩机；6—甲醇冷凝器；8—合成塔；9—粗分离塔；10—精制塔

三、低压法

操作压力为 5MPa，温度为 275℃，采用铜基催化剂合成甲醇。该方法打破了高压法的垄断，简化了合成塔结构，降低了能耗，是近几年开发的合成甲醇的新方法。低压法的特点是选择性高，粗甲醇中的杂质少，精制甲醇质量好。低压法合成甲醇工艺流程如图 7-5 所示。

（一）原料预处理工段

天然气经加热炉加热后，进入转化炉发生部分氧化反应生成合成气，合成气经废热锅炉和加热器换热后，进入脱硫器，脱硫后的合成气经水冷却和汽液分离器，分离除去冷凝水后进入合成气三段离心式压缩机，压缩至稍低于 5MPa。从压缩机第三段出来的气体不经冷却，与分离器出来的循环气混合后，在循环气压缩机中压缩到稍高于 5MPa 的压力，进入合成塔。循环气压缩机为单段离心式压缩机，它与合成气压缩机一样都采用汽轮机驱动。合成塔顶尾气经转化后含 CO_2 量稍高，在压缩机的二段后，将气体送入 CO_2 吸收塔，用 K_2CO_3 溶液吸收部分 CO_2，使合成气中 CO_2

含量保持在适宜值。吸收了 CO_2 的 K_2CO_3 溶液用蒸汽直接再生，然后循环使用。

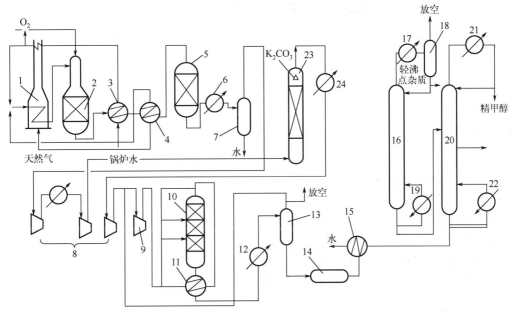

图 7-5　低压法合成甲醇工艺流程

1—加热炉；2—转化炉；3—废热锅炉；4—加热器；5—脱硫器；6, 12, 17, 21, 24—水冷器；7—气液分离器；

8—合成气压缩机；9—循环气压缩机；10—甲醇合成塔；11, 15—热交换器；13—甲醇分离器；14—粗甲醇中间槽；

16—脱轻组分塔；18—分离塔；19, 22—再沸塔；20—甲醇精馏塔；23—CO_2吸收塔

（二）反应工段

合成塔中填充 CuO-ZnO-Al_2O_3 催化剂，于 5MPa 压力下操作。由于强烈的放热反应，必须迅速移出热量，流程中采用在催化剂床层中直接加入冷原料的冷激法，保持温度在 240～270℃之间。经合成反应后，气体中含甲醇 3.5%～4%（体积分数），送入加热器以预热合成气，塔釜部物料在水冷器中冷却后进入分离器。粗甲醇送中间槽，未反应的气体返回循环气压缩机。为防止惰性气体的积累，把一部分循环气放空。

（三）产物分离工段

粗甲醇中甲醇含量约 80%，其余大部分是水。此外，还含有二甲醚及可溶性气体，称为轻馏分，水、酯、醛、酮、高级醇称为重馏分。以上混合物送往脱轻组分塔，塔顶引出轻馏分，塔底物送甲醇精馏塔，塔顶引出产品精甲醇，塔底为水，接近塔的某一塔板处引出含异丁醇等组分的杂醇油。产品精甲醇的纯度可达 99.85%（质量分数）。

✏ **任务巩固**

一、填空题

1. 甲醇主要通过_____方法生产。

2. 甲醇生产中的合成气主要由_____和_____组成。

3. 甲醇生产过程中的主要反应是_____和_____。

二、简答题

简述高压法、中压法和低压法合成甲醇的区别。

任务三 探究甲醇合成过程

 任务情境

在化工生产过程中，工艺条件对化学反应的影响关系生产过程的能力和效率。对于甲醇的生产，选择完合适的生产路线后，明确工艺条件尤为重要。

任务目标

素质目标：
培养严谨的科学态度和工程思维，提高团队协作和沟通能力。

知识目标：
掌握化学合成法制甲醇的生产原理和工艺条件。

能力目标：
1. 能够分析和解决在甲醇生产过程中出现的工艺问题。
2. 能够根据给定的生产要求确定合适的工艺条件。

任务实施

子任务（一） 确定甲醇生产工艺条件

● **任务发布**

随着市场对甲醇需求的不断增长，提高甲醇生产效率、降低生产成本、保证产品质量成为我们面临的关键挑战。通过合理确定生产工艺条件，可以有效地提升生产效益，增强企业的竞争力。分析化学合成法生成甲醇工艺的操作条件，并完成表7-5。

表7-5 化学合成法生成甲醇的工艺条件

工艺指标	工艺条件	工艺参数超过正常值时的影响
反应温度		
反应压力		
合成气组成		
空速		

● **任务精讲**

一、甲醇的合成原理

（一）主反应

$$CO + 2H_2 \longrightarrow CH_3OH \tag{7-5}$$

当有二氧化碳存在时，二氧化碳按下列反应生成甲醇：

$$CO_2+3H_2 \longrightarrow CH_3OH+H_2O \tag{7-6}$$

（二）副反应

$$CO_2+H_2 \longrightarrow CO+H_2O \tag{7-7}$$

$$CO+3H_2 \longrightarrow H_2O+CH_4 \tag{7-8}$$

$$CO_2+4H_2 \longrightarrow CH_4+2H_2O \tag{7-9}$$

$$2CH_3OH \longrightarrow CH_3OCH_3+H_2O \tag{7-10}$$

这些副反应不仅消耗原料，而且影响甲醇的质量和催化剂的寿命，特别是生成甲烷的反应是一个强放热反应，不利于反应温度的控制，而且生成的甲烷不能随产品冷凝，更不利于主反应的化学平衡和反应速率。

二、合成甲醇的催化剂

在合成甲醇的过程中，催化剂起着至关重要的作用。目前，合成甲醇的催化剂主要有两类。

1. 锌铬催化剂 锌铬催化剂是一种较早开发的合成甲醇催化剂。它具有使用寿命长，使用范围宽，操作控制容易，耐热性好，抗毒性强，机械强度高等特点，但其活性温度高，一般在 380～400℃之间，为了获得较高的转化率，必须在高压下操作，操作压力可达 25～35MPa，目前逐步被淘汰。

2. 铜基催化剂 铜基催化剂是目前合成甲醇最常用的催化剂之一。其主要成分为 CuO 和 ZnO，还需加入 Al_2O_3 或 Cr_2O_3 为助催化剂，提高催化剂的热稳定性、活性及寿命。铜基催化剂在使用前必须还原成金属铜或低价铜才有活性。缺点是该催化剂对原料气中的杂质要求严格，特别是硫含量，必须精制脱硫使硫含量小于 0.1mg/L。铜基催化剂在现代甲醇工业中占据主导地位，广泛应用于各种规模的甲醇生产装置中。

近年来，研究人员还在不断探索新型的非铜基催化剂，如钼基催化剂、钨基催化剂等。这些催化剂在某些方面具有独特的性能，但目前仍处于研究开发阶段，尚未实现大规模的工业应用。

三、合成气化学合成法生产甲醇影响因素的分析

合成气化学合成法生产甲醇的过程中，反应温度、反应压力、合成气组成和空速等因素都会对生产产生重要影响。在实际生产中，需要根据具体情况进行优化和调整，以提高甲醇的产率、选择性和质量，同时降低生产成本。

（一）反应温度

在一定范围内，升高温度可以显著提高反应速率。这是因为温度升高使分子运动加剧，分子间的有效碰撞次数增加，从而加快了化学反应的进行。然而，温度过高可能会导致副反应增多，降低甲醇的选择性等不良后果；合成甲醇的反应是放热反应，根据化学平衡原理，降低温度有利于平衡向生成甲醇的方向移动，提高平衡转化率。但实际生产中，不能单纯为了提高平衡转化率而过度降低温度，因为这会使反应速率变得非常缓慢，影响生产效率。因此，甲醇合成存在一个最适宜温度。催化剂床层的温度分布要尽可能接近最适宜温度曲线。

反应温度与所选用的催化剂有关，不同的催化剂有不同的活性温度。一般锌铬催化剂的活性温度为 320～400℃，铜基催化剂的活性温度为 200～290℃。对每种催化剂在活性温度范围内都有较适宜的操作温度区间，如锌铬催化剂为 370～380℃，铜基催化剂为 250～270℃。

为了防止催化剂迅速老化，在催化剂使用初期，反应温度宜维持在较低的数值，随着使用时间增长，逐步提高反应温度。但必须指出的是：整个催化剂床层的温度都必须维持在催化剂的活性温度范围内。因为如果某一部位的温度低于活性温度，则这一部位的催化剂的作用就不能充分

发挥；如果某一部位的催化剂温度过高，则有可能引起催化剂过热而失去活性。因此，整个催化剂床层温度控制应尽量接近于催化剂的活性温度。

另外，甲醇合成反应速率越高，则副反应增多，生成的粗甲醇中有机杂质等组分的含量也增多，给后期粗甲醇的精馏加工带来困难。

因此，严格控制反应温度并及时有效地移走反应热是甲醇合成反应器设计和操作的关键问题。反应器内部结构比较复杂，一般采用冷激式和间接换热式两种。

（二）反应压力

从热力学分析，高压有利于提高甲醇的平衡转化率，因为合成甲醇的反应是分子数减少的反应，增加压力有利于平衡向生成甲醇的方向移动。从动力学分析，压力增加使得气体分子的浓度增大，分子间的碰撞频率增加，从而促进了反应的进行，使反应速率加快。因而，无论从热力学还是动力学的角度分析，提高压力总是对甲醇合成有利。但是合成压力还与选用的催化剂、温度、空速、碳氢比等因素都有关系。而且，甲醇平衡浓度也不是随压力成比例地增加，当压力提高到一定程度也就不再往上增加。另外，较高的压力对设备的耐压性能提出了更高的要求，增加了设备的投资成本和维护难度。

温度和压力与平衡常数的关系如表 7-6 所示。

表 7-6　温度和压力与平衡常数的关系

反应温度/℃	反应压力/MPa	平衡常数 K_p
200	10	4.21×10^{-2}
	20	6.53×10^{-2}
	30	10.80×10^{-2}
	40	14.63×10^{-2}
300	10	3.58×10^{-4}
	20	4.97×10^{-4}
	30	7.15×10^{-4}
	40	9.60×10^{-4}
400	10	1.378×10^{-5}
	20	1.726×10^{-5}
	30	2.075×10^{-5}
	40	2.695×10^{-5}

对于合成甲醇反应，目前工业上使用三种方法，即高压法、中压法、低压法。目前普遍使用的铜系催化剂，其活性温度低，操作压力可降至 5MPa。但低压法生产也存在一些问题，即当生产规模更大时，低压流程的设备与管道显得庞大，而且不利于热能的回收，因此发展了压力为 10～15MPa 的甲醇合成中压法，中压法也采用铜系催化剂。

（三）合成气组成

合适的氢碳比对于提高甲醇的产率和选择性至关重要。甲醇合成反应原料气的化学计量比为 $V(H_2) : V(CO) = 2 : 1$，一般来说，氢碳比也是控制在 2 : 1 左右较为适宜。但生产实践证明，氢碳比过低，不仅对温度控制不利，还会导致 CO 与 Fe 反应生成羰基铁，积聚在催化剂上而使之失活。故一般采用氢气过量。氢气过量可以抑制高级醇、高级烃和还原性物质的生成，提高粗甲醇的浓度和纯度。同时，过量的氢气可以加快反应速率，提高 CO 的转化率；氢气的导热系数大，有利于移出反应热，易于控制反应温度；但是，氢气过量太多会降低反应设备的生产能力。在工业生产上采用铜基催化剂的低压法合成甲醇，一般控制氢气与一氧化碳的摩尔比为$(2.2\sim3.0):1$。

由于二氧化碳的比热容比一氧化碳高，其加氢反应热效应却较小，故原料气中有一定含量的二氧化碳时，可以降低反应的峰值温度。对于低压法合成甲醇，二氧化碳含量（体积分数）为 5% 时甲醇收率最好。此外，二氧化碳的存在也可抑制二甲醚的生成。

甲醇原料气中还有少量的惰性气体 N_2、CH_4 等。因为单程转化率只有 10%～15%，大量未反应的 CO 和 H_2 必须循环利用，为了避免惰性气体的积累，必须将部分循环气从反应系统中排出。使反应系统中的惰性气体含量保持在一定的浓度范围内。在工业生产上一般控制循环气量为新鲜原料气量的 3.5～6 倍。

（四）空速

空速的大小影响甲醇合成反应的选择性和转化率。表 7-7 所示为在铜基催化剂上转化率、生产能力随空速的变化数据。

表 7-7　转化率、生产能力随空速的变化数据

空速/h^{-1}	CO 转化率/%	粗甲醇产量/$[m^3/(m^3催化剂·h)]$
20000	50.1	25.8
30000	41.5	26.1
40000	32.2	28.4

空速的大小直接影响反应物在催化剂表面的停留时间。低空速意味着反应物在催化剂表面停留时间较长，反应较为充分，但生产能力较低；高空速则相反，虽然生产能力提高了，但可能会导致反应不完全，降低甲醇的产率和选择性。同时，空速过高会增加分离设备和换热设备的负荷，引起甲醇分离效果降低，甚至由于带出热量太多，造成合成塔内的催化剂温度难以控制。适宜的空速与催化剂的活性、反应温度及进塔原料气组成有关。采用铜基催化剂的低压法合成甲醇，在工业生产上一般控制空速为 10000～20000h^{-1}；若采用锌基催化剂，则空速一般为 35000～40000h^{-1}。

子任务（二）　认知化学合成法生产甲醇关键设备

● 任务发布 ....

作为一线操作人员，要做到对装置的熟练操作，必须要熟悉各个设备的作用及位置，请通过甲醇合成仿真软件，查看甲醇合成工段总图中的流程和设备，分析各个设备的作用，记录下来，完成表 7-8。

表 7-8　化学合成法生产甲醇典型设备表

序号	设备名称	设备作用

甲醇合成反应器是甲醇生产过程中的关键设备，其技术发展经历了多个阶段。目前，甲醇合成工艺主要采用低压法，使用的催化剂普遍为 $CuO\text{-}ZnO\text{-}Al_2O_3$ 催化剂。甲醇合成反应是一种可逆的体积缩小的强放热反应，其理想的反应器应具备以下特点：催化剂床层温度可调节、高效率的热量回收、气体分布均匀、高空间利用率和简单的结构。

甲醇合成反应器的结构形式较多，根据反应热移出方式不同，可分为绝热式和等温式两大类；按照冷却方式不同，可分为直接冷却的冷激式和间接冷却的列管式两大类。以下介绍低压法合成甲醇所采用的冷激式和列管式两种反应器。

一、冷激式绝热反应器

这类反应器把反应床层分为若干绝热段，段间直接加入冷的原料气使反应气冷却，故称之为冷激式绝热反应器。冷激式绝热反应器结构如图 7-6 所示。

反应器主要由塔体、喷嘴、气体进出口、催化剂装卸口等组成。催化剂由惰性材料支撑，分成数段。反应气体由上部进入反应器，冷激气在段间经喷嘴喷入，喷嘴分布于反应器的整个截面上，以便冷激气与反应气混合均匀。混合后的温度正好是反应温度下限，混合气进入下一段床层进行反应。段中进行的反应为绝热反应，释放的反应热使反应气体温度升高，但未超过反应温度上限，于下一段再与冷激气混合降温后进入再下一段床层进行反应。

冷激式绝热反应器在反应过程中气体流量不断增大，各段反应条件略有差异，气体的组成和空速都不一样。这类反应器的特点是：结构简单，催化剂装填方便，生产能力大。但要有效控制反应温度，避免过热现象发生，冷激气和反应气的混合及均匀分布是关键。

二、列管式等温反应器

列管式等温反应器类似于列管式换热器，其结构示意如图 7-7 所示。

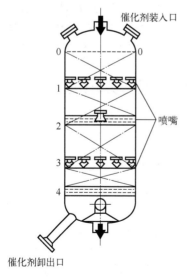

图 7-6　冷激式绝热反应器结构示意图

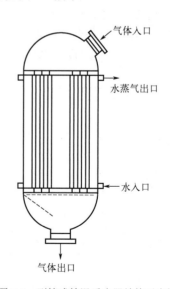

图 7-7　列管式等温反应器结构示意图

催化剂装填于列管中，壳程走冷却水（锅炉给水）。反应热由管外锅炉给水带走，同时产生高压蒸汽。通过对蒸汽压力的调节，可以方便地控制反应器内的反应温度，使其沿管长温度几乎不变，避免了催化剂的过热，延长了催化剂的使用寿命。

列管式等温反应器的优点是温度易于控制，单程转化率较高，循环气量小，能量利用较经济，反应器生产能力大，设备结构紧凑。

任务巩固

一、选择题

1. 甲醇合成的主要原料是（　　）。
   A. 一氧化碳和氢气　　　　　　　　B. 二氧化碳和氢气
   C. 甲烷和氧气　　　　　　　　　　D. 乙烷和氧气
2. 甲醇合成反应的催化剂主要是（　　）。
   A. 铁基催化剂　　B. 镍基催化剂　　C. 铜基催化剂　　D. 钴基催化剂
3. 在甲醇生产中，影响反应转化率的主要因素有（　　）。
   A. 温度、压力、催化剂　　　　　　B. 进料速度、温度、压力
   C. 催化剂用量、温度、压力　　　　D. 反应时间、温度、压力
4. 甲醇合成反应的最佳温度范围通常是（　　）。
   A. 100～150℃　　B. 150～200℃　　C. 200～300℃　　D. 300～400℃
5. 提高甲醇合成反应压力的作用是（　　）。
   A. 提高反应速率和转化率　　　　　B. 降低反应速率和转化率
   C. 仅提高反应速率　　　　　　　　D. 仅提高转化率

二、简答题

1. 简述确定甲醇生产工艺条件的主要考虑因素。
2. 空速对甲醇生产工艺有哪些影响？
3. 甲醇生产过程中的安全注意事项有哪些？

任务四　设计甲醇合成工艺流程及操作仿真系统

任务情境

明确生产路线后，原料已确定，原料需要经过一系列单元过程转化为产品，这些单元过程按一定顺序组合起来，即构成了工艺流程。利用仿真软件，模拟生产反应车间工艺操作。在操作过程中监控现场仪表、正确调节现场机泵和阀门，遇到异常现象时发现故障原因并排除，保证生产装置的正常运行。

任务目标

素质目标：
培养化工生产的安全、环保、节能的职业素养。

知识目标：
1. 掌握合成气化学合成法生产甲醇的工艺流程。
2. 熟悉合成气化学合成法生产甲醇流程中所用的主要设备。

能力目标：
1. 能阅读和绘制甲醇生产工艺流程图。
2. 能够按照操作规程进行合成和精制岗位的开车、停车操作。
3. 能够按照操作规程控制工艺参数。
4. 能够根据异常现象分析故障原因，排除故障。

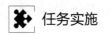

子任务（一） 设计合成气化学合成法生产甲醇工艺流程

● **任务发布** ....

请以小组为单位，设计出以煤为原料合成甲醇的方块流程图。小组进行成果展示与工艺讲解，其余小组根据表 7-9 进行评分，指出错误并做出点评。

表 7-9 合成氨生产工艺总流程评分标准

序号	考核内容	考核要点	配分	评分标准	扣分	得分	备注
1	流程设计	设计合理	30	设计不合理一处扣 5 分			
		环节齐全	30	环节缺失一处扣 5 分			
2	流程绘制	排布合理	5	排布不合理扣 5 分			
		图纸清晰	5	图纸不清晰扣 5 分			
		边框	5	缺失扣 5 分			
		标题栏	5	缺失扣 5 分			
3	流程讲解	表达清晰、准确	10	根据工艺讲解情况，酌情评分			
		准备充分，回答有理有据	10	根据问答情况，酌情评分			
合计				100			

● **任务精讲** ....

一、合成气化学合成法生产甲醇工序

合成气合成甲醇的生产过程，不论采用怎样的原料和技术路线，都可以大致分为原料气的制备、净化、压缩、合成和精馏五个工序。合成气化学合成法生产甲醇的全流程框图如图 7-8 所示。

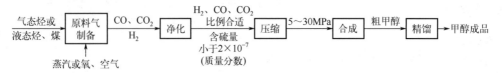

图 7-8 合成气化学合成法生产甲醇的全流程框图

（一）原料气的制备

选用含碳氢或含碳的资源，如天然气、石油气、石脑油、重质油、煤和乙炔尾气等为原料，通过蒸汽转化或部分氧化的方式，使其转化为主要由氢、一氧化碳、二氧化碳组成的混合气体。一般要求甲醇合成气中（H_2+CO_2）/（$CO+CO_2$）的比例为 2.1 左右。

1. 以天然气为原料

（1）蒸汽转化法 将天然气与水蒸气在镍催化剂的作用下进行反应，生成氢气、一氧化碳和二氧化碳的混合气体。反应如下：

$$CH_4+H_2O \longrightarrow CO+3H_2 \tag{7-11}$$

（2）部分氧化法　将天然气与氧气在高温下进行部分氧化反应，生成合成气。反应如下：

$$2CH_4+O_2 \longrightarrow 2CO+4H_2 \tag{7-12}$$

2. 以煤为原料

将煤在高温、高压下与气化剂（如氧气、水蒸气）进行反应，生成合成气。主要反应有：

$$C+H_2O \longrightarrow CO+H_2 \tag{7-13}$$

$$C+O_2 \longrightarrow CO_2 \tag{7-14}$$

$$CO+H_2O \longrightarrow CO_2+H_2 \tag{7-15}$$

3. 以重油或渣油为原料

采用部分氧化法，将重油或渣油与氧气在高温下进行部分氧化反应，生成合成气。

合成气中还可能含有未经转化的甲烷和少量氮，甲烷和氮不参与甲醇合成反应，其含量越低越好，不过这与原料气的制备方法有关。此外，根据原料的不同，原料气中还可能含有少量有机和无机硫的化合物。若原料气中氢碳不平衡，比如氢多碳少时（如以甲烷为原料），则在制造原料气时，需要补碳，通常采用二氧化碳，与原料同时进入设备；反之，如果碳多，则在后续工序要脱去多余的碳（以 CO_2 形式）。

（二）净化

净化环节主要包括两个方面。一是要脱除对甲醇合成催化剂有毒害作用的杂质，特别是含硫化合物。原料气中硫含量即使极低，如降至 1mg/L，对铜系催化剂也有明显的毒害作用，会缩短其使用寿命，对锌系催化剂也有一定危害。经过脱硫处理，要求进入合成塔气体中的硫含量降至小于 0.2mg/L。脱硫方法一般有湿法和干法两种，具体位置要根据原料气的制备方法而定。脱硫工序位置取决于原料气的制备方法，如管式炉蒸汽转化法，脱硫工序需设在原料气设备之前，其他方法则设在设备之后。二是调节原料气的组成，使氢碳比例达到前述甲醇合成的比例要求，其方法有以下两种。

（1）变换　如果原料气中的一氧化碳含量过高（如水煤气、重质油的部分氧化气），则采取蒸汽部分转换的方法，使其进行（7-15）的反应。这样既增加了有效组分氢气，又提高了系统中能量的利用效率，若造成 CO_2 多余，也比较容易脱除。

（2）脱碳　如果原料气中的二氧化碳含量过多，使氢碳比例过小，可以采用脱碳方法除部分二氧化碳。脱碳方法一般采用溶液吸收法，有物理吸收和化学吸收两种方法。

（三）压缩

通过往复式或透平式压缩机，将净化后的气体压缩至合成甲醇所需要的压力。压力的高低主要取决于所使用的催化剂性能。例如，对于某些催化剂，可能需要较高的压力来促进反应进行，而对于另一些催化剂，较低的压力就能满足反应条件。在实际生产中，需要综合考虑各种因素，选择合适的压缩机类型和压缩参数，以确保气体达到最佳的反应压力。

（四）合成

合成甲醇时，需要特定的压力、温度和催化剂。压力方面，不同的生产工艺有不同的要求。温度上，要根据所使用的催化剂来确定，例如，对于锌铬催化剂，适宜的温度范围可能与铜基催化剂不同。参与的催化剂一般是锌铬催化剂或者铜基催化剂，其多相催化过程的机理都包括扩散、吸附、表面反应、解析、扩散五个过程。由于催化剂选择性的限制，生成的产品是以甲醇为主，还有水以及多种有机杂质混合的溶液，即粗甲醇。

（五）精馏

合成反应后得到的粗甲醇中含有有机杂质和水等杂质，需要通过精馏过程进行分离和提纯。精馏过程通常包括多个塔器，如脱轻组分塔、甲醇精馏塔等，通过控制温度、压力等条件，将粗甲醇中的杂质逐一分离出去，最终得到高纯度的甲醇产品。制得符合一定质量标准的较纯的甲醇，称之为精甲醇。

总之，合成气化学合成法生产甲醇是一个复杂的过程，涉及多个工序的协同作用，每个工序都对最终的甲醇产量和质量有着重要的影响。

二、合成气化学合成法生产甲醇工艺流程组织

甲醇合成工艺，按合成压力分为高压法、中压法和低压法三种工艺。采用锌铬催化剂公称压力为 30～50MPa 的高温高压工艺流程，投资费用和运转费用大，产品质量差，已逐渐被淘汰。随

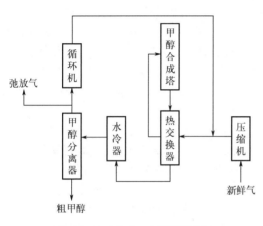

图 7-9　甲醇合成工序的原则流程

着铜基催化剂的使用和净化技术的发展，出现了合成温度低，合成压力为 5MPa 左右的低压工艺流程，由于副反应少，制得的粗甲醇中杂质含量低。在低压法的基础上发展了压力为 10～27MPa 的中压甲醇合成工艺，该法使用了新型铜基催化剂，同时提高了操作压力，因而减小了设备体积，综合利用指标比低压法要好。目前多数甲醇生产采用低压合成工艺。

甲醇合成的流程虽有不同，但许多基本步骤是相通的，甲醇合成工序的原则流程如图 7-9 所示。由于化学平衡的限制，合成塔出口气体中甲醇的摩尔分数仅为 3%～6%，所以未反应的气体经分离后循环使用。如图 7-9 所示，合成气经离心式压缩机升压至 5MPa，与循环压缩后的循环气混合，一小部分混合气作为合成塔冷激气来控制床层反应温度，大部分混合气经热交换器预热至 230～245℃进合成塔。进塔气在 230～270℃、5MPa，在铜基催化剂（ICI51-1 型）上合成甲醇。合成塔出口气经热交换器换热，再经水冷和甲醇分离器分离后，得到粗甲醇液。未反应的气体返回循环机升压，循环使用。为了使合成回路中的惰性气体含量维持在一定范围内，在进循环机前弛放一部分气体作为燃料。

子任务（二）　分析甲醇生产安全问题

● **任务发布** ···

在甲醇的生产过程中，有较多的有毒有害物质和易燃易爆物质，而且生产流程复杂，运转设备和高温、高压设备较多。因此在操作中，应该正确控制各种工艺参数，防止各种危险事故的发生，保证人身安全和设备安全。请结合本任务的学习，总结甲醇的安全生产应该注意哪些事项。

● **任务精讲** ···

甲醇是一种重要的化工原料，在生产过程中需要高度重视安全问题。

一、甲醇的特性和危害

（1）易燃性　甲醇是一种易燃液体，其蒸气与空气可形成爆炸性混合物，遇明火、高热能引起燃烧爆炸。

（2）毒性　甲醇对人体有一定的毒性，主要通过呼吸道、消化道和皮肤吸收。短时间内大量接触可导致中毒，表现为头痛、头晕、乏力、视力模糊等症状，严重时可危及生命。

（3）腐蚀性　甲醇对某些金属和塑料有一定的腐蚀性。

二、生产过程中的安全风险

甲醇生产通常涉及化学反应，反应过程中可能存在超温、超压等情况，导致设备损坏、泄漏甚至爆炸；反应过程中的催化剂可能会因中毒、失活等原因影响反应效率和安全性。

甲醇生产设备如反应器、精馏塔、储罐等，若设计不合理、制造质量不合格或维护保养不到位，可能出现泄漏、破裂等问题；管道、阀门等连接部位容易发生泄漏，特别是在高温、高压和腐蚀性环境下；电气设备可能因过载、短路等原因引发火灾或爆炸。

操作人员的误操作是导致安全事故的重要原因之一。例如，错误的阀门操作、设备启停顺序不当等；对生产过程中的参数监测不及时、不准确，可能导致安全隐患不能及时发现和处理；装卸和运输过程中，如果操作不当，可能引发泄漏、火灾等事故。

甲醇生产安全至关重要，需要从工艺设计、设备选型、安全监测等方面采取综合措施，确保生产过程的安全稳定。

子任务（三）　操作甲醇合成岗位仿真系统

● 任务发布 ···

请在图纸上绘制图甲醇合成的原则流程图，并叙述工艺流程。完成以下题目。

甲醇合成工段生产流程：

原料→_____→_____　→_____→_____　→精制工段。

图 7-10 是甲醇合成工段总流程图，根据图 7-10，找出流程中的主要设备，并分析其作用，完成表 7-10。

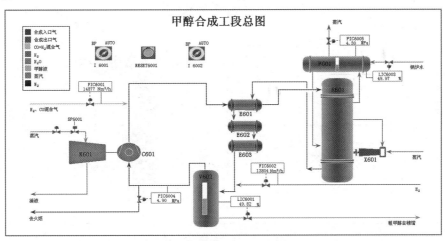

图 7-10　甲醇合成工段总流程图

表 7-10　甲醇合成工段装置主要设备表

序号	设备名称	设备位号	设备主要作用
1			
2			
3			
4			
5			
6			
7			
8			
9			

图 7-11 和图 7-12 分别为压缩系统和合成系统的 DCS 图，根据图 7-11 和图 7-12，找出甲醇合成工段装置主要控制仪表，完成表 7-11。

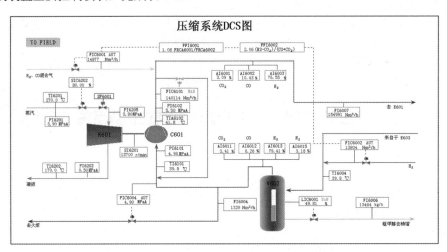

图 7-11　压缩系统 DCS 图

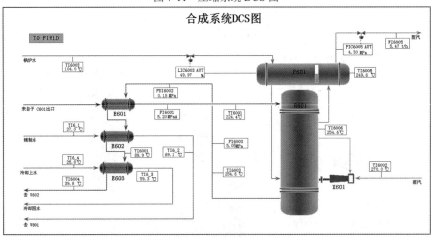

图 7-12　合成系统 DCS 图

表 7-11　甲醇合成工段装置主要控制仪表

序号	仪表位号	正常值	单位	仪表作用
1	FIC6101			
2	FIC6001			
3	FIC6002			
4	PIC6004			
5	PIC6005			
6	LIC6001			
7	LIC6003			
8	SIC6202			

根据操作进行 DCS 仿真的冷却开车、正常开车、紧急开车操作，并在"完成否"列作好记录，完成表 7-12。

表 7-12　甲醇合成工段装置仿真操作完成情况记录表

项目	序号	步骤	完成否
冷态开车	1	开车准备	
	2	引锅炉水	
	3	N_2 置换	
	4	建立循环	
	5	H_2 置换充压	
	6	投原料气	
	7	反应器升温	
	8	调至正常	
正常停车			
紧急停车			

以小组为单位，根据在仿真操作过程中遇到的故障问题，分析原因，找到解决方法，完成表 7-13。

表 7-13　甲醇合成装置故障及解决方法

序号	故障	系统评分	错误步骤（没有填"无"）	改进措施
1	分离罐液位高或反应器温度高联锁			
2	汽包液位低联锁			
3	混合气入口阀 FIC6001 阀卡			
4	透平坏			

序号	故障	系统评分	错误步骤（没有填"无"）	改进措施
5	催化剂老化			
6	循环气压缩机坏			
7	反应塔温度高报警			
8	反应塔温度低报警			
9	分离罐液位高报警			
10	系统压力 PI6001 高报警			
11	汽包液位低报警			

● **任务精讲** ·················

甲醇合成的仿真工艺流程

甲醇合成装置仿真系统的设备包括蒸汽透平（K601）、循环气压缩机（C601）、甲醇分离器（V602）、中间换热器（E601）、精制水预热器（E602）、最终冷却器（E603）、甲醇合成塔（R601）、蒸汽包（F601）以及开工喷射器（X601）等。甲醇合成是强放热反应，进入催化剂床层的合成原料气需先加热到反应温度（＞210℃）才能反应，而低压甲醇合成催化剂（铜基催化剂）又易过热失活（＞280℃），就必须将甲醇合成反应热及时移走，本反应系统将原料气加热和反应过程中移热结合，反应器和换热器结合连续移热，同时达到缩小设备体积和减少催化剂床层温差的作用。低压合成甲醇的理想合成压力为 4.8～5.5MPa，在本仿真实验中，假定压力低于 3.5MPa 时反应即停止。

从上游低温甲醇洗工段来的合成气通过蒸汽驱动透平带动压缩机运转，提供循环气连续运转的动力，并同时往循环系统中补充 H_2 和混合气（CO+H_2），使合成反应能够连续进行。反应放出的大量热通过蒸汽包 F601 移走，合成塔入口气在中间换热器 E601 中被合成塔出口气预热至 46℃后进入合成塔 R601，合成塔出口气由 255℃依次经中间换热器 E601、精制水预热器 E602、最终冷却器 E603 换热至 40℃，与补加的 H_2 混合后进入甲醇分离器 V602，分离出的粗甲醇送往精馏系统进行精制，气相的一小部分送往火炬，气相的大部分作为循环气被送往压缩机 C601，被压缩的循环气与补加的混合气混合后经 E601 进入反应器 R601。

合成甲醇流程控制的重点是反应器的温度、系统压力以及合成原料气在反应器入口处各组分的含量。反应器的温度主要是通过汽包来调节，如果反应器的温度较高并且升温速度较快，这时应将汽包蒸汽出口开大，增加蒸汽采出量，同时降低汽包压力，使反应器温度降低或温升速度变小；如果反应器的温度较低并且升温速度较慢，这时应将汽包蒸汽出口关小，减少蒸汽采出量，慢慢升高汽包压力，使反应器温度升高或温降速度变小；如果反应器温度仍然偏低或温降速度较大，可通过开启开工喷射器 X601 来调节。系统压力主要靠混合气入口量 FIC6001、H_2 入口量 FIC6002、放空量 PIC6004 以及甲醇在分离罐中的冷凝量来控制；在原料气进入反应塔前有一安全阀，当系统压力高于 5.7MPa 时，安全阀会自动打开，当系统压力降回 5.7MPa 以下时，安全阀自动关闭，从而保证系统压力不至过高。合成原料气在反应器入口处各组分的含量是通过混合气入口量 FIC6001、H_2 入口量 FIC6002 以及循环量来控制的，冷态开车时，由于循环气的组成没有达到稳态时的循环气组成，需要慢慢调节才能达到稳态时的循环气的组成。调节组成的方法是：

①如果增加循环气中 H_2 的含量，应开大 FIC6002、增大循环量并减小 FIC6001，经过一段时间后，循环气中 H_2 含量会明显增大；②如果减小循环气中 H_2 的含量，应关小 FIC6002、减小循环量并增大 FIC6001，经过一段时间后，循环气中 H_2 含量会明显减小；③如果增加反应塔入口气中 H_2 的含量，应关小 FIC6002 并增加循环量，经过一段时间后，入口气中 H_2 含量会明显增大；④如果降低反应塔入口气中 H_2 的含量，应开大 FIC6002 并减小循环量，经过一段时间后，入口气中 H_2 含量会明显增大。循环量主要是通过透平来调节。由于循环气组分多，所以调节起来难度较大，不可能一蹴而就，是一个缓慢的调节过程。调节平衡的方法是：通过调节循环气量和混合气入口量使反应入口气中 H_2/CO（体积比）在 7～8 之间，同时通过调节 FIC6002，使循环气中 H_2 的含量尽量保持在 79%左右，同时逐渐增加入口气的量直至正常（FIC6001 的正常量为 14877m³/h，FIC6002 的正常量为 13804m³/h），达到正常后，新鲜气中 H_2 与 CO 之比（FFI6002）在 2.05～2.15 之间。

甲醇合成冷态开车、
正常停车程序及事故
处理操作规程

子任务（四） 操作甲醇精制岗位仿真系统

● 任务发布

图 7-15～图 7-18 分别为甲醇精馏装置预塔、加压塔、常压塔及回收塔的 DCS 图，在图纸上绘制甲醇精制总流程图，叙述工艺流程，写出主要物料的生产流程。学生互换图纸，在教师指导下根据表 7-14 进行评分，标出错误，进行纠错。

表 7-14 甲醇精制工段装置总流程图的评分标准

序号	考核内容	考核要点	配分	评分标准	扣分	得分	备注
1	准备工作	工具、用具准备	5	工具携带不正确扣 5 分			
2		排布合理，图纸清晰	10	不合理、不清晰扣 10 分			
3		边框	5	格式不正确扣 5 分			
4		标题栏	5	格式不正确扣 5 分			
5	图纸评分	塔器类设备齐全	15	漏一项扣 5 分			
6		主要加热炉、换热设备齐全	15	漏一项扣 5 分			
7		主要泵齐全	15	漏一项扣 5 分			
8		主要阀门齐全（包括调节阀）	15	漏一项扣 5 分			
9		管线	15	管线错误一条扣 5 分			
	合计			100			

甲醇精制工段生产流程如下：

粗甲醇→_____ → _____ → _____ →_____ →精甲醇→ _____。

请根据图 7-15～图 7-18，找出甲醇精制工艺流程图中的主要设备，分析设备进出物流的组成，总结各设备的作用，完成表 7-15。

表 7-15　甲醇精制工段装置主要设备表

序号	设备名称	流入物料	流出物料	设备主要作用
1				
2				
3				
4				
5				
6				
7				

请根据图 7-15～图 7-18，找出甲醇精制装置常压塔系统的主要仪表，并分析其作用，完成表 7-16。

表 7-16　甲醇精制装置常压塔主要仪表

序号	仪表位号	作用	控制指标	序号	仪表位号	作用	控制指标
1	04FIC022			12	04TI049		
2	04FR021			13	04TI052		
3	04FIC023			14	04TR053		
4	04TR041			15	04PI008		
5	04TR042			16	04PIA024		
6	04TR043			17	04PIA012		
7	04TR044			18	04PIA013		
8	04TR045			19	04PIA020		
9	04TR046			20	04PIA009		
10	04TR047			21	04LICA024		
11	04TI048			22	04LICA021		

根据操作规程进行 DCS 仿真系统的冷态开车、正常停车，并在"完成否"列作好记录，完成表 7-17。

表 7-17　甲醇合成工段装置仿真操作完成情况记录表

项目	序号	步骤	完成否
冷态开车	1	开车准备	

项目	序号	步骤	完成否
冷态开车	2	预塔、加压塔和常压塔开车	
	3	回收塔开车	
	4	调节至正常	
正常停车			

以小组为单位，根据在仿真操作过程中遇到的故障问题，分析原因，找到解决方法，完成表 7-18。

表 7-18　甲醇合成装置故障及解决方法

序号	故障	系统评分	错误步骤（没有填"无"）	改进措施
1	回流控制阀 FV7004 阀卡			
2	回流泵 P702A 故障			
3	回流罐 V703 液位超高			

● 任务精讲

在甲醇合成过程中，由于催化剂、原料气组成、操作条件等的影响，以及副反应的存在，由合成得到的甲醇除含有水外，还有许多微量有机杂质（醇、醚、醛、酮等）和固体杂质，该液体称为粗甲醇，粗甲醇必须经过精馏脱除这些杂质制得合格的精甲醇。

一、粗甲醇和精甲醇的组成

粗甲醇中所含杂质虽然很多，但根据其性质可归纳为以下四类：还原性物质、溶解性物质、无机杂质、电解质和水。

粗甲醇中的还原性物质通常主要是指醛、胺、羰基铁等，这类物质可用高锰酸钾变色实验来进行鉴别。溶解性物质主要指的是烷烃、醇类、醛、酮、有机酸、胺等物质。无机杂质主要指生产中夹带的机械杂质，如催化剂粉末、铁杂质等。电解质主要指有机酸、有机胺及金属离子，还有微量的硫化物和氯化物等。不同合成条件及催化剂下合成的粗甲醇的大致组成如表 7-19 所示。

表 7-19　粗甲醇的大致组成

原料及合成条件	主要组分（质量分数）					
	甲醇	水	二甲醚	乙醇	异丁醇	醛、酮
天然气，5MPa，约 290℃，铜基催化剂	81.5	18.37	0.016	0.035	0.007	0.002
煤，32MPa，360～380℃，锌铬催化剂	83～97	6～13	2～4	—	0.153	0.004

以甲醇为原料生产甲醇衍生物时，对甲醇的纯度都有一定的要求，否则会影响其衍生物的质量或单耗，或者影响催化剂的使用寿命。作为工业生产用的甲醇，要达到化工产品的国家质量标准（GB 338—2011）。

二、粗甲醇精制的工艺流程

在工业上，粗甲醇的分离就是通过精馏的方法，除去粗甲醇中的水分和有机杂质。粗甲醇精馏工艺有很多，主要有双塔精馏工艺和三塔精馏工艺。其精馏塔最早为泡罩塔，近年来普遍采用浮阀塔和填料塔。

（一）双塔精馏工艺流程

流程中第一个塔为预精馏塔，其作用有三个，一是脱除轻组分有机杂质（二甲醚、甲酸甲酯等）以及溶解在粗甲醇中的合成气；二是脱除与甲醇沸点相近的轻馏分和甲醇-烷烃共沸物；三是脱除部分乙醇的共沸物。流程中第二个塔为采用加压操作的主精馏塔，其作用主要是除去包括乙醇、水以及高级醇的重组分，同时获得产品精甲醇。双塔精馏工艺流程见图 7-13。

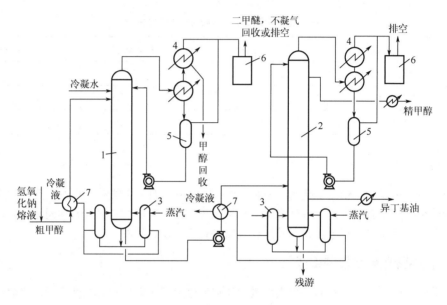

图 7-13　双塔精馏工艺流程

1—预精馏塔；2—主精馏塔；3—再沸器；4—冷凝器；5—回流器；6—液封槽；7—热交换器

精制前在粗甲醇中加入浓度为 8%～9% 氢氧化钠溶液，加入量约为粗甲醇加入量的 0.5%，目的是控制预精馏后的甲醇呈弱碱性（pH=8～9），促使胺类及羰基化合物分解，同时防止粗甲醇中有机酸对设备的腐蚀。加碱后的粗甲醇经过预热器加热至 60～70℃ 后进入预精馏塔。为便于脱除粗甲醇中杂质，以蒸汽冷凝水作为萃取剂在预精馏塔上部加入。塔釜为预处理后的 75～85℃ 粗甲醇。含有甲醇、水及多种以轻组分为主的少量有机杂质在塔顶以 66～72℃ 的蒸汽形式采出后，经过冷凝器将绝大部分甲醇、水和少量有机杂质冷凝下来，送至塔内回流，未冷凝下来的以轻组分为主的大部分有机杂质经塔顶液封槽后放空或回收做燃料。

预处理后的粗甲醇，在预精馏塔底部采出，进入主精馏塔。根据粗甲醇组分、温度以及塔板情况调节进料板。塔底侧有循环蒸发器，以蒸汽加热供给热源，甲醇蒸气和液体在每一块塔板上进行分馏，塔顶部蒸汽出来经过冷凝器冷却，冷凝液流入收集槽，再经回流泵加压送至塔顶进行回流。极少量的轻组分与少量甲醇经塔顶液封槽溢流后不凝部分排入大气。

根据精甲醇质量情况调节采出口，精甲醇在塔顶自上而下的第 5～8 塔板中采出，经精甲醇冷却器冷却到 30℃ 以下送至成品槽。釜残液主要为水及少量高碳烃。

（二）双效三塔精馏工艺流程

由于乙醇的挥发度和甲醇较接近，其分离较困难；精馏过程能耗很大，热能利用率低。因此为了提高甲醇的质量和收率，降低精制过程的能耗，发展了双效三塔精馏工艺流程。其流程见图 7-14。双效三塔精馏工艺流程中，脱除了轻组分杂质后的精馏分离由两个塔来完成，第一主精馏塔采用加压操作也称为加压塔，第二主精馏塔采用常压操作也称为常压塔。

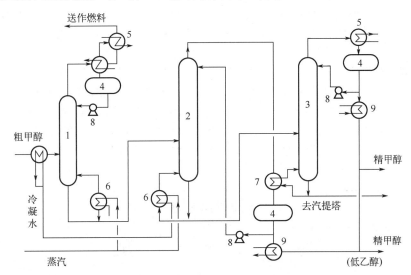

图 7-14　双效三塔精馏工艺流程

1—预精馏塔；2—第一主精馏塔；3—第二主精馏塔；4—回流液收集槽；5—冷凝器；6—再沸器；

7—冷凝再沸器；8—回流泵；9—冷却器

粗甲醇经换热器预热至 65℃进入预精馏塔，除去其中残余溶解气体及低沸物。塔内上升汽中的甲醇大部分冷凝下来进入预塔回流液收集槽 4，经预塔回流泵 8 送到塔顶作回流。不凝气、轻组分及少量甲醇蒸气通过压力调节后至加热炉做燃料。

由预精馏塔塔底出来的甲醇，进入第一主精馏塔 2，其操作压力约 0.57MPa，塔顶操作温度约 121℃，塔釜操作温度约 127℃。塔顶甲醇蒸气进入冷凝再沸器 7，被冷凝的甲醇进入回流液收集槽 4，冷却液一部分由回流泵 8 升压至约 0.8MPa 送至第一主精馏塔回流，其余部分经精甲醇冷却器 9 冷却到 40℃后，作为成品送至精甲醇计量槽。其中第一精馏塔的气相甲醇的冷凝潜热作为第二主精馏塔塔釜加热热源。

由第一主精馏塔塔底排出的甲醇溶液送至第二主精馏塔 3 的底部，第二主精馏塔 3 操作压力约 0.006MPa，塔顶操作温度约 65.9℃，塔釜操作温度约 94.8℃。从塔顶出来的甲醇蒸气经冷凝器冷凝冷却到 40℃后，进入第二主精馏塔回流液收集槽，一部分送至塔顶回流，其余部分送至精甲醇计量槽。

第二主精馏塔的塔底残液进入废水汽提塔，塔顶蒸汽经汽提塔冷凝器冷凝后，一部分冷凝液送废水汽提塔塔顶回流，其余部分经冷却器冷却至 40℃，与第二主精馏塔 3 采出的精甲醇一起送至产品计量槽。如果汽提塔冷凝液不符合精甲醇的要求，可将其送至第二主精馏塔进行回收，以提高甲醇精馏的回收率。

三、甲醇精制工段仿真工艺

本工段采用四塔（3+1）精馏工艺，包括预塔、加压塔、常压塔及甲醇回收塔。预塔的主要目的是除去粗甲醇中溶解的气体（如 CO_2、CO、H_2 等）及低沸点组分（如二甲醚、甲酸甲酯），加压塔及常压塔的目的是除去水及高沸点杂质（如异丁基油），同时获得高纯度的优质甲醇产品。另外，为了减少废水排放，增设甲醇回收塔，进一步回收甲醇，减少废水中甲醇的含量。

本工段采用三塔精馏加回收塔工艺流程，可使热能合理利用；采用双效精馏方法可将加压塔塔顶气相的冷凝潜热用作常压塔塔釜再沸器热源。

本工段可通过三种途径进行废热回收。一是将转化工段的转化气作为加压塔再沸器热源；二是加压塔辅助再沸器、预塔再沸器冷凝水用来预热进料粗甲醇；三是加压塔塔釜出料与加压塔进料充分换热。

甲醇精馏装置预塔、加压塔、常压塔及回收塔的 DCS 图见图 7-15～图 7-18。从甲醇合成工段来的粗甲醇进入粗甲醇预热器（E701）与预塔再沸器（E702）、加压塔再沸器（E706B）和回收塔再沸器（E714）来的冷凝水进行换热后进入预塔（T701），经 T701 分离后，塔顶气相为二甲醚、甲酸甲酯、二氧化碳、甲醇等蒸气，经二级冷凝后，不凝气通过火炬排放，冷凝液中补充脱盐水返回 T701 作为回流液，塔釜为甲醇水溶液，经 P703 增压后用加压塔（T702）塔釜出料液在 E705 中进行预热，然后进入 T702。

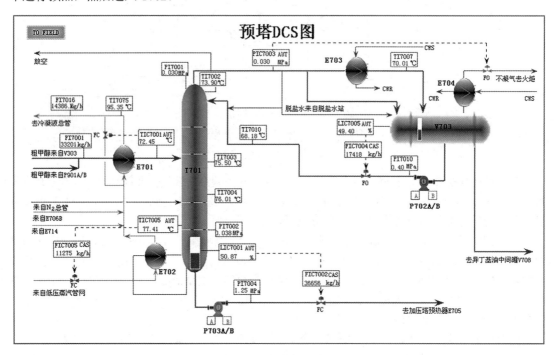

图 7-15　预塔 DCS 图

经 T702 分离后，塔顶气相为甲醇蒸气，与常压塔（T703）塔釜液换热后部分返回 T702 打回流，部分采出作为精甲醇产品，经 E707 冷却后送中间罐区产品罐，塔釜出料液在 E705 中与进料液换热后作为 E703 塔的进料。

在 T703 中甲醇与轻重组分以及水得以彻底分离，塔顶气相为含微量不凝气的甲醇蒸气，经冷凝后，不凝气通过火炬排放，冷凝液部分返回 T703 打回流，部分采出作为精甲醇产品，经 E710 冷却后送中间罐区产品罐，塔下部侧线采出杂醇油作为回收塔（T704）的进料。塔釜出料液为含微量甲醇的水，经 P709 增压后送污水处理厂。

经 T704 分离后，塔顶产品为精甲醇，经 E715 冷却后部分返回 T704 回流，部分送精甲醇罐，塔中部侧线采出异丁基油送中间罐区副产品罐，底部的少量废水与 T703 塔底废水合并。

　　本工段复杂控制回路主要是串级回路，使用了液位与流量串级回路和温度与流量串级回路。例如：预塔 T701 的塔釜温度控制 TIC7005 和再沸器热物流进料 FIC7005 构成串级回路。温度调节器的输出值同时是流量调节器的给定值，即流量调节器 FIC7005 的 SP 值由温度调节器 TIC7005 的输出 OP 值控制，TIC7005 的 OP 值的变化使 FIC7005 的 SP 值产生相应的变化。

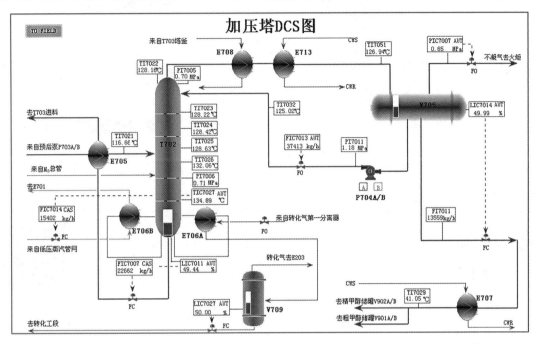

图 7-16　加压塔 DCS 图

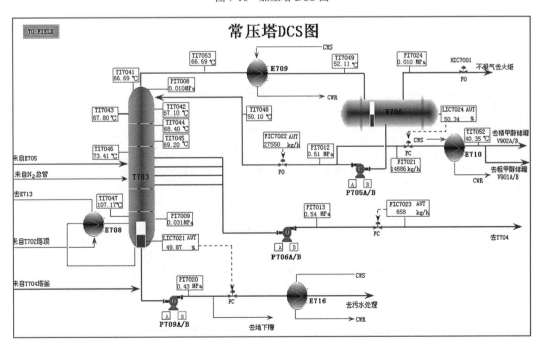

图 7-17　常压塔 DCS 图

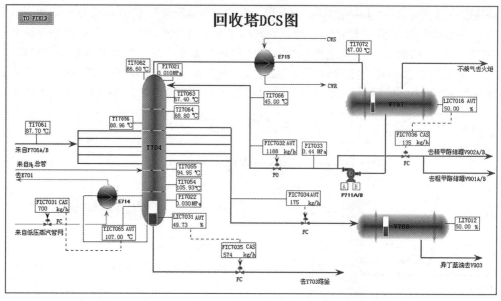

图 7-18　回收塔 DCS 图

任务巩固

甲醇精制冷态开车、正常停车程序及事故处理操作规程

一、选择题

1. 合成甲醇的核心设备是（　　　）。

   A. 压缩机　　　　　　　　　　　B. 合成塔

   C. 蒸发器　　　　　　　　　　　D. 分离器

2. 甲醇精制最常用的方法是（　　　）。

   A. 萃取法　　　　　　　　　　　B. 化学处理法

   C. 精馏法　　　　　　　　　　　D. 吸附法

3. 在精馏过程中，影响甲醇纯度的因素不包括（　　　）。

   A. 进料速度　　　　　　　　　　B. 回流比

   C. 塔板数　　　　　　　　　　　D. 操作压力

4. 化学处理法中，可用于中和粗甲醇中有机酸的是（　　　）。

   A. 活性炭　　　　　　　　　　　B. 分子筛

   C. 氢氧化钠溶液　　　　　　　　D. 高锰酸钾

5. 甲醇精制过程中，为防止火灾爆炸，应严格遵守的规定不包括（　　　）。

   A. 保持通风良好　　　　　　　　B. 使用明火

   C. 防止静电产生　　　　　　　　D. 严禁烟火

二、填空题

1. 甲醇生产的主要原料有_____、_____和_____等。

2. 合成气化学合成法生产甲醇的主要反应方程式为_____。

3. 合成甲醇工艺中，用于分离甲醇和未反应气体的设备是_____。

4. 煤炭气化制甲醇的主要步骤包括_____、_____和_____。

5. 甲醇精制的目的是去除粗甲醇中的_____，得到高纯度的甲醇产品。

6. 精馏过程中，回流比是指_____。

7. 甲醇有毒，对人体有危害，操作人员应佩戴_____、_____等防护用品。

三、简答题

1. 合成工段的主要任务是什么?
2. 压缩机循环段的作用是什么?
3. 合成塔是怎样升温的?
4. 汽包液位是如何控制的?
5. 甲醇精制的目的是什么?
6. 精馏过程中影响甲醇纯度的因素有哪些?

项目导图

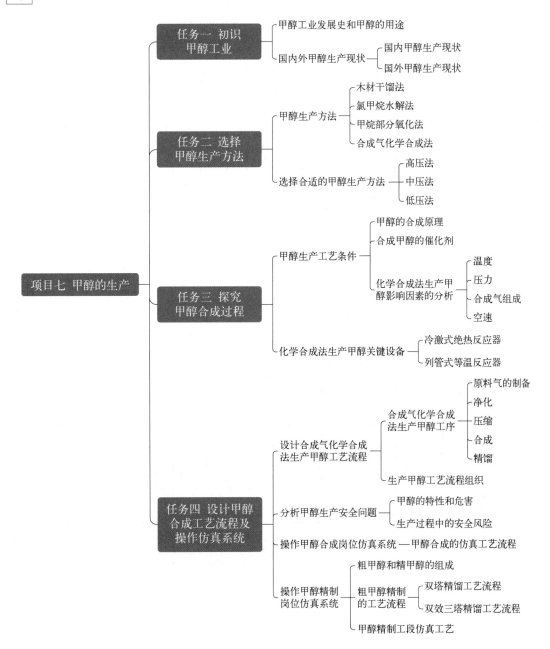

项目考核

考核方式	考核细则	考核内容				原因分析及改进（建议）措施
		评价等级				
		A	B	C	D	
学生自评	兴趣度	高	较高	一般	较低	
	任务完成情况	按规定时间和要求完成任务，且成果具有一定创新性	按规定时间和要求完成任务，但成果创新性不足	未按规定时间和要求完成任务，任务进程达80%	未按规定时间和要求完成任务，任务进程不足80%	
	课堂表现	主动思考、积极发言，能提出创新解决方案和思路	有一定思路，但创新不足，偶有发言	几乎不主动发言，缺乏主动思考	不主动发言，没有思路	
	小组合作情况	合作度高，配合度好，组内贡献度高	合作度较高，配合度较好，组内贡献度较高	合作度一般，配合度一般，组内贡献度一般	几乎不与小组合作，配合度较差，组内贡献度较差	
	实操结果	90分以上	80～89分	60～79分	60分以下	
组内互评	课堂表现	主动思考、积极发言，能提出创新解决方案和思路	有一定思路，但创新不足，偶有发言	几乎不主动发言，缺乏主动思考	不主动发言，没有思路	
	小组合作情况	合作度高，配合度好，组内贡献度高	合作度较高，配合度较好，组内贡献度较高	合作度一般，配合度一般，组内贡献度一般	几乎不与小组合作，配合度较差，组内贡献度较差	
组间评价	小组成果	任务完成，成果具有一定创新性，且表述清晰流畅	任务完成，成果创新性不足，但表述清晰流畅	任务完成进程达80%，且表达不清晰	任务进程不足80%，且表达不清晰	
教师评价	课堂表现	优秀	良好	一般	较差	
	线上精品课	优秀	良好	一般	较差	
	任务巩固环节	90分以上	80～89分	60～79分	60分以下	
综合评价		优秀	良好	一般	较差	

项目八

聚氯乙烯的生产

我国是全球聚氯乙烯（Polyvinyl chlordie，简称 PVC）生产大国，总产能约占全球总产能的 45%以上。同时，随着国民经济的发展和人民生活水平的提高，塑料产品种类不断增加，拓宽了 PVC 的应用领域，我国的 PVC 消费量也随之增加，现已成为全球主要的聚氯乙烯消费国家之一。与此同时，我国对资源和能源行业的约束不断增强，整体环保政策要求逐渐趋严，我国聚氯乙烯行业已由高速发展进入到高质量发展阶段。

本项目基于聚氯乙烯生产的真实情境，介绍聚氯乙烯工业概况、利用电石乙炔法生产氯乙烯、氯乙烯悬浮聚合聚氯乙烯。请对生产过程进行工艺分析，选择合理的工艺条件。利用仿真软件，按照操作规程，进行反应和分离装置的开车、正常运行和停车操作，遇到异常现象时发现故障原因并排除，保证生产过程的正常运行，生产出合格的产品。

 工匠园地

天津市伟星新型建材有限公司 PVC 分厂厂长——王彬

作为一名 90 后共产党员，王彬始终牢记入党誓词，以"功成不必在我，功成必定有我"的担当投身新时代产业建设。2013 年从高校毕业后，他主动扎根天津市伟星新型建材有限公司 PVC 分厂生产一线，将专业所学与工匠精神深度融合。他先后在质量检验、工艺优化、技术研发、生产管理等五个关键岗位上淬炼成长，每一次角色转换都

天津市伟星新型建材有限公司 PVC 分厂厂长——王彬

是对初心的坚守与升华。从严谨细致的基层质量检验员，到创新突破的技术骨干，再到统筹全局的分厂管理者，他始终以党员标准严格要求自己，将个人职业发展融入制造业转型升级的时代浪潮，用实际行动诠释了新时代产业工人的责任与使命，生动展现了共产党员在基层一线的先锋模范作用。

任务一　初识聚氯乙烯工业

 任务情境

聚氯乙烯是一种含微晶的无定形热塑性塑料，分子量为 4 万~15 万。聚氯乙烯用途广泛，既可用作绝缘材料、防腐蚀材料、日用品材料，又可用作建筑材料、农用材料。氯乙烯原料来源充沛、价格低廉，所以聚氯乙烯是广泛应用的通用塑料品种之一，产量仅次于聚乙烯。

 任务目标

素质目标：

认识聚氯乙烯工业在社会经济发展中的重要作用，树立正确的科学观和价值观。

知识目标：

1. 了解聚氯乙烯的性质和用途。
2. 了解聚氯乙烯的工业现状及发展方向。

能力目标：

会利用资源查询相关资料，并自主完成整理、分析与总结。

任务实施

聚氯乙烯，是氯乙烯单体（vinyl chloride monomer，简称 VCM）在过氧化物、偶氮化合物等引发剂，或在光、热作用下按自由基聚合反应机理聚合而成的聚合物。氯乙烯均聚物和氯乙烯共聚物统称为氯乙烯树脂。

子任务（一） 了解聚氯乙烯发展史

● 任务发布

聚氯乙烯（PVC 树脂）是世界上最早实现工业化生产的塑料品种之一。由于 PVC 树脂具有难燃、抗化学腐蚀、耐磨、电绝缘性优良和机械强度较高等优点，在生活中的用途十分广泛。以小组为单位，查阅资料，完成表 8-1。

表 8-1 聚氯乙烯的用途

方面	工业	农业	建筑	日用品	包装
用途					

● 任务精讲

一、聚氯乙烯的性质

聚氯乙烯本色为微黄色半透明状，有光泽。透明度胜于聚乙烯、聚丙烯，差于聚苯乙烯，随助剂用量不同，分为软、硬聚氯乙烯，软制品柔而韧，手感黏，硬制品的硬度高于低密度聚乙烯，而低于聚丙烯，在屈折处会出现白化现象。稳定；不易被酸、碱腐蚀；对热比较耐受。聚氯乙烯具有阻燃性、耐化学药品性高、机械强度及电绝缘性良好的优点。

聚氯乙烯对光、热的稳定性较差。软化点为 80℃，于 130℃开始分解。在不加热稳定剂的情况下，聚氯乙烯在 100℃时即开始分解，130℃以上分解更快。受热分解出氯化氢气体（氯化氢气体是有毒气体）使其变色：白色→浅黄色→红色→褐色→黑色。阳光中的紫外线和氧会使聚氯乙烯发生光氧化分解，因而使聚氯乙烯的柔性下降，最后发脆。

聚氯乙烯具有稳定的物理化学性质，不溶于水、酒精、汽油，气体、水汽渗漏性低；在常温下可耐任何浓度的盐酸、90%以下的硫酸、50%～60%的硝酸和 20%以下的烧碱溶液，具有一定的抗化学腐蚀性；对盐类相当稳定，但能够溶解于醚、酮、氯化脂肪烃和芳香烃等有机溶剂。

工业聚氯乙烯重均分子量在 4.8～4.8 万范围内，相应的数均分子量为 2～1.95 万。而绝大多数工业树脂的重均分子量在 10～20 万，数均分子量在 4.55～6.4 万。硬质聚氯乙烯（未加增塑剂）具有良好的机械强度、耐候性和耐燃性，可以用作增强材料，也可以单独用作结构材料，应用于化工上制造管道、板材及注塑制品。

二、聚氯乙烯的用途

聚氯乙烯根据分子量的大小可以分为 7 个型号，主要的消费领域有农业：农用输水管、喷滴灌管、农具制品、农膜等；日常生活用品：塑料凉拖鞋、玩具、桌布、箱包人造革等；建筑业：给排水管材及管件、门窗用异型材、墙纸、地板、楼梯扶手等；包装业：各种薄膜、片材等；其他领域：工业用电缆材料、工业用板材等。

聚氯乙烯是一种多组分塑料，根据不同用途可以加入不同的添加剂，因此随着组成的不同，聚氯乙烯制品可呈现不同物理机械性能，如加增塑剂使其软硬程度不同。总的说来 PVC 制品有耐化学性、阻燃自熄、耐磨、消声、消震、强度较高、电绝缘性较好、价廉、来源广等优点。它的主要缺点为热稳定性差，受热引起不同程度的降解；软质制品存在增塑剂外迁的问题，对应变敏感，变形后不能完全复原，且在低温下易硬化。

三、聚氯乙烯的发展历程

聚氯乙烯早在 1835 年就被美国 V·勒尼奥发现，用日光照射氯乙烯时生成一种白色固体，即聚氯乙烯。

1912 年，德国人 Fritz Klatte 合成了 PVC，并在德国申请了专利，但是在专利过期前没能够开发出合适的产品。

1926 年，美国 B.F. Goodrich 公司的 Waldo Semon 合成了 PVC，并在美国申请了专利。Waldo Semon 和 B.F. Goodrich Company 在 1926 年开发了利用加入各种助剂塑化 PVC 的方法，使它成为更柔韧更易加工的材料并很快得到广泛的商业应用。

聚氯乙烯是 20 世纪 30 年代初实现工业化的。从 30 年代起，在很长的时间里，聚氯乙烯产量一直在世界塑料用量中居第一位。60 年代后期，聚乙烯取代了聚氯乙烯。现在聚氯乙烯塑料虽退居第二位，但产量仍占塑料总产量的四分之一以上。

60 年代以前，单体氯乙烯的生产基本是以电石乙炔为主，由于电石生产需耗大量电能和焦炭、成本高。60 年代初，乙烯氧氯化法生产氯乙烯工业化后，各国转向了以更便宜的石油为原料。另外，由于聚氯乙烯的原料大多是制碱工业必然伴生副产物氯气，因此其原料来源丰富，而且也是发展氯碱工业、平衡氯气的很重要的产品之一。所以聚氯乙烯在塑料中的比重虽有下降，但仍保持了较高的增长速度。

聚氯乙烯塑料制品应用非常广泛，但在 70 年代中期，人们认识到聚氯乙烯树脂及制品中残留的氯乙烯单体（VCM）是一种严重的致癌物质，无疑在一定程度会影响聚氯乙烯的发展。不过人们已成功地通过生产工艺等途径降低残留的 VCM，使聚氯乙烯树脂中 VCM 的含量小于 10mg/L，达到卫生级树脂要求，从而扩大聚氯乙烯的应用范围。进一步优化工艺后，甚至可使树脂中的 VCM 含量小于 5mg/L，经加工后残留的 VCM 极少，对人体基本无害，可用作食品药包装和儿童玩具等。

子任务（二）　分析聚氯乙烯工业现状及发展方向

● **任务发布** ···

中国为聚氯乙烯消费大国，聚氯乙烯行业在我国国民经济发展中占有非常重要的地位。以小组为单位，通过查阅资料的方法，了解我国聚氯乙烯工业的发展现状。

一、我国聚氯乙烯产业现状

（一）产业现状

在 20 世纪初，我国的 PVC 产业处于一个平稳发展的阶段，产能严重不足，仅能满足市场需求的一半。2003 年之后，我国在进口 PVC 方面制定了反倾销的措施，同时在国际原油价格不断上涨的影响下，我国的 PVC 行业进入了空前的高速发展阶段，特别是对于电石法 PVC 企业来说，更是呈现出爆发式的增长，我国 PVC 的产能长期稳定在 30% 的增速。

随着我国经济快速复苏，受基础建设和房地产开发等各个领域的影响，需求量虽有一定的下滑，但 PVC 作为基础化工材料，随着 PVC 行业的技术改革和国家政策扶持，PVC 国内供给和进口的增加，导致 PVC 市场行业竞争日趋激烈，我国 PVC 企业已经到了改革升级的关键阶段。

（二）产品质量不断提升

近几年来，在电石法 PVC 生产工艺不断改善的情况下，企业通过采用先进的生产配方，在干燥、密闭以及汽提等技术方面取得了重大的突破，PVC 生产过程中自动化水平与生产技术不断提升。另外在整个行业发展当中，对 PVC 产品的质量要求也在不断地提升，这也促使 PVC 企业必须不断地提高自身的产品质量，通过制定多方向发展的路线，从单方向提升产能转变为多品种、多用途的精细化生产模式，扩大自身的市场份额。

（三）产能变化情况

2016—2022 年我国 PVC 产能、产量变化情况见图 8-1。

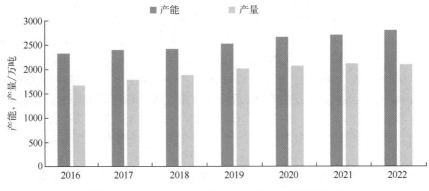

图 8-1　2016—2022 年我国 PVC 产能、产量变化情况

随着近年来 PVC 产能的发展，产量呈稳步上升趋势，虽然在 2020 年以来受疫情影响，但在有效市场和政府强有力的举措下，国内疫情防控得力，经济率先复苏，PVC 产业产能稳步提升。

（四）产能区域分布情况

2022 年我国 PVC 主要的生产区域如图 8-2 所示。

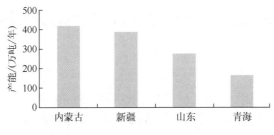

图 8-2　我国 PVC 主要生产区域

PVC 行业产能比较集中，其中内蒙古、新疆、山东、青海是产能大省，占我国 PVC 产能的 50%。

二、未来的发展方向

近年来，世界 PVC 生产技术发展趋势主要是开发节能的新工艺，最大限度地降低生产成本和操作费用。同时采用大型聚合釜，优化聚合体系，缩短反应时间，改进防粘釜技术，提高设备利用率，进一步完善生产工艺。

从氯碱工业的发展趋势看，今后我国氯碱工业将逐步与石油化工紧密结合，PVC 生产工艺发展的重点是乙烯氧氯化法，或者开发其他更廉价的原料路线，限制并逐步淘汰电石乙炔法。聚合方面，国内悬浮法 PVC 生产技术虽取得了一定进展，如防粘釜技术、连续汽提、开发出 135m³ 大型聚合釜，但在生产规模、产品牌号、产品性能指标、自动化控制水平、能耗等方面与国外先进技术相比仍有一定的差距。因此，新建生产装置应具备规模化技术含量高附加值化、产品性能专业优质化、品牌多样化、经营理念现代化，才能提高我国 PVC 生产企业的效益，发展我国的 PVC 工业。

我国聚氯乙烯行业要把握以下几个发展方向，以求进步。

① 加快企业整合与重组，向规模化、大型化和集约化发展。力争形成几个大型聚氯乙烯生产龙头企业。

② 采用先进生产工艺。引进和采用先进的乙烯氧氯化法或者开发其他更廉价的原料路线；采用微悬浮法等聚合方法；改进聚合釜，以提升 PVC 生产装置的规模和性能；应用 DCS 控制系统实现生产现代化；逐步淘汰一些无竞争力的小型电石法装置。

③ 调整产品结构，要大力开发专用及高附加值的产品以及 PVC 改性产品等。

除通用型聚氯乙烯树脂外，要大力增加特殊用途的品种、牌号。PVC 产品要精细化，要开发新产品。随着国内产能的扩大，今后产品成本的降低、产品质量和品牌的竞争会成为必然趋势。PVC 的发展方向是精细化、专业化，通过调整反应体系及工艺条件，开发出产品性能好、易于加工的 PVC 树脂和专用树脂。乳液法、微悬浮法、本体法 PVC 等应有着更广阔的发展空间。

④ 节能减排。对电石法 PVC 开展有效的节能减排措施，将是电石法能否继续生存的关键。

2016 年 8 月国务院办公厅颁布的《关于石化产业调结构促转型增效益的指导意见》里明确指出，要严控 PVC 行业新建产能，对符合政策要求的先进工艺改造提升项目应实行等量或减量置换，因此新产能的计划和投产已经受到明确限制。由于当前环保政策及行业政策限制，且氯碱行业多为联产配套项目，以煤炭-电力-电石-聚氯乙烯-电石渣水泥联合化工装置的一体化配套的新项目具备一定的竞争力。

⑤ 供给侧结构性改革，取得成效。我国 PVC 行业持续开展供给侧结构性改革，经历了残酷的去产能化阵痛。我国 PVC 行业在 2013～2015 年三年间净产能减少 250 万吨左右。从 2016 年开始，PVC 供需关系改善。2018 年，电石法 PVC 价格在 6150～6280 元/吨，乙烯法 PVC 价格在 6500～7400 元/吨。企业盈利水平大幅改善，供给侧结构性改革取得了明显的成效。虽然 2023 年仍有部分新装置投产，但下游需求也有提升，PVC 市场供需面处于一种相对平衡的状态。

⑥ 近年来新建的大中型 PVC 生产企业正向煤炭资源丰富的中西部地区集中，有利于充分发挥资源优势。

我国 PVC 产业集中度越来越高。新疆维吾尔自治区、内蒙古自治区、山东，这三个地区的 PVC 产量约占全国产量的一半。企业产能在 50 万吨以上的企业大部分位于新疆维吾尔自治区、内蒙古自治区等煤炭资源丰富的西北地区。

聚氯乙烯产业如何应对"双碳"目标

PVC 行业靠盲目扩大再生产、上项目的企业发展模式已行不通。企业必须立足于自身，抓住产业成熟期的特点，企业的发展战略应该从产业链的优势发挥上进行探讨，从产品的差异化上下功夫，规避风险将成为企业优先考虑的问题，要努力转变经济发展方式，这样才能在新的一轮竞争中立于不败之地。我国也一定会从 PVC

生产和消费大国跃变为 PVC 生产强国。

   1. 聚氯乙烯工业生产的主要聚合方法有哪些？
   2. 聚氯乙烯的用途有哪些？
   3. 聚氯乙烯工业的未来发展现状如何？

任务二　探究电石乙炔法生产氯乙烯

🔄 **任务情境**

   目前工业上氯乙烯生产方法主要有乙烯法、乙烷氧氯化法和电石乙炔法三种。其中乙炔法工艺合成氯乙烯是最早实现工业化的技术路线。20 世纪 30 年代，德国科学家以氯化汞作催化剂，乙炔和氯化氢为反应原料合成氯乙烯，并最终实现了工业化生产。

📚 **任务目标**

素质目标：
通过对含汞废水处理方法的选择，培养节约资源、保护环境的意识，以及认真严谨、合理决策的职业素养。
知识目标：
1. 了解氯乙烯的物理性质。
2. 掌握混合冷冻脱水原理、氯乙烯合成反应原理。
3. 掌握氯乙烯合成工业条件及设备。
能力目标：
能够结合生产实践设计和选用合理的工艺流程。

✳ **任务实施**

   富煤、贫油、少气是我国资源的特点，基于这一特点，电石乙炔法生产 PVC 虽早已在发达国家被乙烯法代替，但却发展成为我国 PVC 工业的主流工艺，并将继续引领我国 PVC 行业的发展。

聚氯乙烯
的生产

子任务（一）　理解乙炔法生产氯乙烯原理

● **任务发布**

   氯乙烯在常温、常压下是一种无色带有芳香气味的气体。请以小组为单位查阅资料，然后完成表 8-2 的填写。

表 8-2　聚氯乙烯的物理性质

分子式	
结构式	
沸点	
凝固点	

一、氯乙烯的物理性质

分子式：C_2H_3Cl；   结构式：$CH_2=CHCl$；

沸点：$-13.9℃$；   分子量：62.5；

凝固点：$-159.7℃$；   临界温度：$412℃$；

临界压力：$5.22MPa$。

氯乙烯在常温、常压下是一种无色带有芳香气味的气体。尽管它的沸点为$-13.9℃$，但稍加压就可在不太低的温度下液化。

二、混合冷冻脱水原理

利用氯化氢吸湿的性质，预先吸收乙炔气中的绝大部分水，生成40%左右的盐酸，降低混合气中的水分；利用冷冻方法脱水，是利用盐酸冰点低，盐酸的水蒸气分压低的原理，将混合气体冷冻脱酸，以降低混合气体中水蒸气分压来降低气相中水的分压（含量），达到进一步将混合气体中的水分降低至工艺指标的要求。

乙炔和氯化氢混合冷冻脱水的主物料温度一般控制在$(-14\pm2)℃$。与乙炔单独采用固碱脱水时，气体含水量取决于同温度下50%液碱上水蒸气分压。不同的是，混合冷冻脱水时，原料气中水分被氯化氢吸收后呈40%盐酸雾析出，混合气的含水量取决于该温度下40%盐酸溶液中水的蒸汽分压。

在相同温度下，40%盐酸的水蒸气分压远比纯水低，当继续降低温度时，由于盐酸浓度增加以及水蒸气分压的继续下降，从而使溶液的含水量降低。但若温度太低，低于浓盐酸的冰点$(-18℃)$，则盐酸结冰，堵塞设备及管道，系统阻力增大、流量下降，严重时流量降为零，无法继续生产。

在混合冷冻脱水过程中，冷凝的40%盐酸除以液膜状从石墨冷却器列管内壁流出外，大部分呈极微细的"酸雾"（$\leqslant2\mu m$）悬浮于混合气流中，形成所谓的"气溶胶"，用一般气液相分离设备无法捕集。而采用浸渍3%～5%憎水性有机氟硅油的5～10μm细玻璃长纤维过滤除雾，"气溶胶"中的液体微粒与垂直排列的玻璃纤维相碰撞后，大部分雾粒被截留，逐渐长大，在重力的作用下向下流动并排出。

经混合冷冻脱水后的混合气体温度很低，进入转化器前需要在预热器中加热到70～80℃，这是因为混合气体加热后，使未除净的雾滴全部汽化，可以降低氯化氢对碳钢的腐蚀性，同时气体温度接近转化温度有利于提高转化反应的效率。

三、氯乙烯脱水工艺的选择

在转化工序的合成反应中，原料中的水分越低越好，一般要求原料中水的质量分数控制在100×10^{-6}以下。

混合冷冻脱水工艺中，石墨冷凝器出口处混合气体的温度在$-14℃$，在此温度下对应的混合气体的理论含水量（质量分数）约为200×10^{-6}。但实际操作中各单位水分含量相差较大，有的甚至高达2000×10^{-6}，从而使催化剂失活，影响合成反应的进行。

目前行业内使用的脱水方法有氯化氢和乙炔混合冷冻脱水工艺、氯化氢和乙炔浓硫酸脱水工艺、变温变压吸附解吸工艺、氯化氢用浓硫酸干燥和乙炔用分子筛干燥组合干燥工艺等。

衡阳建滔化工有限公司使用浓硫酸对氯化氢和乙炔混合气进行干燥，干燥后气体含水量（质量分数）可达100×10^{-6}，但缺点是会产生大量的废酸。山东新龙集团使用固碱+干燥剂的方法使乙炔气体含水量（质量分数）可降至 10×10^{-6}。

至于具体选择哪一种脱水工艺，要根据企业本身的特点，考虑投资和运行成本来决定。目前混合冷冻脱水工艺暂为我国绝大多数 PVC 企业所采用。

四、催化剂

（一）活性组分与载体

目前氯乙烯合成的催化剂是以活性炭为载体，浸渍吸附 4%～6.5%（质量分数）的氯化汞（$HgCl_2$）进行制备。研究表明，纯的氯化汞对合成反应并无催化作用，纯的活性炭也只有较低的催化活性，而当氯化汞吸附于活性炭表面后则具有很强的催化活性。

氯化汞，在常温下是白色的结晶粉末，又称升汞（因易升华）、氯化高汞。氯化汞在水中有一定的溶解度，这与氯化亚汞（甘汞 Hg_2Cl_2）不同，甘汞几乎不溶解于水中，这一差异常被用来初步判断氯化汞原料的纯度。

活性炭是载体，颗粒尺寸 $\Phi(3～6)mm \times (3～6)mm$，比表面积为 $800～1000m^2/g$，吸苯率应大于等于 30%，机械强度应大于 90%。椰子壳或核桃壳制得的活性炭效果较好。作为活性组分的 $HgCl_2$ 含量越高，乙炔的转化率越高，但是 $HgCl_2$ 含量过高时在反应温度下极易升华而降低活性，且冷却凝固后会堵塞管道，影响正常生产且增加后续工序氯化汞废水处理量；另外，$HgCl_2$ 含量过高，反应剧烈，温度不易控制，易发生局部过热。因此 $HgCl_2$ 含量控制在 4%～6.5%（低汞催化剂）。

（二）催化剂的制备

氯化汞/活性炭催化剂的制备是在溶解槽中加入 80L 蒸馏水并加热到 80～85℃。逐渐加入 3.33kg 氯化汞，生产中为抑制 $HgCl_2$ 升华，可同时溶入适量 $BaCl_2$。每隔 5～10min 搅拌 1 次，溶解约 2h 至氯化汞完全溶解，取样分析，要求 $HgCl_2$ 浓度达到 39～42g/L。将氯化汞溶液加入浸渍槽中，维持温度 90℃，将经过筛分、处理过的干燥的活性炭（60kg）一次迅速地倾入浸渍槽中，不断搅拌，以保证活性炭对 $HgCl_2$ 的均匀吸附。搅拌 3h，取残液分析。当残液中 $HgCl_2$ 含量 < 0.1g/L 时，浸渍完毕。经过滤、风干，再在 120℃下干燥约 25h，直到质量恒定，含水量 < 0.1% 为合格。经筛分，取 $\Phi(3～6)mm \times (3～6)mm$ 颗粒催化剂包装备用。

（三）催化剂的活化

氯化汞催化剂的活化方法是通入氯化氢气体，使催化剂所含的微量水分变成盐酸而分离出来，从而使催化剂充分干燥。同时，催化剂表面充分地吸附上一层氯化氢，有利于氯乙烯合成反应的进行。活化以后的催化剂在一段时间内可维持较高的活性。

（四）催化剂的失活

引起催化剂失活的原因主要有以下几个方面。

1. 中毒

原料气中硫、磷、砷等毒物及过量的乙炔与 $HgCl_2$ 反应，生成无活性的物质，使催化剂中毒。

$$H_2S + HgCl_2 \longrightarrow HgS + 2HCl \tag{8-1}$$

$$PH_3 + 3HgCl_2 \longrightarrow (HgCl)_3P + 3HCl \tag{8-2}$$

$$C_2H_2 + HgCl_2 \longrightarrow Hg + Cl—CH—CH—Cl \tag{8-3}$$

另外，铁和锌的存在会降低催化剂对合成反应的选择性。

2. 遮盖

副反应生成的炭、树脂状聚合物以及原料气中的水分、酸雾等，黏结在催化剂表面，遮盖了催化剂的活性中心使催化剂失活。

3. 活性结构改变

由于过热，催化剂活性结晶表面破坏，即使在正常反应温度下催化剂活性结构也会逐渐改变；另外被催化剂吸附的反应物分子或产物分子能携带催化剂的活性分子由一点移动到另一点，使催化剂表面松弛，活性下降。

4. 升华

温度升高，$HgCl_2$更易升华，催化剂的活性组分量逐渐减少，活性下降。

（五）含汞废水的处理与新型催化剂的探索方向

在转化单元，乙炔与氯化氢气体反应时所用的催化剂为氯化汞，工艺气体出转化器以后虽经活性炭吸附除汞，但仍携带有氯化汞，工艺气经水洗与碱洗除过量的氯化氢时，所携带的氯化汞会进入副产盐酸与废碱水中。含汞废水主要包括盐酸解吸工序的排污水、碱洗排污水、催化剂抽吸排水和地面冲洗水等。根据生产规模不同，含汞废水排水量可达 $10\sim60m^3/h$。

全世界约50%的汞消耗在中国，而中国大约有60%的汞用于电石法 PVC 的生产。按目前的 PVC 产量计算，中国每年使用约1000t 汞，其中大约50%的汞随着生产物料夹带或升华流失，对环境造成严重危害。关于汞的《水俣公约》，共有 128 个签约方，公约在 2017 年 8 月 16 日生效。该公约旨在全球范围内控制和减少汞开采和汞排放。因此汞催化剂污染和汞催化剂短缺，将成为电石法 PVC 生存和发展的最大制约因素，加快超低汞和非汞催化剂的研发已经迫在眉睫。

含汞废水的处理方法主要是沉淀法。如用适量的 NaHS 或 Na_2S 或复合除汞剂来沉淀 Hg^{2+}，使其生成沉淀后过滤，沉淀后水中汞浓度$<2\times10^{-9}mg/L$，满足 GB 15581—2016《烧碱、聚氯乙烯工业污染物排放标准》。也可用还原性物质将 Hg^{2+} 还原成单质 Hg，再通过聚结或过滤的方法回收，或者含汞废水深度解析等方法进行处理。

虽然氯化汞催化剂毒性较大，但其转化率和选择性高，且价廉，至今仍没有找到一种非汞催化剂能完全替代氯化汞的。因此，电石法 PVC 生产上仍在大量使用氯化汞催化剂。超低汞或无汞催化剂的研发仍将是乙炔转化工序催化剂发展的方向，是一个漫长而艰苦的过程。

新型催化剂的探索方向：

（1）载体的处理和改进；

（2）复方汞催化剂，如加入 $BaCl_2$ 等来减少汞的升华；

（3）超低汞和非汞催化剂研发。

五、氯乙烯合成转化器移热工艺的选择

氯乙烯合成工艺有固定床转化器工艺和沸腾床工艺，前者为国内 PVC 企业普遍使用。

转化器向大型化发展已成为方向，目前直径已达到 3.5m。转化器的换热方式有多种选择：强制水循环移热工艺、庚烷自然循环移热工艺、热水自然循环移热工艺。

（1）强制水循环移热工艺　国内企业普遍使用的传统工艺。该工艺投资少、运行平稳、温度较易控制，缺点是输送循环水要消耗电能，另外当转化器泄漏时，水与氯化氢反应生成盐酸，加速腐蚀，造成催化剂损失。

（2）庚烷自然循环移热工艺　利用庚烷较大的汽化潜热带走反应热。优点是反应温度容易控制、反应平稳、转化率高；加之庚烷与乙炔、氯化氢、氯乙烯不反应，但设备投资较高，作为冷却剂的庚烷也较贵。

（3）热水自然循环移热工艺　利用热水在转化器中温度差形成的密度差作为动力，实现热水的自然循环，并利用反应热副产低压蒸汽，用于溴化锂制冷，生产 $5\sim7℃$ 的冷冻水。该工艺可以充分利用反应热，节约能量，但相对来说对温度的控制较差，所以汞的升华较多，汞催化剂的消

耗比其他移热工艺略高。

六、氯乙烯合成反应原理

一定纯度的乙炔气体和氯化氢气体按 1：（1.05～1.10）（摩尔比）的比例混合后，在氯化汞催化剂的作用下，在 100～180℃温度下进行气相加成反应生成氯乙烯。反应方程式如下：

$$CH \equiv CH + HCl \longrightarrow CH_2 \equiv CHCl + 124.8kJ/mol \tag{8-4}$$

上述反应是非均相放热反应，一般认为反应机理分五个步骤来进行。这五个步骤是外扩散、内扩散、表面反应、内扩散、外扩散。其中表面反应为控制步骤。

反应历程：乙炔首先与氯化汞加成生成中间加成物氯乙烯基氯化汞：

$$C_2H_2 + HgCl_2 \longrightarrow \underset{\substack{|\\Cl}}{CH} \equiv \underset{\substack{|\\HgCl}}{CH} \tag{8-5}$$

氯乙烯基氯化汞很不稳定，当其遇到吸附在催化剂表面上的氯化氢时，分解生成氯乙烯。

$$\underset{\substack{|\\Cl}}{CH} \equiv \underset{\substack{|\\HgCl}}{CH} + HCl \longrightarrow CH_2 \equiv \underset{\substack{|\\Cl}}{CH} + HgCl_2 \tag{8-6}$$

若氯化氢过量，生成的氯乙烯能再与氯化氢加成生成 1,1-二氯乙烷。

$$CH_2 \equiv CH + HCl \longrightarrow CH_3CHCl_2 \tag{8-7}$$
$$\underset{\substack{|\\Cl}}{}$$

若乙炔过量，过量的乙炔会使氯化汞还原成氯化亚汞和金属汞，使催化剂失去活性，同时生成 1,2-二氯乙烯。故生产中需控制乙炔不能过量。

当有水存在时还有生成乙醛等副反应：

$$C_2H_2 + H_2O \longrightarrow CH_3CHO \tag{8-8}$$

副反应既消耗原料乙炔，又给氯乙烯精馏增加了负荷。要减少副反应，关键是催化剂的选择、原料摩尔比、反应热的及时移出和反应温度的控制。

子任务（二）　确定生产工艺流程与条件

● 任务发布

粗聚氯乙烯的合成主要包括混合冷冻脱水和氯乙烯合成。以小组为单位查阅资料，同时完成表 8-3 的填写。

表 8-3　聚氯乙烯生产的反应工艺条件

反应温度	反应压力	空速	反应物配比	原料气的要求

一、混合冷冻脱水和合成系统工艺流程

混合冷冻脱水和合成系统工艺流程如图 8-3 所示。

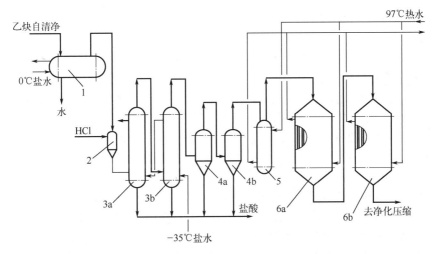

图 8-3　混合冷冻脱水和合成系统工艺流程图

1—乙炔预冷器；2—混合器；3a，3b—石墨冷却器；4a，4b—酸雾过滤器；5—预热器；

6a—第一段转化器；6b—第二段转化器

由乙炔工段送来的精制乙炔气（纯度≥98.5%），经阻火器及乙炔预冷器 1 冷却至（4±2）℃，由氯化氢装置送来的氯化氢气体（纯度≥94%，不含游离氯），分别经缓冲罐后经流量计控制流量，使 n（乙炔）：n（氯化氢）=1：（1.05～1.1），进入混合器混合，进入串联的石墨冷却器 3a、3b，用-35℃盐水（尾气冷凝器下水）间接冷却，混合气被冷却至（-14±2）℃，气体中水分会生成 40%盐酸，其中较大的液滴在重力作用下直接排出，粒径很小的酸雾不能在重力作用下沉降，夹带于气流中，进入串联的酸雾过滤器 4a、4b，由浸泡氟硅油的玻璃棉过滤捕集分离除去酸雾，排出 40%的盐酸送氯化氢脱吸或作为副产包装销售，得到含水分≤0.03%的混合气体进入预热器 5 预热至 70～80℃的温度，由流量计控制流量进入串联的第一段转化器 6a，转化器为列管式反应器，列管中填装有氯化汞/活性炭催化剂，乙炔和氯化氢在催化剂的作用下转化为氯乙烯气体，转化器管间走 95～100℃水，移走合成反应放出的热量。第一段转化器出口气体中尚含有 20%～30%未转化的乙炔气，再进入第二段转化器6b，继续反应，使出口处未转化的乙炔控制在 3%以下。这两段转化器一般都由多台并联操作。从第二段转化器出来的粗氯乙烯气体送氯乙烯净化压缩工序。

一般第二段转化器装填的是活性高的新催化剂，第一段转化器装填的则是活性较低的由第二段转化器更换下来的旧催化剂。

二、氯乙烯合成工艺条件

（一）反应温度

温度对于氯乙烯的合成反应有较大的影响。在25～200℃反应温度范围内，该反应的热力学平衡常数 K_p 均很高（达 $1.3×10～1.3×10^{15}$），说明在该温度范围内，该反应在热力学上来说是很有利的。从动力学来看，提高反应温度有利于加快反应速率，获得较高的转化率。但是，过高的温

度易使氯化汞升华而随气流带出，降低催化剂活性及使用寿命。另外在较高的温度下，会加剧如二氯乙烯、二氯乙烷及某些高沸物等副反应的发生。例如，当反应温度由135℃升高到193℃时，高沸物的含量相应从 0.14%升至 0.39%。此外，在较高的温度下，在乙炔气流中催化剂上的 $HgCl_2$ 易被还原生成 Hg_2Cl_2 和 Hg。

因此，工业生产中尽可能将合成反应温度控制在100～180℃范围内。最佳的反应温度为130～150℃。反应温度的确定与催化剂的活性有关，新旧催化剂对应不同的反应温度，随着催化剂使用寿命的延长和活性的降低，反应温度要逐步提高。

对于固定床反应器，在反应器内填充催化剂的列管中，温度存在着径向和轴向的分布。

（二）反应压力

在反应温度范围内，由乙炔和氯化氢合成氯乙烯反应的平衡常数 K 很大，在热力学上可以认为该反应是一个不可逆反应，即反应趋于完全，该反应在操作温度范围及常压下平衡转化率已经超过 99%。因此压力的改变对平衡组成的影响不大，但提高压力可提高反应速率。生产中一般采用微正压操作。绝对压力为 0.12～0.15MPa，能克服管道流程阻力即可。

（三）空速

空速，指单位时间内通过单位体积催化剂的气体在标准状况下的体积（习惯上以乙炔气体量来表示），其单位为 m^3 乙炔/（m^3 催化剂·h）。乙炔的空速对氯乙烯的产率有影响。当空速增加到一定量时，气体与催化剂接触时间（平均停留时间）减少，乙炔转化率随之降低，但大量气体参与反应使催化剂床层的温度上升，高沸点副产物量开始增多；反之，当空速减小时，乙炔转化率提高，再减小到一定量时，高沸点副产物量也随之增多，生产能力随之减小。

在实际生产过程中，比较恰当的乙炔空速为 25～35m^3 乙炔/（m^3 催化剂·h），在这一空速范围内，既能保证乙炔有较高的转化率，又能保证高沸点副产物的含量较少。当催化剂中 $HgCl_2$ 含量较高、催化剂活性较高时，空速可以高一些；对同一催化剂，当温度较高时，空速可以高一些。

（四）反应物配比

乙炔过量会造成以下影响。

（1）乙炔比氯化氢价格高，会造成很大浪费，经济上不合理。

（2）乙炔过量会使 $HgCl_2$ 还原成 Hg_2Cl_2 和 Hg，导致催化剂失活，副产物大量增加。

（3）乙炔过量，产物中乙炔含量增加，则增加氯乙烯分离负担。由于乙炔不容易除去，微量的乙炔还会严重影响氯乙烯的聚合。

若采用氯化氢过量时，过量的氯化氢可以很容易地用水洗、碱洗方法除掉。因此，工业生产中一般采用过量的氯化氢。适当增加氯化氢的用量可提高乙炔转化率，降低粗氯乙烯中乙炔含量，有利于精制。但若氯化氢过量太多则会增加多氯化物的生成，降低氯乙烯收率，增加产物分离的困难，导致产品成本上升。目前工业上控制氯化氢过量 5%～10%，即乙炔与氯化氢的摩尔比为 1∶（1.05～1.10），实际生产操作中，可通过分析合成气内未转化氯化氢及乙炔含量来调节原料的摩尔比。

（五）原料气的要求

氯乙烯合成反应对原料气乙炔和氯化氢的纯度和杂质含量均有严格的要求，分述如下。

（1）纯度 原料气纯度较低时，其中二氧化碳、氢等惰性气体量较多，不仅会降低合成的转化率，还使精馏系统的冷凝器传热系数显著下降，尾气放空量增加，氯乙烯等损失增加，氯乙烯的总收率下降。一般要求乙炔纯度≥98.5%，氯化氢纯度≥94%。

（2）乙炔中的硫、磷杂质 乙炔气中的硫化氢、磷化氢等均能与合成系统的催化剂发生反应，生成无活性的汞盐。因此，要求原料气无硫、磷、砷检出。工业生产采用将硝酸银试纸浸在乙炔气中是否变色来定性鉴别。

$$HgCl_2+H_2S \longrightarrow HgS+2HCl \qquad (8-9)$$

（3）水分　若水分过高易与混合气中的氯化氢形成盐酸，使转化器设备及管线受到严重腐蚀，腐蚀的产物如氯化亚铁、三氯化铁结晶体还会堵塞管道，影响正常生产。水分还易使催化剂结块，降低催化剂的活性，导致转化器阻力上升；造成反应气体分布不均匀，导致局部反应剧烈，造成局部过热，使催化剂活性下降，寿命缩短；催化剂结块使催化剂翻换困难。此外，水分易与乙炔反应，生成对聚合有害的杂质乙醛等。因此氯乙烯合成反应中，要求原料气含水量≤0.03%。

（4）氯　氯化氢中的游离氯是由于合成时氢与氯的配比控制不当或氯气、氢气压力波动造成的。游离氯一旦进入混合器与乙炔混合接触，即发生激烈反应生成氯乙炔等化合物，并放出大量的热，引起混合气体的瞬间膨胀，造成混合脱水系统的混合器、列管式石墨冷凝管等薄弱环节处爆炸而影响正常生产。生产中必须严格控制游离氯的含量，一般借助于游离氯自动测定仪或于混合器出口安装气相温度报警器来监测，如设定该温度超过50℃时即关闭原料乙炔气总阀，作临时紧急停车处理，待游离氯分析正常时再通入乙炔气开车。正常生产中，应严格控制氯化氢中无游离氯的检出。

（5）氧　原料气氯化氢中若含氧量较高，易与乙炔接触发生燃烧爆炸，影响安全生产，特别在转化率较差、尾气放空中乙炔含量较高时，O_2浓度显著变高，威胁更大。

氧气与载体活性炭反应生成一氧化碳和二氧化碳，增加了反应产物气体中惰性气体量，不仅造成产品分离困难，而且使氯乙烯放空损失增多。此外，氧气与氯乙烯生成过氧化物，后者在水的存在下分解产生酸性物质，会腐蚀设备。

原则上应尽量将原料气中氧含量降低到最低值甚至为0，一般生产控制在0.3%以下。

（6）惰性气体　N_2、CO等惰性气体的存在，使反应物的浓度和转化率下降，不利于反应；而且会造成尾气冷凝器传热系数显著下降，造成产品分离困难，增加氯乙烯随尾气的放空损失。因此，要求原料气中惰性气体含量低于2%。

三、主要设备

（一）酸雾过滤器

根据气体处理量的大小，酸雾过滤器有单筒式和多筒式两种结构形式。多筒式结构如图8-4所示。为了防止盐酸腐蚀，设备筒体、花板、滤筒可用钢衬胶或硬聚氯乙烯制作。

过滤器的每个滤筒可包扎3.5kg硅油玻璃棉，厚35mm左右，总的过滤面积为8m²，这样的过滤器可处理乙炔的流量为1500m³/h以上。通常将混合气截面速度限制在0.1m/s以下。设备夹套内通入冷冻盐水，以保证脱水过程中的温度。

（二）转化器

合成反应用的转化器，见图8-5，实际上就是一种大型的列管式换热器，列管一般采用57mm×3.5mm规格，管内装填催化剂，管间走热水。转化器的列管与管板胀接的技术要求较为严格，一旦有微小的渗漏，将使管间的热水泄漏到设备内，与气相中的氯化氢接触生成盐酸，并进一步腐蚀，直到大量盐酸从底部放酸口放出，从而造成停产事故。因此，无论是新制造的还是检修的转化器，在安装前均应对管板胀接处作气密性检漏（0.2～0.3MPa压缩空气）。为减少氯化氢对列管胀接处和焊缝的腐蚀，有的工厂采用耐酸树脂玻璃布进行局部增强。

设备的大部分材质，可用低碳钢。其中管板由16MnR低合金钢制造，列管选用20号或10号钢管，下盖用耐酸瓷砖衬里防护。

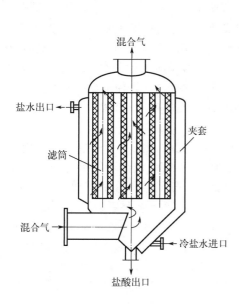

图 8-4 多滚筒式酸雾除尘器

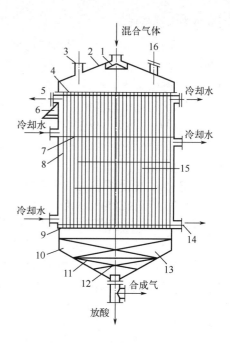

图 8-5 转化器结构图

1—气体分配板；2—上盖；3—热电偶；4—管板；5—排气；6—支耳；

7—折流板；8—列管；9—活性炭；10—小瓷环；11—大瓷环；12—多孔

板；13—下盖；14—排气；15—拉杆；16—手孔

任务巩固

一、填空题

1. 氯乙烯的分子式是_____，分子量是_____，沸点是_____。

2. 酸雾过滤器有_____和_____两种结构形式。

3. 氯乙烯合成反应对原料气乙炔和氯化氢的纯度和杂质含量均有严格的要求，一般要求乙炔纯度≥_____，氯化氢纯度≥_____。

4. 氯乙烯的合成反应的最佳的反应温度为_____。

二、简答题

1. 乙炔与氯化氢混合冷冻脱水的原理是什么？

2. 氯乙烯合成的反应是什么？

3. 氯乙烯合成的工艺条件有哪些？

三、综合应用题

小组讨论：电石乙炔法生产聚氯乙烯的利与弊。

任务三　实现粗氯乙烯净化与压缩

任务情境

经二段转化器后出来的粗氯乙烯气体，经除汞器除汞后，气体中除氯乙烯外，还含有合成时配比过量的氯化氢、未反应的乙炔以及氮气、氢气、二氧化碳、未除净的微量的汞蒸气以及副反应所产生的乙醛、二氯乙烷、二氯乙烯、三氯乙烯、乙烯基乙炔等杂质气体。氯化氢和二氧化碳在有微量水存在时会形成盐酸和碳酸腐蚀设备、促进氯乙烯的自聚，其他杂质的大量存在将严重影响聚氯乙烯树脂的质量。

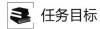 任务目标

素质目标：
培养节约资源、保护环境的意识，以及认真严谨、合理决策的职业素养，以及团队合作精神。

知识目标：
1. 理解粗氯乙烯净化与压缩原理。
2. 掌握粗氯乙烯净化与压缩的工艺流程。
3. 掌握粗氯乙烯净化与压缩的设备选型。

能力目标：
能够结合生产实践设计和选用合理的净化流程，具备分析问题、解决问题的能力。

 任务实施

子任务（一） 理解粗氯乙烯净化生产原理

● **任务发布** ·············

聚合用的氯乙烯的规格较高，我国要求纯度须达到 99.5%。吸收塔则是净化粗氯乙烯必须要用到的设备。以小组为单位，查阅资料，同时完成表 8-4 的填写。

表 8-4 几种不同吸收塔的比较

吸收塔	优点	缺点
填料塔		
膜式吸收塔		
筛板塔		

● **任务精讲** ·············

一、粗氯乙烯净化工艺原理

粗氯乙烯净化原理主要为水洗和碱洗。

氯化氢在水中的溶解度极大而氯乙烯在水中的溶解度较小，用水作为吸收剂时通过水洗可除去氯乙烯中混有的过量的氯化氢。通过水洗泡沫塔可以制得 20%~30% 的盐酸，供出售或脱吸回收氯化氢。水洗后的粗氯乙烯气体中仍含有微量的氯化氢以及在水中溶解度小的二氧化碳、乙炔、氢气、氮气等，待后续处理。

微量的氯化氢和二氧化碳可以通过碱洗除去。通常是用 10%~15% 的氢氧化钠稀溶液作为化学吸收剂，粗氯乙烯气体经碱洗后至中性，反应方程式如下：

$$CO_2+2NaOH \longrightarrow Na_2CO_3+H_2O+热量 \tag{8-10}$$

$$HCl+NaOH \longrightarrow NaCl+H_2O+热量 \tag{8-11}$$

当氢氧化钠溶液过量时，其吸收二氧化碳的过程中可以认为是按下述两个步骤进行的：

$$NaOH+CO_2 \longrightarrow NaHCO_3 \qquad\qquad (8-12)$$

$$NaHCO_3+NaOH \longrightarrow Na_2CO_3+H_2O \qquad\qquad (8-13)$$

上述两个反应进行得很快，在有过量的氢氧化钠存在时，产物为碳酸钠，可以将微量的二氧化碳全部去除干净。但是，如果溶液中的氢氧化钠不过量，只能生成碳酸氢钠而不能继续生成碳酸钠，考虑到碳酸氢钠在水中的溶解度较小，易沉淀出来，堵塞管道和设备，使生产不能正常进行。因此，生产中原则上要控制 $NaHCO_3$ 的生成。也可以认为是生成的碳酸钠，虽然还有吸收二氧化碳的能力，生成碳酸氢钠，但反应进行得相当缓慢，并且碳酸氢钠易造成堵塞。因此溶液中必须保持一定量的氢氧化钠，避免碳酸氢钠的沉淀析出。其反应如下：

$$Na_2CO_3+CO_2+H_2O \longrightarrow 2NaHCO_3 \qquad\qquad (8-14)$$

二、吸收塔的选择

采用填料塔时，虽有气体阻力小、操作弹性大等优点，但为了保证填料表面的润湿率，势必需要较大的喷淋量，导致大量的酸性废水（含酸≤3%）排出，传统的工艺中，此类废水只能采用碱中和后排放，造成污染与巨大的浪费，并且为了满足足够的喷淋量，须采用耐酸泵，增加了动力消耗。若采用膜式吸收塔，虽然具有气体阻力小、操作弹性大、所得盐酸浓度高等优点，但对含有体积分数小于10%的氯化氢气体的回收，其石墨管必定要很长，或采用串联吸收，才能保证所需的吸收效率，并且同样要增大动力消耗。由于氯化氢在水中有极高的溶解度，其在合成气中的含量又较低，因此采用泡沫筛板塔，通过气液高度湍动，接触表面不断更新，可达到理想的吸收效果，吸收制成 20%～30% 的盐酸可出售或脱吸回收氯化氢。

三、盐酸脱吸

将水洗泡沫塔出来的含有杂质的废酸（浓度为 20%～30%）经处理、脱吸，可回收其中的氯化氢，氯化氢返回氯乙烯合成工序生产氯乙烯。由浓酸槽来的31%以上的浓盐酸进入脱吸塔顶部，在塔内与经再沸器加热而沸腾上升的气体充分接触，进行传质、传热，利用水蒸气冷凝时释放出的冷凝热将浓盐酸中的氯化氢气体脱吸出来，塔顶脱吸出来的氯化氢气体经冷却至-10～-5℃、除去水分和酸雾后，其 HCl 气体纯度可达 99.9% 以上，送往氯乙烯合成工序；塔底排出的稀酸（含氯化氢质量分数约为20%的恒沸物）经冷却后送往水洗塔，作为水洗剂循环使用。

以上盐酸脱吸工艺简单、设备少、再沸器操作温度不算太高，缺点是稀酸循环量大、蒸汽消耗高。若要改变此状况，则需在脱吸时加入能够打破恒沸点的助剂。

子任务（二） 确定生产工艺流程与条件

● 任务发布 ··

以小组为单位，查阅文献，以氨气净化为例，简述其工艺流程并了解其中用到的设备有哪些。

● 任务精讲 ··

一、粗氯乙烯净化与压缩工艺流程

粗氯乙烯净化与压缩工艺流程如图 8-6 所示。

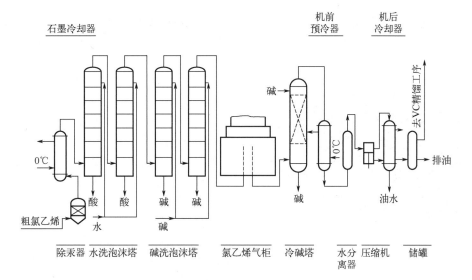

图 8-6　粗氯乙烯净化与压缩工艺流程图

本项目任务二中所述的第二段转化器排出的粗氯乙烯气体，先经装填活性炭的汞吸附器（除汞器）脱除高温下升华的氯化汞，然后由石墨冷却器将气体冷却至 15℃以下，进入水洗泡沫塔，气体中过量的氯化氢用水吸收后制得稀盐酸回收，该塔顶是以高位槽低温水（如 5～10℃）喷淋，一次（不循环）接触制得 20%～30%的盐酸，由塔底流入盐酸大储槽以供外销，也可供盐酸脱吸装置制浓酸用。水洗泡沫塔顶排出气体再经碱洗泡沫塔除去残余的微量氯化氢后，送至氯乙烯气柜储存。氯乙烯经冷碱塔处理后，由机前冷却器和水分离器分离出部分冷凝水，借氯乙烯压缩机压缩至 0.49～0.59MPa（表压），并经机后冷却器降温至不低于 45℃，进一步除去油及冷凝水后，经储罐，送氯乙烯精馏工序全凝器冷凝。

两个水洗泡沫塔可串联操作，也可串联水洗填料塔，以备开、停车通氯化氢活化催化剂时，或氯化氢浓度波动大时，自塔顶通入水吸收，塔底排出少量酸性水排至中和池处理。

二、主要设备

（一）水洗泡沫塔

水洗泡沫塔，即筛板塔，见图 8-7。为防止盐酸的腐蚀和氯乙烯的溶胀，塔身 1 采用衬一层橡胶再衬两层石墨砖的方式。筛板 2 采用 6～8mm 的酚醛玻璃布层压板（若筛板厚度太大，则阻力增大），经钻孔加工而成，筛板共 4～6 块，溢流管 4 由硬 PVC 焊制，固定于筛板上，伸出筛板的高度自下而上逐渐减小。

一般水洗泡沫塔形成较好泡沫层的条件是：空塔气速 0.8～1.4m/s，筛板孔速 7.5～13m/s，溢流管液体流速≤0.1m/s。

（二）螺杆压缩机

在氯乙烯的压缩过程中，大多数企业已逐渐用螺杆式压缩

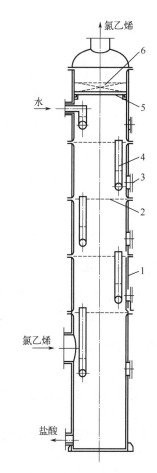

图 8-7　水洗泡沫塔结构简图
1—塔身；2—筛板；3—视镜；4—溢流
管；5—花板；6—滤网

机代替往复式压缩机。螺杆式压缩机也属于容积型压缩机。双螺杆式压缩机的基本结构如图8-8所示。

在机体内平行地配置着一对相互啮合的螺旋形转子，通常，在节圆外具有凸齿的转子，称为阳转子或阳螺杆；在节圆内具有凹齿的转子，称为阴转子或阴螺杆。阳转子与原动机连接，由阳转子带动阴转子转动。在压缩机机体两端，分别开设一定形状的孔口供吸气与排气用，分别称作吸气口与排气口。

螺杆式压缩机的工作原理：螺杆式压缩机的工作循环可分为吸气、压缩和排气三个过程。随着转子旋转，每对相互啮合的齿相继完成相同的工作循环。

螺杆式压缩机的特点：可靠性高、动平衡好、操作维护方便、适应性强、能多相混输等。螺杆压缩机的缺点：造价高，只适用于中、低压范围，排气压力一般不超过3MPa，不能适用于高压、微型

图8-8 双螺杆式压缩机

场合，目前一般只有容积流量大于 $0.2m^3/min$ 时，螺杆压缩机才具有优越的性能。

 任务巩固

一、填空题

1. 粗氯乙烯净化原理包括_____和_____。

2.粗氯乙烯净化过程中的吸收塔可选用_____达到较好的效果。

3.氯乙烯净化的设备有_____和_____。

二、简答题

1. 简述氯乙烯净化的原理及涉及的反应方程式。

2. 简述氯乙烯净化的工艺流程。

任务四　完成氯乙烯精馏

🔄 任务情境

精馏工段利用加压和精馏技术，将气态粗氯乙烯转化为液态精氯乙烯，这一过程主要是基于液体混合物中各组分在特定压力下挥发度的差异。精馏工段在 PVC 生产中扮演着至关重要的角色。

📚 任务目标

素质目标：

培养精益求精的工匠精神和团队合作精神。

知识目标：

1. 了解氯影响氯乙烯精馏的因素。

2. 掌握氯乙烯精馏工艺流程。

3. 掌握氯乙烯精馏系统的主要设备。

能力目标：

能够结合生产能力目标设计和选用合理的生产设备、工艺条件以及工艺流程。

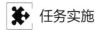任务实施

子任务（一） 理解氯乙烯精馏原理

● 任务发布

氯乙烯在常温、常压下是一种无色带有芳香气味的气体。请以小组为单位查阅资料，然后完成表8-5的填写。

表8-5 净化后的氯乙烯中的物质种类

物质1	
物质2	
物质3	
物质4	

● 任务精讲

一、氯乙烯中水的含量

氧与氯乙烯能生成低分子过氧化物，后者遇水分能够水解，产生氯化氢（遇水变为盐酸）、甲酸、甲醛等物质（水分离器中放出来的水均呈弱酸性）。

$$\underset{}{+}CH_2—CHCl—O—O\underset{n}{\overline{]}} + nH_2O \longrightarrow nHCl + nHCOOH + nHCHO + \cdots \qquad (8-15)$$

上述反应易使钢设备腐蚀。生成的铁离子存在于单体中，又会使聚合后的树脂色泽变黄或成为黑点杂质，并降低聚氯乙烯的热稳定性。铁离子的存在还促使氧与氯乙烯生成过氧化物，后者不仅能重复上述水解过程，还能引发氯乙烯的聚合，生成聚合度较低的聚氯乙烯，造成塔盘等部件堵塞，影响生产。因此应将单体中的水分降到尽可能低的水平，如 $<100\sim200mg/kg$（水在单体中的饱和溶解度可达到1100mg/kg）。

另外，水分含量高，将降低树脂的白度；降低氯乙烯的聚合反应速率；由于水与1,1—二氯乙烷能形成共沸物，将增加后者在氯乙烯中的含量，进而影响树脂的颗粒结构；水分的存在还将导致精馏再沸器中某些组分容易分解，容易结焦，设备容易腐蚀。

目前在国内，电石法氯乙烯用传统的脱水方法要生产出含水量 $\leq200\times10^{-6}$ 的精氯乙烯是很困难的，而进口的乙烯法氯乙烯的商业指标是含水量 $\leq100\times10^{-6}$，国外糊用聚氯乙烯对氯乙烯的要求是含水量 $\leq40\times10^{-6}$，要进一步提高电石法聚氯乙烯的质量，生产出和乙烯法质量相同的氯乙烯，精馏工序的工艺技术和装备是关键。

氯乙烯单体的脱水有以下几种方法：

① 机前预冷器（冷至 $5\sim10℃$）冷凝脱水；

② 全凝器后的液相在水分离器中借重度差分层脱水；

③ 中间槽和尾气冷凝器后的水分离器借重度差分层脱水；

④ 液态氯乙烯冷碱（利用换热器降温）或固碱脱水；

⑤ 聚结器高效脱水；

⑥ 气态氯乙烯借吸附法脱水干燥，如采用氯化钙、活性氧化铝、3A 分子筛等，可以将氯乙烯中的水分降至 $(20\sim40)\times10^{-6}$ mg/kg。

二、氯乙烯中乙炔的含量

单体中即使存在微量的乙炔杂质，都会影响产品的聚合度及质量（形成内部双键）。乙炔是活泼的链转移剂，乙炔的存在还能使聚合反应速率减慢、聚合度下降。工业上一般控制乙炔含量在 0.001% 以下。

三、氯乙烯中高沸物的含量

氯乙烯中存在的乙醛、偏二氯乙烯、顺式及反式 1,2—二氯乙烯、1,1—二氯乙烷等高沸物杂质，都是活泼的链转移剂，既能降低聚合产品的聚合度及影响其质量（降低其热稳定性和白度等），又能减缓聚合反应速率。此外高沸点杂质还会影响树脂的颗粒形态结构，增加聚氯乙烯大分子支化度，以及更易造成粘釜和"鱼眼"。

但是，单体中存在少量的高沸物，可以消除聚氯乙烯大分子长链端基的双键结构，对产品热稳定性有一定的好处，因此一般认为单体中高沸点杂质只有在较高含量时才显著影响聚合度及反应速率。工业生产中一般控制单体中高沸物的含量在 10mg/kg 以下，即单体纯度 ≥99.99%。

子任务（二） 确定生产工艺流程与条件

● 任务发布

精馏通常在精馏塔中进行，气液两相通过逆流接触，进行相际传热传质。液相中的易挥发组分进入气相，气相中的难挥发组分转入液相，于是在塔顶可得到几乎纯的易挥发组分，塔底可得到几乎纯的难挥发组分。精馏的条件对于能否得到理想的产物至关重要。请以小组为单位查阅资料，了解精馏的条件有哪些。

● 任务精讲

一、氯乙烯精馏工艺流程

本工序任务是将压缩岗位送来的氯乙烯气体进行精馏，工艺流程见图 8-9。氯乙烯气体在约 0.5MPa 下，在全凝器中全部液化为 15℃ 的液体，冷凝液体进入水分离器，未凝气体进入尾气冷凝器，用 -35℃ 的冷冻盐水进一步冷凝，冷凝液体也进入水分离器，分水后的氯乙烯液体先送至低沸塔除去乙炔、氮气、氢气等低沸物，再送至高沸塔，经精馏除去二氯乙烷等高沸物，塔顶得到纯度大于 99.95% 的精制单体送至聚合工序。概括来说，氯乙烯精馏采用的是先除低沸物再除高沸物的典型双塔精馏流程，详述如下。

自压缩机送来的 0.49～0.59MPa（表压）的粗氯乙烯，先进入全凝器 1a、1b，借 5℃ 的工业水或 0℃ 冷冻盐水进行间接冷却，使大部分氯乙烯气体冷凝液化。液体氯乙烯借位差进入水分离器 2，借密度差分层，除水后的氯乙烯进入低沸塔 3，全凝器中未冷凝气体（主要为惰性气体）进入尾气冷凝器 5a、5b，用 -35℃ 的冷冻盐水进一步冷凝，其冷凝液主要含有氯乙烯及乙炔组分，作为回流液进入低沸塔顶部。低沸塔底部的加热釜借转化器循环热水（约 97℃）来进行间接加热，以将沿塔板下流的液相中的低沸物蒸出。气相沿塔板向上流动，并与塔板上液体进行热量及质量的交换，最后经塔顶冷凝器以0℃冷冻盐水将其冷凝作为塔顶回流液，从塔顶冷凝器出来的不凝气也进入尾气冷凝器处理。低沸塔底部除掉了低沸物的氯乙烯借位差进入中间槽4。

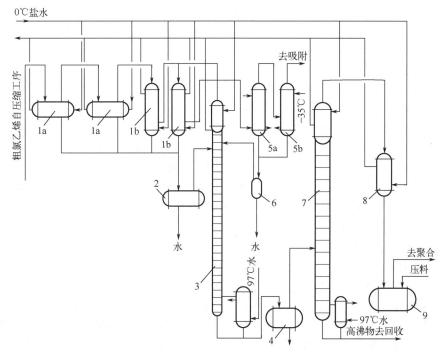

图 8-9　氯乙烯精馏工艺流程图

1a，1b—全凝器；2—水分离器；3—低沸塔；4—中间槽；5a，5b—尾气冷凝器；6—水分离器；

7—高沸塔；8—成品冷凝器；9—单体储槽

尾气冷凝器排出的不凝气，去尾气吸附装置进行回收处理（回收其中氯乙烯、乙炔，图8-9中未画出）。

除去轻组分的氯乙烯借阀门减压后连续加入高沸塔 7，塔顶排出精氯乙烯气相，经塔顶冷凝器以 0℃冷冻盐水（或 5℃的水）将部分氯乙烯气体冷凝作为塔顶回流，大部分氯乙烯气相则进入成品冷凝器 8，用 0℃冷冻盐水（或 5℃的水）冷却后，借位差流入单体储槽 9 中。塔釜高沸物主要含有 1,1—二氯乙烷等，塔釜物间歇压入高沸物储槽，送至填料式蒸馏塔回收其中的氯乙烯等（图 8-9 中未标出）。

有的工厂在上述流程中的成品冷凝器之后设置固碱干燥器，以脱除精氯乙烯中的水分。

二、影响精馏的因素

（一）压力的选择

目前，大部分工厂的氯乙烯精馏操作，采用液相进料，先除低沸物后除高沸物的工艺流程，而不是相反的流程。

对于低沸塔所处理的乙炔-氯乙烯混合物的沸点，因乙炔及其低沸物的存在，使混合物的沸点相应降低。随着混合物中乙炔含量的增加，混合液的沸点下降很快。因此若低沸塔在较低的压力或常压下操作，则全凝器温度需要降低到-1～-20℃的范围，尾气冷凝器的温度甚至需要降低到-55℃以下，能耗高。因此低沸塔操作压力不宜过低。但也不能过高，因要考虑到氯乙烯压缩机的许用压缩比，以及其他设备的投资增加等因素。根据生产经验，低沸塔操作压力一般控制在 0.5～0.55MPa（表压）。使粗氯乙烯气体的冷凝可用工业水或 0℃冷冻盐水作制冷剂，以液相进入低沸塔，塔顶尾气则可用-20~-35℃冷冻盐水。塔底加热釜则可用转化器热水加热，使含高沸物的氯乙烯在35~45℃下沸腾汽化。

对于高沸塔（主要高沸物的沸点范围在21~113.5℃），适当降低压力可以减少高沸塔所需的理论塔板数。操作压力一般选择在0.3~0.4MPa（表压），塔顶排出的高纯度氯乙烯气体可用工业水或0℃盐水冷凝，塔釜也可用转化器热水加热。

（二）温度的选择

在精馏系统操作中，各冷却和冷凝温度的设定值，一般略低于该压力下混合液的沸点，但不宜过冷太多，或回流比过大，目的是降低能耗，降低成本。

对于低沸塔，若塔顶和塔釜温度过低，轻组分蒸馏不完全；若塔顶或塔釜温度过高，则使塔顶馏分中氯乙烯含量上升，势必增加尾气冷凝器的负荷，降低分馏收率。

对于高沸塔，若塔釜温度过高，易使从塔顶采出的产品中高沸物含量上升以及塔釜因高温炭化和结焦；若塔釜温度太低，则釜残液中氯乙烯含量上升；若塔顶冷凝器或成品冷凝器温度太高，易使回流量不足，或高沸塔压力上升；若塔顶冷凝器或成品冷凝器温度太低，则易使得回流量过大而浪费冷量，或使高沸塔压力下降。

（三）回流比的选择

回流比是指精馏段内液体回流量与塔顶采出量之比，也是表征精馏塔效率的主要参数之一。当产品质量相同时，回流比小则说明塔的效率高。

在氯乙烯精馏过程中，由于大部分采用塔顶冷凝器的内回流形式，不能直接按最佳回流量和回流比来操作控制，但实际操作中，发现产品质量差而增加塔顶冷凝量时，实质上就是提高回流比和降低塔顶温度、增加理论板数的过程。但若回流比增加太大，冷凝量也增加，势必使塔釜温度下降而影响塔底混合物组成，因此又必须相应地增加塔釜加热蒸发量，使塔顶和塔底温度维持原有水平，因此向下流的液体和上升蒸汽量都增加了，能量消耗也相应增加。虽然氯乙烯精馏是利用转化反应余热，但冷凝需要冷量。因此在一般情况下，不宜采用过大的回流比。一般低沸塔的回流比是基本全回流（也有认为回流比为5~10），仅约5%的含有大量乙炔的氯乙烯气体排出。高沸塔回流比在0.2~0.6。

对于内回流式系统，也可通过冷冻盐水的通入量和温差测定，获得总换热量，再由气体冷凝热估算冷凝回流量。

（四）惰性气体的影响

由于氯乙烯合成反应的原料氯化氢是由氯气和氢气合成制得，纯度一般只有90%~96%范围，余下组分为氢气、乙炔等不凝气。这些不凝气含量虽低，但能显著降低传热系数，见图8-10。因此提高氯化氢气体的纯度，包括电解系统的氯气和氢气的纯度，不仅对提高精馏效率，而且对于减少氯乙烯精馏尾气放空损失具有重要的意义。

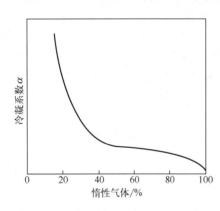

图8-10　惰性气体对冷凝系数的影响

三、主要设备

（一）聚结器

在氯乙烯中，少量的水呈分散相——大小不等的液滴存在，在聚结器中只能将≥2μm的水滴静置、沉降、分层后排出。而<2μm的微小水滴在氯乙烯中形成了稳定的油包水型乳状液，在聚结器中很难通过静置沉降分离出来。从聚结器出来的含有乳状微水滴的氯乙烯单体进入固碱干燥器，

理论上可利用固碱吸水性将这些微水滴除去。但在固碱床层中除水是不均匀的，因而除水效率很低，经固碱干燥器除水后，氯乙烯中水分仍达到≥500～600mg/kg（平均值），显然还不能满足高质量聚氯乙烯生产的需要。

除水的原理为：含有乳化水、游离水及自聚物等杂质颗粒的粗氯乙烯物料，先经聚结器前端外置的预过滤器过滤固体杂质，被预过滤后的含水氯乙烯进入聚结器滤床，在氯乙烯物料中分散的乳状液微小水滴在通过聚结器滤床的过程中被聚结、长大，直到在滤芯外表面形成较大的液滴，能依靠自身的重力沉降到卧式容器的沉降集水罐中。在装置出口处还设置了由若干个用特殊极性材料制成的憎水滤芯，该滤芯具有良好的憎水性，只允许氯乙烯物料通过，不允许水通过，从而可达到高效率、大流量、连续分离除水的目的。聚结器的聚结滤芯使用寿命较长，操作简单，运行费用较低。

（二）低沸塔

电石法氯乙烯的精馏目前均采用双塔精馏流程，先除低沸物（主要是乙炔及不凝气）后除高沸物。电石法氯乙烯的精馏塔以前使用过泡罩塔、浮阀塔等，但分离效率较低、抗氯乙烯自聚能力较差，相同塔径的精馏塔处理气体的能力较小，操作弹性小，总体效果较差。目前使用较多的是垂直筛板塔，该塔能克服上述缺陷。

低沸塔又称乙炔塔或初馏塔，是用来从粗氯乙烯中分离乙炔和其他低沸点馏分（如不凝气）的精馏塔。在大型装置中，低沸塔多用板式塔，小型装置则以填料塔为主。

低沸塔主要由三部分组成，即塔顶冷凝器，塔节和加热釜，见图8-11。

由于乙炔同氯乙烯的沸点相差很大，较易除去，因而低沸点塔不设精馏段只设提馏段，一般有37块塔板。

（三）高沸塔

高沸塔又称为二氯乙烷塔或精馏塔，是用来从粗氯乙烯中分离出1,1—二氯乙烷等高沸物的精馏塔。在大型装置中，高沸塔多见用板式塔，小型装置则常用填料塔。

高沸塔要除去的高沸物的沸点与氯乙烯的沸点相差不大，不太容易除去，除去了高沸物的精氯乙烯由塔顶排出，高沸物残液则从塔釜排出，高沸塔设置了精馏段和提馏段，一般有43块塔板。见图8-12。由于高沸塔中上升气量大，高沸塔比低沸塔的塔径要大。

四、氯乙烯的储存及输送

通常把氯乙烯单体加压成液体进行储存或输送，成品氯乙烯单体以液态状态储存于加压容器内，氯乙烯的运输既可使用耐压槽车，也可使用特制的专用钢瓶。该种钢瓶的设计压力为1.6MPa，容积为832L，每只钢瓶罐装氯乙烯单体500kg。氯乙烯钢瓶应储存于阴凉、干燥、通风良好的不燃结构的库房中，专库专用，应卧放并防止滚动，仓库室内温度应低于30℃。

生产中，由精馏制得的精氯乙烯储存于储槽中。储槽有卧式、立式和球罐几种形式。为了安全起见，储槽的装料系数应≤85%，并有保温绝热措施，最好设置遮阳篷防止阳光直射。

氯乙烯送往聚合工序时一般采用泵送或气力输送。由于储罐中的氯乙烯是易汽化的液体，因此要保证储槽与输送泵之间的位差，大于泵入口管道及管件的压头损失与泵的入口吸入高度之和，这样才能使泵入口处的液体氯乙烯的压力大于该温度下氯乙烯的饱和蒸气压，液体氯乙烯才不会汽化，输送泵才能正常工作。

五、氯乙烯精馏系统尾气的回收

（一）精馏尾气回收的意义

电石法PVC生产中的废气主要是氯乙烯精馏塔尾气。在氯乙烯精馏尾气中含有N_2、H_2、O_2

等不凝气，必须放空，于是部分氯乙烯及未反应完的乙炔会随不凝气排空，若精馏塔尾气不回收，按照 10 万吨/年 PVC 的产能，每年排放掉的氯乙烯单体＞1000t，排放掉的标态乙炔气＞120000m³。既严重污染环境，又造成了巨大的浪费。

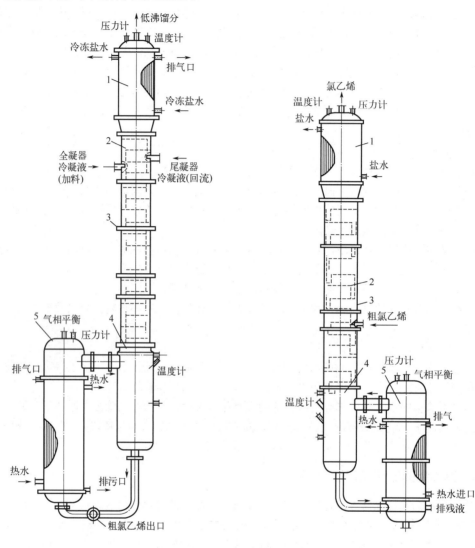

图 8-11　低沸塔结构图

1—塔顶冷凝器；2—塔盘；3—塔节；4—塔底；5—加热釜

图 8-12　高沸塔结构图

1—塔顶冷凝器；2—塔盘；3—塔节；4—塔底；5—加热釜

目前国内氯乙烯精馏尾气的处理方法主要有活性炭吸附工艺、溶剂吸收工艺（吸收用的溶剂可用从高沸塔釜液中分离出来的二氯乙烷或四甲基苯、三氯乙烯、N-甲基吡咯烷酮等）、膜分离工艺、变压吸附工艺等。以下仅介绍活性炭吸附工艺、膜分离工艺和变压吸附工艺。

（二）活性炭吸附法回收氯乙烯工艺

吸附法回收尾气氯乙烯流程见图 8-13。自尾气冷凝器出来的尾气，进入列管式活性炭吸附器 1a 底部，用活性炭吸附尾气中氯乙烯组分，吸附时释放出的热量由管间冷却水移走，而尾气中不被活性炭吸附的氢气、氮气和大部分乙炔气，由吸附器顶部出来经尾气自控阀放空，并维持系统压力为 0.49MPa（表压）。当活性炭吸附达到饱和时，将尾气切换入另一台活性炭吸附器 1b 中进行吸附，而活性炭吸附器1a进行解吸，其管间改为通入转化器循环热水，并启动真空泵3抽真空，当达到真空度后维持25min左右，使解吸出的氯乙烯气体经过滤器2滤去炭粉等杂质后，经油分离器4分离出机油，再排至氯乙烯净化压缩系统的机前预冷器回收。当活性炭吸附器1b所吸附的氯乙烯达到饱和时，再将尾气切换到吸附器1a进行吸附，而活性炭吸附器1b则进行解吸。如此交替进行。

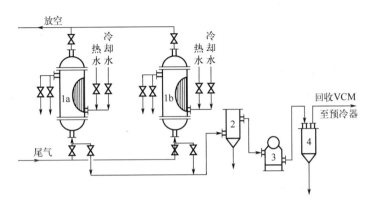

图 8-13　吸附法回收尾气氯乙烯流程

1a，1b—活性炭吸附器；2—过滤器；3—真空泵；4—油分离器

（三）膜分离法回收氯乙烯工艺

膜法有机蒸气分离回收是基于溶解-扩散机理，气体首先溶解在膜表面，然后沿着其在膜内的浓度梯度扩散传递。有机蒸气分离膜具有选择性溶解的功能，分子量大、沸点高的组分（如氯乙烯、丙烯、丁烷等）在膜内的溶解度大，容易透过膜，在膜的渗透侧富集。而分子量小、沸点低的组分（如氢气、氮气、甲烷等）在膜内的溶解度小，不容易透过膜，在膜的截留侧富集。

采用膜分离法回收氯乙烯，精馏系统尾气在小于10℃、0.52MPa左右的条件下，经缓冲、预热后进粗滤器、精滤器以除去固体杂质、液滴、微粒，再进入一级膜分离器。一级膜的作用是回收一部分氯乙烯和乙炔，一级渗透气去二段转化器，防止乙炔在压缩、精馏、冷凝系统积累。一级截留气进入二级膜分离器，二级膜的作用是进一步分离氯乙烯，使尾排气中氯乙烯的含量小于1.5%。氯乙烯尾气经膜分离工艺处理后，氯乙烯回收率比活性炭法提高，一次回收率达98%以上，乙炔回收率达97%以上。与常用的活性炭吸附回收工艺相比，膜分离技术是一种清洁无污染的回收技术，回收效率高，投资回收期短，可采用自控装置，劳动强度小，运行稳定，无须外加动力，能耗、运行成本较低。但膜分离法也存在一些问题。

（1）氧气在系统内积累　O_2 比 H_2、N_2 渗透性强。

（2）副反应多　在膜分离法回收的氯乙烯中，一级渗透气含有多种成分，返回到二段转化器进口，必然导致副反应增多，对催化剂与分馏系统造成影响。

（3）杂质对膜有损害　由于采用的是非常精细的高分子膜，任何细微的液滴、粒子都会对膜产生损害。

（4）放空气体中氯乙烯、乙炔的含量暂未达到国家标准。

（四）变压吸附回收氯乙烯工艺

变压吸附（Pressure Swing Adsorption，简称 PSA 法）是一项用于分离气体混合物的新型技术。变压吸附技术是利用多孔固体物质对气体分子的吸附作用，利用多孔固体物质在相同压力下易吸附高沸点组分、不易吸附低沸点组分和高压下吸附组分的吸附量增加、减压下吸附量减少的特性，将原料气在一定压力下通过吸附剂床层，原料气中的高沸点组分如乙炔、氯乙烯和二氧化碳等被选择性吸附，低沸点组分如氮气、氢气等不被吸附，由吸附塔出口排出，进一步回收。然后在减压下解吸被吸附的组分，被解吸的气体回收利用，同时使吸附剂获得再生。这种在压力下吸附、减压下解吸并使吸附剂再生的循环过程即是变压吸附过程。变压吸附法的关键之处是吸附剂的选择，一般可选用硅胶、活性炭、活性三氧化二铝、分子筛等。变压吸附回收氯乙烯一般采用多塔流程，各塔交替循环工作，以达到连续工作的目的。氯乙烯尾气经变压吸附处理后，氯乙烯和乙炔的回收率可达到 99.5%以上，放空气体中氯乙烯≤10mg/m³、非甲烷总烃≤50mg/m³，可达到国家排放标准（GB 15581—2016）。

变压吸附的优点：能耗低、装置自动化程度高、可靠性程度高、装置调节能力强、操作弹性大、吸附剂使用寿命长、氯乙烯和乙炔的回收率高等。

六、高沸物及其处理

在进行精馏系统的工艺计算时，常常为了简化而把高沸物视为 1,1—二氯乙烷单一的化合物。实际生产中高沸物含有乙醛、偏二氯乙烯、1,1—二氯乙烷、顺式及反式 1,2—二氯乙烯等。送入精馏系统的粗氯乙烯，其高沸物的含量（质量分数，下同）一般为 0.1%～0.5%。表 8-6 为某工厂曾测定经蒸馏塔蒸馏回收溶解的氯乙烯后，其高沸物残液的组成如下。

表 8-6 某工厂高沸物残液经蒸馏后的组成

组分	沸点/℃	含量/%	组分	沸点/℃	含量/%
氯乙烯	-13.9	16～20	偏二氯乙烯	31.7	0.2～0.6
1,1-二氯乙烷	57.3	51～53	三氯乙烯	86.7	0.3～0.45
反式 1,2-二氯乙烯	47.8	16～20	1,1,2-三氯乙烷	113.5	9～10
顺式 1,2-二氯乙烯	59.0	3～4	乙醛	20.2	—

高沸物残液中还含有一定数量的游离水，以及压缩机夹带来的机油等杂质。当残液未经蒸馏塔脱除溶解的氯乙烯时，其氯乙烯含量在 30%～60%。此外，尚有人发现有溴乙烯、乙烯基乙炔、四氯乙烯、氯甲烷类、氯丙烯类以及氯丁烯类化合物的存在。

由此可见，高沸物残液中含有较多的易燃、易爆和有毒、有害的化合物，在正常精馏操作中每生产千吨单体就要排出 4～5t 高沸物残液，因此有必要考虑高沸物残液的综合利用。一般有以下几种综合利用高沸物残液的方法。

残液由空气雾化于 700～1000℃下焚烧，炉气中氯化氢用水吸制稀盐酸回收处理。

目前工业上多采用间歇蒸馏塔，在塔顶回收氯乙烯单体和以 1,1—二氯乙烷为主的馏分，塔底残留的重馏分再送焚烧或进行其他处理。其工艺流程如图 8-14 所示。蒸馏塔 2 内充填25mm 的瓷环，控制塔釜温度 60～80℃，分凝器3 的温度为 40～70℃，可使大部分 1,1—二氯乙

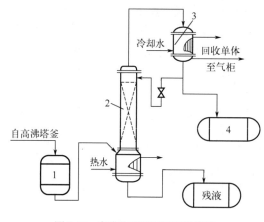

图 8-14 高沸物残液蒸馏回收流程

1—残液储槽；2—蒸馏塔；3—分凝器；4—二氯乙烷储槽

烷、反式及顺式 1,2—二氯乙烯获得回收，作为混合溶剂综合利用。高沸残液中的氯乙烯，大部分

经蒸馏分凝器 3（未冷凝）回收至气柜。

任务巩固

1. 氯乙烯中乙炔的含量一般控制在_____以下，高沸物的含量一般控制在_____以下。
2. 影响精馏的因素有_____、_____、_____和_____。
3. 精馏的设备主要设备有_____、_____和_____。
4. 高沸塔压力一般控制在（　　）。
   A. 0.3～0.4MPa 　　　　　　　　　B. 0.4～0.5MPa
   C. 0.6～0.8MPa 　　　　　　　　　D. 0.8～1.0MPa
5. 简述氯乙烯精馏的工艺流程，并画出简图。
6. 精馏中的高沸物如何处理？
7. 简述变压吸附的原理。

任务五　探究氯乙烯悬浮聚合

任务情境

聚氯乙烯工业上有四种聚合方法：悬浮聚合、乳液聚合、本体聚合和溶液聚合。每种聚合方法，应用范围不同。其中悬浮聚合是生产 PVC 的主要方法，它的优点：生产过程简易，便于控制和大规模生产，产品的适应性比较强等。

任务目标

素质目标：
培养化工生产的安全、环保、节能的意识，以及高度的社会责任感。

知识目标：
1. 掌握悬浮聚合法生产聚氯乙烯的工艺流程。
2. 熟悉悬浮聚合法生产聚氯乙烯的流程中所用的主要设备。

能力目标：
具备阅读和绘制聚氯乙烯生产工艺流程图的能力。

任务实施

子任务（一）　理解氯乙烯悬浮聚合生产原理

● 任务发布

聚氯乙烯工业上有四种聚合方法：悬浮聚合、乳液聚合、本体聚合和溶液聚合。请以小组为单位查阅资料，然后完成表 8-7 的填写。

表8-7　四种聚合方法的比较

聚合方法	优点	缺点
悬浮聚合		

聚合方法	优点	缺点
乳液聚合		
本体聚合		
溶液聚合		

● **任务精讲** ··

一、反应机理

氯乙烯聚合采用自由基机理进行，自由基聚合主要由链引发、链增长、链终止及转移等反应步骤。以偶氮二异丁腈作为引发剂，氯乙烯的反应如下。

（一）链引发

引发剂分子受热分解产生初级自由基，极活泼的初级自由基作用于氯乙烯分子，激发其双键上的 π 电子，使之分离为两个独立的电子，并与一个电子相结合生成单体自由基。由于氯原子的半径比氢原子的大，初级自由基进攻氯乙烯分子时，就以头尾相连为主，而极少生成尾尾相连的自由基。

（二）链增长

单体自由基很活泼，立即与其他氯乙烯分子进行反应，在瞬时即可生成分子量极高的高分子化合物。在反应过程中，其活性不会因为链增长而减弱，直至链终止。但是，当链增长达 4～25个聚合度之上时，聚合物自由基或聚合物已经不溶解于氯乙烯单体中，沉淀析出，使氯乙烯聚合具有非均相和自加速性质。

（三）链终止及链转移

链转移反应使聚合物自由基转移，形成聚合物，同时产生新的自由基。当转化率达到70%～80%以下时，聚合物自由基以向单体转移为主，致使聚氯乙烯分子链不存在双键。此时被激发的单体自由基与来源于引发剂的单体自由基具有相同的活性，也可以完成链增长等过程。

聚合物自由基除向单体转移外，还可以向聚合物链转移，形成支链或交联结构的聚氯乙烯。此种链转移在转化率较高时，因为油滴内单体的浓度和流动性降低，比较容易进行。链终止反应使聚合物自由基终止，形成聚合物，不产生新的自由基。偶合终止形成尾尾相联结构的聚氯乙烯分子。歧化终止形成端基双键聚合物。

二、氯乙烯悬浮聚合成粒机理

PVC 树脂质量指标对颗粒特性有特殊的要求。因此有必要了解氯乙烯悬浮聚合的成粒机理。

PVC 成粒过程包括两个方面：一是 VC 分散成液滴，单体液滴或颗粒间聚并，形成宏观层次的颗粒；二是在单体液滴内（亚颗粒）形成微观层次的各种粒子。

（一）宏观成粒过程

有多种不同的关于 PVC 的宏观成粒模型，其中广为人们所接受的有 Allsopp 模型，该模型能较好地解释 PVC 宏观成粒过程中出现的一些现象，较为合理。

该模型综合了搅拌强度和分散剂效果对成粒的影响。该模型认为当搅拌强度较弱、表面张力中等时，单体液滴较稳定，难以聚并，聚合结束时形成小而致密的球形单细胞亚颗粒。紧密型树脂等按此机理成粒。当搅拌强度较强，表面张力低时，聚合过程中单体液滴有适度聚并，由亚颗粒聚并成多细胞颗粒，最后形成粒度适中、孔隙率高、形状不规则的疏松型树脂。通用疏松型树脂即按此途径生产。若液滴未得到充分保护，单体液滴大量聚并在一起，结成大块，酿成生产事故。

（二）亚微观和微观成粒过程

PVC 不溶于 VCM，PVC 链自由基增长到一定长度（例如聚合度为 10～30）后，就有沉淀倾向。在很低的转化率，例如 0.1%～1%以下，约 50 个链自由基线团缠绕在一起并沉淀，形成最原始的相分离物种，沉淀尺寸为 0.01～0.02μm。这是能以独立单元被鉴别出来的原始物种，称为原始微粒或微区。

原始微粒不能单独成核，且极不稳定，很容易再次絮凝，当转化率达 1%～2%时，约由 1000 个原始微粒进行第二次絮凝，聚结成为 0.1～0.2μm 初级粒子核。

当原始微粒和初级粒子等亚微观层次结构形成以后，就进入微观层次的成粒阶段。其中包括初级粒子核成长为初级粒子、初级粒子絮凝成聚结体，以及初级粒子的继续长大等三步。

初级粒子核形成后，吸收或捕捉来自单体相的自由基而增长或终止，聚合主要在 PVC/VC 的溶胀体中进行，不再形成新的初核，初级粒子数也不增加，聚合反应进入恒速阶段。此时初核或初级粒子稳定地分散在液滴中，缓慢均匀地长大，当转化率达 3%～10%，长大到一定程度（如 0.2～0.4μm）时，又变得不稳定，有部分初级粒子进一步聚结形成 1～2μm 的聚结体；到转化率为 85%～90%，聚合结束时，初级粒子可长大到 0.5～1.5μm，聚结体大小达到 2～10μm。

可见，从原始的 VCM 液滴到最终的 PVC 颗粒，经过液滴内亚微观和微观层次以及液滴间宏观层次的成粒过程，两过程相互影响，决定 PVC 颗粒形态、疏松程度和孔隙率等指标。

三、影响氯乙烯悬浮聚合的因素

VC 悬浮聚合的影响因素有搅拌、引发剂、分散剂、聚合转化率、聚合温度、pH、水油比、分子量调节剂和原料与辅料中杂质等。分述如下。

（一）搅拌

悬浮聚合过程中，搅拌除了具有使物料分散、加强传热的作用外，搅拌对 PVC 的粒径及分布、孔隙率（孔隙率会影响树脂的增塑剂吸收量以及 VC 残留量）等均有显著影响。

搅拌从宏观和微观层次影响树脂的颗粒特性。从宏观层次看，搅拌强度增加使 VCM 液滴粒径变小，但强度过大，将促使液滴碰撞频率增大而聚并，反而使颗粒变粗。实验发现，PVC 平均粒径与搅拌转速的关系呈 U 形变化，即存在平均粒径最低值的临界转速。低于临界转速时，宏观形态呈单细胞或多细胞（随分散剂用量而变），随着转速的增加，粒子最终平均粒径变细，分散起主要作用；高于临界转速时，颗粒的聚并变得显著，粒径随转速的增加而增加，最终平均粒径变粗，宏观形态呈多细胞。搅拌桨结构或分散剂变化时，粒径-转速曲线中的临界转速发生变化，但曲线形状不变。

搅拌强度还影响微观颗粒结构层次。由电镜观测发现，随着转速的增加，初级粒子变细，树脂内部结构疏松，孔隙率增大，树脂吸收增塑剂量增大。

搅拌效果的好坏，主要取决于聚合釜的形状（长径比）、转速、桨叶尺寸和桨叶形状。随着聚合釜体积的增大，长径比的缩小，搅拌器已由顶伸、多层向底伸、单层或双层加设挡板变化，以减少因流型变化而引起的颗粒形态变化。

国内使用效果较好的搅拌参数是：体积功率 P/V=1～1.5kW/m³、转速 N=6～8r/min、叶轮端线速度≤8m/s、叶片数不宜大于 3。

（二）引发剂

引发剂的种类和用量对聚合反应、树脂的分子结构和产品质量有很大的影响。

引发剂浓度越大或引发剂的活性越大时，链自由基浓度也越大，聚合反应速率越快。但反应过于激烈时，温度不易控制，容易造成爆炸聚合的危险，对树脂质量也不利。

根据引发剂的半衰期，引发剂大致可以分成三类。

（1）高活性引发剂 半衰期 $t_{1/2}<1h$，如 IPP（过氧化二碳酸二异丙酯）、TBCP、DCPD、EHP 等，它们可以在 30~60℃时单独使用或与其他引发剂复合使用。

（2）中活性引发剂 半衰期 $t_{1/2}=1~6h$，如 BPP（过氧化特戊酸叔丁酯）、BPPD、ABVN 等，可以在 50~70℃使用。

（3）低活性引发剂 半衰期 $t_{1/2}>6h$，如 ABIN 等，可以在 55~75℃下单独或复合使用。常由引发剂的半衰期来选择引发剂。在聚合反应时，为使引发剂尽量高分解，减少残留量，必须考虑单体在一定温度下完成聚合反应的时间。例如对 VC 聚合来说，反应时间通常为所选用的引发剂在反应温度下的半衰期的 3 倍。

引发剂还对 PVC 树脂的结构疏松程度以及颗粒尺寸均匀性有较大影响。

（三）分散剂

分散剂的作用主要有两方面：一是降低 VCM 与水的界面张力，使 VCM 能较好地分散于水相中；二是提供胶体保护，保护液滴或颗粒，减少其聚并。

分散剂的组合将影响反应的正常进行，同时影响聚合产品的主要性能，如表观密度、孔隙率、颗粒形态、粒径分布、"鱼眼"消失速度、热加工熔融时间以及残留单体含量等。

分散剂的水溶液具有保胶能力，高分子分散剂水溶液的黏度是依分子量而变化的，即黏度越大或分子量越大，吸附于氯乙烯-水相界面的保护膜强度越高，越不易发生膜破裂的聚并变粗现象。

分散剂的水溶液具有界面活性，分散剂的水溶液的表面活性越高，其表面张力越小，所形成的单体油珠越细，单体油珠适量聚并后，所得到的树脂颗粒表观密度越小，越疏松多孔。

随着分散剂用量的增加，有利于 VCM 的分散，易形成较细的 PVC 颗粒。但吸附于液滴表面的分散剂会与 VC 发生接枝共聚反应，在表面形成保护膜，降低树脂的纯度。分散剂太多，还会影响树脂的热稳定性、电性能等指标。

工业上一般选用复合型分散剂，并控制适当的用量。在 VC 悬浮聚合中，常用的是不同结构的 PVA（聚乙烯醇）复合或 PVA 与纤维素醚类复合体系。加料顺序是先加分散剂再加 VCM，否则"鱼眼"数增多且 PVC 颗粒变粗。

（四）聚合转化率

聚合转化率会对 PVC 树脂颗粒特性产生影响。低转化率时，液滴处于不稳定状态，有聚并的倾向，并经历从原始微粒→初级粒子核→初级粒子的变化过程，粒径随聚合的进行而增长，使得树脂粒径与转化率的增加而增大。转化率较高时，保护膜强度和刚度增加，逐渐稳定，聚并减少，树脂粒径趋于不变。当转化率约大于 70%时，单体相消失，大部分 VC 单体溶胀在 PVC 富相中并继续进行聚合，新产生的 PVC 大分子链逐步填充颗粒内部和表面孔隙，使树脂结构致密，孔隙率降低。同时颗粒外压大于内压，致使颗粒塌陷，表面皱褶，甚至破裂。若 PVC 颗粒孔隙率低，其中的单体不易脱除，且增塑剂的吸收量减少、加工塑化速率下降。

另外，当转化率≥90%时，因链转移导致高分子链中内部双键数目急剧上升。内部双键与转化率的关系见图8-15。另外，在聚合后期，因链转移导致支链数增加。

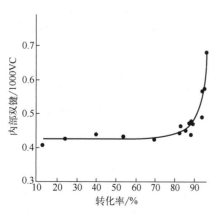

图 8-15 内部双键与转化率的关系

因此，工业上控制 PVC 树脂的最终转化率不能太高，一般控制在 80%～85%。

（五）聚合温度

聚合温度每升高 10℃，聚合反应速率增加约 3 倍。随着聚合温度的升高，树脂粒径增长减慢，最终平均粒径减小。

聚合温度对聚合度的影响：由于氯乙烯聚合的链终止是以向单体链转移形式为主的，则主链长度取决于链转移与链增长速率之比。一方面，当温度上升时，链转移加剧，从而使主链长度下降。另一方面，由于温度升高，引发剂的引发速率加快，活性中心超多增多，使聚合物分子量缩小，聚合度下降，黏度下降。若温度波动 2℃，平均聚合度相差约 336，当不存在链转移剂时，聚合温度几乎是控制 PVC 分子量的唯一因素，因此工业上要严格控制聚合温度，以减少聚合度多分散性及转型。一般要求聚合温度波动±0.1℃，通过 DCS 实现温度控制目标。

当转化率相同时，聚合温度高的 PVC 树脂颗粒内部的初级粒子聚集程度大，堆砌紧密，表观密度上升，孔隙率减少，吸油量下降，脱附 VC 速率也减慢。

（六）pH

聚合体系的 pH 对聚合反应影响很大。一般地，pH 升高，引发剂分解速率加快，当 pH＞8.5 时，会使 PVA（聚乙烯醇）作分散剂的醇解度增加，其水溶液的表面张力或与 VC 的界面张力变大，分散效果较差，使 VCM 液滴发生聚并，粒子变粗或结块。

pH 过低，PVA 的醇解度减小，在水中的溶解度变差，PVA 不能发挥作用，影响分散剂的分散和稳定能力，树脂颗粒变粗，粘釜加重。用明胶作分散剂时，若 pH 低于其等电点（两性离子所带电荷因溶液的 pH 不同而改变，当两性离子正负电荷数值相等时，溶液的 pH 即其等电点），则会出现粒子变粗，直至爆聚结块。

（七）水油比

水相与 VCM 相质量之比称为水油。若水油比降低，在相同搅拌下，单位体积中 VCM 液滴数目增多，碰撞频率增多，使得粒子合并概率增大，粒子变粗。

一般水油比大，VCM 分散好，反应易控制。但设备利用率降低。生产上尽量采用小水油比。若水油比偏小，系统黏度大，不利于传热和搅拌均匀（即易发生分层现象），甚至发生爆聚结块。

水油比一般为（1～2）∶1。对于不同类型的树脂，应选用不同的最佳水油比。如 XJ 型取 1.14～1.4；而 SG 型取 1.5～2.0。为降低水油比，在聚合过程的中、后期向釜内间歇或连续注入等温水，以提高投料单体量和生产能力，同时又能确保体系在反应中、后期处于较低的固含量，使反应平稳而易于控制。

（八）分子量调节剂

若要控制 PVC 的聚合度在较低的水平，除了升高温度外（过高的温度会受到限制），还可以采用加入分子量调节剂的方法。分子量调节剂，实质是一种链转移剂，一般为巯基化合物。如生产 SG-7 型和 SG-8 型的树脂，在不使用巯基醋酸辛酯（R-1）时，就需要在 60～62℃下聚合，但热降解作用会导致 PVC 热稳定性和白度变差、孔隙率下降、"鱼眼"增多、VCM 残留量增多。但若加入分子量调节剂，在聚合反应温度降低时，同样可以获得所需聚合度的 PVC 树脂。

（九）原料与辅料中杂质

1. 单体中乙炔的存在对聚合的影响

由表 8-8 可见，由于乙炔的存在，会延长聚合诱导期、减慢聚合速率、延长聚合反应时间、降低 PVC 树脂的聚合度。究其原因，乙炔是一种活泼的链转移剂。另外，乙炔参与链转移反应，导致 PVC 树脂中产生内部双键和烯丙基氯结构，降低树脂制品的抗氧化和热老化性能。原料中一般要求乙炔含量低于 10mg/kg。

表 8-8 单体中的乙炔对聚合的影响

乙炔含量/%	聚合诱导期/h	达 85%转化率的时间/h	聚合度
0.0009	3	11	1500
0.03	4	19.5	1500
0.07	5	21	1000
0.13	8	24	300

2. 单体中的高沸物对聚合的影响

VCM 中的乙醛、偏二氯乙烯、1,2—二氯乙烷、顺式及反式 1,2—二氯乙烯等高沸物，都是活泼的链转移剂，从而降低聚合反应速率、降低 PVC 树脂的聚合度。此外，高沸物的存在，会对分散剂的稳定性产生明显的破坏作用，以及影响树脂的颗粒形态、产生"鱼眼"、导致聚合釜粘釜等。工业生产中要求单体中高沸物总含量小于 100mg/kg，即单体纯度≥99.99%。

3. 铁质对聚合的影响

聚合系统中的 Fe^{3+} 的存在，会使聚合诱导期延长、反应速率减慢（铁离子能与有机过氧化物引发剂反应，促使其催化分解，额外消耗引发剂）、产品热稳定性降低、产品的介电性能降低、影响产品颗粒的均匀度。

单体输送、储存时不能呈酸性，并降低含水量，使铁离子控制在 2mg/kg 以下。

聚合设备及管道均用不锈钢、铝、搪瓷、塑料材质。各种原料投料前均应做过滤处理。

4. 氧对聚合的影响

氧的存在对聚合反应起阻聚作用，降低聚合反应速率、降低 PVC 树脂的聚合度、降低 PVC 树脂的平均粒径。

一般认为氯乙烯单体易被氧气氧化生成平均聚合度低于 10 的氯乙烯过氧化物。在有水存在时，上述过氧化物易分解生成氯化氢、甲醛和甲酸等物质，降低反应体系的 pH。在无水存在时，该过氧化物能引发单体聚合，使大分子中存在该过氧化物的链段，降低其热稳定性。

为防止氧对聚合反应的影响，通常采用的措施是：投单体前通氮气排除釜内空气或以少量液态单体挥发排气；抽真空脱氧；添加抗氧剂等。

5. 水质对聚合的影响

聚合工艺用水要控制硬度、Cl⁻和 pH 等指标。

聚合用水的质量，直接关系到树脂的质量。如硬度（表征水中金属等阳离子含量）过高，会影响产品的电绝缘性能和热稳定性；Cl⁻（表征水中阴离子含量）过高，影响产品的颗粒形态，使颗粒变粗（特别是对聚乙烯醇分散体系）、水质还影响到粘釜及树脂中"鱼眼"的生成；pH 会影响分散剂的稳定性，较低的 pH 对分散体系有显著的破坏作用，而较高的 pH 会增加聚乙烯醇的醇解度，进而影响分散效果及颗粒形态。

子任务（二） 确定生产工艺流程与条件

● 任务发布 ⋯⋯

悬浮聚合是单体以小液滴悬浮在水中的聚合。单体中溶有引发剂，一个小液滴就相当于本体聚合的一个小单元。从单体液滴转变为聚合物固体粒子，中间经过聚合物-单体黏性粒子阶段，为了防止粒子相互黏结在一起，体系中须加有分散剂，以便在粒子表面形成保护膜。以小组为单位，查阅文献，了解悬浮聚合的工艺条件包括哪些方面。

● 任务精讲 ···

一、氯乙烯悬浮聚合工艺流程

在常温下，氯乙烯（VC）为气体，沸点-13.9℃，在密闭、自压下气-液共存。氯乙烯悬浮聚合是将液态 VCM 在搅拌作用下分散成小液滴，悬浮在溶有分散剂的水相介质中，油性引发剂溶于氯乙烯单体中，在聚合温度（45～65℃）下分解成自由基，引发 VCM 聚合。

先将经计量的去离子水加入聚合釜内，在搅拌下加入经计量的分散剂水溶液和其他助剂，再加入引发剂，上人孔盖密闭，充氮试压检漏后，抽真空或充氮气排除釜内空气，再加入氯乙烯单体，在搅拌及分散剂的作用下，氯乙烯分散成液滴悬浮在水相中。加热升温至预定温度（45～65℃）进行聚合。反应一段时间后，釜内压力开始下降，当压力降至预定值时（此时氯乙烯的转化率为85%左右），加入终止剂使反应停止。经自压和真空回收未反应单体后，树脂浆料经汽提脱除残留单体，再经离心沉降、分离、干燥、包装，制得 PVC 树脂成品。图 8-16 为聚合及塔式汽提工艺流程简图。

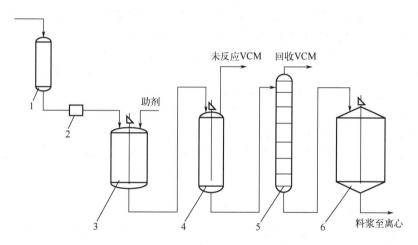

图 8-16　聚合及塔式汽提工艺流程图

1—VCM 计量槽；2—过滤器；3—聚合釜；4—出料槽；5—汽提塔；6—混料槽

向氯乙烯链转移显著是 VC 聚合机理的特征。在不加链转移剂时，聚氯乙烯的平均聚合度仅取决于聚合温度，而与引发剂浓度、转化率无关。为了防止 PVC 转型和分子量分布过宽，应严格控制聚合温度的波动范围（如±0.1℃），VC 聚合是强放热反应，反应放出的热量须及时移出。且在聚合的过程中随着液相体积收缩，需不断补水。

在 VC 悬浮聚合中，引发剂种类和用量是决定聚合速率（或放热速率）的主要因素。根据聚合工艺条件进行选择，往往采用复合型引发剂，一般选用偶氮类和有机过氧化物类复合。选用聚合温度下半衰期为 2～3h 的引发剂体系，可使聚合速率较为均匀，且聚合反应的时间较短。

分散剂的作用是降低水-VCM 之间的界面张力和对 VCM 分散液滴提供胶体保护。分散剂一般分为主分散剂和辅助分散剂，或者称为一次分散剂和二次分散剂。前者为水溶性聚合物，如纤维素衍生物、中高醇解度的聚乙烯醇等；后者往往为油溶性表面活性剂，如低聚合度、低醇解度的聚乙烯醇，Span 系列表面活性剂等。

氯乙烯悬浮聚合生产时间主要包括聚合时间和辅助生产时间，辅助生产时间包括加料前的准备时间和回收单体时间等。要提高单釜生产能力要从缩短聚合时间和减少辅助生产时间着手。缩短聚合时间的关键是在聚合釜最大传热速率许可条件下，应用高效复合引发体系并优化其配比，提高聚合速率并使之均匀。建立密闭投料工艺，省去开关人孔盖、试压检漏和抽真空排氧等时间；采用热水进料工艺，减少升温时间；带压出料至汽提釜或混料槽，省去聚合釜回收 VCM 的时间；采用高效防粘釜技术，节约清釜时间等都是减少辅助生产时间的有效办法。

二、聚合釜

1926 年美国古德里奇公司开发了 PVC 生产工艺技术，最初使用 4m³ 聚合釜。随着 PVC 生产技术的提高，聚合釜的向着大型化方向发展，20 世纪 60 年代聚合釜容积基本在 10～50m³，70 年代 40～70m³，80 年代以后 60～80m³ 聚合釜成了主流设备，进入 90 年代以后，国外开始使用 100m³ 以上甚至 200m³ 的聚合釜。

当然聚合釜并不是越大越好，一味追求聚合釜大型化在技术经济上并不合理。20 世纪 80 年代后人们开发聚合釜的重点转移到提高聚合釜单位容积产量以及自动化上，尽量增加传热系数，缩短聚合时间。德国某公司开发了传热效果更好的 150m³ 半管内夹套式聚合釜，最大程度上增加了传热面积，提高了传热系数，聚合时间可降到 3.5h，该釜的制造水平代表了当今世界 PVC 行业的顶尖技术。比利时索尔维公司开发的大型聚合釜，通过对釜内壁表面进行处理，形成 1～2μm 的防粘层，这种防粘层具有很强的耐磨性和防粘性，不影响传热性能，改变了每批次都要清釜涂壁的传统生产方式，形成了独特的永不粘釜的聚合釜防粘技术。

国内聚合釜技术的发展和现状：我国 PVC 行业通过引进、消化和吸收国外技术，聚合釜规格已从最初阶段的 13.5m³，发展到现在能自行制造 135m³ 的聚合釜技术，但与国外先进技术相比还有不小的差距。

我国 PVC 聚合釜主要向大型化方向发展，100m³ 以上的大釜成为了各企业建设项目的首选。随着釜容积的大型化，釜体比表面积越来越小，导致换热能力不足，影响聚合釜生产能力的发挥。使用釜外移热工艺，如加装釜顶冷凝器是一个不错的选择，釜顶冷凝器可以移走全部反应热量的 30%～50%。

我国 70m³ 聚合釜多使用半管夹套和 4 根内冷挡板进行移热。新疆中泰化学股份有限公司对其进行技术改造，在釜顶加装釜顶冷凝器，取得了很好的移热效果，提高了生产能力。

三、VCM 自压和真空回收系统

在 VCM 悬浮聚合工业生产中，单体转化率一般控制在 80%～85%，有必要对未反应的 VCM 进行回收。国内外各 PVC 生产厂的回收技术各不相同，大致可分为传统的回收技术、日本信越回收技术和美国古德里奇回收技术。

（1）传统回收技术　该工艺目前在国内被普遍采用。其工艺是当聚合釜内单体转化率达到 80%～85% 时，根据釜内压力下降情况进行出料和回收操作，釜内未反应 VCM 和出料槽脱吸的 VCM 靠自压，经旋风分离器除去夹带的雾沫和 PVC 颗粒，再经分离器进一步除去所夹带的雾沫和颗粒，送至氯乙烯气柜与合成转化的粗 VC 气体混合，经压缩、冷凝后进入精馏系统精制。

采用该工艺回收 VCM，加大了精馏系统的生产负荷，浪费能源、降低了设备生产能力。在回收的 VC 气体中含有引发剂和活性自由基，在精馏系统中易造成 VCM 的自聚，堵塞设备和管路，可能会严重影响精馏系统的正常运行，并直接影响精馏单体的质量。

（2）日本信越回收技术　当聚合反应结束后，未反应的 VCM 先经自压回收，当压力降至 0.03MPa 时开始真空回收，维持 15～30min。从聚合釜出来的未反应的 VCM 经洗涤除去夹带的雾沫和PVC颗粒，然后经冷却后直接进入氯乙烯气柜。真空回收时，气体经回收风机进入气柜。由气柜出来的VCM气体，经脱湿塔除去水分和酸组分，经压缩后加入阻聚剂，冷凝后进入粗VCM储槽，送入精馏系统精制。当聚合需要时，回收VCM与新鲜VCM按规定比例混合使用。

该法回收的VCM质量好，对聚合反应及树脂质量无影响，但流程长、设备多、投资多、成本及处理费用高，占地面积大，操作复杂。

（3）美国古德里奇回收技术　该技术采用压缩、冷凝法。未反应的VC气体经汽液分离器和气体过滤器除去夹带的雾沫和PVC颗粒后，VC气体直接或经压缩机压缩后进入二级冷凝器冷凝。一级冷凝器的冷却介质为5℃的工业冷却水，约90%的回收VC气体在一级冷凝器冷凝；二级冷凝器的冷却介质为0℃盐水，未冷凝的气体进入二级冷凝器进一步冷凝，冷凝后液体VCM流入单体储槽备用。不凝气放空。

为了防止在回收操作中活性自由基引发聚合反应而堵塞设备和管路，在回收管线上加入了自由基捕捉剂，如壬基苯酚等。用于捕灭回收VCM中的活性自由基，且这种自由基捕捉剂不能与引发剂发生反应，故不影响回收VCM的再使用。该回收系统可同时回收浆料汽提塔塔顶的VC气体。

回收的VCM中含氯甲烷、1,3-丁二烯、丁烯、乙炔等少量杂质，但杂质对产品质量的影响幅度很小。

该法工艺合理，所回收的VCM质量优良，由于回收的VCM无须返回精馏系统进行循环精制，减轻了精馏系统的生产负荷，并且避免了因回收VCM中带有活性自由基引发聚合反应而堵塞设备和管路的弊端，提高了设备的运行周期和利用率。

四、PVC树脂浆料汽提系统

（一）PVC树脂浆料汽提工艺

由于氯乙烯对树脂颗粒有溶胀和吸附作用，使聚合出料时浆料中仍含有2%～3%的单体，即使按通常的自压、真空单体回收进行处理，也还残留1%～2%的单体。PVC浆料如果不经过汽提直接进入干燥系统，不但在后续工序逸出的氯乙烯单体会严重污染环境；还使得相应的制品中残留VC超标；另外造成VC巨大的浪费，影响经济效益。目前我国要求疏松型PVC产品中VC残留含量≤5mg/kg，卫生级PVC中VC残留含量≤2mg/kg。

影响悬浮PVC浆料汽提的因素有两个，一是树脂的颗粒特性，特别是孔隙率的大小对浆料汽提效率影响很大，愈疏松，愈易于汽提，在同样的汽提操作条件下，所得产品的氯乙烯残留量愈少。二是脱吸工艺条件，如脱吸温度、压力（真空度）、通汽量、脱吸时间等与颗粒直径关系不大。

汽提脱吸单体的工艺有两种：釜式汽提和塔式汽提工艺。

1. 釜式汽提

釜式汽提采用分批间歇操作，其工艺流程示意图见图8-17，当聚合反应终止后，出料至出料槽，自压回收部分未反应VCM气体，然后进行"热真空汽提法"操作（"内加热-真空抽提"简称"热真空法"，此操作也可在聚合釜内进行）。出料槽内通入蒸汽（如有泡沫可提前加入消泡剂），升温至85℃时，真空抽提VCM，真空度为0.046～0.058MPa，维持45～60min，操作时控制温度、真空度。抽出的气体经气液分离器分离泡沫，再经冷凝器冷凝出部分饱和水蒸气后，含氧量合格的VCM气体由水循环泵加压后送至气柜。操作结束后充入氮气平衡出料槽压力，将出料槽内PVC浆料送至离心工序。

釜式汽提工艺简单，属间歇操作，汽提效果的稳定性较差，汽提时间较长，操作较麻烦，影响了干燥系统的连续性和稳定性。影响釜式汽提效果的主要因素是温度，而压力则是与该温度的悬浮液平衡的饱和蒸气压。但釜底部液层与上部液层之间存在一定的静压差，导致釜底部树脂中残留单体的脱吸速率慢些，这也是釜式汽提中强化搅拌有助于提高汽提效果的原因。

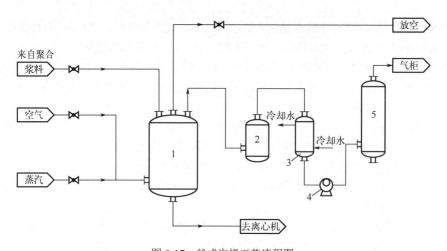

图 8-17　釜式汽提工艺流程图

1—汽提釜；2—气液分离器；3—冷凝器；4—水循环泵；5—汽水分离器

2. 塔式汽提

塔式汽提是采用蒸汽与 PVC 浆料在塔板上连续逆流接触进行传热传质的过程。塔式汽提分负压汽提和正压汽提。

日本吉昂汽提技术是目前最先进的塔式汽提技术，它结合了日本信越负压操作技术和美国古德里奇浆料热交换技术。其工艺流程如图 8-18 所示，简介如下。

出料槽中的浆料经自压和负压回收 VCM 后，过滤，用浆料泵送至螺旋板式换热器，与汽提塔底部出来的浆料进行热交换后，将进塔浆料预热到 80～100℃，从上部进入汽提塔。

在塔板上与来自塔底的蒸汽逆流接触，使浆料中残留的 VCM 被解吸出来，气相经塔顶冷凝器，把大部分水蒸气冷凝下来，VCM 气体进入水环真空泵压缩后，再经二次气液分离，当含氧合格时进入气柜。汽提后，塔内浆料自汽提塔底部流出，经管式过滤器过滤后，再用泵送至螺旋板式换热器，冷却后，打入混料槽供离心用。

该工艺采用连续操作，可大量脱除和回收 PVC 浆料中残留 VCM，对产品质量影响较小，满足了大规模生产的要求。塔顶为负压操作，可提高单体脱除效率，同时降低塔温。采用进塔浆料与出塔浆料进行换热，能有效利用热能。

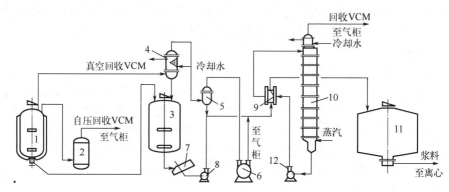

图 8-18　浆料塔式汽提工艺流程

1—聚合釜；2—泡沫捕集器；3—出料槽；4—冷凝器；5—过滤器；6—水环真空泵；7—树脂过滤器；
8—料浆泵；9—螺旋板式换热器；10—汽提塔；11—混料槽；12—料浆泵

（二）影响 PVC 树脂浆料汽提的因素

1. 温度

当温度升高时，浆料中 VCM 汽化速率加快，残留 VCM 减少，但当温度较高时，PVC 树脂易发生分解，产生氯化氢，影响产品的白度和热稳定性。因此汽提中一般控制塔釜温度在 95～100℃。

2. 树脂颗粒结构

树脂的颗粒形态，特别是孔隙率的大小，对汽提影响很大。

颗粒愈疏松，愈易汽提，所得产品中残留的 VCM 愈低，即 XJ-6 最难汽提，而 SG-1 最易汽提。

3. 压力

压力依温度而变，温度升高时压力相应增加，压力相当于在该温度下浆料的饱和蒸气压。当塔釜温度低于 100℃时，塔顶压力呈微真空，高于 100℃时呈微正压。

4. 停留时间

停留时间的长短是由塔板数决定。停留时间较长时，残留的 VCM 则较少。一般平均停留时间为 4～8min。

五、PVC 树脂浆料离心分离系统

（一）离心分离工艺

经汽提后的 PVC 浆料含水量有 70%～85%，在物料进入干燥工序前应进行脱水处理，使 PVC 滤饼含水量控制在 25% 以下。目前，国内外 PVC 行业均采用螺旋沉降式离心机来进行浆料的脱水。

经汽提后的 PVC 浆料进入离心槽，离心槽内设有搅拌装置，使浆料混合均匀。离心槽中的浆料经浆料泵大部分送至离心机进行脱水，一部分回流至离心槽（使浆料在槽内进一步混合，并使离心机进料量和功率稳定且有一定的调节量），见图 8-19。树脂的进料温度应低于 75℃，若温度过高会严重影响机器的主轴承等部件。但树脂的进料温度也不能过低，否则会影响干燥器的床温稳定，同时增加干燥系统的能耗。一般经汽提后的浆料再经螺旋板式换热器冷却后温度为 40～50℃，满足离心脱水的要求。

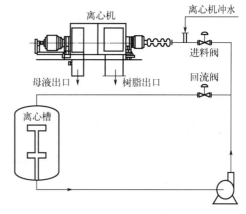

图 8-19　PVC 浆料离心脱水工艺示意图

经离心机脱水后，离心母液（俗称 PVC 母液水）中夹带的树脂量很少，经过滤后可用于聚合釜喷淋、汽提塔冲水、离心机冲水、各浆料槽冲洗、经处理后用于凉水塔的补水或聚合用水。PVC 母液水的热能可用于干燥空气的预热及去离子水的预热等。

（二）螺旋沉降式离心机脱水原理

在连续沉降式离心机高速旋转的卧式圆锥形转鼓中，有与其同方向旋转的螺旋输送器，其旋转速度低于转鼓转速，浆料由旋转轴内的进料管送至转鼓内，在离心力的作用下物料被抛向转鼓内壁沉降区，转鼓内的沉淀物由螺旋输送器的叶片推向干燥区，经排料口排出，水通过均布在大端盖上的溢流孔中的小堰板（可调溢流池深度，以调节离心转鼓内物料的沉降区与干燥区段的长度）排至出水管，达到固液分离的目的。

（三）影响沉降式离心机脱水的因素

1. PVC 颗粒形态和内部孔隙率

孔隙率高的疏松型树脂，由于内部水分含量高，不易脱除。颗粒直径越大，脱水效果越好。粒子直径越小，沉淀速率越慢，越难分离，PVC 母液水中固含量也会相应上升。

2. 温度

浆料温度的影响在 20～40℃，离心后物料的含水量受浆料温度的影响很小。但当温度升高，滤饼黏度增大，使螺旋输送器负荷加大，影响离心机的下料能力。温度过低，则影响干燥工序生产能力，所以 PVC 浆料的温度一般均控制在 40～50℃。至于温度升高，介质黏度下降，导致沉降速率上升，这一因素是不明显的。

3. 加料量

在离心机处理能力范围内，随着加料量的增加，离心后树脂含水量也稍有增加。若加料量过大，易造成排水通道堵塞、脱水效果变差。

4. 浆料浓度和浓度的均匀性

浆料浓度越高，脱水效果越好，但浓度过高，则浆料在输送过程中易堵塞管道，一般以30%～35%为宜；浆料浓度过低，离心机生产能力下降。若浆料浓度不均匀，则影响离心机的平稳运行，脱水效果变差，生产能力下降。

5. 堰板深度

堰板深度影响母液含固量和树脂含湿量。若堰板高度降低，沉降段缩短、脱水段增长，因而滤饼湿含量下降，母液中固含量相应增加。

6. 离心机机械因素

如转鼓形状、转鼓转速等也会影响沉降式离心机脱水。

任务巩固

一、填空题

1. 影响氯乙烯聚合的因素有_____、_____、_____、_____等。

2. 汽提脱吸单体的工艺有_____和_____。

3. 影响 PVC 树脂浆料汽提的因素有_____和_____。

二、简答题

1. 简述悬浮法聚合粒子的形成过程。

2. 温度是如何影响聚合反应的？

任务六　设计聚氯乙烯生产工艺总流程与操作仿真系统

任务情境

当原料和生产目标能力发生变化时，生产工艺也随之改变，作为一名合格的聚氯乙烯生产技术人员，要对生产工艺流程了然于心，能明确工艺参数控制指标及波动范围，并熟练通过 DCS 操作系统完成工艺控制。

任务目标

素质目标:

1. 培养按照操作规程操作、密切注意生产状况的职业素质。

2. 培养严谨认真、爱岗敬业的职业素养。

3. 培养团队合作精神。

知识目标:

1. 掌握聚氯乙烯工业生产的总工艺流程。

2. 掌握聚氯乙烯生产过程中的安全、卫生防护等知识。

能力目标:

1. 能够设计聚氯乙烯工业生产的总工艺流程。

2. 能够按照操作规程进行反应岗位的开车操作。

3. 能够按照操作规程控制反应过程的工艺参数。

任务实施

子任务(一) 设计与选择工艺流程

● **任务发布** ···

请以小组为单位,设计出聚氯乙烯生产的总工艺流程(方块流程图即可)。小组进行成果展示与工艺讲解,其余小组根据表 8-9 进行评分,指出错误并做出点评。

表 8-9 聚氯乙烯生产工艺总流程评分标准

序号	考核内容	考核要点	配分	评分标准	扣分	得分	备注
1	流程设计	设计合理	30	设计不合理一处扣 5 分			
		环节齐全	30	环节缺失一处扣 5 分			
2	流程绘制	排布合理	5	排布不合理扣 5 分			
		图纸清晰	5	图纸不清晰扣 5 分			
		边框	5	缺失扣 5 分			
		标题栏	5	缺失扣 5 分			
3	流程讲解	表达清晰、准确	10	根据工艺讲解情况,酌情评分			
		准备充分,回答有理有据	10	根据问答情况,酌情评分			
合计				100			

● **任务精讲** ···

聚氯乙烯生产过程由聚合、PVC 汽提、VCM 处理、废水汽提、脱水干燥、VCM 回收系统等部分组成。同时还包括主料供给系统、辅料供给系统、真空系统等。其生产流程见图 8-20,总貌图见图 8-21。

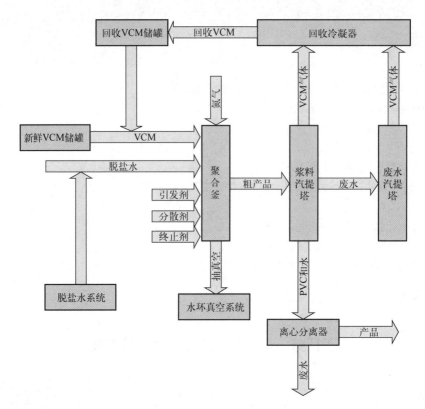

图 8-20　PVC 生产工艺流程图

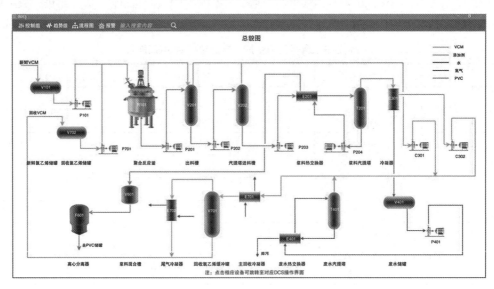

图 8-21　总貌图

一、抽真空系统

聚合反应釜（R101）在加料之前必须进行氮气吹扫和抽真空。在抽真空之前应把聚合反应釜（R101）上的所有的阀门和人孔都关闭好，釜盖锁紧环置于锁紧的位置上。检查一下抽真空系统是否具备开车的条件，相关的手阀是否处在正确的位置上，打开聚合釜抽真空阀，开启抽真空系统。

开始抽真空，直到聚合釜中压降到真空状态。然后关闭抽真空阀，检查真空情况。出料槽（V201）和汽提塔进料槽（V202）抽真空的方法与聚合反应釜（R101）抽真空的方法大致相同，区别仅在于打开或关闭有关的抽真空管道上的阀门。

二、进料、聚合

在聚合釜开始加料之前，需用一种特殊的溶液喷涂聚合釜的内壁，涂料粘在聚合釜内壁和内部部件上，使在正常情况下经常发生的粘壁现象降到最低程度。这样就可以降低聚合釜的开盖频率，减少清釜次数。首先对聚合反应釜（R101）在密闭条件下进行涂壁操作，在聚合釜的釜壁和挡板上，形成一层疏油亲水的膜，从而减轻了单体 VCM 在聚合过程中的粘釜现象，然后再开始进行投料生产。然后将脱盐水注入聚合反应釜（R101）内。启动反应器的搅拌装置，等待各种其他助剂的进料，水在氯乙烯悬浮聚合中使搅拌和聚合后的产品输送变得更加容易，另外它也是一种分散剂，能影响 PVC 颗粒的形态。然后加入的是引发剂，氯乙烯聚合是自由基反应，而对烃类来说只有温度在 $400 \sim 500 ℃$ 以上才能分裂成为自由基，这样高的温度远远超过了聚合的正常温度，不可能得到高分子，因而不能采用热裂解的方法来提供自由基。而是应采用某些可在较适合的聚合温度下，能产生自由基的物质来提供自由基。如偶氮类、过氧化物类物质。接下来再加入分散剂，它的作用是稳定由搅拌形成的单体油滴，并阻止油滴相互聚集或合并。氯乙烯原料包括两部分，一是来自氯乙烯车间的新鲜氯乙烯，二是聚合后回收的未反应的氯乙烯。新鲜单体和回收单体都是用来进行聚合釜加料，二者的配比是可调整的，但通常控制在 3:1。一般情况下，回收单体的加料量是取决于回收单体加料时储槽中单体的量。单体分别由加料泵（P101）从新鲜单体储槽（V101）和从回收单体储槽中抽出，再打入到聚合反应釜（R101）中。二者在搅拌条件下进行聚合反应，控制反应时间和反应温度。将冷却水或热蒸汽通入釜内冷却挡板和夹套，其目的在于移出反应热，维持恒定的反应温度。反应温度是通过在聚合反应过程中，调节通过挡板和夹套的冷却水流量来进行调节控制的。这个聚合釜调节器的输出信号作为一个设定点，输入到副调节器。这个调节器就会去检测夹套出口水温，打开夹套调节阀，直到达到温度设定点为止。在正常情况下，通过调节夹套冷却水的流量，即可控制聚合反应温度。

当聚合反应到达预定的终止点时，或当聚合釜内的聚合反应进行到比较理想的转化率时，PVC 的颗粒形态结构性能及疏松情况最好，希望此时进行泄料和回收而不使反应继续进行，就要加入终止剂使反应立即终止。当加料时由于某些加料程序不正常、聚合反应特别剧烈而难以控制时，或是釜内出现异常情况，或者设备出现异常都可加入终止剂使反应减慢或是完全终止。反应生成物称为浆料，转入下道工序，并放空聚合反应釜（R101）。

三、浆料汽提

当已做好 PVC 浆料输送准备，并确信这釜料的质量是合格的，可将浆料输送到以下的两个槽：出料槽（V201）和汽提塔进料槽（V202）。出料前，打开浆料出料阀和聚合釜底阀，启动相应的浆料泵（P201）。出料槽（V201）既是浆料储槽，又是氯乙烯脱气槽。通常，单体回收不在釜中进行，只有当物料不通过汽提塔和已知釜内物料质量不好，需采取特殊处理方法时，才采用这种釜内回收单体的方法。随着浆料不断地打入出料槽（V201），槽内的压力会不断升高，此时将装在出料槽蒸汽回收管道上的调节阀打开。氯乙烯蒸气管道上的调节阀，可以防止回收系统在高脱气速率下发生超负荷现象。有效地控制出料槽（V201）的储存量，是达到平稳、连续操作的关键。出料槽（V201）的体积应不仅能容纳下一釜输送来的物料加上冲洗水的量，还能保证稳定地向浆料汽提塔进料槽（V202）供料。可以根据聚合反应釜（R101）送料的情况和物料储存的变化，慢慢地调整汽提塔供料的流量。浆料在出料槽（V201）中经过部分单体回收后，经出料槽浆料输送泵（P202）打入汽提塔进料槽（V202）中。再由汽提塔加料泵（P203）送至汽提塔（T201）。汽提塔的浆料流量可以用流量计测得。其流量可以通过装在通向汽提塔的浆料管道上的流量调节阀进行控制。浆料供料进入到螺旋板式换热器（E201）中，并在热交换器中被从汽提塔（T201）底部来的热浆料预热。这种浆料之间热交换的方法可以节省汽提所需的蒸汽，并能通过冷却汽提塔浆料的方法，缩短产品的受热时间。带有饱和水蒸气的氯乙烯蒸气，从汽提塔（T201）的塔顶逸出，进入到立式列管冷凝器（E301）中，绝大部分的水蒸气可以在这个冷凝器中冷凝。液相与气相物料在冷凝器（E301）底部分离，被水饱和的氯乙烯从汽提塔冷凝器（E301）的侧面逸出，进入连续回收压缩机（C302）系统当中；冷凝液则被打入废水储槽（V401）中，集中处理。PIC301可以自动调节氯乙烯气体出口的流量，来调节汽提塔（T201）的塔顶压力，稳定汽提塔内的压力。经过汽提后的浆料，将从汽提塔底部打出，经过浆料汽提塔热交换器（E201）后，打入浆料混合槽（V601）。在通向浆料混合槽的浆料管道上，装有一个液位调节阀，通过控制这个调节阀，调节T201浆料出口流量，控制使塔底浆料的液位维持在一定的高度。

四、干燥

浆料混合槽（V601）的作用主要有两个：一是离心机加料的浆料缓冲槽；二是将每个批次的浆料进行充分混合，使PVC产品的内在指标稳定，减小波动。从而有利于下游企业的深加工，保证塑料制品的质量稳定。离心机加料泵（P601）将PVC浆料由浆料混合槽（V601）送至离心分离器（F601），以离心的方式对物料进行甩干，由浆料管送入的浆料在强大的离心作用下，密度较大的固体物料沉入转鼓内壁，在螺旋输送器推动下，由转鼓的前端进入PVC储罐，母液则由堰板处排入沉降池。

五、废水汽提

含有饱和VCM的废水，送到一个废水汽提塔中汽提，在将废水排入下水之前把水中的VCM汽提出来。去废水汽提塔的废水的缓冲能力是由一个碳钢的废水储罐（V401）提供的。其废水来源有几个方面：
① 来自V302；
② 来自V303；
③ 来自E301。

这些废水首先送入废水储槽，在该废水储罐上装有一个液位指示器，用来调整废水汽提塔的加料流量，使废水储槽液位处于安全位置。废水进料泵（P401），可将废水从废水储罐中打入，经废水热交换器（E401），送入废水汽提塔（T401）。在通向汽提塔的供料管道上，装有一个流量调节器，可将流量维持在预定的设定点上。废水热交换器（E401），可利用从废水汽提塔内排出的热水预热入塔前的供料废水，降低汽提塔的蒸汽用量。废水从废水汽提塔（T401）的塔顶加入，流经整个汽提塔，废水中的氯乙烯得到汽提后，废水从塔底部排出。经汽提后的废水储存在塔釜内，经废水热交换器（E401）后，排入废水池中。操作条件应根据塔压，预定的废水供入流量以及为维持塔顶温度平衡的蒸汽流量确定。根据经验，操作压力过高会导致废水汽提塔内积存过多的PVC。为了防止废水储槽中的废水溢流，汽提塔供料流量应随时调节。然后，根据废水供料流量，相应地调整进入汽提塔的蒸汽流量，并使其达到预定的塔顶温度。

六、氯乙烯回收

在正常情况下，氯乙烯的回收不在聚合反应釜（R101）内进行，绝大部分的氯乙烯是在出料槽（V201）及浆料储槽中得到回收，剩余的氯乙烯将在汽提塔（T201和T401）中得到回收。在浆料打入出料槽（V201）时，该槽上的回收阀门打开，浆料回收物料管道上的截止阀打开，通过间歇回收压缩机（C301）氯乙烯蒸气进入密封水分离器，把浆料中的残存氯乙烯分离出来。

从工艺过程中回收来的氯乙烯气体，将通过氯乙烯主回收冷凝器（E701）进入回收氯乙烯缓冲罐（V701）。如果冷凝器的操作压力不足以将氯乙烯的露点升高到冷凝器的冷却水温度的水平时，氯乙烯在主回收冷凝器内就不能有效地被冷凝。因此在该系统中可安装压力调节阀，来进一步控制回收氯乙烯缓冲罐（V701）的压力。当 V701 中压力低时，这个压力调节阀便开始关闭，限制排入尾气冷凝器的供料流量。随着这个压力调节阀的关闭，氯乙烯主回收冷凝器中的压力将开始不断升高，使除流入尾气冷凝器以外的所有蒸汽都能冷凝下来。氯乙烯主回收冷凝器（E701）的单体出料量由一个液位调节阀来进行调节控制。其液位调节阀将回收氯乙烯缓冲罐（V701）的液位控制恒定。冷凝器冷凝下来的液相单体进入一个回收氯乙烯储罐（V702）中。

子任务（二） 熟知设备与工艺参数

● 任务发布

根据图 8-22 至图 8-29，找出聚氯乙烯生产中涉及的主要设备，思考设备的主要作用，以小组为单位完成表 8-10，并通过工艺参数卡片熟知工艺参数。

表 8-10 聚氯乙烯生产主要设备

工段	设备位号	设备名称	流入物料	流出物料	设备主要作用
PVC 聚合					
PVC 汽提工段					
VCM 处理					
废水汽提					
脱水干燥					
VCM 回收					

● 任务精讲

聚氯乙烯生产流程主要包括 PVC 聚合工段、PVC 汽提工段和回收等工段，其仿真 DCS 图分别如图 8-22 至图 8-29 所示。

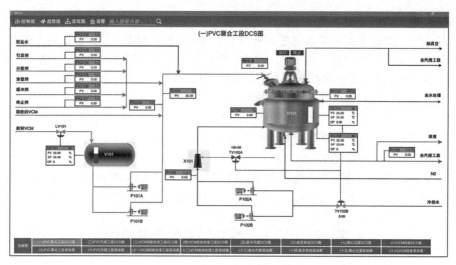

图 8-22　PVC 聚合工段 DCS 图

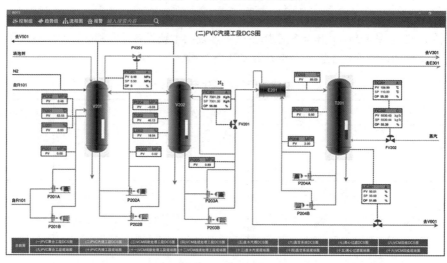

图 8-23　PVC 汽提工段 DCS 图

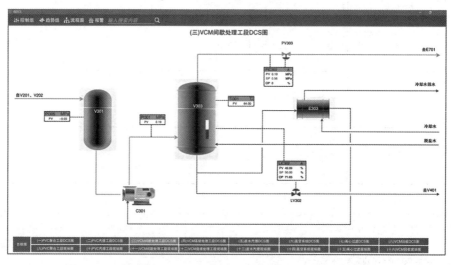

图 8-24　VCM 间歇处理工段 DCS 图

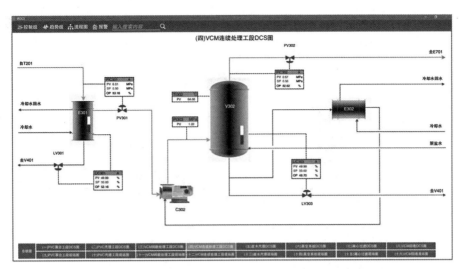

图 8-25 VCM 连续处理工段 DCS 图

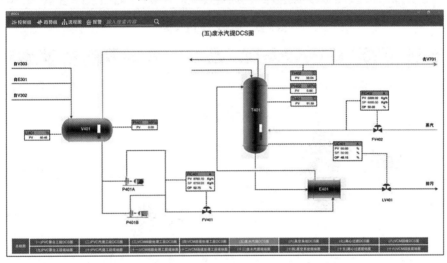

图 8-26 废水汽提 DCS 图

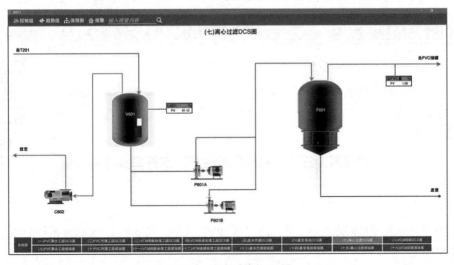

图 8-27 真空系统 DCS 图

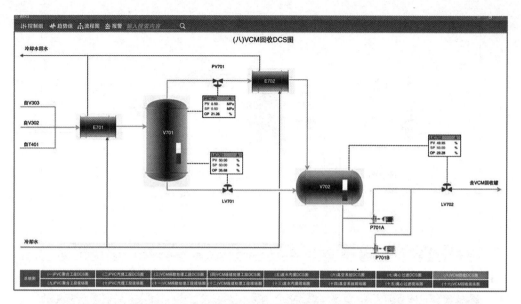

图 8-28　离心过滤 DCS 图

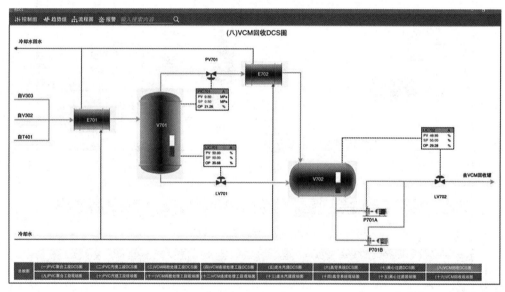

图 8-29　VCM 回收 DCS 图

聚氯乙烯工艺参数的选择需要综合考虑化学平衡、反应动力学、催化剂特性以及系统的生产能力、原料和能量消耗等因素，以达到最佳的技术经济指标，具体工艺参数请扫二维码。

聚氯乙烯生产
工艺参数

子任务（三）　挑战完成生产工艺开车操作

● **任务发布**

请根据操作规程完成开车准备、反应器注料、PVC 汽提工段等的 DCS 仿真系统的冷态开车，并填写表 8-11。

表 8-11 聚氯乙烯冷态开车仿真操作完成情况记录表

工段	序号	步骤	完成情况	未完成原因	改进措施
开车准备					
反应器注料					
反应器温度控制					
PVC 汽提工段					
浆料的成品处理					
废水汽提工段					
VCM回收工段					

● 任务精讲 ....

一、典型工作岗位设置方案

氯乙烯生产冷态开车岗位设置是确保氯乙烯生产装置安全、顺利启动的关键。以下是一个基于氯乙烯生产冷态开车需求的岗位设置方案。

（一）总指挥岗位

负责氯乙烯生产冷态开车的整体指挥和协调工作；确保各岗位按照开车计划有序进行，解决开车过程中出现的重大问题。

（二）工艺操作岗位

负责氯乙烯生产装置的工艺操作，包括设备启动、参数调整等；监控生产过程中的关键参数，如温度、压力、流量等，确保工艺稳定；在冷态开车过程中，特别注意设备预热、升温及投料时机的把握。

细分岗位：

（1）预处理岗位 负责原料的预处理工作，确保原料质量符合生产要求。

（2）聚合反应岗位 负责聚合反应釜的操作，监控反应过程，调整反应条件。

（3）分离精制岗位 负责氯乙烯的分离和精制工作，确保产品质量。

（三）设备操作岗位

负责氯乙烯生产装置中各类设备的操作和维护；确保设备在冷态开车过程中正常运行，及时处理设备故障。

细分岗位：

（1）压缩机/泵操作岗位 负责压缩机、泵等设备的启动和运行监控。

（2）冷凝器操作岗位 负责冷凝器的操作，确保冷凝效果。

（3）其他设备操作岗位 如搅拌器、过滤器等设备的操作和维护。

（四）仪表/电气控制岗位

负责氯乙烯生产装置的仪表和电气控制系统的操作和维护；确保仪表和电气设备的准确性和可靠性，为生产提供稳定控制。

（五）安全环保岗位

负责氯乙烯生产过程中的安全和环保工作；监督各岗位的安全操作，确保生产过程中的安全；负责应急处理和环境监测工作。

（六）辅助岗位

1. 化验分析岗位

负责原料、中间产品和最终产品的化验分析工作；提供准确的分析数据，为生产操作和质量控制提供依据。

2. 后勤支持岗位

负责氯乙烯生产冷态开车过程中的后勤支持工作；包括物资供应、设备维护、通信联络等。

以上岗位设置方案旨在确保氯乙烯生产冷态开车的顺利进行和生产的稳定运行。各岗位人员应明确自己的职责和任务，熟练掌握开车流程和操作技能，以确保开车过程的安全和高效。同时，企业还应根据实际情况和人员配置情况，对岗位设置进行灵活调整和优化。

二、冷态开车注意事项

聚氯乙烯的开车是一个复杂而精细的过程，需要严格按照步骤操作，并做好各方面的准备和监控工作，以下是该过程的注意事项。

（一）准备阶段

确保所有设备已检查并处于良好状态。

熟悉工艺流程，并准备好所需的操作工具和材料。

（二）系统初始化

按照操作规程，逐步启动各个设备。

特别注意检查温度、压力等关键参数是否达到预定值，确保系统正常运行。

（三）物料投放

模拟实际生产中的物料投放步骤。

确保物料投放的顺序、速度和投放量都符合生产要求。

（四）监控与调整

密切关注系统的运行状态。

根据实际情况及时调整操作参数，以保证生产的稳定性和效率。

（五）常见问题及解决方案

（1）温度波动　可能是设备故障、操作不当或外部环境变化导致的。解决方案包括定期检查设备、加强操作人员的培训以及优化生产环境。

（2）压力异常　可能导致生产效率下降甚至设备损坏。应定期检查压力传感器和阀门等设备，确保其正常工作。

（3）物料投放不均　会影响产品质量和生产效率。应精确控制物料投放的速度和量，确保生产过程的稳定性。

聚氯乙烯冷态开车需要严格遵循操作规程，密切关注系统运行状态，并根据实际情况及时调整操作参数。同时，也需要做好设备检查、人员培训和安全防护等工作，以确保生产过程的顺利进行和产品质量的稳定，具体操作规程详见二维码。

🖊 任务巩固

综合应用题。

1. 请绘制出聚氯乙烯的工艺总流程。

聚氯乙烯的
开车操作规程

2. 在聚氯乙烯生产操作中，重点设备和工艺参数有哪些？

 项目导图

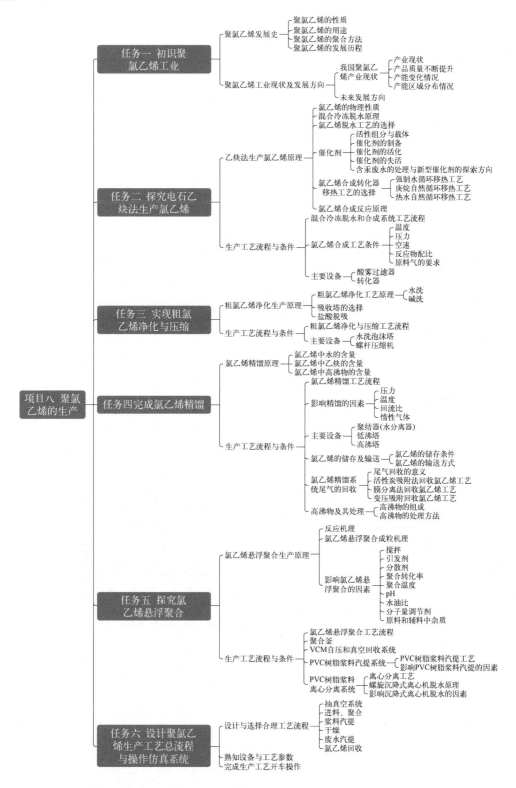

考核方式	考核内容					原因分析及改进（建议）措施
	考核细则	评价等级				
		A	B	C	D	
学生自评	兴趣度	高	较高	一般	较低	
	任务完成情况	按规定时间和要求完成任务，且成果具有一定创新性	按规定时间和要求完成任务，但成果创新性不足	未按规定时间和要求完成任务，任务进程达80%	未按规定时间和要求完成任务，任务进程不足80%	
	课堂表现	主动思考、积极发言，能提出创新解决方案和思路	有一定思路，但创新不足，偶有发言	几乎不主动发言，缺乏主动思考	不主动发言，没有思路	
	小组合作情况	合作度高，配合度好，组内贡献度高	合作度较高，配合度较好，组内贡献度较高	合作度一般，配合度一般，组内贡献度一般	几乎不与小组合作，配合度较差，组内贡献度较差	
	实操结果	90分以上	80～89分	60～79分	60分以下	
组内互评	课堂表现	主动思考、积极发言，能提出创新解决方案和思路	有一定思路，但创新不足，偶有发言	几乎不主动发言，缺乏主动思考	不主动发言，没有思路	
	小组合作情况	合作度高，配合度好，组内贡献度高	合作度较高，配合度较好，贡献度较高	合作度一般，配合度一般，贡献度一般	几乎不与小组合作，配合度较差，贡献度较差	
组间评价	小组成果	任务完成，成果具有一定创新性，且表述清晰流畅	任务完成，成果创新性不足，但表述清晰流畅	任务完成进程达80%，且表达不清晰	任务进程不足80%，且表达不清晰	
教师评价	课堂表现	优秀	良好	一般	较差	
	线上精品课	优秀	良好	一般	较差	
	任务巩固环节	90分以上	80～89分	60～79分	60分以下	
综合评价		优秀	良好	一般	较差	

[1] 宋艳玲. 化工产品生产技术 [M]. 北京：化学工业出版社，2022.

[2] 郁平. 基础化工生产工艺 [M]. 北京：化学工业出版社，2022.

[3] 陈群. 化工生产技术 [M]. 北京：化学工业出版社，2021.

[4] 曾之平. 化工工艺学 [M]. 北京：化学工业出版社，2014.

[5] 张巧玲，栗秀萍. 化工工艺学 [M]. 北京：国防工业出版社，2015.

[6] 薛为岚，唐黎华. 化工工艺学 [M]. 北京：化学工业出版社，2021.

[7] 刘晓勤. 化学工艺学 [M]. 北京：化学工业出版社，2021.

[8] 胡传群，查振华，胡立新. 典型化学品生产 [M]. 北京：科学出版社，2016.

[9] 颜新. 无机化工生产技术与操作 [M]. 北京：化学工业出版社，2021.

[10] 陈学梅，梁凤凯. 有机化工生产技术与操作 [M]. 北京：化学工业出版社，2021.

[11] 李萍萍. 有机化工生产技术与装置操作 [M]. 北京：化学工业出版社，2022.

[12] 祁新萍. 煤化工生产技术 [M]. 北京：化学工业出版社，2021.

[13] 李志松. 聚氯乙烯生产技术 [M]. 北京：化学工业出版社，2020.